U0295418

携火奔月

——我的月球之旅

【美】迈克尔·柯林斯 著
张天光 译

内容简介

本书作者迈克尔·柯林斯是美国国家航空航天局的宇航员，他与尼尔·阿姆斯特朗和巴兹·奥尔德林一起完成了人类首次登月的伟大壮举。他在本书中生动、详实地记述了他当美国空军试飞员、宇航员，以及执行“双子星座”10号太空飞行任务和“阿波罗”11号登月飞行任务的整个过程。本书语言风趣幽默，故事恢宏壮美，是一部深受美欧读者喜爱的登月纪实。

本书的读者对象是航空航天和登月纪实爱好者，特别是关注登月和星际旅行的广大青年学生等。

上海市版权局著作权合同登记号：图字：09－2021－053

图书在版编目（CIP）数据

携火奔月：我的月球之旅/（美）迈克尔·柯林斯（Michael Collins）著；张天光译. —上海：上海交通大学出版社，2024.7

书名原文：Carrying the Fire: An Astronaut's Journeys

ISBN 978－7－313－30758－3

Ⅰ. ①携… Ⅱ. ①迈…②张… Ⅲ. ①月球探索—普及读物 Ⅳ. ①V1－49

中国国家版本馆CIP数据核字（2024）第099658号

携火奔月——我的月球之旅
XIEHUO BENYUE —— WODE YUEQIU ZHI LÜ

著　　者：［美］迈克尔·柯林斯
译　　者：张天光
出版发行：上海交通大学出版社
地　　址：上海市番禺路951号
邮政编码：200030
电　　话：021－64071208
印　　制：上海盛通时代印刷有限公司
经　　销：全国新华书店
开　　本：880mm×1230mm　1/32
印　　张：15.875
字　　数：325千字
版　　次：2024年7月第1版
印　　次：2024年7月第1次印刷
书　　号：ISBN 978－7－313－30758－3
定　　价：78.00元

译者序

地球是人类的摇篮，但人类不可能永远待在摇篮里。去其他星球上看看是人类永恒的梦想，而月球是离我们最近的一个星球。55年前，人类实现了首次登月，迈出了去其他星球看看的第一步。人类对其他星球的探索从未停止：2026年，美国将通过“阿尔忒弥斯”计划重返月球并在月球建立永久性基地；我国也计划在2030年之前登陆月球；美国企业家和梦想家埃隆·马斯克正在考虑火星移民计划。这标志着人类的太空探索进入了一个新的历史时期，人类的目光投向了更远的星球。

本书作者迈克尔·柯林斯（被同事和朋友亲切地称呼为“麦克”）是美国国家航空航天局的宇航员、“阿波罗”11号登月任务的指令舱驾驶员。他与尼尔·阿姆斯特朗和巴兹·奥尔德林一起完成了人类首次登月的伟大壮举。在本书中，他用风趣幽默的语言讲述了一个恢宏壮美的故事。感谢作者把我们带入了一个奇异的世界；我们虽然不能直接参与登月和月球探险，但至少可以跟随作者间接体验那种奇妙无比的经历。

这是本人翻译、出版的第二部登月纪实。第一部——《我的两次月球之旅》于2022年8月由上海交通大学出版社出版，作者是最后一次“阿波罗”登月任务——“阿波罗”17号的指令长尤金·塞尔南。塞尔南的登月纪实非常注重故事性，故事情节跌宕起伏、惊心动魄，而柯林斯的这部登月纪实在注重故事性的同时兼顾了技术性（技术细节），是对登月技术和登月过程描述得最详细的一部登月纪实，也是最受美欧读者欢迎的一部宇航员传记（三次再版，无数次重印）。

需要说明的是，为了节省读者的时间和购书成本，把最精彩的内容展现给读者，本书在编审阶段删除了个别不适合中国读者阅读或重复、意义不大的句子、段落和注释，希望对照原文的读者不要以为是漏译。

我自1986年开始从事翻译工作，于1989年和1990年分别荣获全国第一届和第二届“韩素音青年翻译奖”竞赛一等奖，此后，英语和翻译成了我人生最美的音乐。38年来，我一直把翻译质量当作自己的脸面，一直把准确和传神当作自己的奋斗目标。

我要感谢博达著作权代理有限公司，更要感谢美国Farrar, Straus and Giroux出版社的责任编辑、作者的女儿Kate Collins和Ann Collins Starr，她们对书中的疑难问题给出了非常细致的解答。当然，最需要感谢的是上海交通大学出版社，他们在登月热潮再次掀起的时候，第一时间拿到了本书的中文翻译版权，使广大读者有机会读到这么精彩的登月纪实。

张天光

2024年1月

2019年版前言

按说又过了10年我应该又老了10岁，但我并没有这样的感觉。不过，还是发生了一些令人难过的事情——老朋友约翰·扬和尼尔·阿姆斯特朗都去世了；我的生活也随着结婚57年的妻子帕特里夏·柯林斯的去世而发生了改变。我仍然生活在佛罗里达州的大沼泽地附近，仍然喜欢钓鱼。

在太空飞行方面，没有什么引人注目的事情。航天飞机时代已经结束，国际空间站除了斯科特·凯利近一年的停留（他的宇航员孪生兄弟马克作为他的地面控制人员），也没有什么大事。然而，我们还是出现了一种新的乐观气氛，建造月球基地、为登陆火星做准备的计划正在迅速发展。我曾经开玩笑说，我飞错了地方，“NASA”（国家航空航天局）应该改称“NAMA”（国家航空火星局）。

今天，自沃纳·冯·布劳恩时代以来，第一次在世界的太空飞行领域出现了两个著名人物：埃隆·马斯克和杰夫·贝索斯。他们做事好像比政府更快、更节省，从未听说过“阿波罗”计划的一代人终于看到对太空进行进一步探索的广阔前景。马斯克是一位亿万富翁，贝索斯是这个星球上的首富。马斯克致力于可重复使用火箭的研发，但他最终的目标是火星移民——最早从

2020 年开始试验不载人的“蓝龙”飞船，然后是乘组达 100 人的火星远征。令人欣喜的是，太空探索有了一些坚实的资金支持；NASA 每年获得的纳税人的拨款大约是 200 亿美元，现在私人资金也投入到了这一领域。NASA 说，登陆火星有可能在 2030 年代实现。

当退役的宇航员显然没有准备下一次太空飞行任务那么兴奋，但离开 NASA 之后，我多年的工作也很有收获。从很多方面来说，我 20 多年的退休生活既有趣又充实。我真的非常幸运。

迈克尔·柯林斯

2018 年 8 月

2009年版前言

过去的40年我混得还不错。在我的墓碑上应该刻上“幸运”，因为这是我现在最真切的感受。尼尔·阿姆斯特朗、巴兹·奥尔德林和我都是1930年出生的，我们都正好赶上了好时候。我曾经想象天空中有一个巨大的落地钟，钟摆摆向了左边“太年轻”的位置——你不能喝酒、开车、挣钱或做任何非常有趣的事情。然后某一天，你一觉醒来，嘿！钟摆已经摆到了右侧“太老了”的位置——你开始走下坡路了，不能跑了，头顶也秃了。难道就没有中间状态吗？对我来说，中间状态就是20世纪60年代——美满的家庭，试飞员，宇航员，我还能期望什么呢？我真幸运，在合适的时间来到了合适的地方。

今天，我的退休生活既简单又快乐。我把时间分别花在了佛罗里达州和波士顿，画一些水彩画或花很多时间去钓鱼。我有一艘小型的脚踏船，我用它在南方钓锯盖鱼，在北方钓条纹鲈鱼，往返途中还可以很好地锻炼身体。偶尔我也会抬头看看月亮（但不是很频繁）：我去过那，干过那事。

航天飞机的时代即将结束，美国国家航空航天局（NASA）正在集中精力建造新飞船，为的是重返月球并飞往火星。我认为月球并不是我们的目的地，而是人类向外移民的踏板——从那里继续飞往远方。

我从月球回望地球时，我要是只能用一个词来描述那个小小的星体，那一定是“脆弱”。这是一种完全出乎意料的反应，但不幸的是，不论从哪方面来说，“脆弱”都是一个非常准确的描述。1969 年的时候，全世界的人口是 30 多亿，现在是 60 多亿，等下一批登月英雄和名人回望地球时，有可能达到 80 亿左右。我不认为这种人口增长是健康或可持续的，但我们的经济模式是以这种增长为基础的。是增长还是死亡，也许兼而有之。现在墨西哥湾的死水区比新泽西州还大，而且还在不断扩大。这是死亡的增长，这是对这个星球的破坏。仅这一个例子就让我非常难过，况且还有无数其他的灾难性问题，有的处于潜伏状态，很多已经展现在我们面前。我们需要一种新的经济模式，在没有增长的情况下同样可以实现经济繁荣。

我衷心希望本书的部分读者能够发挥作用，帮助扭转这种不详的发展趋势。

迈克尔·柯林斯

2008 年 10 月

1974年版前言

虽然近几年有大量的报道，也出了不少书籍（尤其是在“阿波罗”11号任务完成之后），但人们对进入太空是一种什么状况，飞行前和飞行后都需要做哪些事情，太空飞行对宇航员的人生都有什么影响，依然一无所知。我写这本书的目的就是想回答这些问题。我讲述了参与宇航员遴选，随后的训练（对太空飞行那种看得见又摸不着的挫折感），执行“双子星座”10号任务，进入首次绕月飞行乘组又因为颈椎手术被换掉，以及阿姆斯特朗和奥尔德林登陆月球时我在月球轨道接应的整个过程。尽管不可否认的是，这是一本自传，但我并没有只讲自己的事情，而是作为一个参与者，实事求是、简单明了地解释了飞船是如何工作的，谁在操控它们，生活在人造的高压环境中是一种什么样的状况。

当宇航员是最令人兴奋的一项工作，我希望我对这项工作的有趣之处做了很好的展现。我读书不太有耐心，我的这本书就是为读书没耐心的人写的。我的目标就是把书写得非常有趣，这样，读者不管从哪里开始看，都能看到正在发生的非常有趣的事情，因为在1960年代，休斯敦和其他航天中心就是这样的。在那里，没有一天是无聊的，所以在这本书里，也应该没有一页是无聊的。这本书没有早点儿写，我觉得有些遗憾，因为有的事情记得没有当时那么清晰了。另一方面，放几年也有它的好处，因为我对普通民众感兴趣的话题了解得更多了，我在这些话题上花费的时间更多了，在那些只有飞行员特别感兴趣而律师和家庭主妇毫无兴趣的专业话题上花费的时间更少了。我也希望在太空飞行如何改变了我的人生方面给出自己的思考。但最重要的是，我很高兴这本书是我自己写的。不管代笔人怎么出色，我总觉得在讲述人和听众之间隔一个翻译会使一本书丧失真实性。当然，不找代笔也会付出代价——我无法就书中蹩脚的句子和故事的不准确之处推脱责任，但我对这样的问题并不介意。更大的代价是投入了很多的时间——在过去的 18 个月里，几乎每个周末都搭进去了。在此期间，我妻子和孩子们都非常理解；没有他们的支持，我不可能坚持下来；对他们的忍耐和宽容，我深表谢意。

最后，说一说书名。最初，我起的书名是《我窗外的世界》，它出自“阿波罗”11 号飞行期间我说过的话，但我越琢磨越觉得它土得掉渣。《携火奔月》是在电话里和我的编辑罗杰 · 斯特劳斯长聊时想到的。它没有什么特殊的寓意，要是只用简单几个单词概况的话，我觉得太空飞行就是这样。当然，“阿波罗”是太阳神，他在马车上携带着太阳穿过天空，但除此以外，你是怎么携带火种的？当然是小心翼翼地啦——你会做很多的规划，还会面对很多的风险。它是一种异乎寻常的载荷，和月球石头一样珍贵，携带者必须时刻保持警惕，防止它引出祸端。这样的火种我携带了6年，现在我想把这个故事简单、直接地讲述给你，就像一个试飞员必须做的那样，因为这次月球之旅非常值得讲述一遍。

迈克尔·柯林斯

于华盛顿特区

1973年11月25日

目录

1 当上试飞员

学骑烈性马匹只有两种方法：一种是骑上马去，通过实际操练来应对马匹的每一个动作和花招；另一种是坐在围栏上，观察马匹一段时间，然后回到房间，慢慢思考应对马匹尥蹶子、踢人的最佳方式。后一种方法比较安全，但前一种方法，总体而言，更容易培养出好的骑手。学开飞机基本上也是这样——你要是追求绝对的安全，你最好骑在围栏上观察鸟飞，但如果你真的想学，你就必须跳上飞机，通过实际训练来掌握驾驶技巧。

——威尔伯·莱特，1901 年

我想苏联人应该在普利佩特沼泽、西伯利亚或某个荒无人烟的地方试验他们的新型飞机。在我们美国，它位于加利福尼亚州（简称“加州”）的爱德华兹空军基地——洛杉矶以北 100 英里[1]的莫哈韦沙漠地区，羚羊谷地风洞试验的旋涡中。虽然我以前在这个区域飞过很多次，但第一次从地面进入这个基地时，我

① 英里：长度单位，1 英里 = 1.61 千米。——译注

还是非常吃惊。几个小时前，我离开了拉斯维加斯布满霓虹灯、亮闪闪的摩天轮，汗流浃背地开着1958款的雪佛兰旅行轿车飞驰在高速公路上，寻找我的“瓦尔哈拉殿堂”“麦加”或者至少可以踏入这个进行高速飞行试验的隐秘世界的机会。爱德华兹就是我的梦想之地，我已被美国空军实验飞行试飞员学校录取，成为60-C班的学员；班上还有另外13位出类拔萃的成员，大多数都是美国人（其中有一位意大利人、一位丹麦人和一位日本人），大多数都是极其亢奋的顶级人才。直到今天，我都无法忘记这班学员，他们从我书房的墙上斜视着我，我特别喜欢他们。其中一位登上了月球，两位绕飞过月球，最出色的两位已经不在了。

但1960年的春天，我知道必须先给妻子和襁褓中的女儿准备个住处，做好各种安排，买房，填写各种表格，购买其他一些生活用品，才能去做后面的正事。

爱德华兹空军基地声名远扬，是空军飞行试验中心所在地，我终于迎来了大好时光！它至少面积非常广大，有一条25英里长、被用作超级跑道的干湖，它是处于危难中的飞行员和那些其飞机必须立即降落的驾驶员的求生之地。

它干热、风大、与世隔绝，这绝不是我妻子这位波士顿人想给第一个孩子寻找的育儿所。这我知道，也心疼得不得了，但我同样知道，她会挺过去，不管是短叶丝兰、响尾蛇，还是沙尘暴，都无法削弱她那波士顿人的坚定意志，都不会削弱她不仅要挺过去，而且还要改变现状的特有能力！不管怎么说，从历史的角度看，这是一个能让人脱颖而出的地方。这一地区有记录的历史只是比飞机本身的历史多了几年而已。

不管技术和飞机多么先进，每年的冬天，干湖就会恢复大自然最原始的主导权，让那些渺小、急躁的飞行员们一点脾气也没有。每年的春夏，随着湖床越来越干燥，飞机的高压轮胎对它的摧残越来越严重，表面就会出现裂缝和破损，这样，到了深秋，湖床就变得粗糙不堪。然后，少量的冬雨就会到来，湖床就会积累两英寸[①]深的雨水，被无时不在的风吹得晃来晃去。早春时节，湖床就会重新晒干，像婴儿的屁股一样丝滑，于是为新一年顺畅、安全的飞行做好了准备。最近几年，空军靠近湖床建了几条混凝土跑道，这样就不太依赖这样的年度循环了。但有趣的是，最先进的飞机，如 X-15 火箭飞机和国家航空航天局（NASA）的升力体飞机，依然在使用湖床作为跑道，对大自然（而不是人类）的时间表有着更多的依赖。

加州的维克托维尔附近有一个乔治空军基地，几年前，我在那里驾驶 F-86“军刀”喷气机，所以，1960 年的春天，我对这一地区并不陌生。我知道约瑟夫·麦康奈尔上尉（朝鲜战争中我们最著名的王牌飞行员）从乔治空军基地出发，执行临时任务时，摔死在湖床上。1954 年，我从驾驶舱里目睹了一架 F-100 超声速战斗机那致命的俯冲，随后是毫无生命迹象的北美航空工业公司试飞员乔治·韦尔奇在完好无损地从降落伞下慢慢落向地面。我了解爱德华兹空军基地。

---

① 英寸：长度单位，1 英寸 = 2. 54 厘米。——译注

我还知道，除了荒凉、超过100华氏度的高温和不停呼啸的大风，这正是我想要的地方。这里试飞了美国第一架喷气飞机，它每次落到停机坪上时，头部都被装上一个逼真的木质螺旋桨，为的是避免引起别人的注意。1947年10月14日，查克·耶格尔上尉在这里打破了声障。在这里，麦克·柯林斯上尉会不断进步。飞行试验中心的校训是：面向未知。它位于空中救援勤务队校训（“别人也许可以活下来”）的旁边，是我最喜欢的校训；我很高兴地注意到，它被醒目地写在建筑物和飞行服上，与之相配的图案是：一架未来型的气动飞行器从浅棕色、散布着仙人掌的背景中冲向深蓝色的天空。另一方面，试飞员学校自己的徽章却让我感到有些困惑。它上面有大片蓝天，但最显眼的是一个计算尺。

我报到的时候还没有从自己的思绪中缓过神来。给我分了一套煤渣砖砌成的房子，虽不亮眼，但异常干净。我返身拐上通往拉斯维加斯的高速公路，把这个好消息告诉我的妻子帕特。“地方不错，你会喜欢的！”至少我希望她喜欢，我也喜欢，因为在我的空军服役生涯中，第一次有了一个长期而稳定的工作任务。毫无疑问，这是帕特期待的；在我们不到4年的婚姻中，我们住过4座房子，4个公寓，大约44个汽车旅馆。所以我一直处于频繁而有规律的搬家状态，在一个地方待的时间从未超过4年。我父亲是服役38年的职业陆军军官，在我在家的17年里，我看到了不同场景剧烈而又频繁的变化：从我出生时住的罗马的楼顶公寓，到1945年我父亲退役时住的弗吉尼亚州亚历山德里亚一座中型殖民地时期的老房子。在这一过程中，我们一家体验过俄克拉何马州到处是蛇的乡下生活，曼哈顿明亮的灯光（从附近的总督岛看过去），以及卡萨布兰卡最不同寻常的两年（通常被认为是西半球最古老的住房）。这座雄伟的古老堡垒俯视着波多黎各的圣胡安港，它是由庞塞·德利昂的侄子大约在 1530 年建造的。卡萨布兰卡被指定用作波多黎各部（这是 1941 年的称呼）指挥官的住处，它是我见过的最令人着迷的地方：外墙有 7 英尺[1]厚，有一个宏大的舞厅，一个带有秘密入口的封闭通道，以及很多在今天的小板条和石灰砂浆或石膏板建筑结构中看不到的特征。更令我（当年 10 岁）难忘的，是它周围的花园，里面有很多的热带植物和动物。我会花上几个小时去研究蜥蜴、寄居蟹、乌龟和不大的热带鱼，而且还了解了一些吃了会让人胃疼的东西，如未熟的芒果和过熟的椰子。

在波多黎各，我还第一次乘坐了飞机，那是一架格鲁曼公司的小型双引擎水陆两用飞机——“野鸭”。飞行员竟然还让我开了一会儿；我试着遵从飞行员“让它对准地平线”的建议时，把机头弄得忽上忽下，但这架老“野鸭”对我的粗鲁无礼并不介意。我父亲从后面看着我，也觉得很好笑。他不想开飞机，而喜欢骑马。但作为一个老的马球运动员和骑兵，他还是愿意体验这种新式的交通工具，并承认航空兵部队的年轻人确实具有某种并不成熟的魅力。实际上，说起 1911 年在菲律宾第一次坐飞机的

---

① 英尺：长度单位，1 英尺 = 0.3048 米。——译注

事来，他总是津津乐道。那是一架“莱特”飞机，弗兰克·拉姆（莱特兄弟培训的第二位军事飞行员）开着飞机，他坐在机翼上。这架脆弱的飞机飞跃一处森林大火时，上升的热气流使飞机突然倾斜，差一点把我老爸从他那简易的座位上掀下去（他是这么讲的）。我对这个故事很着迷，就像我对拉姆本人很着迷一样；多年后我在西点军校见到了他。这位老先生少言寡语，很有尊严，不假装，不做作，在航空新技术席卷我们社会的时候，他一直挺身在技术进步的最前沿。他一生中看到了很多变化，但他不是坐在扶手椅里被动观察，而是从更加先进、迷人的飞机的座舱里主动体验。这位孤寂的“老鹰”给我留下了深刻的印象，尤其是把他与西点军校那群非常熟悉、像旅鼠一般、高喊“跟我来，兄弟，冲上山头!”的年轻陆军军官们进行比较的时候，更是如此。

在西点军校临近毕业时，我必须决定是留在陆军还是另辟蹊径，加入最近独立的空军（在我父亲的眼里，空军一直是陆军航空兵）。和很多年轻的美国人不同的是，我对飞机的热情既不专心致志，也不始终如一。从乘坐“野鸭”到遇到弗兰克·拉姆的那些年里，我也曾时而对制作飞机模型投入激情，但在我年轻人的生活中，飞机并不像国际象棋、橄榄球或女孩子那么重要。此外，把驾驶飞机作为一种职业也会带来一些实际的问题。你也许在飞行员培训中被刷掉（占 25%）；你也许会摔死或撞死，不管是在和平时期还是在战争中，其概率都是一样的。根据预测（有人对此专门做了研究），在未来的空军，晋升要比陆军更慢，因为过去一段时期空军的作用被过于强调，产生了一大批年轻的高级军官，从而阻断了随后人员快速晋升的通道。所有这些（再加上西点军校全力推动的陆军课程）都表明，去陆军才是更合理的职业选择。与此相反的，是我的好奇心——下一个 50 年会带来什么结果？莱特兄弟第一次驾机飞行至今，还不到 50 年，而我们已经进入喷气机时代。

另外，我还有一个个人问题。我叔叔劳顿·柯林斯当时是陆军参谋长，我父亲退役时是两星将军，我另一个叔叔当过准将，我哥哥是上校，我的堂兄是少校，他们都在陆军。我觉得要是加入空军，没有那么多复杂的家庭背景，很可能有更好的个人发展机会。当然也就不会有裙带关系（不管是真实的，还是想象的）。

于是我就加入了空军。毕业后我在欧洲轻松愉快地度了一个月的假，然后就坐进一架单引擎 T-6“得克萨斯人”的驾驶舱，飞行在密西西比州东北平坦的农田上空。这地方真是令人心旷神怡，尤其是在西点军校度过了令人压抑、厌烦的 4 年之后，这种感觉就更加明显。密西西比州的哥伦布是一个友善的小镇，它有一个很大的女子学院。一个单身的少尉是很受欢迎的，因为仅凭他可以进入镇上唯一的酒吧——军官俱乐部，就足以令人刮目相看了。但主要还是因为飞行！飞行非常有趣，做自己喜欢的驾机飞行（别的啥也不干）还能拿着工资，这似乎有点不对劲儿。幸运的是，驾机飞行对我来说比较容易，我可以轻松愉快地做这件事，而不像很多同学那样，一直忍受着害怕被淘汰的困扰。

在哥伦布学了 6 个月的基本技能后，我转到得克萨斯州（简称“得州”）的圣马科斯，对仪表设备和编队飞行做了简短的学习，然后再转到该州的韦科，学习喷气机驾驶的基本技能。1953年夏末，我从韦科毕业并获得亮闪闪的银翅膀飞行徽章；我们少数几个被选送到位于内华达州拉斯维加斯的内利斯空军基地，进行高级的日间战斗机训练。在内利斯，我们真正学到了飞行技术——那是一门非常激烈、残酷的淘汰训练课程。在我参加训练的 11 周里，有 22 位飞行员丧生。现在看来，在没有敌人的参与下，承受这么高的死亡率似乎非常荒唐，但在那个时候，这样的风险却是完全可以接受的。我们那时也不知道能不能挺过这一课程，但教练把我们"激励"得够呛，我们只能全力以赴投入训练，尽管朝鲜战争的停火协议刚刚签署，遇到"米格"飞机的机会变得越来越渺茫。为了提高技能，我们不断地训练，每天三四次，在内华达州上空翻滚着做 50 分钟的攻击行动——学习使用机炮，摸索团队空战的技巧，为的是不让"米格"飞机处于我们的尾后。每天夜晚，我们以驾驶"军刀"战斗机的紧密队形驾驶我们的轿车，呼啸着冲进拉斯维加斯，把当地人吓得胆战心惊，然后把我们那点可怜的薪水赌掉，黎明前睡上两三个小时，赶回基地的起飞线，再一次把我们娇小、粉嫩的身体抛向蓝天。那是一段疯狂的时光，能够活下来我至今仍觉得不可思议。从那以后，我再也没有受到这样的惊吓。

由于朝鲜战争的停火协议，从内利斯空军基地毕业后，我的去向从朝鲜变成了加州，我被分配到了位于维克托维尔的第 21 战斗轰炸机联队。我在那度过了一年非常愉快的时光，仍然驾驶"军刀"飞机，只是现在专注于对地攻击和核弹投放技术。1954

年 12 月中旬，我们的联队受命转到法国，于是我们收拾行囊，带上不可缺少的装备，向东飞行。圣诞节那天，我们到达加拿大东部拉布拉多的鹅湾。新年那天，我们磨蹭到了格陵兰的 Bluie West 一号机场（位于纳萨尔苏亚克的峡湾以北）。难以置信的恶劣天气和随处可见的酒吧使我们的旅程充满危险，我们驾驶超声速飞机出发大约 30 天后，终于到达法国的肖蒙，平均速度是每小时 4 英里。

我们的旅程令人心旷神怡（我在空中看到了格陵兰冰川裂缝的边缘那晶莹剔透的湛蓝，这种美景真是无与伦比），法国也让我们有了新的飞行体验。这里没有了加州沙漠上空那纯净的空气，在加州，你一眼就可以把美国大陆的最高点惠特尼山和最低点死谷尽收眼底。现在我们来到萨尔河谷，平坦的土地显得非常沉闷，空中弥漫着烟雾和霾，在最好的天气下，你都无法看见太阳。当我们练习新技能、掠地飞向铁幕那边设想的目标时，我们不再是飞得很高、在对流层穿梭的高傲“雄鹰”，只是谨小慎微地残喘于河谷雾气的保护层中。偶尔我们才能逃到阳光明媚的地中海沿岸，再次在清新的空气中磨炼我们的投弹和机炮射击技术。在利比亚首都的黎波里附近，美国空军建立了惠勒斯空军基地，它是一座大型设施，来自英国和法国的各种战斗机部队可以来这里磨炼他们的各种技能，这在欧洲大陆拥挤、阴云密布的天空里是无法进行的。各战斗机联队每年在这里进行一次对抗赛（机炮射击比赛）。1956 年，我有幸赢得了一次这样的比赛，得到了一枚可爱的银杯；直到今天，我对它比后来得到的更令人瞩目的荣誉还珍视。

此时，带着这枚奖杯，我开始思考下一步的职业发展道路。其实，这倒不是因为我做得不好，我现在已成为飞行小队队长，正在培训和保护我自己的一帮小兄弟。但我年龄越来越大了（希望也变得更加聪明了），至少周围的人看上去越来越年轻了。

多年来，我以极大的兴趣追随我姐夫科迪·沃特（一位海军飞行员）的职业生涯。他是我姐姐弗吉尼娅的丈夫，从第二次世界大战前开始，一直飞各种大型巡逻机，最近刚刚从位于马里兰州帕塔克森特海军航空站的海军试飞员学校毕业。我从他的来信中仔细搜寻相关信息，他对自己飞行任务的简短描述让我非常着迷。例如，他是试飞“海标枪”（一种设计理念激进的小型喷气式海上飞机，但未能装备）的第一位海军飞行员。不仅如此，他还可以驾驶各种各样的新飞机，而在我的马厩里却只有一匹疲惫的“老马”——F-86。等到 1957 年年底我离开欧洲的时候，我希望能够做科迪那样的工作，但申请位于爱德华兹的空军试飞员学校需要积累 1 500 小时的飞行时间，这一点我还达不到。我申请先去飞行部队，等我飞满 1 500 小时后希望能够马上转到爱德华兹。空军很快给了我令人沮丧的答复。我必须到位于伊利诺伊州的沙努特空军基地报到，参加为期 9 个月的飞机维护军官课程。然后呢？没人知道，但毫无疑问，前景并不看好，因为在沙努特的培训将使我远离爱德华兹，而不是离它越来越近。

学校很糟糕。教室里开设的课程非常无聊，每天早上 6 点钟开始上课；飞行时间很少，而且飞机老旧。我还能说什么呢？为了缩短这种痛苦，我开始加大课业学习量，用6个月的时间完成了9个月的课程。真棒！然后我被留校当了一名教官！我跳上一架飞机，飞到华盛顿。我在五角大楼的走廊里走来走去，终于找到了一位可以听我诉说苦闷的负责人事的官员。他说：“你不喜欢这所学校也没关系，但你被派驻在沙努特，所以我们就不能把你派往其他地方。你要是有能力的话，可以在沙努特做其他的工作。”幸运的是，我获得了一个担任运动培训小分队指挥官的机会，其总部位于沙努特，于是我当即接受了这一职位。

这样的小分队被沙努特派往世界各地的空军基地，因为那里的飞行部队正准备换装新型号飞机。其思路是，新飞机到达前的几个月，运动培训小分队会先期抵达，向飞行员和地勤保障机师讲解驾驶和维护新飞机所需的知识。小分队的人员构成和飞机的复杂程度以及很多其他因素有关，我手下少则10人，多则70人，这是一种很有意思的工作体验。问题是，我们总是处于运动状态，妻子、女朋友和薪水支票似乎总是赶不上我们；当然，她们要是赶上了，情况会更糟糕。我们带着昂贵、笨重、复杂和精密的训练装备，这些装备很容易损坏或过时（因为工厂针对新飞机做了改进）。对我们的接待方来说，我们是陌生人，但我们需要他们提供各种各样的协助和支持。我们的老板在一千英里以外，同时受到十几个像我们这样的小分队的骚扰。我的岗位说明上说，我是一位维护军官，但一位随军牧师、律师或外交官可能更容易解决运动培训小分队所面临的雪崩般的琐碎问题。

后来，我转到一个外场培训小分队，它是一个半固定的培训小分队，学员们来到我们所在的地方进行培训，这样，节奏就放缓了一些。尽管如此，当有人对我说“唉，你当了一辈子飞行员，所以你不会明白……”的时候，我就感觉特别好笑。女士们，如果你的大儿子继承了家族的名分和家产，你不知道给你家老二提供什么建议，我衷心建议他从牛津大学毕业后，直接前往沙努特位于美国伊利诺伊州的兰图尔空军基地，然后加入一个运动培训小分队去追求自己的名声和财富。

1960 年初，我再次来到位于拉斯维加斯的内利斯空军基地。我不再是那个整天与想象中的“米格”飞机进行空中格斗的狂妄小伙子了。我忙着在地面构建一个运动培训小分队，来针对最新型的全天候、装备雷达的 F-105 先进战斗轰炸机，给飞行员和地勤保障机师们提供培训。尽管这一工作很有挑战性，我的心其实并不在这上面，我对参加试飞员学校培训这件事一直念念不忘，它会使我到达驾机飞行职业生涯的下一个高地。

在运动培训小分队的日子里，我抓住一切机会去飞那些能飞的各种飞机——和不认识的飞行管理军官说好话，不管是晚上、周末还是其他时间，我都可以飞，别人不想飞的地方我也去飞。就这样，我的飞行时间终于超过了 1 500 小时，随后我立刻给试飞员学校发去了申请，然后就开始在内利斯等着我的落选信。我在空中飞的时候，通常会朝着西南方向拐一圈，就是为了瞄一眼爱德华兹那个广袤的湖床——感觉很近，又非常遥远。虽然我有很不错的推荐信，但就自己的经历和背景来说，我没有理由相信自己会被录取，像我这样的飞行员估计会有几千人。因此，当那封改变命运的信件——被录取到美国空军实验飞行试飞员学校60-C班，1960年8月29日开学，学期32周——终于到达时，我感觉特别兴奋，简直就像让我飞往月球一样。于是我们“乘组”的三位成员（帕特和一岁的凯特）就从内利斯搬到了200英里以外的爱德华兹。

“从这里走出的都是世界顶级的飞行员”是一句比较常见的牛皮话，在各种飞行部队飞行管理中心的大门上都能看到。但在这所试飞员学校，我真的相信这句话。我剩下的事情就是观察这些模范人物，他们都是从整个空军中挑选出来的，在随后的9个月里，他们将成为我的朋友和友好的竞争者。

第一位是同班学员弗兰克·博尔曼，他像个即将加入选战的政治家一样，在门口迎接我们大家。他报到前是军事学院的教员(教授热力学)，毕业于加州理工学院研究生院，是一位强有力的竞争对手：飞得很好，完成专业课程就像玩儿一样，计算尺被他滑动得快要冒烟了。

接下来是格雷格·纽贝克，他仅在T-33喷气教练机这一个项目上就积累了3 000小时，比我总的飞行时间还多了50%，然而，他还比我小2岁。我怎么花了这么多时间才做了这么一点事——没有研究生学历，可怜的2 000飞行小时，30岁的年龄，而且也没有弥补这些不足的特长？

飞机性能测试科的主任汤姆·斯塔福德决心让我们有一个良好的开端，所以，我也没有时间自怨自艾。老“嘟囔虫”汤姆一个人做三个人的工作，他很快就让我们沉浸在新飞机各种复杂的性能参数测试工作中。工作模式一般是这样的：先是课堂教学，学习某种测试的理论基础；接着驾机飞行一两次，实际尝试新的测试技术；最后是分析在飞行中采集的大量测试数据。这最后一项工作——对数千字节的数据（数据点）进行简化并写出配有图表的可读报告——既费力，又费时。一到空中，你就开始工作，把信息用手写在膝上写字板上，或者用专用相机把仪表数据拍下来，或者用示波器把 30 个或更多的测量值记录在坐标纸上。每次飞完，他们就把洗好的胶卷和坐标纸交给我们。不管是周末还是晚上，我们都会俯身于桌面计算器上，或者盯着胶片投放仪仔细查看，然后把这些巨量的数据写成简洁的报告，拿给汤姆审批，这样我们就可以进入下一个试验循环，把这一痛苦的过程再来一遍。这就是试飞员迷人的日常生活！

随着学业不断推进，我变得越来越短视和古怪，但我非常清楚，起飞线的另一端将是非常美好的，那里都是一些真正的试飞员。他们是选派到试飞中心的少数精英，驾驶鲜亮的 F-104“星式战斗机”疾驰在天空，而这位同学却驾驶着 T-28（其发动机的动力和洗衣机的马达差不多）在空中慢慢“突突”。他们穿着银色的加压飞行服，我那油乎乎的飞行服都已经脱絮了，尤其是臀部。我要是再坚持一段时间，获得一些更好的分数，再写 6 部耀眼的报告（里面充满从未透露的有关航空知识的有趣信息），我也许同样可以毕业，被选派到试飞中心（当然是战斗机分部），甚至有可能发给一件干净的飞行服。

在此期间，生活也不是完全苦闷无聊。我们通过轮番讲述自己过去的飞行壮举来使自己开心，而班上的个性人物——哈利·约翰逊，则滔滔不绝地讲述他的摩托车比赛生涯。我们对此赞不绝口，但杰克·泰森除外，他有一辆 1918 款的宾利，也只有 1918 款宾利的车主才对杰克赞不绝口。完成一周令人疲惫的上课、测验、少量飞行和大量数据简化工作之后，我们也有一些令人难忘的聚会，通常是在周五的晚上。然后我们会忘掉妻子，聚在一起喝酒，讨论毕业后的去向，抱怨好工作的稀少，有时候也会唱歌，随口演绎的歌词不宜在此重复，却比较准确地描述了可怜的飞行员们在不可思议的世界里所遭受的苦难。

我们也开始变得更加自信，而且不得不承认试飞员学校的训练手段确实有一定的价值，我们花费的大量时间终于有了回报。我们学到了一些驾驶技术，这在以前通常被认为是没有必要或根本不可能的。我们学会了精确控制飞机的空速，比如精确到误差不超过每小时半海里；我们学会了观察、记忆和记录飞机颠簸、起伏、滚转的每一个最后动作；我们学会了任务的有效安排，这样，宝贵的飞行测试时间一点儿都不会浪费。我们设定高标准并努力达到这些标准，为此感到非常自豪。我们生活在一个粗糙的世界里，但我们做事精确，非常精确。我们最担心的是，我们会用不上学到的这种精确性，会被发送到不需要精确性的地方，(会被派去驾驶飞机不停地绕圈而后座上的工程师只是不停地玩弄那些新型电路盒上的开关)。在空军，每有一个真正的试飞员工作，都会有十个打着这一旗号的工作。我们班的大部分人都会补充到这些不太真实的试飞员岗位上，对此我们心知肚明。我们等待着，担心着，因为空军的人事系统并不具备明察秋毫的能力。消息终于来了。吉姆·欧文（12 年后作为“阿波罗”15 号的乘组成员，驾车行驶在月球上）是最感失望的学员之一。哈利·约翰逊也很失望，实际上，班上的绝大部分人都很失望。博尔曼和纽贝克留校当了教员，这是一种荣誉。试飞中心战斗机分部唯一的空缺岗位，留给了麦克·柯林斯（我也不知道是什么神奇的力量发挥了作用）。

从此以后，一切变得非常顺利。我现在已不记得我们毕业典礼的演讲人了，也不记得他讲了什么内容。当我穿着借来的礼服，满头大汗地站在摇摇晃晃的讲台上，准备做毕业典礼演讲时，我就不止一次地回想起这个悲伤的事实。实际上，唯一给我留下深刻印象的毕业典礼演讲人是罗斯科·特纳，他 1953 年来到我们的初级飞行员学校（位于密西西比州哥伦布）的毕业班。罗斯科是介于两次世界大战之间那个航空黄金时代中最具传奇色彩的竞速飞行员，当他平静地讲述那个一去不复返、狂野无比的航空世界时，我们都感到特别吃惊。

罗斯科那时带着一脸打过蜡的胡子和一只名叫“吉尔摩”的宠物狮子飞行，我们则带着规则手册、计算尺和计算机飞行。登上月球将需要一台很大的计算机，实际上，飞行任务控制中心的整个地下室里全是计算机。但在 1961 年春天的爱德华兹，我正处于吉尔摩和月球之间，坐在先进飞机“星式战斗机”“超级军刀”和“三角标枪”的驾驶舱里，这些飞机在我难忘、丰富多彩的过去与复杂、难以预测的未来之间，搭起了桥梁。我感到非常满足。我就要去试飞中心战斗机分部报到了。我甚至还出去买了一辆 A 型福特轿车。

2 当上宇航员

计划、协调和实施实验型和生产型飞机的飞行试验项目，评估和报告其作为军事装备系统的飞行特性、性能边界、稳定性和功能适用性。评估和报告配装构件和设备的适用性、功能性和耐用性。在完成军方和承制商的飞行试验项目时，按要求提供保障飞行。按指示代表空军飞行试验中心参加与飞行试验任务有关的各种会议。

——试飞员的工作职责（《空军条例》1962 年版）

除了上述内容，试飞员还必须有一点精神分裂症：他们不仅要从自身的角度，而且还要从那些没有受过专门培训、没有专门经验的普通飞行员的角度，去评判一架新型飞机。如果飞机出现某种情况，应该怎么做？有时候，可能什么都不需要做；但有的时候，很可能需要返厂做昂贵、费时的改进。也许给用户的一句提醒就解决问题了。每一架新飞机都带有一本书，一本很厚的书——《飞行员手册》，那是飞行员的《圣经》，里面充满了各种简短的告诫，讲述各种因疏忽和违反规程产生的各种罪孽。这些告诫根据其严重程度被分为几类，放入非常醒目的格框里。

警告

如果不严格遵守，就会造成人员伤亡的操作程序、做法等。

特别注意

如果不严格遵守，就会造成设备损毁的操作程序、做法等。

注意

有必要提醒的操作程序、条件等。

什么情况忽略不管？什么情况提出警告？什么情况提出改进建议？这是试飞员必须做出的最重要的评判。一般情况下，他会不顾项目经理那宝贵的计划节点，来为飞行员的安全进行辩解。“哈里，我不管到目前为止出没出过事，但我必须告诉你，座舱盖抛投手柄伸出得太长，要是某个飞行员急着去拨动战术空中导航通道的选择开关，他飞行服的袖子会挂到它。小心点？我们当然小心啦，所以到目前为止还没有出事。但是，要是某个水平不高的少尉遇到了恶劣天气，第一次做夜间飞行，或者非常疲惫呢？加一条‘特别注意’？这一条怎么写？‘注意手柄’？或者‘夜晚天气不好的时候别太疲惫’？你拉倒吧，哈里。再说啦，里面的‘特别注意’太多了，飞行员手册都变得像纽约电话簿那么厚了。这个手柄需要改造。”

事情就是这样。对某个在月球轨道上有可能不小心把舱门抛掉的人来说，这是很有价值的训练。实际上，最让我感到不可思议、难以置信、奇妙无比（原谅我又操起了宇航员的腔调）的事实是，在“双子星座”和“阿波罗”的飞行任务中，乘组几乎没有出现失误或差错。他们犯错的机会几乎是无穷的，像“阿波罗”指令舱这么复杂的机器，只有最佳设计才能实现几乎没有失误的操作。正像后面将要谈到的那样，宇航员们很早就参与了“双子星座”和“阿波罗”飞船的设计，在我看来，这是 NASA 做出的最明智的决定之一。

试飞员不同于任何其他类型的飞行员，他必须非常客观才行。对一个中队飞行员来说，爱上自己的飞机很正常，那是他唯一要飞的飞机，他最好还是享受它，因为它已经设计成这样了，它将以目前的样子存在下去，没人会再去改变它。当讨论这架飞机时，他可以戴上眼罩，罗列一堆有利于这架飞机的偏见，并产生一种几乎宗教般的狂热。他会带着轻蔑或怜悯去看待那些来自附近中队、没有他这么优越的飞行员。

试飞员可不能掉入这样的坑里。你花费了几年的时间飞康弗艾尔公司的产品，并不意味着洛克希德公司的系统就不好。你必须知道，康弗艾尔公司产品那种细腻的感受对全天候的高空拦截来说，是非常不错的，但洛克希德公司产品那更加厚重的操控感，用于近地攻击时就非常实用。你必须仔细分析一架飞机的可能用途，然后再做相应的评判。例如，林德伯格的“圣路易斯精神”存在纵向不稳定性，这一般会被认为是不可接受的。然而，林德伯格并不介意，因为他对升降舵控制的持续关注，可以使他长时间一个人飞越大西洋时保持清醒。

和其他大多数职业一样，试飞员也不是马上就处于那一群人的顶端，而是有一套学徒工-熟练工体系（至少在爱德华兹是这样），来指导和培养新手。例如，战斗机分部“新来的男孩”发现，他承接了这里最不受欢迎的工作，其中最有名的被称为“拦阻障”。拦阻障就是一种使飞机快速停下来的装置（最好不会损伤飞机）。这是最后的手段，用于在跑道的尽头把飞机捞住，防止它撞入树林、房舍或前面的任何东西。拦阻障通常包含一根很粗的横跨跑道的缆索，它会在飞机主起落架的前面弹起来，或者钩住飞机的尾钩（飞行员看见自己快冲出跑道的时候就把尾钩放下），把飞机拦住。高速滑行的飞机一旦牢固地挂上拦阻索，它那巨大的动能必须想办法在几秒钟内吸收掉，才能使它极快地停下来。各种能量吸收方案都在应用，例如在地面拖拉很重的铁链，在装满水的封闭管道里拖拉一个铲斗，或者使用液压驱动的飞机刹车系统。每种新系统必须针对各种飞机重量、速度和种类，进行试验和验证。所有这些工作都在爱德华兹完成。当战斗机分部的电话响起来的时候，老家伙们都有一种特异功能，知道那是拦阻障试验工程师们在寻找飞行员。他们一边嘟囔着要写测试报告的借口，一边消失在里面的小屋里，留下这位崭新的小伙子作为“祭品”，奉献给贪婪的“拦阻障天神”。

来到约定地点——一条通往湖床尽头的废弃跑道，这位新来的试飞员很快被按进那架他所见过的最老、最破旧的喷气飞机——一种连南美国家的空军都早就不用的型号。透过蜘蛛网和鸟窝，他被指向驾驶舱里唯一的一部新仪表——空速表，它是这位工程师给定的一次试验滑行中，提供精确动能读数（质量乘以速度的平方再除以 2）最重要的装置。这位满头是汗的飞行员终于在一位满脸厌烦的地勤保障机师简短的提示下，起动了发动机；这位机师显然觉得，给他派来一个智障飞行员是对他人格的侮辱。而工程师咨询完他的计算尺、表格、计算器和占星师之后，在发动机的呼号中，对着驾驶舱拼命喊叫。“呃……，你是柯林斯？那好，柯林斯，这一次我们需要的速度是 82 节，不要超过啊，柯林斯。”他们需要把飞行员的名字写在事故报告的表格上。

离开拦阻障一定的距离，柯林斯审视了一下这个对手，就像一位斗牛新手仔细审视第一头潘普洛纳胖大公牛一样。只是这一次，他成了那头公牛，他必须冲撞过去，他必须驾驶这家伙冲向跑道尽头那个灵巧的躲闪者。他感觉所有的眼睛都看着他，但人群中没有一个人给他鼓掌。他松开刹车，加大那台疲惫不堪的发动机的油门，冲向拦阻障的中心位置。82 节，嗯，他会向他们展现自己的技能……70，75，糟糕……85……糟糕……90……让它慢下来……正好 82……妈的……87。“咯噔”！他从眼角注意到，这“咯噔”声是飞机的轮子压过了拦阻索。他把油门猛地打到空挡，准备迎接随后到来的猛烈减速。飞机并没有减速。跑道的尽头一下子冒出来，又一下子不见了；他在湖床快速行驶时，带起了巨大的尘土云。终于慢下来之后，他掉头返回。有人误以为烟尘是浓烟，就给消防队打了报警电话，于是一队红色的消防车闪着红色的警灯，追着他回到了停机坪，停机坪上也自发形成了一个欢迎归来临时委员会。那位地勤保障机师仔细查看着这架破旧不堪的飞机，脸上带着夸张的惊讶神情，好像从未见过这架飞机似的。测试工程师被自己的精确计算惊讶到了。“82节，柯林斯。你通过拦阻索时是不是82节?”柯林斯承认比这多了5节，这一令人憎恶的数字被记录下来，供后人大肆诟病和嘲笑。随后，工程师就开着皮卡车走掉了，消防车也一齐离开了（也许到了喝咖啡的时间），飞行员沮丧地回到了试飞中心。上司正在玩十五子棋，连头都没抬一下，说道：“你忘记放下尾钩了，柯林斯。明天一早重做试验。”此后，柯林斯再也没有忘记过放下尾钩。

就像《圣经》中的七个荒年和七个丰年一样，爱德华兹的钟摆也是晃过来、晃过去，从来就没有数量正好的试飞员或试飞项目，总是要么太多、要么太少。空军本来应该试飞稳定数量的原型机，经过筛选，只把最好的产品投入生产，但本国的麦克纳马拉们不允许空军这么做。国防部长麦克纳马拉早在试飞项目开始前，就宣告F-111将是非常成功的产品。实际上，他宣告说这型飞机将是万能的，有点像造一辆车，既可以送老爸去上班，也可以帮老妈去买菜，周末还可以用它搅拌水泥；当然，五月是个例外，那时它会用于印第安纳波利斯500汽车赛的紧张训练。幸运的是，海军有勇有谋，拒绝了麦克纳马拉的建议，尽管他是顶头上司。但在1961年，空军飞行试验中心急切地想实施F-111这个重大的项目，因为先前的项目正在收尾，新的项目并不好找。七个荒年已经开始。

与此同时，爱德华兹第一次有了竞争对手——NASA，后者有着快速增加的太空预算，以及在这个10年内让一个人登陆月球的宏大计划。此外，有传言说，他们又要选拔宇航员了。当然，他们已经在1959年挑选了7位——“首批七杰”，他们都是军事试飞员。他们受到的公众监督也比有史以来任何群体的飞行员、工程师、科学家、嬉皮士等要多。公众对他们一直都非常认可。他们个个都像戈登·古德盖一样，有着钢铁般的意志和强大、饱满的乐观心态，笑眯眯地等待着任何可能出现的骇人危险，让他们有机会“挺身而出”。他们也没有心理或精神上的问题，因为他们与心理医生的互动，孤身承受冰冷黑夜或炙热烤箱的能力，都异常详细地展示在公众之下。还有深入细致的安全和道德方面的审查（NASA把这些称为“背景调查”），他们所有不愿示人的秘密被扒个底朝天，尽管几年后我还是看到了艾伦·谢泼德那坏坏的撇嘴微笑：“我还有几件他们没有扒出的秘密。”他们是精英中的精英，整个国家都热爱他们。

当然，除了爱德华兹那些老家伙们。有几个因为没被选上而特别不高兴（太老、太高、没有学历或者不知道什么原因），也有一些像躲避瘟疫一样躲避这种遴选。现在回想起来，我没法说他们躲避的想法非常愚钝或者敏锐，但我觉得他们的想法确实非常鲜明地反映了当时的时空现状。他们来这里是为了飞行，而不是被关在一个铁桶里，像炮弹一样发射上去绕地球转圈。他们是技能大师，飞行专家，他们是技艺超群的“海鸥乔纳森·利文斯顿”；他们飞行得非常顺滑，他们喜欢那种自我掌控的感觉。他们日复一日地飞，在各种各样的飞机里证明各种各样的事情，但他们确实在飞行。而在“墨丘利计划”中，他们只是乘坐火箭而已。的确，到目前为止，只完成了一次“墨丘利”飞行——艾伦·谢泼德15分钟的上下运动，可是，哥们儿，他只是一名乘客，一只会说话的猴子而已。

爱德华兹的老家伙们抱怨道：有什么大惊小怪的？它连X-15飞机四分之一的技能、技巧或飞行技术都不需要，公众竟如此发疯。《生活》杂志花大钱让他们向热切的民众讲述“个人故事”，要是这家杂志提出和X-15飞行员鲍勃·怀特做一笔类似的交易，空军肯定会断然拒绝。那这批宇航员到底都是一些什么人呢？迪克·斯莱顿是唯一一位曾被分到试飞中心战斗机分部的宇航员（拜托！库珀是在工程部），老迪克肯定是暂时失去了理智，才放弃战斗机试飞员这个职位，来换取在一个铁桶里从某个地方发射出去。

年轻的试飞员还没有资格发这种牢骚，他们只能观望和在心里嘀咕。我当然没有飞往月球或其他星球那种童年的梦想，但这个想法对我非常有吸引力，它得到了总统的公开支持①，而且它比整天试验拦阻障强多了。1962年2月20日发生的事情对我产生了决定性的影响：约翰·格伦乘坐“友谊”7号飞船绕地球飞

---

① 1961年5月25日，肯尼迪总统在国会所做的“国家紧急需求”特别咨文中，有下面这段虽然经常被引用，但依然令人振奋的一段话：“我认为，我们国家应保证实现这样一个目标——在这个十年结束之前，把一位美国人送上月球，并使他安全返回。在这一时期内，对人类来说，没有一项工程比它更加难忘，对远距离太空探索来说，没有一项工程比它更加重要；而且没有一项工程会如此艰难或费用高昂。”

行了 3 圈。设想一下：在所有的云团和湍流之上，每 90 分钟绕飞地球一圈！肯尼迪的月球现在离我更近一些了，爱德华兹的老家伙们在各种竞争中似乎也不再那么高高在上了。所以，虽然我正在做一些有趣的零工——偶尔飞飞 F-100、F-102 和 F-104 喷气战斗机，但当 1962 年 4 月，NASA 宣布将选拔一批新宇航员来补充“不朽的首批七杰”时，我还是做好了充分的准备。

NASA 的简短通告令人鼓舞，因为它仍然要从试飞员中选拔。这就把选择范围大大缩窄，因为美国就没有多少获得认证的试飞员（尽管 NASA 这次把选择范围扩大到了民用试飞员）。申请者需要拥有生物科学或工程领域的学位，身高不能超过 6 英尺，报名截止时年龄不超过 35 岁。这次将选拔 5～10 人，报名截止日期是 6 月 1 日。通告的墨迹还没有干我就提交了申请。

空军不想把所有的申请人都转交给 NASA，而是要先做一个初步筛选。5 月底，我被叫到华盛顿，接受空军人事专家的面试。6 月下旬，我们那些通过初选的人员被再次叫到华盛顿，空军花了 2 天的时间给我们讲授如何在后续的测试和面试中给 NASA 留下深刻的印象。我们很快把它称为“魅力学校”，也不清楚应该觉得这是一种冒犯（嘲笑它的有效性），还是应该把它的课程铭记于心。在“首批七杰”中，只有 3 个是空军军官，可能空军对此并不满意。

我们像电台播音员那样朗读指定的段落，然后，一位拥有教育学博士学位的男人会滔滔不绝地进行点评。我们做即席演讲。他教我们怎么说话、穿衣服、站立和坐着（当然是穿及膝的袜子，这样就不会有大堆的腿毛干扰教育学博士的思绪），怎么回答问题（不能太长，也不能太短），在聚会上怎么喝东西（慢慢喝，持续时间要长）。甚至空军参谋长柯蒂斯·勒梅上将和研发部司令员伯纳德·施里弗上将（几乎和罗斯科·特纳一样出色）还给我们做了鼓舞士气的讲话。然而在我看来，这次培训的最高境界无疑是我们学会了如何把我们的手放在我们的臀部（现在还有人能在家里学到这些吗?）。女士的拇指朝前，男士的拇指朝后！弄反了不仅有失高雅（也许更糟），而且当然也会被 NASA 这个老吝啬鬼立马发现并当场拒绝。我在晚年对此做过深入研究，发现身材魁梧的建筑工人把拇指朝前放，而故作高雅的“小仙女”则把拇指朝后放，他们显然不是“魅力学校”的毕业生。

有了这些知识所带来的自信，我做好了迎接下一道真正大坎——在空军位于得州布鲁克斯空军基地的航天医学学校进行的 5 天体检——的准备。我去年去过那里，当时，我们试飞员毕业班（在学校的鼓动下），通过大量的体检项目来“自愿”帮助医生们收集正常人的基本数据。所以，当我 1962 年 7 月初第二次来到布鲁克斯时，我知道接下来都做些什么。周一早上你来到学校（不能吃饭），一位和蔼可亲的实验室技术人员（一半像吸血鬼，一半像水蛭）会迎接你，抽取感觉都有一夸脱[1]的血。然后让你喝一大量杯葡萄糖（甜得令人恶心）作为早餐，在上午剩下的时间里定期给你扎更多的针，中间还穿插着做其他各种各样的

① 夸脱：体积单位，1 夸脱 = 0. 95 升。——译注

体检项目。到了中午，医生们根据你血液中的含糖量，检测你是否有患糖尿病的倾向，你也会再次让他们抽血。此后体检就变成了一个敌对过程。随着不停地被捅，被戳，被锤，被刺，各种不舒服开始层层加码，从紧张不安一直到毫无尊严。身上的每一个窟窿都遭到侵犯，毫无隐私可言。你就像出发做跨东西海岸之旅前，一辆被仔细检查的二手轿车。把冷水倒入你的一只耳朵，让你的眼球疯狂地转动，因为一个温暖的半圆形腔体管道和一个冰冷的半圆形腔体管道把相互矛盾的信息传给了你的大脑。给你的身体粘上心电图传感器，然后让你站到跑步机上，跑步机保持着不可动摇的速度，来模拟一条山路。随着跑步机倾角的不断增加，你的心率不断提高，直到最后达到每分钟 180 次。然后让你休息一会儿，再测量你的恢复时间。你被绑在一个平台上，先让你舒服地躺一会儿，然后平台突然直立起来，此时需要测量你的心血管系统针对重力矢量突变做出的响应。你给一个袋子吹气(越快越用力越好)，然后测量你的肺活量。在你的眼睛上放一个专用的金属杯，来确定你的眼压，因为眼压增加有可能是青光眼的先兆。你的“后庭花”被“钢鳗”侵犯，那是一个既疼痛又毫无尊严的过程——伸进体内一英尺，检查你的肠道是否存在癌症或其他病症。你的眼睛和耳朵由几位世界顶级专家检测，其仔细程度令人难以置信。

然后，心理学家上场了，他们那些心理更稳定的同事给他们腾出了位置。一场口头语言攻防战。那些墨迹到底应该怎样解读？10 张照片里有一个树杈是不是太多了？我今年该怎么描述一张空白纸？去年我说那是 19 只北极熊在雪堆里偷情，结果那位面试专家立刻把脸沉了下来，觉得我对他那宝贵的测试卡缺乏敬仰。他们说我充满敌意。但今年我不会这样了。今年我想飞往月球，特别想，我会用能让他们高兴的方式，描述那张白纸。也许我应该说在上面看到了一个巨大的白色月球，或者说那是老爸老妈的照片，老爸比老妈高大一些。猜测心理学家的想法并不容易。

到一周结束时，我深感疲惫，但还是比较自信，觉得自己没有出现明显被淘汰的问题。我确实有一些小毛病和异常情况，多年后我才了解到，有五六项异常情况很正常，但在当时，除了自己的问题，我对其他人的问题毫不知情。我认为别人都是杰克·阿姆斯特朗。我知道每一窝都有一只小矮子，也许这一窝的小矮子就是我。只要能通过，管他是不是矮子呢。

在布鲁克斯，我第一次看到了空军以外的竞争者——来自民用、海军和海军陆战队的飞行员，他们和我一样想飞到 NASA 的月球上。我对他们印象特别深刻：非常善于交际，连胳膊上扎着针、嘴里插着温度计的时候，脸上都带着微笑，他们显然可以应对多舛命运带给他们的这种或任何其他困难。我那争斗的羽毛直立起来。我没有微笑，但我觉得我驾驭飞机的能力一点儿也不比别人差，我只希望他们按照这一能力进行评判，而不是依据“魅力学校”的老朽们或心理学算命师们凭空想象的一大堆次要个性来评判。

总算完整地回到爱德华兹。我还没有来得及向帕特简要通报与她结合的这具身体所遭受的摧残，就急匆匆地赶往休斯敦，去接受更多的检测和面试。到目前为止，最初那满足 NASA 所列条件的 300 来人，经过粗筛、细筛和精筛，只剩下 32 位了（海军 13 位，平民 6 位，海军陆战队 4 位，空军只有 9 位，但个个富有魅力）。面试自此进入严肃阶段，因为三四个里面才选出一个。我从爱德华兹出发时，并不感到非常自信，主要因为我只有一年的试飞经验，我的资历只是勉强够格。

啊，休斯敦！即使在今天，这个名字依然具有魔力和诗意。我无法想象在月球上这样呼叫："呃，明尼阿波利斯，我们遇到麻烦"或者"盐湖城，这是'惊讶者'19 号，能听清楚吗?"不，必须是休斯敦，在我看来，这地方的任何瑕疵当然都是不存在的。我入住赖斯宾馆，就像进入了天堂之门。NASA 指示我用一个虚构的名字，这又给我令人兴奋的任务增添了一层诱人的神秘色彩。

第二天早上，当又一轮测试开始时，我一下子就回到了现实。NASA 好像对我们的观察能力特别感兴趣，他们采用了一种我从未见过、此后再也没用过的手段。让我们看了两部电影：一部是太阳系的大巡游，我们依次飞过每个行星；另一部是一系列水下礁石生物的镜头，里面有大量的动植物。然后我们拿出纸和笔，描述每一个访问过的行星和每一个瞟见过的鱼儿（越详尽越好）。我们又参加了一组心理测试（你是势利鬼还是邋遢鬼?），然后接受一群 NASA 医生的面试（他们面前摆放着我们在布鲁克斯的体检成绩）。他们是很健谈的一群人，又告诉我一些我身体上的毛病（都是小毛病），还透露了一点关于我同事们的小花絮。显然，布鲁克斯的心理学家们原谅了我关于北极熊的说法，甚至喜欢我的测试结果①。

接下来上的是“主菜”——技术面试，是由专业技术人员主持的一个最根本的环节，他们想知道我们都做了些什么工作，我们都知道些什么，而且他们并不在意回答问题的时候我们的手是否放在了臀部。迪克·斯莱顿在，艾伦·谢泼德也在，还有负责宇航员训练的沃伦·诺思（也曾经是试飞员）。约翰·格伦在房间里进进出出，问了一两个简单的问题，然后一边听回答一边微笑。其他3人看上去比较硬气、友善，但非常严肃，他们的技术问题需要如实、准确地回答。有些问题，我感觉做出了满意的回答，有些显然没有。例如，我不知道“阿特拉斯”运载火箭目前积累的可靠性数据是多少，我的猜测过于乐观，偏差较大。今天大多数人都认为这种火箭不可能出问题，但在1962年，10次发射中，有9次成功就不错了。我的半小时面试结束后，我离开了面无表情的3个人，他们还在埋头研究手上的资料，为下一个

① 漫画《大兵贝利》说明了一切，它描述了心理学家为什么对宇航员们感到不安。我们偷听到了邦库斯医生和斯卡巴德上尉（二等兵泽罗的上司）之间的一段对话。

邦库斯医生：我很担心那个男孩儿。

上尉：二等兵泽罗？为啥？

邦库斯医生：他没有烦恼，没有担心，没有恐惧……没有问题，没有精神障碍，没有忧虑。

上尉：他是咋回事？

邦库斯医生：我也不知道，这正是我所担心的。

"受害者"做准备。

那天晚上，我们这些满头大汗、有望入选的申请者和我们的审问者以及 NASA 羽翼未丰的载人航天中心的几位关键人物一起喝鸡尾酒，并共进晚餐。斯科特·卡彭特和格斯·格里索姆也在，这样，"首批七杰"，除了戈登·库珀和沃利·希拉，我都见到了。他们是一群令人印象深刻的人，上镜，英俊潇洒，他们共同的特点是充满自信但并不张扬。站在人群中，他们总会脱颖而出；他们要是被公关人员选中，那绝对是最佳人选。然而，我想公共关系和他们毫无关系。据报道，选择他们时，重点放在试飞经验是否丰富和身体状况上。随着 NASA 越来越有经验，这两个因素的重要性降低了，选拔重点调整到是否年轻、受教育程度和技术专业上。但在太空飞行的初期，太空环境被认为会产生各种意外，谁还能比那些经验丰富的老家伙更好地应对意外情况呢！我觉得这种想法是有道理的。

载人航天中心主任鲍勃·吉尔鲁斯也参加了晚宴，他是一个令人喜欢、谢顶、话音尖细、目光闪亮、像泰迪熊一样的男人，虽说不那么令人印象深刻，却打造出了一个令人印象深刻的团队。我遇到的人越多，就越喜欢这里的一切。晚饭后，有人建议我们去当地一家脱衣舞夜总会，那里正在上演"新手之夜"。啊？这是不是今天的最后一场测试？我以优秀的股票经纪人的方式权衡了这件事的上涨潜力和下跌风险，然后决定不去——一个显然有些多虑的决定。于是，我返回了爱德华兹，也不知道漂亮的新手姑娘们表演得怎么样，也没有那群 32 位新手的其他信息。

回到爱德华兹，最艰难的时光——等待——开始了。空军的9位决赛选手中，有6位驻扎在爱德华兹。我们小心翼翼地相互观察，看是否有人表现异常，从而有可能表明他从NASA得到了好消息。

1962年8月19日，我给父亲写了下面这封信：

> 我觉得大概会有10人被选中，而且我觉得人员构成不会过于偏向空军或海军（当然，他们会说每个人会按照他的优秀才能来录用，而不会考虑他来自哪个军种）。我强烈感到，至少会有一位平民被录用，这至少也是为了宣传；尼尔·阿姆斯特朗会在名单中，除非发现他有较大的身体问题。我之所以这样说，是因为他显然是6位平民候选人中资历和能力最出色的那一位，而且他已经受雇于NASA。

今天，这封信中所展现的军人至上观念让我感到惊讶，除此之外，它说的没有多少偏差。9月中旬，当消息传来时，尼尔的名字果然列在其中，还有一位平民（埃利奥特·西伊），4位空军军官，3位海军军官，没人来自海军陆战队。空军中有3位（弗兰克·博尔曼、吉姆·麦克迪维特和汤姆·斯塔福德）来自爱德华兹，第4位——埃德·怀特（我在西点军校的同学）正在俄亥俄州代顿的赖特-帕特森空军基地从事全天候飞行试验。来自海军的3位是皮特·康拉德、吉姆·洛弗尔和约翰·扬。我认为，这批的 9 位是 NASA 选出的最好的宇航员，比前面的 7 位好，也比后面的 14 位、5 位、19 位、11 位和 7 位好。

当然，我的落选对我是个打击，尽管我也从未奢望入选。我给父亲写信说，9 个当中我猜对了 4 个（阿姆斯特朗、博尔曼、洛弗尔、麦克迪维特），但我发现很难做一个真正令人满意的事后分析。适用于埃德·怀特的逻辑（运动健将、比较合群，更像“首批七杰”的模样）并不适用于汤姆·斯塔福德（学校教员），其他人的情况也是这样。吉尔鲁斯给我的信也没有任何可用的信息。

“你给我们遴选委员会留下了很好的印象。但总体而言，和那些更出色的候选人相比，我们觉得你的条件还不能满足宇航员项目的特殊要求。”

“特殊要求”？我要是现在不满足，以后有没有办法满足？或者说这扇门彻底向我关闭了吗？作为一个永恒的乐观主义者，我对下面两点特别关注：第一，有可信度较高的传言说，大概不出一年，发展迅猛的太空计划就需要 NASA 选拔第三批宇航员；第二，康拉德和洛弗尔曾在首批遴选中被淘汰。我感觉我的主要问题在于经验不够，所以，我希望在下次选拔的时候，自己能够成长为一位成功的候选人。

与此同时，我在试飞中心战斗机分部的工作（曾被我认为是世界上最好的），不再具有那种传奇色彩。自从认识了休斯敦的那些人，我就开始羡慕他们。

随着 NASA 的迅猛发展，空军对自己在探索和利用这个新媒体（被非常形象地称为“太空”）方面将被赋予什么样的角色，越来越感到紧张不安。太空似乎是未来发展的大势所趋，而且肯定会有军事用途。处于领先地位的苏联人，可能已经学会如何把炸弹放上去，而我们却无法把它们弄下来。我们必须学会如何让它们失效，或者至少知道如何检测它们。此外，我们即使不放炸弹，至少也应该把自己的人放上去，这样，他们就可以实施任何传统军事行动的第一步——侦察。毫无疑问，太空就是新的制高点，空军最好做好占领这一制高点的准备。

做到这一点需要各种资源——资金、政治支持、技术、人员，而且需要很多各种各样的人员，包括满足要求的航天乘组。NASA 在把试飞员培养成宇航员（有区别吗?）方面似乎做得非常不错，空军于是决定如法炮制。美国空军实验飞行试飞员学校很快被重新命名为“美国空军航空航天研究飞行员学校”，学期延长了，课程增加了太空飞行方面的基础知识。通过这种方式，空军希望建立一支训练有素的军官队伍，能够驾驶在那个令人困惑的日子里可能出现的任何新型飞行器。为便于这种过渡，学校举办了 2 期“毕业后”培训班——把选定的一些试飞员培训班的毕业生召回来，再学习 6 个月；教师们则吃力地改写教学大纲，把这个太空新时代所需的基本技能包括进去。

当第 3 期培训班让我报名的时候，我急切地提交了申请。NASA 和它的宇航员计划已融入我的血液（尽管我最近被淘汰了），任何可以让我入选下一批宇航员的事情，都值得去尝试。

于是，我向战斗机分部请了6个月的假，于1962年10月到学校报到。

我记得2年前我才刚刚经历了所有这一切——书籍、课堂、飞行试验数据、周末加班、疲惫不堪。虽然那时感觉很有趣，也激发了自己的竞争热情，但说实话，我并不想再来一遍。我只是想把NASA认为我缺少的“经验”补上而已。也许他们那样说只是出于礼貌，而我永远也满足不了宇航员的条件，但非常值得我努力一把，于是我就来到了学校。这又是一群奇特的同学，有老的，有新的，但大部分都是老的。像查理·巴塞特这样的，是试飞员培训班刚毕业又被留下的，但大多数是像埃德·吉文斯这样的，他4年前从基础培训班毕业，然后又从事过各种各样的工作。他们俩都是自己班上的“优秀学员奖”获得者，所以，这班的同学不可小觑。班上还有一位吉姆·罗曼，他本科学的是机械工程，然后去医学院读研究生，再到空军试飞员学校参加培训——一位集工程师、医生、飞行员于一身的家伙！格雷格·纽贝克也回来了，仍然带着在试飞员培训班时那种钢铁般的坚定意志。乔·恩格尔毕业后继续飞X-15，两年后被NASA选为宇航员。道格·贝尼菲尔德是为数不多的多引擎飞行员，在试飞世界里具有丰富的经验，同时具有战斗机飞行员那种细腻的感知能力。就这样，一个10人的小班，有着各种各样的飞行经验。

实际上，就某个方面来说，我们这些学员们的经验和教师的不相上下，他们还在吃力地编写给我们讲授的关于“太空”的教材呢，每次给我们讲授的只是刚刚写好的那一两章而已。因此，我们过得很轻松——我们被平等对待，试飞员培训时的残酷竞争被没有分数差别的绅士般的随意氛围所取代（至少暂时是这样）。

我们也做一些有趣的飞行，主要是飞 F-104 “星式战斗机”。这是我们装备的第一种速度可达马赫数 2[①] 的战斗机。它机身细长，头部很尖，机翼短小，带有一台强大的发动机。机翼从根部到翼尖只有 7.5 英尺，机翼前缘非常尖锐，飞机停在地面时，机翼前缘需要装上保护套。飞机针对高速飞行做了优化设计，其速度确实惊人，尤其是直飞的时候。当它慢下来时，机翼上的载荷就变得特别大（“翼载荷”过高），要是发动机意外停车，你最好是位于爱德华兹的干湖床上空，因为它坠落的时候就像一块石头。

在空军航空航天研究飞行员学校，F-104 成了我们的玩具，我们把它飞得非常娴熟——一会儿飞得又高又快，一会儿飞得又低又慢。我们就当它是一艘宇宙飞船，而让它完成飞船那样的飞行动作。我们穿上加压飞行服，爬上 35 000 英尺，让它以规定的最大速度（马赫数 2）飞行，然后拉回操纵杆，让它冲向最高点。通过动能换势能，我们会越来越慢地爬升到高处，直到懒洋洋地飘过抛物线的顶点，来对太空失重做一次不错的模拟。利用这种方式，我们可以晃晃悠悠地冲上 90 000 英尺（我记得吉姆·罗曼保持着我们班的最高纪录，让我们这些老试飞员脸上无光）。

① 马赫数（以德国的厄恩斯特·马赫的名字命名）是飞机的速度与所经过空气中声速的比值。马赫数 2 等于当地声速的 2 倍。使用马赫数而不是每小时英里数，是因为对飞行员来说，它能更好地展示空气动力学特性。

在 90 000 英尺的高空，头上的天空特别深蓝，和太空的纯黑色非常接近；天气变化、云团（实际上所有的大气）都在你的身下；地平线变得更加清晰，你能感知到地球的曲率。太空那么近，又那么远！赶紧看一眼，然后就回到驾驶舱里的日常操作，因为冲到这么稀薄的大气中并不是没有危险。首先，在大约 60 000 英尺的高度，发动机的加力部分经常会爆裂。其次，通常在 75 000 英尺上下，主发动机的温度会升高到很危险的程度，这样，要是发动机没有自行熄火，它就必须被强行关闭。最后，发动机一旦熄火，驾驶舱就会失压，能使飞行员避免血管爆裂而死的，只有加压飞行服（里面维持着虽然有些降低但仍然比较安全的压力）。由于知道加压飞行服的手套会崩开，所以我们在做这种上冲飞行前，会特别注意检查手腕部位的锁扣，然后再用胶带把锁扣粘牢(太空时代的捆扎线!)。这是先进性与灵活性的结合，还是原始与愚钝的结合？在随后的年月里，我会有很多的时间来思考这个问题以及其他类似的驾驶舱设备的设计问题。此时，再看一眼这壮丽的景色，就又回到了这个真实的世界，这正好验证了那句“有上必有下”的名言。我希望下去的时候位于爱德华兹的上空，发动机工作正常，而且正好赶上吃午饭，因为我早已胃口大开了。

我们也把时间花在室内，有的无聊至极，有的特别有趣。我们导出所有需要的公式，来向那些最顽固的怀疑论者证明，宇宙飞船可以绕飞地球，而且飞得越高，速度越慢，飞得越低，速度越快。对吗？很对——在 100 英里的高度上，飞一圈需要 1.5 小时，如果我们上升到 22 300 英里，飞一圈需要 24 小时。那又怎么样？嗯，这样说吧，地球转一圈也是 24 小时，这样，位于 22 300 英里高度的卫星就会停留在地面上同一地点的上空，也就是说，与地球的自转是同步的。如果你想把这颗卫星用作通信卫星，那是绝顶聪明的做法。这就是无聊公式的有趣应用。

有些内容只是我们已有知识的扩展，被扩展到更高、更快的领域。另一方面，太空飞行的有些规则与驾驶飞机的规则正好相反。例如太空会合问题——一艘飞船想赶上前面的飞船。就飞机来说，这个问题解决起来非常简单快捷：通过加大发动机推力来增加速度，从后面直接赶过去，接近后再把相对速度降为零，与目标机成编队飞行。在宇宙飞船里可不能这样做，对着目标增加推力只能让你进入一个更高的轨道，而在更高的轨道上飞船的速度会更慢（还记得吗?），所以，你不应赶上去，而是落下来。你必须克服自己的本能，沿与目标相反的方向施加推力，从而落到一个更低、更快的轨道，然后在这个追赶轨道上的某个精确位置再回到原来的轨道。更令问题复杂的是，在地球轨道上飞行所涉及的速度和距离，让驾驶员的眼睛在很多时候失去了作用，飞船必须携带像雷达、计算机之类的玩意儿，并与地面上的一大群天才们协同工作，而他们也装备有更强大的雷达和计算机。

当我们脑子里装满了被他们称为“轨道力学”的各种方程和数学概念时，教员也会明智地把我们赶到某个地方喘口气。有一次，我们访问了两家航空航天工程承制商，虽然里面没有多少生产工作，但他们的先进理念设计组非常高兴地向我们介绍了他们那异乎寻常的方案——利用核动力高速飞往火星，或者造一架大飞机，先在大气中收集并液化所需的推进剂，然后再冲上太空。

我们还在圣安东尼奥待了两周，和空军的航天医生们在一起(其中就有几个月前主持 NASA 体检的那几个人)。几年来，他们招集了一大批有能力的专家，研究从飞机俯冲引起的耳塞到失重对心血管的影响之类的各种问题。他们都是迅猛发展的航天医学领域中敏锐、好奇、技术高超的专业人士，他们热烈欢迎我们的到来。我们受邀进入他们的密室。没有冰冷的医患关系，我们走到了幕后，他们对我们毫无保留，这让我十分不解。

首先，他们向我们讲授了生理学的基本知识，对人体及其组成部分做了简要的分析（如脾脏到底有什么用)。然后，作为课堂教学的补充，还让我们参观了他们的实验室，里面的各种实验还在进行当中，用的大部分都是被麻醉的狗。有的是很好看的纯种牧羊犬和猎狗，它们都是走失、被遗弃或者被偷的。我承认我把很多时间花在了同情这些受害者，而不是学习其中复杂的医学原理上；我也许觉得自己就会成为受害者。虽然我不会让反对解剖动物的人士为我举行抗议活动，但我还是觉得自己有点像一只志愿狗，随时准备为医学知识的宝库贡献一份力量，从而有助于失重状态下的太空飞行。我开始觉得自己就像在试飞员学校时，那些特别关注的数据点中的一个。那时，我至少是在生成数据点，而现在，我就是一个数据点。医生们突然变得这么友善，这是不是其中的原因？他们想要有帮助、善解人意、乐意合作的数据点，还是充满怀疑和敌意的数据点？或者说，作为失意的航天爱好者，他们只是在为了载人航天飞行（医学问题和工程问题一样占有重要的位置）而艰苦奋斗的征程中，欢迎一群志同道合者？不管怎么说，此时胡乱猜疑毫无用处，作为一个群体，我们于是放松下来，并享受这种怪异的态度转变。

有些活动确实非常怪异，有一天我们被赶到位于市中心的验尸所。一位老年女性的尸体正被解剖，她死于肠穿孔引发的腹膜炎。放在柜子里排队等候的，是两具早产婴儿的尸体。我知道验尸所里的气味不可能像鲜花店里一样，但腹膜炎的臭味令人作呕，我们班的人很快就分成了人数差不多的三组：立马离开的，勉强留下的，积极参与的。作为第二组的成员，我想搞清楚我们在这里到底要干嘛。那些离开的会不会无法毕业？这是医生信任我们的又一次体现？这是为了让我们在地球上坦然面对死亡，从而在太空遇到这种情况就知道如何应对？或者说，他们真的想让我们在可怜老妇的一堆难闻肢体中学到点什么吗？腹膜炎是治不好的，伙计。这就是我所学到的。

回到爱德华兹，又见到了熟悉的环境；我们的培训进入了最后阶段，我们的关注点又集中在军事学员通常担心的问题上：毕业后干什么？这一次，五角大楼人事部这台巨大、冰冷的机器会推出什么样的岗位？我第一次上完试飞员学校时，他们让我去当教员，被我拒绝，我赌自己会进入试飞中心的战斗机分部。这一次，我觉得我会回到那里，不会让我去别的地方。但我依然会收到五角大楼的分配令，天哪，说不定会让我去马里的廷巴克图！

自愿参加这个怪异的学校（推导各种公式，解剖老妇的尸体）我脑子是不是进水了？我配得上廷巴克图，或者至少是赖特-帕特森空军基地，他们在那里大量“试飞”满载奇妙新型黑匣子的飞机。

幸运的是，我的担心很快就消除了，我拿到的是返回战斗机分部的派遣书。几乎在同一时间（1963 年 5 月），一直以来关于 NASA 即将再招一批宇航员的传言得到证实。当正式公告于 1963 年 6 月 5 日发布时，我急切地查看了内容，征召条件是：美国公民……1929 年 6 月 30 日以后出生……身高不超过 6 英尺……拥有工程或物理学的学位……积累了 1 000 小时的喷气机飞行时间或者获得了武装部队、NASA 或飞机工业的试飞资格证……得到所在单位的推荐。与 1962 年的征召条件相比，最大年龄降了一岁，试飞员资格证由强制条件变为优先条件。NASA 显然想扩大他们的选择范围，随后又强调说，他们已经通过向“各军种、后备役组织、航空航天工业公司以及试飞员协会、民航飞行员协会和联邦航空管理局之类的组织”征求推荐人选，进行了人才搜索。对我来说，这则公告里既有有利的方面，也有不利的方面。幸运的是，我的年龄依然符合（距离限制点还有 16 个月），我也满足所有其他条件。但另一方面，把选拔范围扩大到非试飞员显然会打开“潘多拉盒子”，我也不知道会有什么样的“超人”从中冒出来。

选拔过程仍然遵循上一年的模式。到 7 月中旬的截止日期，NASA 的遴选委员会已筛选出 271 位看起来符合条件的候选人并进一步减少到 34 人。我们这 34 位候选人赶到布鲁克斯进行体检，其中大部分是第一次来这里，有几个是第二次，我是第三次。现在，医生们见了我就像见了老朋友一样，连那条“钢鳗”似乎都变得友善起来，这意味着我应该开始担心了。我像一位资深政客一样，坐在走廊的椅子上，娴熟地把人流指向不同的检测科室，这种事肯定会让其他受害者们很抓狂。他们甚至允许我跳过心理评测环节，认为仅仅一年我不可能完全疯掉。对此我表示感谢，但也稍微有些失望，因为我无法再次给他们讲一遍那个白纸卡片的故事了。“从前，有一个小男孩儿，想飞到月球。他寻求建议的第一个人当然是他的心理医生，他……”

我还发现，上一年的 32 位决赛选手和他们的各种病症都被罗列在一份 276 页的文件中，这份文件读起来特别有趣（至少对我来说是这样）。来，看看下面的内容：

只有 7 位候选人否认有过任何违法行为。轻微违法是常见情况，其中绝大多数是超速。绝大多数违法行为确实很轻微，极少有较为严重的情况。违法行为包括：

未按规定让行	1
未在“停车观察”标志下停车	2
超速	16
违法停车	6
两次交通违章	7

续 表

三次或以上交通违章	5
无照驾驶	1
行驶违章	3
其他轻微违章	1
在禁鸣区按喇叭	1
引发一次事故的醉驾	1
在野外非法打鸟	1

我还发现，1962年那批候选人的平均智商（依照韦氏成人智力量表）是132.1。我自己的米勒类推测验（用于衡量语言表达能力）成绩是我们这批人里最高的，但我的数学推理和工程类比的分数要低得多。这让我想起了皮特·康拉德的名言："你即使不能出类拔萃，至少也要丰富多彩！"——只是皮特不仅特别出类拔萃，而且还特别丰富多彩。

我第三次完成了跑步机上的测试，我的心血管状态显然一年比一年好。要是把这些数据画成一条曲线，它会向你展示：31岁时我是坐轮椅的状态，到62岁时，我完全可以参加奥林匹克运动会。实际上，这里面有一个很有趣的故事（涉及锻炼和抽烟），但我留到后面一章再讲，到时候我会揭穿太空飞行中关于身体条件的各种神话，并介绍一种更靠谱的成人锻炼项目。我还再次测量了"去脂体重"（而不是"体脂"），这是一个深奥的过程——把放射性同位素注入血管，然后测量其弥散的速度。去年参加这种测量时，我被告知我那 165 磅[1]的体重正合适，但今年他们要我减下去几磅，因为我的体重是 163 磅！我没有和他们争论，因为这只是到目前为止我所积累的无数测量结果中的一个而已。不仅如此，我还心存感激地带上我那臃肿的躯体和超大的医学档案袋返回了爱德华兹。

1962 年，我很长时间都无法向我满心疑惑的妻子解释，为什么要把我们幸福的一家从爱德华兹搬到休斯敦，用试飞的高风险换取绝对怪异的太空飞行。不过，见证了选拔过程、见我如此执着之后，帕特慢慢地不再反对在休斯敦生活的想法（那里至少没有爱德华兹的大风），现在至少接受了这一想法，并密切关注起这场令人焦虑的选拔赛的日常进展了。对我们一家来说，那是一段备受煎熬的日子。帕特在不长的时间里连生两个：安·斯图尔特生于 1961 年末，而迈克尔·劳顿只有 5 个月大[2]。耳朵越来越聋的老爸身体一直非常健康，而且高尔夫成绩也不错，6 月 30 日突发心脏病去世了。虽说他已经 80 岁了，考虑到他 60 岁时还能倒立着用双手优雅地行走，他似乎还是毫无征兆地提前离开了我们。而且，我知道他非常愿意间接参与航天计划，因为他总是随时准备参观一个新地方或接受一个新思想。探索月球肯定在他的计划之列，他也许还有一丝遗憾，因为他已无法亲自前往了。

---

① 磅：质量单位，1 磅 = 0.45 千克。——译注

② 安采用了我妈的娘家姓，经过准确性惊人的计划生育，她在万圣节——我的生日那天——出生。迈克尔继承了我奶奶的娘家姓，生于 1963 年 2 月 23 日。这两个爱德华兹人和波士顿人凯特（当时 4 岁）一起成了我们的三个宝贝。

现在，他再也不知道自己的儿子会不会有这样的机会了，为此，我感到特别难过。但至少他知道自己有了孙子，我们把他的孙子叫作迈克尔·劳顿，他好像特别高兴。弗兰克·拉姆和他在同一个星期里去世了，我感觉就像丢了魂一样。

不管怎样，1963 年 9 月 2 日，当我离开爱德华兹，返回休斯敦接受面试时，我心里有一种强烈的终结感——那种宿命论者的预感：关键时刻到来了。一种最终的测试：如果没有通过，会使我们在爱德华兹一直过着相对安稳的生活，要是通过了，会把我们的认知和成就提升到更高的水平。现在回头看来，这种分析过于夸张，但这确实是我当时的想法，我对即将到来的面试确实感到很受“激励”。奇怪的是，虽然我对这次面试特别重视，但面试本身却非常轻松。这一方面是因为我不再是新手候选人了，另一方面我在美国空军航空航天研究飞行员学校接受的培训给我补充了大量的有用信息。而且，我对他们可能会问些什么问题更有底了，并对这样的问题进行了研究。连迪克·斯莱顿和沃伦·诺斯似乎也更友善一些了。另外，休斯敦似乎没什么变化，依然是一个富有魅力的地方。例如，休斯敦航道被描述为“浑浊不堪”，但当我徜徉在它的两岸、寻找潜在的住处时，感觉它就像有鳟鱼游弋的处女溪一样富有魅力。这次没有“新手之夜”，一切看上去都那么郑重其事，尤其是我，我要让 NASA 相信：没有我，你们是无法登月的。

我忐忑不安、不急不慌地返回爱德华兹，悄悄地恢复了在战斗机分部的日常工作和生活，假装一切顺利。我回到拦阻障，或任何可以上手的飞行任务。等待 NASA 的最后一次来信时，我感觉特别不安，以前从来没有觉得自己这么脆弱。这封信对吉尔鲁斯或任何发这封信的人来说，无足轻重，但它会打破我那自我感觉良好的心态平衡，把我永远打入次级职业球队联盟。真是度日如年。10 月 14 日，我离开爱德华兹，到佐治亚州的亚特兰大出个短差。我需要先到得州的伦道夫空军基地，提取一架 T-38 喷气教练机，把它飞到亚特兰大，然后我在那里作为教员，利用这架小型教练机对一名洛克希德公司的飞行员进行测试。在伦道夫起飞前、填写所需的表格时，有人叫我接电话，接线员说是从休斯敦打来的电话。在没完没了的“嘎巴”声之后，传来了迪克·斯莱顿那沙哑的声音。迪克开门见山地说，如果我还想为 NASA 工作，他准备聘用我。如果还想？我已经期盼了两年了，这家伙竟然想知道我是否改变了主意（那口气就像服务员问你要不要再加点糖一样）！我不记得我是怎么回答的，但迪克肯定是听清楚了，因为他哼了一声，叫我 10 月 18 日到休斯敦报到，然后就挂掉了。不管怎样，我还是把那架 T-38 飞到了亚特兰大，洛克希德公司那位飞行员也通过了测试。然后，我没有返回爱德华兹，而是绕道去了休斯敦，这次是带着航天俱乐部新成员那种难以掩饰的得意去的。这次活动是在新闻发布会上正式宣布我们的入选，但主要内容是照相和相互熟悉，这是非常愉快、也是期盼已久的一天。

我们是第三批宇航员（简称“十四杰”），这样就使宇航员的总数达到 30 位。我们有时候被不太准确地称为“阿波罗宇航员”，这是为了区分7位“墨丘利宇航员”和9位“双子星座宇航员”。我们这一批有7位来自空军，4位来自海军，1位来自海军陆战队，2位是平民。我们更年轻（平均年龄31岁）、受教育程度更高（平均5.6年的高等教育），但经验没有前两批丰富。华盛顿的《夜晚之星报》针对14位当中只有8位是试飞员这一情况，认为“所学专业是这次选拔的重点考虑内容……”，并特别指出巴兹·奥尔德林的博士论文专门研究载人飞船的轨道会合。现在看来，我们的选拔还是沿用了前两批的传统做法，只是新闻媒体总是强调差异而已。直到1965年，NASA选出了5位科学家宇航员之后，我们这个种群才不那么纯正了。但我们这批的有些人（尤其是没有参加前面两次选拔的那些人）认为，我们还是和前两批有些差异；当听到拉斯蒂·施韦卡特说我们这批宇航员里将出现首批登月者时，我感到非常惊讶。我觉得首批登月者会来自“首批七杰”和“二期九杰”，我们这些生马驹子不可能有这么早的机会。后来的事实表明，我们说的都没错——尼尔·阿姆斯特朗来自“二期九杰”，巴兹·奥尔德林来自“十四杰”。

我返回了爱德华兹，大约一周后，鲍勃·吉尔鲁斯的来信正式宣布了我的入选。他今年没有提及我给遴选委员会留下的深刻印象，而是指向了一个新的方向：“你的经历和展示的能力使我相信，接受这一职位说明你完全清楚自己担负的责任。我相信你加入载人航天中心之后，会使我国的航天计划深受裨益。”我很高兴他有这样的信心，因为我并没有这样的自信，但这窝里的小矮子至少有机会去检验自己了。我从卡萨布兰卡一路走来，并不是因为我对自己有什么非凡的远见。我从来就没有什么远大规划。选择机会就放在那里，我每次就是选取而已。在西点军校接受免费教育，还是去昂贵的非军事院校？去陆军，还是空军？当飞行员，还是地勤人员？驾驶战斗机，还是运输机？参加试飞员培训，还是不参加？去战斗机分部，还是赖特-帕特森基地？留在爱德华兹，还是去休斯敦？靠着一分明智和九分幸运，我获得了去休斯敦的资格，并走上了一条完全不同的人生轨迹，甚至有可能抵达月球。

为了庆祝这一时刻，战斗机分部为查理·巴塞特和我举办了欢送晚会。那时，两人的“双子星座”飞船（像个漆成暗黑色的垃圾桶，每人前面有一个窗口）正备受关注，他们要是不给我们一次机会，那就太糟糕了；要是飞船看上去不像天上的双子星座，那也太糟糕了。然后，剩下的就只有一件事了——卖掉 A 型福特和 1958 年款的雪佛兰，把帕特、凯特、安和麦克带上一架民航飞机，去休斯敦开启我们的新生活。

3 载人航天中心休斯敦

一位 32 岁的先生，他能够计算月食和日食发生的时间，勘测地产的面积，结扎动脉血管，规划大型建筑，尝试社会变革，训练马匹，跳小步舞，拉小提琴。

——《杰斐逊的一生》（詹姆斯·帕顿著）

就像在拥挤的大街上匆匆瞥见的漂亮女孩一样，休斯敦看上去非常精致、完美，绝对没有任何缺点或瑕疵。当你夜晚从空中俯视它的时候，更是如此——薄云覆盖着黑色的海岸线，城市的灯光在薄云下欢快地闪烁着。但现在，该是发现它的瑕疵，近距离观察它的不足，搞清楚 NASA 的真实业务的时候了。我首先发现的是，位于休斯敦的 NASA 和爱德华兹有一些令人放心的相似性。NASA 至少有各种各样的飞行任务。那座被称为“载人航天中心”的精心设计的楼群还未完工，于是，NASA 在可以找到的地方租借了临时的办公用房。我终于在埃灵顿空军基地一座翻新的二战时期的营房中找到了自己新的办公室，这个空军基地离载人航天中心只有 2 英里，NASA 把训练宇航员的飞机也都存放在这里。当时，我们有 6 架老式 T-33 喷气教练机，它们基本上与洛克希德公司的“流星”飞机是一样的，都是二战结束时的产品。还有两架比较先进的F-102喷气战斗机。这些飞机用于保持我们的“熟练性”——在空中时不会感到陌生（至少在熟悉的飞机里是这样），不会晕机，不会被奇怪的新环境分散精力，遇到紧急情况时不会惊慌失措；其实这在数量和质量上都是难以把握的。我不知道这种“熟练性”有多逼真或多大价值，但我的确知道，驾驶飞行模拟器与驾驶真正的飞机有着天壤之别。我认为问题的关键在于，在模拟器里，你只能假装自己处于危险的境地。在任何高难的模拟训练期间，你可以停下来喝杯咖啡或者接听电话。但当你准备进场降落，一阵大雾滚上墨西哥湾，使埃灵顿空军基地的能见度降低到可降落的最低限度以下，此时，肾上腺素激增，腹肌绷紧，心跳加速，生死决定需要立刻做出——不管是正确的还是错误的，你必须做出决定。哪怕是在一架破旧不堪的T-33飞机里，情况也是一样。

NASA的机队也用作运输工具。我们很快发现，“双子星座”和“阿波罗”飞船的承制商，其地理分布都非常均匀。在洛杉矶地区，有北美航空工业公司的罗克韦尔工厂，负责制造“阿波罗”飞船的指令舱和“土星”5号巨型火箭的部分零件。在加州北部，洛克希德公司负责制造“阿吉纳”火箭（“双子星座”飞船的对接目标）和辅助推进发动机。圣路易斯是麦克唐纳飞机公司的所在地，它制造“双子星座”飞船，而飞船的“大力神”2型运载火箭则在马里兰州的巴尔的摩组装。位于亚拉巴马州亨茨维尔的NASA中心，负责“阿波罗”助推火箭（“土星”1B

号和“土星”5号）的制造。登月舱来自格鲁曼公司位于长岛的贝丝佩奇工厂，而“阿波罗”的制导系统由波士顿的麻省理工学院研制。我们住在得州的休斯敦，从佛罗里达州的肯尼迪角发射升空。这些只是涉及的主要场地，此外还有几十个主要分包商，它们大都位于较为偏僻的地方（如密歇根州的大急流城）。在任何给定的时间里，至少有6个不同的地方会主动寻求（或要求）一位宇航员的参与，涉及某种设计评审、会议、模拟训练或者公共关系事务。因此，我们那规模不大的机队给了我们极大的帮助，使我们可以灵活方便地赶到这些地方，这是乘坐航空公司的定期航班不可能做到的。

后来，我们把T-33和F-102换成了诺斯罗普公司的T-38（空军最先进的喷气教练机），于是就有了更多更好的飞机。T-38是小型双座超声速飞机（平直飞行速度可达马赫数1.2，俯冲可达马赫数1.5），外形流畅，能在高空高速巡航，加一次油可以飞行两个小时——大约1 000英里，这是相当不错的。和F-104一样，它在低速飞行时性能不是太好，实际上，T-38降落时抖动、晃动得非常厉害，让你很难识别即将到来的失速，因为机身抖振时传统的失速告警并不适用。海军显然认为这种低速抖振问题无法接受，因而没有采购作为基础训练教练机的T-38。但空军把它用于飞行员训练计划时非常成功，显著降低了事故率。T-38还有一个缺点：它的小型喷气发动机比较脆弱，很容易被冰块损坏；发动机进气道的边缘会结冰，冰块破碎后会被吸入发动机。冰块造成的发动机损坏一般不会引起坠机，但发动机需要进行昂贵的大修，所以，这款飞机不允许飞往有可能造成发动机进气道边缘结冰的地区。这种限制对休斯敦载人航天中心的运作来说非常烦人，因为我们需要及时赶到各地。如果我们迟到了，推迟一项试验常常会使政府蒙受很大的经济损失，而在冬天，美国的有些地方很可能覆盖着使飞机结冰的云层。

尽管 T-38 有这些缺点，我们还是愿意用它换掉老旧的 T-33，而且能够驾驶它被认为是一种奖赏——老朋友见面不出 5 分钟就会提到它："你在休斯敦到底做什么呢?""嗯，我下班后驾机离开休斯敦，在埃尔帕索加一次油，日落前就在洛杉矶降落了。要不是飞过凤凰城后关闭了一台发动机，我还会更早地到达这里。"朋友一下子睁大了眼睛。部分的原因是，按照自己的时间节点去飞一架顺滑鲜亮的新型高速喷气机是某种身份的象征。但更重要的原因是，这种飞行要求很高，令人兴奋，有时甚至让人心旷神怡，对压抑的办公室工作来说，这是一个很好的情绪出口，是我们这个二维世界里难得的第三个维度。我们现在简单说一下 T-38 的滚转控制。如果飞行员把手往侧向移动一两英寸，每平方英寸 3 000 磅的液压立刻就会驱动液压缸，使尺寸较大的副翼在高速滑移气流中偏转。一个机翼的副翼向上偏转，另一个机翼的副翼向下偏转，这样飞机就产生了巨大的滚转力矩，从而快速启动螺旋运动，动作快得让你的眼或手都跟不上。在不到一秒钟的时间里，飞机由直立状态变为倒扣状态，然后又变为直立状态；云团和天空由上变下，然后又变回到在上的状态；大地也是下、上、下的变化。多大的力量能让大地改变位置！整个滚转既顺滑又准确，滚转前后地平线对齐得非常完美；飞行员的手指只是快速地动了一秒钟，飞机就这么均匀、平稳地滚转了一周。这是多么令人畅快的事情啊！

于是，T-38 给我们带来了极大的满足感，这种满足感远远超出了鸡尾酒会带来惊喜时那种肤浅的感觉。不过，T-38 既会带来满足感，也会带来悲伤——它偶尔也会带着一两个好朋友坠毁，然后我们就会赶往阿灵顿公墓，而此后很长时间，我们都不会谈论 T-38，以及它那顺滑的滚动所带来的快感。

第一个是泰德·弗里曼，他在埃灵顿进场降落时，很不幸地撞上了一只大雪雁。两台发动机都停车了，可能撞击的血迹挡住了他的视线，他的弹射程序晚了一秒钟，结果降落伞还没有完全打开就摔在地面上。然后是一个两人的悲惨事故。查理·巴塞特和埃利奥特·西伊赶往麦克唐纳飞机公司，在圣路易斯的低云团下盘旋着降落时，撞上了他们要去的总装大楼，然后翻滚到旁边的停车场，他俩当场死亡，但并没有引发地面人员的伤亡。最后是 C. C. 威廉姆斯，他从肯尼迪角返回休斯敦途中，向西飞过塔拉哈西时，他的 T-38 莫名其妙地失控了，不停地滚动、滚动、滚动，然后以超声速垂直地撞入一个很深的沙地墓穴。

4 位经验特别丰富、接受过昂贵培训的宇航员在飞机坠毁事故中丧生了！这值得吗？泰德·弗里曼死后快 8 年了，当我写这本书的时候，我可以根据统计数据告诉大家，如果 T-38 每 2 年就从我们当中拿走一位，从难以把握的自信和“熟练性”角度来看，这并不过分，因为飞行员需要在第三维度的艰难条件下去磨炼这种自信和“熟练性”，不管这种维度是 200 英尺高，还是 200 000 英里高。我可以说，即使这 4 个人没有死，4 个或更多的人也会在太空飞行中死去。我也可以说，他们至少是在飞行中死去的，而不像埃德·吉文斯那样，驾驶一辆大众轿车时被撞死了。然而，我并不真的认同这样的说法，我只知道 T-38 必须一直飞下去，就像三文鱼需要一直逆水而游一样。不管是三文鱼还是人，我希望后面不会有更多的死亡，直到他们和它们完成了各自的旅程。

但在 1964 年的春天，工作在位于埃灵顿的新办公室里，我并不担心 T-38、死亡或者其他令人不快的事情。我是见过的最大池塘里的那条最小的鱼，我心满意足得难以言表。是的，这的确是我们的最好时光，7 个荒年过去了，而最丰的年份到来了。这些年份还会加倍丰饶：迪克·斯莱顿对我们说（他从不承诺任何事情），我们每人可能会有 2 次上天的机会，与此同时，地面上的事情也一点不差——与《生活》杂志和外场企业公司签订了“个人故事”合同。这一合同（前 2 年我们每人每年得到了 16 000 美元，然后一下子就越来越少了，令人很伤心）在媒体和社会上引发了巨大的争议。帕特认为，我们参与航天计划在任何情况下都不应该额外拿钱，因为纳税人资助了航天计划，我们不应该从公众投资项目里获取个人好处。另一方面，我强烈感到，这一合同是合法的，我们有权得到这笔钱。这场争论比较复杂，直到今天还在某些媒体和宇航员圈子里继续进行着。

詹姆斯·韦布是 NASA 健谈、有进取心、极其能干的局长，他坚决反对这件事，并就此做出裁决，这是众所周知的事情。这本来是板上钉钉的事，但后来约翰·格伦把这事说给了肯尼迪总统，并得到了总统的同意，毫无疑问，这事就这么定了。我不知道约翰到底是怎么和总统说的，但较为认可的说法是这样的：这些宇航员被突然推到了国家的聚光灯下，并在随后多年里接受公众的关注。国家领导人有责任确保这些代表国家计划的宇航员能够完成那些很有必要、有时也非常繁重的社会责任，除了其他事情，这无疑也需要花费一定的费用。例如买衣服的费用、雇人看小孩的费用、把妻子和孩子带往合适地方的费用、安家的费用，这些费用都是低级军官的工资根本无法保障的。这一合同也不会引发宇航员的内斗，因为这笔钱和乘组安排无关，是均分的，因此，不会让贪婪破坏这个亲密友好的团队。另外，也考虑一下这样有没有可能使《生活》杂志实际上成为宇航员们的“俘虏”：记者们受邀进家、听完妻子激动地展现情绪，孩子们漫天瞎扯，这些讨厌的家伙们就不会背叛他们的受访对象（哪怕是付费的受访对象）而写一些令人讨厌的文章。不会的，这一合同几乎保证了事情会进展得非常顺利，全彩的中心对折插页上全是空洞无害的内容。当然，我们也得承受其他媒体的尖酸刻薄，因为他们被冷落了[1]，但至少

① 显然，文字类媒体比其他媒体更强烈地感受到不公平竞争的影响，而《纽约时报》比任何媒体都叫嚷得厉害，这一点也不奇怪。然而，《生活》杂志这项合同终止多年后，《纽约时报》竟与“阿波罗”15 号乘组签订了一项特殊合同，独家发表他们个人的署名文章，这着实让人感到有些吃惊。

那些关于家庭生活的故事还是比较友善的。总而言之，这项合同似乎是解决那些费用问题的一种实用而又富有品味的方案，约翰·格伦显然毫不费力地就说服了一位乐于接受别人意见的总统。那一年，宇航员们深受公众追捧。

这项合同到底是怎么说的？去掉法律上的废话，它唯一的重点是，《生活》杂志和外场企业教育公司拥有每位宇航员和其家人的“个人故事”的出版权。那什么是个人故事？为什么它不能被公众所有？对宇航员自己来说，无疑很难确定什么是“个人”的。试飞员被要求去感知、记忆并记下飞行中的每一种感受和印象，以便落地后尽量完整、准确地报告发生的事情。这一点没人质疑，所以，对于太空飞行中发生的事情，会在随后的新闻发布会上详细讨论，而且只要媒体能够消化和承受，这种讨论要多详细就有多详细。当然，对媒体来说这是不够的，他们还想知道：除了这些技术细节，乘组有什么样的感受？乘坐火箭是一种什么样的感受？当飞船直直地落向大海而降落伞还没有打开的时候，你的脑海里思考的是什么？你心里到底有多害怕？这些就是《生活》杂志花钱寻求的东西，也是其他媒体不花钱寻求的东西；实际上，他们都没有挖掘到多少东西。《生活》杂志发表的那一点额外的故事，真不值得他们花那么多钱。我觉得这主要是因为，作为技术人员和试飞员（其基本工作就是对复杂事物进行冷静、没有感情色彩的分析），我们对这种焦点的转移确实感到不知所措。媒体这种对花边故事病态般的持续关注和探求，着实有点令人不解，而且这帮蠢货根本就不知道飞船是如何工作的，它们完成了什么样的任务。这就像克里斯蒂安·巴纳德在做首次心脏移植手术时，记者们只描述他穿了一件什么衣服一样。而且，我们不能展现情感，我们要求压制自己的情感，为的是不让它们干扰我们那些非常复杂、棘手、只有一次机会的工作。如果他们想要一场充满激情的新闻发布会，看在上帝的分上，他们应该找一位哲学家、一位牧师和一位诗人来构成"阿波罗"飞行任务的乘组，而不是三位试飞员。当然，他们很可能无法让他们回来参加新闻发布会，因为这样的三位可能一直到重返大气层时都在展现他们的激情，而忘记按下打开降落伞的断路开关。

无论如何，不管是《生活》杂志还是任何其他媒体，你很难让这些像机器一样的宇航员掉一滴眼泪，但一回到家，那就完全不一样了！把甲壳虫翻过来，就会看到它柔软的腹部。小萨拉·琼觉得爸爸的这次离开是暂时的还是长久的？爸爸在太空的时候，妈妈感觉如何？（我知道的一位宇航员妻子，当被一位女记者问及这个问题时，她眨了眨眼睛，面无表情地说："宝贝，当你丈夫在太空的时候，你感觉如何？"采访就这样终止了。）但毫无疑问，家里是产生"个人故事"的地方，所以才有了《生活》杂志的这项合同。我觉得从这种对隐私的侵犯中获取补偿毫无问题。我知道在政界，每个家庭成员从某种程度上说都是被攻击的对象，我记得我去华盛顿担任负责公共事务的助理国务卿时，有几位"华盛顿女巫"非常不高兴，因为我没让她们进家采访，然后写一篇"深入的家庭介绍"。然而，我从来就不是政客，作为宇航员，我觉得我奇怪的职业给我的家人带来的压力已经够大了，不能再让他们持续面对那些并无恶意却麻木不仁的记者了。这些记者会加剧家人心中肯定存在的疑虑和恐惧，因为任何有正常情感的妻子和孩子，他们的心中都会有这种疑虑和恐惧。而且更重要的是，我觉得我拿国家的工资是为了竭尽全力把自己的工作做好，我也为此投入了很长的时间，但当我回家关上家门之后，事情就结束了。我的家庭生活是我个人的事情，与别人无关，如果我选择打开家门，那么，从中获取额外补偿也是完全正当的。

再说一句这项合同：它不仅带给了宇航员们一笔额外的钱(平均分给不断增多的 30、35、54 或 65 个宇航员家庭)，而且还是拒绝其他非合同采访的很好的借口。实际上，有关这项合同的消息一传开，其他媒体根本就不会尝试去打扰妻子和孩子们，因为他们知道答案将是“对不起，不接受个人采访，我们有合同约束在身。”然而，在丈夫上天的那段混乱日子里，情况并非真是这样，这些事容我随后再讲。当然，宇航员们还会接受专业的、非个人的或其他任何形式的采访，这样的采访一般会放在周五。要是可能的话，周五我们会找个差事离开休斯敦，要是不成，我们只能忍受了——坐在热烘烘的摄像灯光下，瞪着眼睛，翻来覆去地回答那些老掉牙的无聊问题。“害怕？当然，从某种程度上说是的，但你必须意识到，在紧接着这次飞行中，我们没有时间害怕，因为增加了 11 项医学实验，它们是……”

回到休斯敦的主流生活，远离记者们的窥探，我们劳逸结合，朝着月球的方向迈进。我觉得我们的劳远远大于逸，至少对柯林斯一家来说是这样；帕特和我对城里的各种社交机会都不感兴趣。城市在 28 英里以外，我们既不在休斯敦，也不在加尔维斯顿，而是介于两者之间——靠近被某个反讽大师命名为“清澈湖”（克利尔湖）的一片冲积泥滩上。靠近这片泥滩的地形就像爱德华兹的干湖床一样平坦，却没有爱德华兹那种大自然给予的怪异性；在这里，任何东西的高度都没有超过海湾高速公路上的电线杆，而且我们应该相信这种情况是正常、合理的，人们在这样的地方自愿生活没有什么奇怪的。

和那些职业网球运动员和斗牛士一样，宇航员也是家庭女主人们非常喜欢的异类。通常，他们温文尔雅的外表足以维持一个晚上，尤其是在经验丰富的女主人家里，她知道什么时候结束家庭聚会，从而不让一些人潜在的敌意展露出来。遗憾的是，大多数聚会上都会有一位中年男子，醉意朦胧地，要在黎明时分和网球运动员对决一场，和斗牛士干上一架，或者揭露宇航员就是某种愚蠢的大猴子。幸运的是，载人航天中心建在了休斯敦，而不是纽约，对这种偶尔的遭遇，特别热情好客而又不拘礼节的得州人都会出手相助。

休斯敦也是一个体育运动名城，“石油人”队是美国橄榄球联盟的头号球队，而“太空人”棒球队也在做自己该做的事情。后来，国内首个带穹顶的体育场建成了，然后我们眼瞅着“石油人”队真正进入了最佳状态。橄榄球不再仅仅是一项体育赛事，而是围绕一个被称为“天空包厢”的社交中心开展的多功能活动。

这些包厢高高在上，嵌在穹顶下面，离球场最远，但仍然处于体育场里面。在开敞的体育场里，这样的位置没人愿意要，但在这样的体育场里，这种天空包厢却一票难求，得州的富人们都排着长队去租赁。一般来说，天空包厢并不像它的名字所暗示的那么小，与其说是包厢，倒不如说是套房；通常前面有 20 多个座位，后面有一个房间，配有酒吧和丰富（甚至奢华）的自助餐。每个自豪的包厢主人都会想出一个装饰性或与烹饪有关的主题，以便使自己的包厢与众不同；中场休息时，他们就开始巡视，并品尝每一个包厢里的特色美食。在包厢的酒吧里是看不到球场的，但不用担心，比赛的进程完全可以从闭路电视里掌握。明白了吧？通常，下半场开始很长一段时间后，他们才踉踉跄跄地回到座位，“血玛丽”鸡尾酒、爆米花、纽堡龙虾和珍珠啤酒在肚子里使劲翻腾。我不知道下午晚些时候观众的呐喊是出于对球队的热爱还是肠胃不适。

地球不停地自传，周日之后是周一，日子变成了另一种情况。在宇航员办公室，周一上午要开全体大会，通常由艾伦·谢泼德主持，讨论这一周的出差计划和大家关心的问题。我总是被这样的会议所吸引——要么喧闹、争吵、风趣幽默、争论不休，要么增长知识，但从不沉闷。“雄鹰从不群聚”，最近的一则广告如是说。把 30 只雄鹰放进一个房间，它们会跳来跳去，烦躁不安，大声尖叫，偶尔也会拍打翅膀，相互对啄，只有离开时它们才会团结起来，按照紧密的队形飞出去，为的是让所有的燕八哥和火鸡大吃一惊。

这30位都是谁？他们都有什么特征？他们有什么共同点？他们都像报纸上说的没有什么差异吗？也许我应该先从事实开始，然后谈谈我自己的推测和偏见。例如，我可以说出他们的身高和体重而不用担心被质疑，因为我桌子上有一张包含16位宇航员（“首批七杰”加“二期九杰”）的表格，每人列出了32项人体测量数据。从皮特·康拉德的138磅，到沃利·希拉的190磅，这个至关重要的统计数据库展示了每个人内侧锤骨的高度、双肩峰直径，以及我一直最喜欢的——从头顶到臀部的距离。有点无所不包，不是吗？我浏览了一下这张表格，它并没有给我留下深刻印象。他们好像都是不中用的一群，小腿围平均只有区区15英寸。他们都挤在一堆起保护作用的统计数据里——格伦、斯莱顿、洛弗尔、麦克迪维特、斯塔福德和怀特基本上都一样高(5英尺10.5英寸)，也不知道这样的信息有多大价值。格斯·格里索姆最矮（5英尺6.3英寸），约翰·扬横向尺寸最大（肩宽19.9英寸)，埃德·怀特胳膊伸得最远（34.4英寸)。

评判这群人的智力水平更加困难。32位进入最后一轮的第三批宇航员应征者，其平均智商是132.1，我觉得这个平均值可能太低，因为他们大多数人都没有入选。我记得1966年我担任宇航员遴选委员会的成员时（那次选出了19位)，那批人的平均智商接近140，其中有2位超过了150（即一般认为的“天才”智商)。我不认为这群宇航员里有或者有过真正的天才，也不认为有过任何蠢货，他们毕竟受过工程或数学方面的教育。因此，针对他们智力水平的质疑肯定集中在其他方面。也许他们缺乏艺术天赋，也许他们不能很好地用语言进行表达。公平地说，我认为他们在专业化方面存在着各种缺陷，这在今天这个专业分工很细的社会中的几乎任何领域都是一样的。他们的专业领域也许比较窄，但在他们的专业责任范围内，他们是合格的，是真正的专家，和他们在一起也非常愉快。他们每个人都特别想获得上天的机会，想飞往月球，想得到下一次的飞行任务，这种强烈的欲望和激烈的竞争产生了很大的压力——在休斯敦时经常加班，也经常出差。我们狂热地工作来让斯莱顿和谢泼德相信我们的真正价值，这就让我们有了共同的特点；但我们的个性差异远远超过了那种苍白无趣的一致性倾向，于是就构成了一个充满多样性的群体。

我知道只用一两个句子来描述任何一个人的个性是不公平的(即使不是不可能的)，但我还是想冒着得罪朋友的风险尝试一下。下面我就想到一位说一位。

斯科特·卡彭特。人不错，但有点心不在焉。当意识到那次“墨丘利”飞行将是他唯一的一次飞行机会之后，早早地离开了航天计划。对水下探险比较着迷，后来进入了养蜂业（是的，黄蜂养殖业)。

沃利·希拉。嗬嗬！在百货商场扮演圣诞老人生意会很不错。既和蔼可亲又极其自信。但他是唯一一个飞过三个航天计划（“墨丘利”“双子星座”和“阿波罗”）的宇航员，这一点让你不得不佩服。在一次致命的大火之后，他的“阿波罗”飞行任务非常危险，但载有沃利的飞船就是不敢爆炸。

迪克·斯莱顿。超级直率、诚实、一本正经。由于存在不规则心跳，被医生们荒诞地判决为不适合上天飞行。本来应该飞往月球几个来回了，但他却一直没有离开过他在休斯敦的办公室；他在那里领导着所有的宇航员和很多的工程师，航天计划因他而变得更加顺畅。他是除了国务卿威廉·P. 罗杰斯之外，我遇到的最好的上司。

约翰·格伦。唯一一个我不太熟悉的宇航员，我加入宇航员队伍的时候，他正好离开。但有一点可以肯定，他是这群人当中最好的公关人员。

戈登·库珀。有点走下坡路。“墨丘利”飞得很好，“双子星座”5 号也算可以，但“阿波罗”飞行任务就显得吃不消了。

艾伦·谢泼德。我们的“大哥”，而且在很多方面都很高大。这群人中最精明的一个，也是唯一一个在航天计划中发大财的人，他管理的宇航员办公室只是他庞大帝国的一部分。从来就不像一只可爱的泰迪熊，他可以用冷酷的目光和尖刻的评论来贬低朋友或对手。

弗兰克·博尔曼。有很强的进取心和能力，做决定比我遇到的任何人都快，而且正确的概率奇高。要是他做决定不那么快的话，正确率还会进一步提高。喜欢金钱和权力，从长远看，除了尼尔（无疑会在人类历史上占据特殊的位置），弗兰克很可能会成为这群人当中最成功的一位。

吉姆·麦克迪维特。最好的宇航员之一。聪明，友善，喜欢社交，工作投入，非常严谨。有人认为他有点谨小慎微，但他的细致和严谨人人皆知。

皮特·康拉德。有趣，吵闹，时髦，能干，个性明显。喜欢穿亮眼的服装和开跑车。为数不多的不辜负自己形象的人。应该在皮特·康拉德主演的电影里扮演皮特·康拉德。

约翰·扬。既神秘又神奇。非英雄主角的典型代表，有着乡村男孩那种“没事，不值得一提”的处事风格，这种风格掩盖了他那令人愉悦的机智和敏锐工程师的强大脑力。

尼尔·阿姆斯特朗。做决定比较缓慢但非常正确。博尔曼做决定时喜欢大口吞咽，而阿姆斯特朗则喜欢慢慢品尝——像品尝美酒一样用舌头搅动，只在最后一刻才咽下去。（他驾驶飞船在月球着陆时，剩余的燃料只够发动机工作 20 秒了。）尼尔是一个令人景仰的人，我想不出还有比他更适合成为第一个登上月球的人选了。

吉姆·洛弗尔。和他的好朋友皮特·康拉德一样，他也是一个出类拔萃的人物（康拉德给他起了一个特别糟糕的绰号——“摇摇欲坠”）。“摇摇欲坠”的沟通能力极强，他要是在公关领域，会比在工程或技术领域做得更好。

汤姆·斯塔福德。对技术状态和数字有超群的记忆力和观察力。与人相处不是太好。来自俄克拉何马州的汤姆在政治上雄心勃勃，他给人的印象是一名教师，而不是他现在的专业飞行员，也不是他想成为的浪漫企业家。

唐·艾西尔。谁？在“阿波罗”7号任务中，唐迷失在沃利·希拉的阴影里。1972年，他在泰国担任美国和平工作队的队长。

麦克·柯林斯。你要是想找一位玩手球的人，那还可以，但没有其他特长。懒惰（至少在这群成绩卓著的人里面是这样），做事常常达不到预期效果，比较超脱，总是等待事情的发生，而不是促使它发生。优点是判断能力不错，比大多数人的视野更宽广。

巴兹·奥尔德林。心情沉重，唉，心情沉重。有可能成为国际象棋的冠军，总是预想好几步。如果你今天不明白巴兹在说什么，明天或后天就会明白。巴兹的名声不是太好。我觉得他讨厌自己没有成为第一位踏上月球的人，而不是庆幸自己是第二个踏上月球的人。

拉斯蒂·施韦卡特。一个快乐的人。热切，好奇，喜欢用尖锐的语言快速反击，不受“老家伙们”待见。不大喜欢墨守成规，兴趣广泛，与很多宇航员的心无旁骛形成鲜明对照。

戴夫·斯科特。典型的杰克·阿姆斯特朗式的美国男孩，你做梦都不会想到他会卷入一场颇受争议的邮票销售交易。戴夫应该被记住的是他在“双子星座”8号、“阿波罗”9号和“阿波罗”15号任务中的卓越表现，他是最好的宇航员之一。

吉恩·塞尔南。不急不躁，快活有趣，是一个令人愉快的旅伴。在我们这批14位宇航员中，是继斯科特之后第二位上过三次天的宇航员，其中两次是前往月球。

迪克·戈登。性情平和，根据常识进行判断的能力很强，是最容易打交道的宇航员之一。喜欢聚会，但从不影响第二天的工作。我相信新奥尔良圣徒队会做得更好（他现在是他们的副总裁）。

艾伦·比恩。非常阳光，做事有恒心，对所需信息有不懈的追求——要是让他做一家公司的办公室文员，不出一周就能搞清公司总裁所做的事情。和他共事非常愉快，你要是喜欢意大利面条，那就更不用说了，每次出差，他都吃意大利面条。

比尔·安德斯。严肃，专心，精力充沛，不喝酒，不抽烟，不开玩笑。曾经比较固执，有点不太成熟，后来去华盛顿当上国家航空航天委员会的行政秘书长之后，才发生了改变。他的工作职责就是培养人们的谦虚作风和灵活性。比尔现在是原子能委员会的成员之一。

沃尔特·坎宁安。直率，有时有点生硬，像好斗的公鸡。他是海军陆战队战斗机飞行员与兰德公司研究专家的奇怪组合，一个摸不透的人——他可以在满腔热情和赤裸敌意之间随时转换。

上面列出的都是活着的宇航员，没有包括格里索姆、怀特和查菲（1967 年 1 月 27 日，他们在肯尼迪角死于“阿波罗”发射塔上的一场大火），以及弗里曼、西伊、巴塞特和威廉姆斯（他们死于 T-38 飞机的事故）。对于死者只有赞美。这些人自然也都有他们的优点和缺点，但由于他们没有辩驳的机会，我认为最好还是省略不说，而不是有意给出有失偏颇的观点。对于后来的宇航员，由于人数众多，我无法一一点评。有的（像埃德·吉文斯）是我很好的朋友，其他的几乎都不认识。

1964年，要说这30位宇航员是一个工作努力、效率很高的团队，那他们所在的组织——载人航天中心（NASA位于休斯敦的设施）也是一样。在爱德华兹，我知道下午4:30决不能走在办公楼和停车场之间，因为那些疯狂往家冲刺的公务员们肯定会把你踩死。而在载人航天中心，人们更注重工作，时钟并不那么重要，人们普遍感到兴奋，有一种完成重要工作的使命感，哪怕桌子上的晚饭都放凉了。后来我也在国务院的高层和华盛顿的其他办公室，见过这种对工作的投入，但在1964年的休斯敦，这对我是一种新的体验，其他人肯定也有这种体验，因为这种工作激情似乎渗透到了每个层级，而不仅仅是那些拿高薪的人。其中一部分原因出于奇特的工作性质，一部分原因出于紧张的工作节点。肯尼迪总统不是说过要在这个十年结束之前完成登月吗？

更加重要的是，这个目标是非常清晰、明确的，这种情况在政府中是很少见的。人们知道，每过一天就离登上月球的时刻更近了一天，于是根据剩余的时间来协调自己的工作进展。当然，1964年的时候，剩余的时间还很多，但同样也有巨量的工作要完成；在1960年代，无穷多的疑问必须搞清才能考虑这项任务是否真的有可能完成。今天，电视直播的在月球的山丘和峡谷中漫游似乎完全变成了家常便饭，但在1965年，我的一位朋友给我打赌100美元，他说1972年6月之前，没人会登上月球（更不用说返回地球了）。我的朋友不是外行，而是一位经验丰富的试飞员和工程师，他在载人航天中心工作，后来也入选宇航员。

在1964年的休斯敦，还有很多问题没有找到答案，所以，任何人都无法理性地评估成功的概率。一些杰出的科学家（像康奈尔大学的汤米·戈尔德）担心月球表面可能有灰尘层，其厚度可能会超过登月舱的高度。还有人认为登月舱有可能产生静电，从而吸附月球表面的各种灰尘，使宇航员无法看到窗外。有人认为月球土壤包含纯金属元素，粘在鞋上的这些金属元素进入登月舱的纯氧环境后会立刻着火。众所周知，太空存在陨石，由于没有大气的保护，月球显然会成为它们喜爱的目标。谁知道月球上空会有多少陨石，或者它们会以多大的频度去撞击月球表面？你只需用肉眼看看月球上的陨石坑，就知道陨石并不是理论上的威胁，但谁也不知道它们对宇航员的实际威胁有多大。好在月球早就越过了地球的范艾伦辐射带。范艾伦辐射带对那些已经越过的人来说是健康剂量的辐射，对那些仍处于其中的人来说是致命剂量的辐射。那太阳耀斑——从太阳随机喷射出的无法预测的能量呢？

这些都是涉及环境的主要问题，但更令人担心的是，在25万英里的不安全真空中进行人员和机器设备的运送时，所涉及的一些未知问题。月球往返大约需要8天，这当然意味着你不能指望各种问题在4天内解决，包括人的问题，没人知道会出现什么状况。到1964年，美国完成了“墨丘利”计划，苏联完成了“东方”飞行任务。1963年4月，苏联宇航员瓦列里·贝柯夫斯基乘坐“东方”5号飞船绕飞地球81圈（5天多一点）；1963年

5 月，戈登·库珀乘坐“信念”7 号飞船环绕地球飞行了 34 个小时。戈登没有出现任何身体上的问题，但苏联发布的资料让人有点不安，有几位宇航员报告说，他们感到不舒服和恶心，这被认为是失重状态造成的。我们想仔细研究这个问题，先让“双子星座”飞船飞 8 天，然后再飞 14 天，与此同时，我们不知道如何看待苏联的上述报告。我们自己的医学专家们也帮不上什么忙，他们当中的一些人一开始就是悲观的预言家。让他们承认宇航员们在连续进入失重状态的太空飞行试验中都是毫发无损，真是比登天还难。太空计划刚开始时，他们说即使进入失重状态几秒钟，身体的功能也会衰退：例如，你不能正常吞咽（尤其是水），即使营养成分到达胃里也无法吸收。更糟糕的是，心脏和肺在最好的情况下会变得功能紊乱，而在最坏的情况下会失去功能，高效的人体机器很快就会停止运转，至于停止得有多快，目前还不太清楚。但随着数据的涌入，高高竖起的医学门槛并没有被取消，而是被推到稍远的后台，在每次后续的新闻发布会上又会满血重现。

当然，来自飞机的数据严重不足，即使当最先进的飞机沿着巨大抛物线的轨迹划过天空时，也只能获得 25 秒钟的失重状态(即 0G)。在这至关重要的几秒钟里，参加试验的人员疯狂地喝水、吞咽和排泄，并完成每一项有可能完成的试验。然而，太空飞行的禁忌证并没有出现，于是，医学专家们不情愿地把“健康屏障”挪到了下一段路径上。当艾伦·谢泼德乘坐“自由”7 号飞船完成 15 分钟的失重飞行之后，他看上去还是那个正常、健康、令人讨厌的谢泼德，于是，医学专家们又把小数点往后移了一位，说道："嗯，是的，一个人可以承受几分钟的失重，可能几个小时也没问题，但要是待上几天，绝对不可能！"

于是，随着"墨丘利"和"东方"的飞行试验一次次证明医学专家们的错误，他们只是顽固地后退一两步，继续给任务规划人员和设备设计师们设置障碍。例如，在"双子星座"计划中，他们认为，如果宇航员在太空待了几天，他们重返大气层时会承受突然增加的压力，他们的自主神经系统会忘记执行所有的重要功能，并在其他各种混乱状态下，促使血液聚集在他们的下肢，从而因为大脑供血不足而昏倒。更糟糕的是，宇航员昏倒后，他们仍然被头朝上脚朝下地捆绑在座位上，血液永远无法回到上肢，他们会因此而死亡。

和这样的人一起工作和生活，就像有一个住在鬼屋里的阿姨，或者一个特别相信占星术的好朋友，他总是滔滔不绝地谈论这个话题，而且他特别喜欢在糟糕的日子里预测你的星座运势。你不会相信这些东西，但它们极其烦人。更糟糕的是，医学专家们迟早会有说对的时候，他们的否定主义观念也会得到印证，一些不好的身体状况也会发生在某个进入太空的宇航员身上。下一个风险较高的大型项目是太空实验室计划，每个人会在太空待上几乎 3 个月。那往返需要 18 个月的火星之旅呢？查尔斯·贝里医生是航天计划中嘴巴最不把门的人，他一直在说，对这样的任务，全男性乘组可能会变得非常焦躁，于是，除了身体健康方面的障碍，医学界又开始考虑给太空计划设置心理学障碍。事情的真相是，要是没有医学专家们的参与，航天计划早就走到今天的地步了，甚至会比今天更进一步，因为我们完全不需要那些累赘设备和那些花哨的医学玩意——血压腕带、运动量监测仪，尿液测量装置等。它们唯一的作用是增加飞船的重量和复杂性，耗费宇航员的时间和精力（这些时间和精力本来可以用在更有意义的任务上）①。

如果医学问题主要是医生们考虑的事情，那工程问题则是每个其他人（包括宇航员）都在考虑的事情。在月球轨道上进行成功的会合和对接需要多少燃料（这在地球轨道上都还没有尝试过呢）？是地球轨道上的一半，还是两倍？在飞往月球的一路上，太阳会持续照射，飞船内部的温度会是多少？朝阳的一侧被烘烤，背阴的一侧被冷冻，宇航员所处的飞船内部有什么样的平衡条件？电子设备可以经受几百华氏度的温度变化，但人体对温度和压力的要求就非常苛刻，我们能保证这样的苛刻条件吗？那湿度呢？有些设备所处的温度比其他设备更低一些，它们会不会滴冷凝水，就像在潮湿的夏天，冰茶壶的外面那样？要是会产生冷凝水，它们会不会引起娇贵电子设备的电打火和短路？

飞船里的制导系统呢？它真的能找到飞船发射三天后月球位于太空中那个神奇的位置，并引导飞船返回地球吗？这其中的允许误差极小。在返程中，大气层的“再入走廊”（或者称为“生

① 太空医疗设备和监测技术的研发，也给地球上的病人带来了一些未曾预料的好处，所以，花费的时间和金钱也没有完全浪费。

存区”或者随便你怎么称呼它）只有 40 英里厚，而从 23 万英里外的地方撞上一个只有 40 英里厚的目标，就像从 20 英尺外抛出一只刀片，去劈开一根头发丝一样。虽说这项使刀片准确瞄准头发丝正中心的工作，将主要由功率强大的地面跟踪雷达和庞大的计算机系统来完成，但假如飞船出现了通信故障，无法接收来自地面的操控指令，宇航员有能力接管这项精细的重要任务吗？这项工作的关键之处在于测量选定恒星与月球或地球地平线之间的角度，但这能做到什么样的精度？专业人员做出了假设，也设计出了相关设备，要是建造的系统存在设计失误呢？假如六分仪设计得太粗糙，不满足精度要求，或者，假如它稍微有点变形呢(它在 1G 的地面上制造，却在 0G 的太空使用)？而且，在大气层之上，能清晰地确定地球的地平线吗？你能看到什么——地形地平线，大气地平线，或是两者之间的一条线？也许它会随着太阳光线的照射角度的改变而闪动、移动或发生其他变化，也许还有 100 个其他未知的因素在悄悄地发挥作用。假如所需的一切都已经完全掌握，而肯尼迪角一位心不在焉的技术员把错误的地球直径输入飞船的计算机，或者更有可能发生的情况是，假如进行这种测量的程序非常困难和复杂，结果宇航员们做错了呢？假如飞船上每个系统本身都设计得完美无瑕，当所有系统都组合在一起时，却需要乘组每天 26 小时的关注呢？假如……假如……假如……

我好像问了太多的问题，却没有提供任何的答案，我只想展现载人航天中心在 1964 年的实际状况——我们有飞往月球这个必须完成的任务，却没有什么可以利用的确切资源。这一阶段的主要工作是问问题，也就是确定那些需要回答的各种问题，然后确定这些问题是否可以通过地面上的试验舱或飞行模拟器或任何其他手段来找到答案，或者这些问题是否必须通过飞行试验数据（这意味着需要包括“双子星座”系列飞行试验或“阿波罗”初期的一次飞行试验）来找到答案。

没人知道需要多少次这样的飞行试验，但显然我们这样的试飞员需要在思维方式上做出某种改变。我们已经习惯了那种循序渐进、一步一个台阶的试验方式——在任何一次飞行试验中，把需要解决的未知数降至最少。以速度为例，一架现代战斗机可能需要几十次飞行试验才能慢慢达到其最大速度，每次试验之后都要对飞行试验数据进行大量的地面分析，以确保后续试验是安全的。每上一个台阶，都会受到单独的、从容不迫的审查，后来我们才发现，这种审查真是一种奢侈，因为当我们从飞机转到火箭时，根本就没有这样的审查。例如，在试飞一架新飞机时，精神正常的试飞员不会在第一次试飞时就让飞机的速度超过声速，因为声障两侧的空气动力学特性是完全不同的，飞机的操纵性能仅在接近马赫数 1 这个高度敏感的区域进行测试。但对位于“大力神”2 型运载火箭顶上的“双子星座”飞船来说，情况完全不同。它一旦起飞，就不会停下来！它会一直飞向地球轨道，冲过声障，从台阶 A 到台阶 Z，中间没有任何停顿，没有任何重新考虑或重新设计的机会。在“双子星座-大力神”组合中，把格斯·格里索姆和约翰·扬送入太空之前，还进行了两次不载人的飞行试验。针对“土星”5号运载火箭，在博尔曼、洛弗尔和安德斯执行“阿波罗”8号飞行任务之前，也进行了两次不载人的飞行试验。诚然，“大力神”在与“双子星座”飞船组合之前，空军确实已经使用了很长时间，“土星”5号推出前，NASA确实对其先前的型号（“土星”1号和1B号）进行了一系列复杂的不载人飞行试验。但“土星”5号的确是个新的庞然大物，其重量和推力比世界上已知的任何飞行器都大得多，专家们对它非常信任，第三次飞行就用于把宇航员送往月球。

1968年12月21日，我坐在休斯敦的飞行任务控制中心，眼睛紧紧盯着墙上的巨大显示屏，上面有一个光点（代表“阿波罗”8号飞船），沿着那条代表着理想飞行轨迹的线，快速移动着；“阿波罗”8号要想安全地抵达月球，就必须沿着这条轨迹飞行。我的工作很简单——如果那个光点偏离理想轨迹一个规定的量，我就要通过无线电通信系统，告知博尔曼关闭第三级火箭（如果可能的话）并返回地球。可惜我不是一个喜欢打赌的人，因为我敢肯定，1964年博尔曼会用一年的薪水来打赌，“土星”5号的第三次飞行不可能实施这么不可思议的计划。我要是补充说，这只是“阿波罗”指令舱和服务舱的第二次载人飞行，我相信我至少可以获得三比一的赔率。然而，对宇航员来说，如果1964年是技术怀疑年——针对科学家、工程师和飞行规划人员的质疑年，它同样也是一个精神丰富年。我们参与航天计划的时间还不是太长，还没有对不断近距离见证它的奇妙感到厌倦。对勃艮第葡萄酒来说，1964年也是一个成功年；令人高兴的是，这种酒放的时间越长，它就变得越好喝——当然，也并不都是这样。几年后，到了该喝的时候，有时候它是苦涩的，而其他时候却非常甜美，让人觉得特别享受。1964 年还是一个期待年——一个没有载人飞行任务、但为未来收获和储备了知识的年份。

不管我们的选择是否明智，反正我们已经上路了。1964 年对我来说，就像一位酿酒师所感觉的那样："年限还不到，仍有丹宁的酸味，虽不完美，但酒体醇厚，带有辣辣的香味和 5 年后那种强大的后劲"。

4 生存训练

我们都很无知，只是感到无知的事物各不相同而已。

——威尔·罗杰斯

我能继续对这么多不同的东西感到无知吗？从哪儿开始？学习什么内容？怎么开始常说的千里之行的第一步？善解人意的 NASA 为我们 14 位宇航员准备了一门简短的课堂教学课程，来弥补航空与航天之间的空白，最大限度地降低我们有可能感受到的技术冲击。虽然我一直讨厌上学，但对这门课程却非常喜欢。首先，我想知道在各种可能的相关专业中，哪些才是 NASA 真正认为最重要的。其次，教学是由刚刚完成极其成功的“墨丘利”系列飞行的 NASA 实施的，因此，它无疑会是一个非常实用的课程，组织者都是务实的实干家，而不是深奥的理论家。第三，这是最后一次上学，这必须是，从 NASA 毕业后，还有什么学校可上呢？这无疑就是美国的“最高法院”，这位年轻的“律师”获得了为自己辩护的机会。要是这次辩护涉及飞向月球这件事，那多么令人激动啊。

总体而言，这门 240 小时的课程被分为大致可以预测的几大块：

天文学	15 小时
空气动力学	8 小时
火箭推进	12 小时
通信技术	8 小时
医学	12 小时
气象学	5 小时
上层大气物理学	12 小时
制导与导航	34 小时
飞行力学①	40 小时
数字计算机	36 小时
地质学	58 小时

计算机的比重似乎有点大，但那时我并没有意识到宇航员们驾驶“双子星座”和“阿波罗”飞船时对计算机的依赖程度。除此以外，其他内容似乎还比较均衡。什么？最后一项——地质学：58 小时？显然，我们并不只是为了飞向月球（其中两个登陆月球），而是一旦到达那里，我们应该承担起勘探者的角色。而且这 58 小时还只是培训系列 1，后面还有培训系列 2，3，4，5，6！地质学课程的不同之处还在于，它不仅仅是针对我们 14 位宇航员的，而是针对所有宇航员的，这样，我们新来的宇航员

① 我得赶紧补充一下，“飞行力学”是一个用词不当的术语；它不涉及飞行中的任何机器或机器维修，而是涉及卫星轨道和其他飞行轨迹的数学和物理学。

就有了第一次近距离观察我们老大哥的机会。在埃灵顿空军基地起飞线处一座摇摇欲坠、二战时期的“临时”框架式建筑里，我们每周 2 次听 NASA 和美国地质调查局联合团队的各种成员举办的专业讲座，并做一些实验室的研究工作。

那是一个非常怪异的场景。每张桌子上都摆放着一箱一箱的石头样品，每个样品上都清晰地喷着一个编号；每个宇航员都有充足的机会去扒拉这些箱子，通过上面的编号来了解和问候自己最喜欢的样品（如果不是通过其矿物含量的话）。还记得那个老掉牙的故事吗——囚犯们给他们收集并记住的每个笑话编个号，然后通过背诵这些编号（而不是笑话本身）来取乐？几年后，戴夫·斯科特执行“阿波罗”15 号登月任务时，发现了他著名的“起源石”，于是就长篇大论地对它进行了描述。其实，他只需一说“编号 408”，我们就都明白了。

但在 1964 年，这些编号和描述并不是一下子就能熟知的。我们必须学习一整套观察石头的新词汇和新方法。光说“灰色的和疙疙瘩瘩的”是不够的，现在应该说“半自形粒状的和斑状的，带有中粒灰色斑晶”。“柔软易碎？”对不起，不能这么说，用莫氏硬度[①]测定的话有多软（我们一直被要求记住这些数值）？我们甚至拿出显微镜来研究它们的晶体结构，拿出我们老旧的化学课本来复习元素和它们的化合价。我们都知道 H_2O 是水，而

① 要是有人忘记了，我们现在就复习一下。莫氏硬度 1～10 表示了从最软到最硬的矿物：1——滑石；2——石膏；3——方解石；4——萤石；5——磷灰石；6——正长石；7——石英；8——黄玉；9——刚玉；10——金刚石。

且月球上没有水，但不管多么友善的珠宝商都不会告诉你，绿松石其实就是$CuAl_6(OH)_8(PO_4)_4 \cdot 5H_2O$。谁会想到，1969年在月球的静海基地竟发现了$(Fe^{2+},Mg)Ti_2O_5$，而这种新矿物被称为“阿姆奥尔柯林矿石”，它源于阿姆斯特朗、奥尔德林和柯林斯三人的名字？当然，在1964年埃灵顿的那间教室里，没人能够准确预见这门奇怪的地质学新课程将如何应用。难道开启可以想象的最伟大的冒险行动——世纪之旅的钥匙，就藏在这堆带有编号的石头当中吗？第一位登月宇航员会是地球岩石样品的最佳鉴别者吗？也许我们应该像拼写比赛那样，都站起来接受测试，拼错单词时就坐下，直到剩下最后一个人，他——矿石鉴别冠军——将被确定为登月第一人。胡扯！

抱怨声最早出现在执飞过“墨丘利”任务的宇航员中，并很快得到“二期九杰”的响应。地质学家们真的以为我们会把显微镜带到月球，或者在现场刮石头来决定它们的硬度吗？只要我们能把它们带回地球进行分析，我们还有什么必要去知道它们的化学成分？把宝贵的石头带回家，那才是我们关心的事情！根本不用管这些空洞的理论，你只需把登月舱周围的东西弄几铲子，捡几块看上去明显不一样的石头，然后返回登月舱，赶紧离开就行了。要是有人提议让宇航员们全部离开登月舱，坐上一辆像吉普一样的车辆，开出去好几英里，我觉得斯莱顿肯定会把他当作怪人。

我们这批14位新人听得多，说的少。但随着相互了解的不断深入，各种观点也浮出水面。我自己的看法特别短视，我只想到了首次登月而没有想到以后的事情。我当时认为，登月前将需要几十次的准备性飞行，而第一次登月将标志着登月计划的成功和结束，而实际上它是月球探索的开始，宇航员们随后开着月球车，带着成套的科学设备在月球表面进行了长时间的穿越。另一方面，我相信（至今依然相信）将来有一天会建立月球基地，而且人类会飞向火星。但这些任务不属于“阿波罗”。肯尼迪总统说：“……把一个人送上月球，并使他安全返回。”我们不是正在规划成倍完成他所要求的任务，每次把两名宇航员送上月球吗？我觉得这才是“阿波罗”计划，而且是一项非常艰难的任务。我还觉得，我们这批 14 位宇航员，虽有极好的机会可以飞上一两次，但登月乘组将由最好的、最有经验的三位宇航员组成，他们将会来自“首批七杰”和“二期九杰”。因此，当我们这批的沃尔特·坎宁安解释说他应该第一个登月时，我并不特别在意；他说他是科学家，有着意外发现好东西的天赋，这种天赋会使他注意到月球表面上那些被我们这些非科学家们忽略的东西。我也不会知道，乘组早在确定哪次任务会首次登月之前，就已经组建起来了，而阿姆斯特朗、柯林斯和奥尔德林后来组成了首次登月乘组，并不是因为他们三位是最好的，而是因为它涉及包括“双子星座”和“阿波罗”任务以及我的健康状况在内的一系列复杂决定。

与此同时，我们 14 位宇航员都在努力学好地质学这门课，尽管我们对它的实用性存在疑虑。不管怎么说，我们现在是全日制学员，地质学只是很多课程中的一门而已。我们想把所有的课程都学好，因为总有一天，好学员会比差学员先获得飞行的机会，我们的主要目标是获得上天的机会并积累经验，这样我们就有更好的机会登上月球。遗憾的是，很多其他课程也像教室里的地质学一样不太实用。以下是我对一门典型课程的批评意见：

> 本课程适用于下面两类人：①想设计出更好的计算机的人；②想修理和更换已有计算机的器件的人。它不适用于飞行员，飞行员只需知道如何操作计算机，如何检测各种故障。本评论适用于整个宇航员课程：讲课要从飞行员的角度出发，而不是从修理工或电路设计者的角度出发。
>
> 1964 年 7 月 17 日

从好的方面来说，这些课程没有评分，而是非正式的交流，这让我们有了相互了解的机会，也让我们顺便到分散在埃灵顿的 NASA 办公室和位于埃灵顿南部几英里、接近完工的载人航天中心去溜达溜达。随着对这里的人们和设施越来越了解，我们就感觉越来越自在；我们甚至开始像老前辈一样说话，越来越流利地使用 NASA 员工特有的专业术语。

无论如何，我们还是学会了这种特有的语言和太空飞行的基本知识，然后作为 NASA 的代表和真正的宇航员，飞出巢穴，进入真实的世界。我们可以订购名片，在 NASA 彩色徽章旁边印上自己的名字和头衔（美国空军少校，NASA 宇航员）。我拒绝了这一荣誉，不是因为我想隐瞒自己是宇航员，而是暗自担心：我要是把这个微型图腾放在别人的桌子上，塞进他们的邮箱里，或者直接从一只汗津津的手上送到另一只汗津津的手上，人们会不会哈哈大笑。至少我的老朋友们（他们送给了我一个“双子星座”飞船模样的垃圾桶）会笑，和那些有可能对我产生深刻印象的人相比，这些老朋友对我来说更加重要。随着我们在休斯敦正式培训的结束（除了地质学课程，它们好像永远也不会结束），谢泼德让我们给自己的同事依照个人品质进行排序（从1到13），最好的就是那位我们最想一起进入太空的人。经过深思熟虑，我把戴夫·斯科特放在了第一名的位置上，然后把我的排序和对课程的点评交给了谢泼德，然后获得了一张仿制的毕业证，他们称赞我完成了“基本的肮脏培训”，并允许我在没有上司带领的情况下，自行离开休斯敦。

我们都离开了休斯敦，有的自行，有的结伴。实际上，我的收入报税单上显示，我在1964年共出差27次，大部分都是两三天。其中6次是地质学考察，其余的都是为了完成各种任务（我会在后面介绍）。我们的第一次地质学考察是去大峡谷，是最有趣的行程之一：一方面，这是我们的第一次考察；另一方面，这地方的自然景观太美、太壮阔了。当然，他们的想法是给我们机会用现场体验来强化课堂知识，不能只看桌子上放着的那块半磅重、编号为801的石头，还要看带有清晰边界、几英里长的矿床；它是在泥盆纪时期沉积的，它的下面是寒武纪时期的石头，而它的上面是很晚沉积的二叠纪石灰岩（仅仅两亿年前）。随着科罗拉多河越来越深地切入亚利桑那沙漠，形成了大约十几个不同的岩石层；它沿着近一英里深的沟壑向前奔腾，每天带走近百万吨的泥沙。当我们沿着著名的凯巴布步行道从南侧下去时，我们查看并记录相继看到的每一个岩石层（半自形粒状的），从新近的石灰岩和砂石岩，到年代更久的页岩，最后再到靠近底部那超过 20 亿年的古老石头——备受冲击和烘烤的毗湿奴片岩。这里唯一的不足在于，除了片岩（一种变质岩）和一块单独露出的花岗岩（火成岩）外，我们看到的所有岩石都是沉积岩（水沉积型），很多含有植物和动物的化石（包括鲨鱼的牙齿）。当然，在 1964 年，没人知道月球上有什么种类的石头在等着我们，但没有一位有名望的科学家相信，我们会在月球找到沉积岩，更不会发现任何动植物化石的痕迹。实际上，我们曾经开玩笑说，带几块化石到月球，混在月球的石头样品里；令我感到奇怪的是，没有一个乘组在无线通信中说，他们发现了一两块化石，哪怕仅仅是为了把飞行任务控制中心里的地质学家们吓一大跳呢！

尽管如此，这无疑是一次美妙的大峡谷之旅。我们知道我们还有很多次去火山、陨石坑、火山灰流和其他类似月球地貌的地方考察的机会，于是就放松下来，用榔头敲砸石块，欣赏这里壮丽的景色，徜徉在这个不断变化的世界里。例如，在峡谷的顶端，树木几乎都是低矮的松树，但在悬崖下面，却长着只有在加拿大南部才能见到的道格拉斯冷杉。高海拔加上凉爽峡壁的庇护，使这些外来的树木得以茁壮生长，至少在一条狭窄的地带是这样。继续往下，植被逐渐由加拿大型变成了墨西哥型，最底部是真正的索诺兰沙漠地带，有蜥蜴和丝兰树。在半中腰，我们发现了一个迷人的温和地带，甚至看到了一群山羊。我必须说，在这次考察（应该说是所有的地质学考察）中，我觉得动植物比石头有趣得多。在我们这批宇航员当中，有的（如罗杰·查菲）成了极好的地质学家，这也许因为他们确实喜欢地质学，也许因为他们有着很强的领悟能力。然而，我对它从来就不感兴趣，我在与吉恩·塞尔南比赛扔石头上花的时间，几乎和在野外考察笔记本上画露头岩石之类的东西所花的时间差不多。

我们下到峡谷底部几乎花费了一整天的时间，于是我们就在谷底一家温馨的旅店过夜。第二天早上，想快点上去的人可以租赁毛驴。我选择了骑驴，但我挑的那头毛驴，我一不踢它，它就停下不走，结果，我在驴身上做的运动和步行差不多。与此同时，我有很多的时间来思考飞向月球的速度问题：从爱德华兹的超声速战斗机，发展到靠一路脚踢一头毛驴来走上大峡谷。驾驶喷气飞机有它的门道，驾驭这头毛驴也是一样，我好像把大部分时间和精力都花在了踢打这头运输工具上，而不是利用它快速爬出大峡谷。我永远不会成为科学家，至少不会成为地质学家，但也许可以作为运输技术专家在某个地方发挥作用。我当然愿意与一两个名副其实的科学家共享我的毛驴，条件是他们负责踢驴，我负责把控方向。

大峡谷之后，我们接着又去其他地质学景观进行了一系列的考察。有些地方确实非常独特，如亚利桑那州的流星陨石坑和原子弹爆炸后在内华达州默丘里试验场沙漠里留下的大坑。另一些地方则代表着某一类的地质特征（新墨西哥州瓦莱斯火山口的破口，亚利桑那州森塞特火山口的火山渣锥），或者某一类的材料（俄勒冈州本德附近的熔岩，得州马拉松盆地的玄武岩和火山灰流）。在其他地方，我们对绘制地质结构图（如在新墨西哥州的菲尔蒙特牧场）更感兴趣。这么看重美国西部是因为这一区域大都没有被茂密的植被所覆盖，更接近月球的地貌——有裸露的黑色平坦地面和很多的火山口或陨石坑。还有一个更实际的原因：这一区域离休斯敦不是太远，我们的教员比较熟悉。后来，我们还去了更加偏远的地方，像墨西哥、阿拉斯加和冰岛。

地质学考察常常是最放松的，但随着工作重点从地质学转向工程问题、公共关系事务等，我们发现行程几乎总是排得满满当当，我们必须紧赶慢赶才能完成。当地人总想最大限度地榨取我们的里程，而且一直令我感到惊奇的是，“宇航员”这个头衔立刻使我们成为很多领域的专家。我们见到了很多非常幼稚的人，他们深信：只要宇航员那样说，那肯定是对的。我们也见到了不少非常精明的人，他们引诱我们发表一些见解，这些见解可以用来强化他们自己的狭隘观点。

全心投入到“真实世界”——装备设计和任务规划之前，作为我们基础教育的一部分，我们还需要完成两项其他培训课程。这两项课程是生存培训——要是飞船意外降落在地球上的无人区，我们应该怎么办。幸运的是，飞船发射几何学（从肯尼迪角沿北纬 28 度向东发射）决定了“双子星座”飞船将沿着一条反复穿越赤道的正弦轨迹飞行。对“阿波罗”登月飞行来说，由于月球的轨道平面与地球的赤道平面仅相差 5 度，这样，飞船回收区域就在赤道附近（我之所以知道这些，是因为讲飞行力学的时候我没有打瞌睡）。也就是说，我们不用考虑那些非常寒冷的地区（谢天谢地!），只需考虑热带雨林、沙漠和海洋。如果出现了海洋上的非预期溅落，你除了等在原地，真的没有其他办法，只能节约使用配给的那一点点饮用水，并希望天气晴好得可以用上太阳能蒸馏器——一种简单的塑料袋装置，利用太阳能蒸发海水，再冷凝成纯净的饮用水。但热带雨林和沙漠则提供了更多复杂的选择，虽然各种危险也许更多，但只要你掌握了足够的技能，同样也有很多逃避危险的选项。

于是，我们 14 个和皮特·康拉德（我们的队长）来到位于巴拿马的美国空军热带生存学校，先是几天的课堂教学，接着是几天的野外生活。课堂教学极具启发性，当我们讨论哪些事情能做，哪些不能做的时候，这位城市小伙儿全神贯注地坐在那里。我们的必读书是《空军生存手册》——一本非常好的睡前读物。实际上，这本书很有价值，我今天还保存着两本，说不定什么时候就真能用得上。

这本手册以快乐的语气开始：“任何能爬、能游或能飞的东西都是我们可能的食物。”然后，它就有点过于具体了，不太适合我的口味。“人们吃蚂蚱、无毛毛虫、蛀木甲虫的幼虫和蛹、蚂蚁卵和白蚁。”拉倒吧，我可不吃！真的吗？继续看：“作为不干净的东西，你很可能在作为日常食物的面粉、玉米粉、大米、豆子、水果和蔬菜中，以及日常的食品店里吃到过。”怪不得最近的超市里人少了。

对口味不那么怪异的人，他们能吃什么呢？“在地上寻找刺猬、豪猪、穿山甲、小老鼠、野猪、鹿和野牛；在树上寻找蝙蝠、松鼠、大老鼠和猴子。危险的大型动物——老虎、犀牛和大象比较少见，最好不要招惹它们。”完全同意！我才不管那些东西呢，我只吃素。能推荐点素食吗？“芋头能长到2～3英尺高，有黄绿色的天南星花。吃之前把大的心形叶子煮熟，最好加点酸橙汁，否则它们会刺激你的口腔和喉咙。”或者吃点蘑菇？“有毒的菌类没有不好的口感或难闻的气味，所以你无法判断。”我曾经在一家极好的日本餐馆吃过海藻，吃海藻怎么样？“……有的含有过多的碳酸钙，或者粗硬得没法吃。有的包裹着一层黏糊糊的东西。”就没有更接近家常的东西吗？“红薯秧不难辨认，它们和牵牛花的藤蔓差不多。”牵牛花的藤蔓到底是什么样子？就在我准备放弃的时候，我又受到了一些鼓励。“在热带地区也会碰到有毒植物，但与无毒的植物相比，它们所占的比例不会比美国大。”好极了！至少里面包含一些非常实用、我也完全赞同的建议（例如，“别吃癞蛤蟆”）。

假如我彻底放弃吃东西，只是坐在那里等待救援呢？那要看你坐在什么地方——“有的动物你要是碰它，它就会蜇你，它们蜇得像黄蜂一样。要躲避多脚昆虫。”我当然会躲避它们，问题是它们会躲避我吗？“蝎子确实是烦人的东西，因为它们喜欢藏在衣服、被褥或鞋子里……”它们会咬天蝎座的同伴吗？蛇呢？

嗯，没问题。“毒蛇的数量比大多数人想象的要少。”比大多数人想象的？我的天哪！他们根本就不知道我在想什么，我想的是，要是蛇那么少，什么东西比较多呢？“鳄鱼……非常危险。鳄鱼比较多。”

原来如此。我需要帮助，而且要快。“用喊叫或者拍手来吸引人们的注意。别担心当地人会觉得你好笑。用你知道的方式逗他们开心——唱歌，做游戏，用纸牌、硬币或绳子玩一些把戏。”编手册的人在开玩笑吧！“岩盐、扭花条烟和银币（不是纸币）在交易中应谨慎使用……有人可能知道个别英语单词。否则，使用手势语言；当地人对手势语言比较习惯，因为他们自己在交流时就大量使用手势语言。简单、诚实地告诉他们你来这里做什么。”这没问题。赶紧让我离开这里！等待救援时：“任何时候都不要打扰当地妇女……要始终保持友好、坚定、不急不躁和真诚。要慷慨，但不要过分。做事要适度。”做什么事情都要适度；准确地说，几乎做任何事情都要适度。“不解大便也不用担心，过几天自然会好。”就我的饮食而言，这不大可能。

没关系，放下所有恐惧，愉快而又自信地把现代文明抛向身后，要对《空军生存手册》充满信任。毕竟，“就突然死亡的概率来说，你在热带雨林里可能比在大多数的大城市里更加安全。”带着这种并不靠谱的安抚和一把迟钝的砍刀，我快速跳下直升机，一头扎进绿色的热带雨林里。

我们两人一组，开始了这次为期三天的野外生存训练，我的搭档是比尔·安德斯，他在两个非常重要的方面是个难得的人才。首先，他是一个户外爱好者，热衷垂钓，喜欢不停地寻找没人垂钓过的小溪；他还是经验丰富的野营者，在为我们城市居民所期待的物质享受提供替代品方面，很有一套。其次（也同样重要），他是一个特别挑剔的食客，后面会有更多的介绍。

我们的第一项任务是在雨林里步行几英里，到达指定的野营区。那天，当我按照《空军生存手册》的指示查看地面时，遇到了让我感到吃惊的第一件事：我不仅没有看到刺猬、豪猪、穿山甲、小老鼠、野猪……甚至连个活动的东西都没有看到。而且树上根本就没有所说的“蝙蝠、松鼠、大老鼠和猴子”。也许是我们在雨林里“叮铃咣啷”地往前走的时候，连那些最老弱的动物都躲到几英里以外的地方了吧。也许这片雨林本来就没有动物。这可能吗？我不知道，反正这里非常安静。随着我的胃越来越空，脑海里那种肥嘟嘟的小动物在烤肉叉上“吱吱”烘烤的景象，不仅变得更加馋人，而且显然变得越来越不现实。“安德斯，我们到底准备吃什么呢?”“柯林斯，你不会现在就饿了吧？我们刚到啊!”

到达露营地、把带来的少量东西放置妥当之后，夜幕就降临了。我们被困在雨林中，成了无助的受害者。我躺在临时搭起的吊床里，肚子“咕咕”地叫个不停，我再次想起登月的事。从巴拿马这里比从大峡谷那里更容易到达月球吗？我们真的离目标更近了吗？每一次新的体验不是仅仅发现了更多需要探求的未知数吗？月球不是永远都处在离我们更远的地方吗？就像芝诺在他一个著名的悖论里所描述的那样：你看见一只乌龟在远处慢慢向前爬行，你跑着追赶它；然而，当你跑到A处（你第一眼看到它的地方）时，乌龟会爬行到B处；当你跑到B处时，乌龟会爬行到C处；因此，不管这一过程重复多少次，乌龟总是在你前面，而你永远也追不上。乌龟、月球，甚至晚饭似乎都遥不可及。更糟糕的是，安德斯不知怎的竟招来了一大群蚊子，并慷慨地与我分享。我一会儿拍打，一会儿抓挠，还要想法缓解剧烈的头痛，最后进入似睡非睡的状态，成为一个饥饿难耐、幻想破灭、蚊子叮咬、前途黯淡的准哲学家。

第二天早上既明亮又干燥（至少没有下雨），我们赶紧出发去找吃的。我们花了一上午的时间试图在一条小溪里捕捉鲦鱼，并在周围寻找可以食用的植物，但都没有成功。最后，生存培训学校的主任和他的下属来访，高兴地告诉我们说，这一带唯一能吃的东西只有棕榈树，更准确地说是某些棕榈树。原来，你在棕榈芯沙拉里看到的小白片，竟来自某些棕榈树树干内粗大的圆柱形内芯。这里的关键是你要能够识别哪棵棕榈树能吃，因为用一把不大的砍刀砍倒一棵棕榈树需要几个小时，而且劈开树干上部坚硬的纤维外皮后，露出的可能是爽脆的棕榈芯，也可能是和外表一样的木质纤维（这和不同的树有关）。对我来说，每棵棕榈树都一个样。比尔和我抱着很大的希望和盲目性，最终选了可能性较大的一棵，然后就并不专业地一阵猛砍，直到它最终倒下。此时，从断开的树干里涌出了数千只蚂蚁，我们在蚂蚁们爬到身上之前，还是看清了这棵树的状况——棕榈芯的部位已经发黑、腐烂。我们带着极大的不安，选了第二棵受害者。这一次，我们撞了大运，几个小时后，我们拿到了我们的大奖——一根长约2英尺、直径约5英寸的棕榈芯，这样的“沙拉”足够我们两个吃上一天左右。

我们还没有弄到蛋白质，于是，极富同情心的教员们再次前来救援。他们抓到了鬣蜥蜴！我们所有的两人小组都被召集在一起，来分享这个好消息。我们围着两个倒霉蛋兴高采烈地议论着，它们从被随意丢弃的地方紧紧地盯着我们。它们没法逃跑，因为前腿和后腿都被反绑在身后。虽然看上去很吓人（像史前动物和传说中的龙），但鬣蜥蜴实际上是一种行动迟缓、不伤人的动物，不应受到虐待。因此，快速杀死它们似乎也是一种慈善行为。我们这样做了之后，把肉切成小块，均等地分给各个小组。

比尔和我带着我们的那份回到营地，几分钟后，我们就生起了一堆欢快的火，一只锡罐里的水沸腾着，我们把美味的鬣蜥蜴肉块丢了进去。

第三天早上下起了雨，我很高兴这是我们在雨林中的最后一天，因为一旦地面湿了，在茂密的树冠下就很难再干燥起来。经安排，我们还见到了几位乔科印第安人，印象最深的是他们的酋长安东尼奥，他看上去比实际年龄（40岁？）要年轻很多，因为他的身体非常棒，脸上一点皱纹都没有。他还有一种极其高冷的庄重，似乎对任何事情都能做到不动声色，甚至对我们为了登月正在他的雨林里训练这样的消息也是一样。也许他就不相信这事。多年后，我在华盛顿的史密森尼博物馆珍藏有莱特兄弟初型飞机的展厅里，再次见到了他。几乎在飞机的正下方，展示着

“阿波罗”11 号飞船的指令舱。我耐心地向安东尼奥解释“阿波罗”11 号飞船的功用，解释飞往月球的过程；我从他的翻译那里得知，他对“阿波罗”11 号飞船不是很感兴趣。他并不是不相信我讲的故事，他只是无法把这个故事与这台带有隔热罩的三角形丑陋机器联系起来。他喜欢飞往月球的想法，而且显然也了解很多（例如，月球是地球的一颗卫星），但他感兴趣的飞行器是莱特兄弟的飞机。这架飞机他能理解，人体模型俯卧在飞机的下翼上，简陋的发动机驱动着一对木质螺旋桨。这才是有用的技术。

我离开安东尼奥的雨林时可没有想到以后还会见到他。我们划着双人救生筏愉快地顺河而下，然后遇到了一艘更大的船，很快就把我们带回了文明世界。

回到文明世界，我们在巴拿马的最后一晚为 C. C. 威廉姆斯举办了一场单身聚会。他是当时第一个、也是唯一一个单身宇航员。也许因为我们回到酒吧太高兴了，也许因为我们太喜欢他、太愿意和他交往了，也许因为我们想麻木恙螨在身上引发的瘙痒，我虽然不知道真正的原因，但我们确实举办了一场真正的烈性鸡尾酒会。查理·巴塞特是各种仪式的主持专家，是威廉·詹宁斯·布赖恩（美国政治家和演说家）的化身，他做了一场议题广泛的精彩演讲，内容包括威廉姆斯未来新娘的美貌、威廉姆斯的很多优点、巴拿马热带雨林的现状、NASA 登月的方式、美国的经济情况、年轻一代的道德观念……虽然我的记忆不是那么清晰，但我还是记得我们不得不把他从讲台上强拉下来，送回房间（此时，他的声音仍然相当洪亮）。第二天早上，我们睡眼惺忪、邋里邋遢地登上NASA的一架小型涡轮螺旋桨运输机，返回美国大陆，一路上通过打扑克、打盹或只是坐着挠痒痒来消磨时间。

和热带雨林相比，我们的沙漠生存训练显然让人感到扫兴。这并不是说沙漠不是一个神奇的地方，它当然是——尽管沙漠给业余观察者展现的是荒凉，其实它蕴藏着很多的生物。但生存训练者的任务既简单又明确：保存体内的水分。水最能决定人的生死，什么样的坚定意志或聪明才智都无法摆脱这一残酷的现实。人体每天对水有一个最低的摄入量，否则它就停止工作。这种需求甚至可以列成表格的形式。

两种条件下在沙漠中预计可生存的天数

条件	最大日常荫温（华氏度）	每人可用的水量（美国夸脱）					
		0	1	2	4	10	20
不走动	120	2	2	2	2.5	3	4.5
	110	3	3	3.5	4	5	7
	100	5	5.5	6	7	9.5	13.5
	90	7	8	9	10.5	15	23
	80	9	10	11	13	19	29
	70	10	11	12	14	20.5	32
	60	10	11	12	14	21	32
	50	10	11	12	14.5	21	32

续表

条件	最大日常荫温（华氏度）	每人可用的水量（美国夸脱）					
		0	1	2	4	10	20
夜间走动，走累后就一直停下来	120	1	2	2	2.5	3	
	110	2	2	2.5	3	3.5	
	100	3	3.5	3.5	4.5	5.5	
	90	5	5.5	5.5	6.5	8	
	80	7	7.5	8	9.5	11.5	
	70	7.5	8	9	10.5	13.5	
	60	8	8.5	9	11	14	
	50	8	8.5	9	11	14	

从表格中可以看到，要是没有水，在100华氏度的沙漠里，你待着不动可以生存5天，要是开始走动的话只能生存3天。你无法改善这些数字，但要是犯了错误（像在白天而不是晚上走动），情况只能变得更糟。你要是有一点水，情况会有很大改善（正如表格所展示的那样），但生理学依然起着决定性作用；与大多数人的观点相反，再多的水、再严格的自律都无济于事。实际上，人们发现，有人死在了沙漠里，他们水壶里的水还是满的。

于是，8月一个炙热的上午，我们被扔进了里诺附近的内华达沙漠。我们的任务只是学习如何最好地保存体液，如何最有效地发出求助信号。所有这些都在教室里讲过，现在查理·巴塞特和我需要花几天时间练习一下。首先，我们必须制作衣服，这对减少出汗非常重要。你没有见过穿着百慕大短裤和T恤衫的阿拉伯人吧？飘逸的罩头长袍不仅朴素，而且非常实用。幸运的是，空降的人员都有降落伞，几码长的尼龙伞能做很好的帐篷、铺盖、长袍等。查理和我用剪开的降落伞做成合身的衣服后，准备寻找或构建一处住所。我们没有找到现成的，于是决定在一个高坡最背阳的一侧挖个洞。这里的诀窍是，如果可能的话，离开地面几英寸，因为离地面一英尺处的温度比地面上的要低 30 华氏度，而且要打开帐篷或任何居住设施的两侧，使空气自由流通。此后，你只能放松自己来保存能量和体液，通过摆弄救生无线电和信号反射镜来消磨时间。动作越缓慢越好，于是，查理和我懒洋洋地躺在那里，一边漫不经心地闲聊和看平装书，一边等着被“解救”。虽然那天在阳光的照耀下，沙子的温度达到了 148 华氏度，但我们在自己的藏身之处感觉依然比较舒适。然后我们乘车到达里诺，极度的口渴被当地人的各种高价饮料给满足了，他们很不友善，显然对消磨时间和掷骰子比接待一对脱水的“沙漠老鼠”更感兴趣。

幸运的是，还没有一艘飞船降落在需要应用雨林或沙漠生存技能的地方。尼尔·阿姆斯特朗和戴夫·斯科特出乎意料地把“双子星座”8 号飞船突然溅落在太平洋，而不是计划安排的大西洋，他们被那里的一艘待命做紧急救援的驱逐舰打捞上来。斯科特·卡彭特的“奥罗拉”7 号飞船偏离预定区域 250 英里，一架直升机快速赶到他的身边。在这两次意外中，乘组在水里待的时间都没有超过 3 小时。因此，和宇航员们一直进行大量训练的情况一样，这些技能和信息从来就没有用上过，但让乘组尽量多地准备各种意外情况还是非常明智的。我认为这是 NASA 在实施“双子星座”计划中的一大优势，而在执行“阿波罗”系列飞行任务时，这种优势就更加明显。多年来，大批有能力的人围坐在会议桌旁，拿着工程原理图，问自己：“要是出现……这种情况怎么办?”个别情况下，答案只有：“很艰难”——没有出路，没有解决方案，没有其他途径。但这种情况很少，并不常见。在大多数情况下，系统的设计带有冗余，或者安全评审发现问题后进行重新设计。然而，尽管进行了精心的设计，谨慎的项目管理者（或者乘组成员）依然不太放心，总是问：“要是出现……这种情况怎么办?”显然，他们在深入思考可能的动作选项，并试图做出最佳选择。他们不慌不忙地在安静的会议室里提出问题，而不是在以后的太空通信系统中听到那种不详的声音：“喂，休斯敦，我们遇到了问题……”每当这种声音到来的时候，除了那几本厚重的、为每种可能的故障推荐的解决流程，飞行任务控制中心的目光还会转向那套参考资料——培训讲义、模拟器训练、先前飞行任务数据。

载人太空飞行中最著名的事故，是“阿波罗”13 号飞船氧气罐的爆裂。这是飞船系统同时处于最差状态和最佳状态的一个例证。位于服务舱的氧气罐有可能泄漏，这一情况多年前就一直在考虑，但专家们并不认为它会带来灾难性后果，因为服务舱里还有和它一样的第二个氧气罐，它们等量均匀消耗，所以，氧气不会用完。分析表明，遇到泄漏的情况时，你要是赶紧行动的话，从月球返回地球是没有问题的。你只需确保关闭相应的阀门，不让好罐里的氧气通过泄漏点排放到飞船外面就可以了。到目前为止，一切正常。然而，当“阿波罗”13 号飞船上的氧气罐爆裂时，其破坏力太大，把连接另一个氧气罐的管路也炸裂了，这是设计人员从未想到的，两个氧气罐显然不再是原来设计的那种相互独立的了。而且同样显而易见的是，洛弗尔、斯威格特和海斯所在的指令舱，正在快速消耗完那些氧气，这意味着他们很快就无法产生电能和饮用水，很快就无法呼吸。由于管路设计缺陷导致三人全部死亡？这种情况几乎就要发生了，幸运的是，“阿波罗”13 号飞船正飞往月球，而不是返回地球，登月舱仍然和飞船连在一起，里面的氧气、水和电能都还没动过呢。这些东西可以利用吗？登月舱可以承担这种非预期的角色吗？是的，这不仅理论上可行，而且以前也考虑过并做了详细的描述。飞行任务控制中心的人员从书架上取出相应的卷宗，和乘组一道，很快制订出救生程序，使他们跌跌撞撞地返回地球。毫无疑问，下次飞行前，相关人员对供氧系统进行了重新设计。这些年来，应急资料库的绝大部分都没有用到过，这样说决不是指责 NASA，相反，那是 NASA 最明智的投资之一。

在热带雨林和沙漠里的生存训练是否值得，是个有争议的问题，因为我觉得我们在那里学到的东西在我能想象的任何情况下，都不会带来生与死的差别。但是，从个人的角度严格说来，你可以从那种“终于结束了”的愉悦中获得一种强烈的满足感。你要是没有被恙螨叮咬的经历，你就没法真正享受不受恙螨叮咬的美好时光。生活在带有空调的密闭场所，食物和饮料随手可得，这种情况会让我们忘记（说不定还会更糟）那种只是吃饱穿暖、地面干燥就能带来的快感。我不想夸大这两次短期训练的痛苦，但我确实从以前空军的生存训练中体会到，这种难受的感觉很快就成为你终生难忘的记忆。例如，1955 年，我在巴伐利亚一带的阿尔卑斯山里度过了五天五夜，白天睡觉，每天晚上在崎岖的地面上行走大约 10 英里。在这期间，两人共享的食物如下：

（1）一块拳头大的小牛肉，用来做牛肉干；

（2）两条小鳟鱼，用来熏制；

（3）用绳子拴着的一只活的小兔子，红眼睛，大耳朵，随便你用来干什么；

（4）一大颗卷心菜；

（5）四五颗大甜菜；

（6）六个不大不小的土豆。

这次野外训练之后的很长一段时间里，我每次吃饱饭都会感到一种强烈的幸福感。然而，当我想到那些多年的战俘或者那些一生都没有吃过几次饱饭的人的时候，我都不好意思再提这件事。这足以说明，有些教育项目（如“野外训练计划”）还是有一定价值的，其目的就是把厌倦城市生活的学童（也许还包括不那么厌倦的成年人）引入到野外生活的新维度，依靠他们自己的智慧和自带的资源来生活，这至少可以使他们回到城市后更加珍惜城市所带给他们的一切。

回到休斯敦，我们 14 个人就开始参加正式的课堂教学和与老前辈们进行的非正式交流；这些老前辈不仅包括前面两期的宇航员，而且还包括工程师、项目经理和飞行控制人员。所有这些大峡谷、雨林和沙漠之旅都无法掩盖这样的事实：没有这些训练我们一样可以飞往月球，但没有休斯敦这些坚实的技术基础，我们不可能到达月球。我们非常清楚这一点，所以，我们花了大量的时间（超出了我们妻子认可的程度）来吸收足够的信息，作为我们将来独立工作后进一步提升的基础。

NASA 都快被希望宇航员在公共场合露面的请求淹没了（至少曾经是这样），因此需要有一套怎样愉快接受和礼貌拒绝的系统。迪克·斯莱顿在一份措辞谨慎的备忘录中写道："……没有比下面的情况更容易引发仇恨了：我们刚刚拒绝了本地国会议员希望宇航员参加美国商会或扶轮社晚宴的邀请后，一位宇航员就自行出现在波当克中心麋鹿俱乐部。我们的要求是：没有上级领导的批准，宇航员不得接受公开演讲或公开露面的邀请。如有疑问，请打电话……"各种请求到达时，它们被转到华盛顿的 NASA 总部，那里的公共关系官员（我觉得是）会根据政治影响力、请求是否强烈和持久、受众的声望等因素进行权衡，然后再细致地把它们分成几类。每一类再尽量按照地理位置和时间进行组织，这样，一位宇航员就可以在一周内完成所有的出面任务。因此，我们把这一任务戏称为"炮膛里的一周"。

自然地，请求方总是希望约翰·格伦或其他上过天的宇航员出场，然而，当我第一次参与这项活动时，只有 6 位宇航员上过天，其他 24 位都还没有这样的机会。这样，他们见到的很可能是从未听说过的（他叫麦克什么?），反过来，“麦克什么”也趁机参观了一些他从未听说过的地方。我觉得苏联人的那套系统更好一些——只有上过天的人才叫宇航员，其他人被严格保密，他们的名字（据我所知）从不公开。我有个更好的建议：为每个准备上天、投身于训练的宇航员配备一个替身。当真正的乘组在离心机里旋转时，他们的公共关系替身可以练习怎样柔软无力地握手。他们可以学习快速而又清晰地签名（带修饰性横线那种），也可以每天吃三顿奶油鸡和豌豆。最重要的是，他们要记住关于太空飞行的讲演稿，以便到时候能够轻松自如地完成使命。一旦飞船溅落，真正的乘组可以去度假，而他们的替身立刻投入公共关系的出面活动，只要交通和费用负担得起，出去一周、一年、十年都没有问题。

遗憾的是，我在这方面的建议从未被采纳。在休斯敦待了快一年的时候，我们 14 个宇航员被认为磨炼得差不多了，可以作为 NASA 的代表派出去了，于是我们的名字就被添加到潜在“炮膛”受害者名单里。无须参加这项活动的，只有那些被分配到具体飞行任务训练乘组的人，对我们这些新手来说，这可能是最大的单一性激励。柯林斯，你为什么要去月球？因为我要是不去月球，我就得去“炮膛里的一周”！

5 登月系统

向月球发射物体这种愚蠢的想法，是罪恶的专业化迫使科学家极其长久地在思想封闭的隔间里工作的一个例证。

——1926 年比克顿教授在英国科学促进会上的讲话

我们 14 位慢慢成长为“真正的”宇航员。下一步是把我们安排到工作中，使我们成为团队的有用成员，而不仅仅是教室和野外训练中的学员。“双子星座”和“阿波罗”飞船还在研制阶段，还有足够的时间根据潜在乘组成员的意见，进行设计更改。由于我们大部分人（作为试飞员）都参与了新飞机从绘图板到起飞线的研发过程，我们希望能把我们的知识应用到这一新领域，用挑剔的眼光看待理论家们设计的东西，充分利用某些类似项目的优点，而避免其他项目的缺陷。这至少在理论上是合理的，而且我觉得实际效果也不错。

启动这个过程的第一步，是实施“罪恶的专业化”——我们负责的专业领域被划分出来，技术“蛋糕”被切成小块。然后每个宇航员分一小块，自己去消化。艾伦·谢泼德向我们单独做过问卷调查，自己认为最适合哪种具体的专业工作，我表示愿意从事宇航服的研发。我做出这项选择时还是有些犹豫。显然，这不是切得最大的那块蛋糕，它不像驾驶舱设计或制导与导航那么引人注目，因此在确定最早飞行任务的候选人时，我有可能被忽略。另一方面，设计一种轻便、灵活、实用的服装也是一项令人着迷的挑战，它把很多精密的工程技术与少量的解剖学和人类学结合起来，是真正的黑科技。此外，不知道是出于不情愿地面对现实还是真的暗自高兴，我总觉得在高度依赖数学的专业领域，我所受的教育和悟性都不如我们这批的某些人。例如，要想真正理解制导与导航，你必须深挖已有的数学基础，里面充满了像“向量”和“张量”这种吓人的东西。

因此，当看到艾伦在备忘录里宣布我们的分工时，我感到很高兴：

巴兹·奥尔德林：任务规划。

比尔·安德斯：环境控制系统，辐射与热能。

查理·巴塞特：培训与模拟器，操作手册。

艾伦·比恩：回收系统。

吉恩·塞尔南：飞船推进系统和“阿吉纳”火箭。

罗杰·查菲：通信系统，深空探测设备。

麦克·柯林斯：宇航服和出舱活动。

沃尔特·坎宁安：电气与时序系统，地面实验。

唐·艾西尔：姿态与平移控制。

泰德·弗里曼：助推器。

迪克·戈登：驾驶舱集成。

拉斯蒂·施韦卡特：未来计划和飞行实验。

戴夫·斯科特：制导与导航。

C. C. 威廉姆斯：发射场业务与乘组安全。

一个月球“蛋糕”被整齐地分成 14 块。为什么分成这 14 块？它们都是一些什么样的具体工作？前辈宇航员们都去哪儿了？先回答最后一个问题：格伦离开了，卡彭特还在，但做的是海军的水下工程。“双子星座”3 号和 4 号的乘组已确定，他们正全力投入飞行准备：格里索姆和扬执飞 3 号任务，希拉和斯塔福德担任后备；麦克迪维特和怀特执飞 4 号任务，博尔曼和洛弗尔担任后备。即将担任“双子星座”5 号主乘组的库珀和康拉德正负责照看我们 8 位新人，他们同时还负责监督“阿波罗”指令舱和登月舱的建造。阿姆斯特朗和西伊在 5 号任务中担任库珀和康拉德的后备，同时被安排照看我们剩余的 6 位新人，并负责宇航员的整体业务和训练。艾伦·谢泼德是我们的顶头上司——宇航员办公室主任，他和另外 200 多人一样，需要向迪克·斯莱顿报告；斯莱顿是载人航天中心负责飞行乘组业务的助理主任。这一共是 30 位宇航员。

下面对每项工作进行详细说明：

巴兹·奥尔德林：任务规划。在载人航天中心参加一系列的会议（没完没了），确定登月需要多少次飞行任务，怎样最高效地组织这些任务。从乘组的角度看，太空会合问题可能是最大的一个未知数，从技术上来说，在地球或月球轨道上把两艘飞船对接起来几乎存在着无数的变量。追踪者怎样接近目标，从上面还是从下面，在耀眼的白天还是漆黑的夜晚，以很高还是很低的速度？这不是哲学问题，而是实际问题，经过适当的分析，它们可以转换成剩余燃料的数量，或者表达成功概率的数学公式。由于“双子星座”计划的主要任务之一，是试验可以应用到“阿波罗”计划的轨道会合，所以，巴兹的工作比较宽泛，需要对两个计划都非常了解。除了轨道会合，任务规划人员还需要关注太空飞行的几乎每一个方面，尤其是各种科学和医学实验，以及如何把它们安排到每次的飞行任务中。一般来说，实验设计人员总想让实验像在实验室里那样去完成，而不考虑乘组在时间上的冲突，也不理解实验环境带来的各种制约。任务规划人员的工作，就是缩减这些实验的规模，然后把它们塞进最符合逻辑的飞行任务中。这项工作充分利用了巴兹的教育背景，他的博士论文就是研究轨道会合的。

比尔·安德斯：环境控制系统，辐射与热能。环境控制系统也被称为水暖工的最爱。繁杂的管路、储罐、阀门、接头、开关、过滤器、加热器、风扇、传感器等令人眼花缭乱，它们繁杂的细节几乎掩盖了系统的中心用途——在每平方英寸 5 磅的压力下，提供一种纯氧环境，避免体液在真空中沸腾。温度和湿度也要进行控制，这样，乘组不仅可以呼吸，而且在太空的大约 14 天里生活得比较舒适。这个系统还要能够处理乘组呼出的二氧化碳，存储或产生饮用水。环境控制系统决定着内部环境，是一个硬件设计问题，而辐射与热能指的是外部环境，它不太关心硬件，而是对硬件的应用设定了限制条件。例如，“阿波罗”的指令舱和服务舱就受到辐射热能的严重制约。也就是说，在太空如果你让指令舱和服务舱长时间处于一种姿态，朝阳一侧的温度就会太高，而不朝阳一侧的温度就会太低。飞船内部的液体就会沸腾和冻结，于是各种故障就会发生。如果这些制约因素超出合理的范围，就必须通过硬件重新设计来解决；如果制约因素没有超出合理的范围，就必须对它们做出清晰的定义并提供给任务规划人员，以便把避免问题的方法列入每次的飞行方案中。类似地，环绕地球的范艾伦辐射带和出现太阳耀斑的可能性也需要进行研究并做出规划，避免让乘组暴露在过量的核辐射之中。此外，多少算“过量”？它就是一个“设计剂量”吗？比尔·安德斯负责关注这方面的问题。由于他拥有核工程专业的硕士学位，所以让他负责这项工作也就顺理成章了。

查理·巴塞特：培训与模拟器，操作手册。查理是我们这批当中很受尊敬的宇航员，让他做这项工作反映了 NASA 对模拟器的一向重视，这些数百万美元的机器尽量模拟了真实的飞船。在很多情况下，模拟一项活动比实际做它更加困难；在某些方面，驾驶模拟器比驾驶两年后出现的真实产品更加困难。在这种情况下，让驾驶过各种各样的新飞机、具有平衡判断力的人做出评判至关重要，“嗯，我们必须要有这项功能”或者“嗯，我们不需要这项功能。”例如，当你从指令舱模拟器的窗口看一艘不断接近的登月舱时，你必须要看登月舱的三维实体模型呢，还是仅看它的电视图像就可以了？当你试图与它对接时，模拟器要不要对你的控制操作做出真实的运动，并在接触的那一刻把你振动一下？还是这些运动和振动毫无必要，只是一些过于复杂的花架子？随着模拟器设计的不断推进，训练文档的编制也同时推进，乘组在升空之前需要研究这些文档，有时候也会当作备用的参考资料带上飞船。怎样组织这个庞大的资料库才能实现最大限度的保留和最快速的获取？才能较好地理解数英里长的电气线路？查理曾是一位电气工程师，而且非常聪慧，他负责解决这些复杂的问题。

艾伦·比恩：回收系统。从飞船的降落伞打开，一直到乘组解除检疫隔离，其间会发生一系列非常复杂的事情，不仅涉及NASA，而且还涉及美国海军和空军（涉及空军的事情较少）。艾伦曾是海军航母上的飞行员，他的工作是确保设备设计和相关程序从乘组的角度来说都是合理的。一根链条的强度是由最弱的那节链环决定的；在用某个老旧、锈蚀的吊车把指令舱“哥伦比亚”这个海洋中的瑰宝吊上航母的过程中，吊链完全有可能断裂。

吉恩·塞尔南：飞船推进系统和“阿吉纳”火箭。“阿吉纳”是一枚辅助火箭，它发射时并不载人，随后发射的“双子星座”飞船会与它对接，然后利用它发动机的动力把两个飞行器一起推向更高的轨道，仅靠“双子星座”飞船本身的动力是无法做到的。更重要的是，它是“双子星座”飞船的会合目标，用来证明在太空进行会合和对接是可行的。“双子星座”宇航员可以向对接或未对接的“阿吉纳”火箭发送指令，让它完成各种机动和其他任务，就像一条训练有素的狗一样。飞船推进系统指的是“双子星座”飞船、“阿波罗”指令舱和服务舱以及登月舱配装的所有火箭发动机，用于把它们从一条轨道推向另一条轨道，在月球着陆或起飞，等等。这些发动机有的很大，有的很小，但对它们的操作者来说都非常重要。吉恩·塞尔南拥有航空工程火箭发动机方面的硕士学位，所以特别适合这项工作。

罗杰·查菲：通信系统，深空探测设备。深空探测设备包括世界各地的跟踪站，其中包括三个非常强大的跟踪站——一个在西班牙的马德里附近，一个在澳大利亚，一个在莫哈韦沙漠[①]。早在 1963 年，深空探测设备就能把信号发送到 6 000 万英里以外的水星，所以，我们并不担心它的功率，但我们特别担心它的精度，因为我们需要它的帮助来进行导航。在飞船上，通信系统包括各种发射机和接收机，频谱范围从低频一直到高频的 S 波段（约 3 吉赫兹）。我们曾经想把一台电传打印机带上飞船，那样我们就不必用手记录各种信息了。带着特有的干劲儿和热情，罗杰投身于带宽和多普勒频移的神秘世界，确保这些复杂的设备完成所有预期的工作，而且从操作者的角度来说，它们的设计既简单又合理。

---

① 这座跟踪站位于加州巴斯托附近的戈尔德斯通干湖上，这是一片熟悉的区域，因为这里以前是空军的一个轰炸训练靶场，我 1954 年在附近的乔治空军基地服役时，在戈尔德斯通花了不少时间。10 年后，所有飞机不允许再飞越戈尔德斯通；深空探测设备的雷达发射机被认为功率太强大，会使飞经此地的飞机上的火工品发生爆炸。在美国、澳大利亚和西班牙部署这三个巨大天线的原因，在于任何时刻都会有一个天线指向月球，从而确保与飞船的连续通信。

沃尔特·坎宁安：电气与时序系统，地面实验。要说谁受了委屈，那一定是沃尔特·坎宁安，因为这些领域就不是最有趣的领域。顾名思义，时序系统用于控制某些事件，使它们以不可改变的顺序依次发生。例如，在“双子星座”飞船里，你通过启动反推火箭来脱离地球轨道。这一时序包括：①使飞船处于反推姿态；②使电源转到4个主电池；③启动再入控制系统；④启动剪切机构，把通往转接舱的燃料管路切断；⑤启动另一个剪切机构，把通往后面的电气线路切断；⑥使飞船与不再需要的转接舱分离；⑦启动反推火箭；⑧抛掉反推火箭组件。在这一过程中，时序系统被用作辅助工具和监视器，它会依照顺序在给定的时刻点亮琥珀色的指示灯。

这里的主要工作是确保可靠性，这通常意味着电路的冗余设计，而且在可能的情况下，出现故障时要有可以快速改变的其他行动路线。电气系统还不那么无趣，它至少包括燃料电池，这些电池能够通过氢和氧的结合来产生电能，其副产品是水。这是过去在学校做的科学实验（让电流通过水，使水分解成氢气和氧气，分别收集到钟形容器里）的相反过程。燃料电池产生的水应该是纯净的，但在“双子星座”飞船上，它被有机颗粒（被我们形象地称为“毛毛怪”）给污染了。这些颗粒把水变成了浓咖啡的颜色，连那些肠胃极好的人都中招了。在“阿波罗”飞船上，另一种燃料电池还确实产生了饮用水，由于不再需要专门的饮用水供应系统，因而为登月系统节省了不少重量，这是非常重要的。

唐·艾西尔：姿态与平移控制。“姿态”其实就是物体的指向。上，下，指向太阳，还是其他方向？还记得前面第3章里讲的驾驶T-38飞机做副翼横滚的事吗？要是做得漂亮，这种横滚不会引起俯仰或偏航姿态的变化（机头的指向保持不变），但会使横滚姿态改变360度。另一方面，“平移”指的就是物体在空间的移动，不论是上下移动还是左右移动，都是平移。在飞船里，你利用双手驾驶，左手握着的是平移控制器，右手握着的是姿态控制器。两手配合，可以完成各种机动飞行。左手控制器像个T形手柄，伸出仪表面板。它可以上下左右扳动，也可以里外推拉，这样，飞船就会沿着相应的方向移动。这一过程是通过启动飞船相应一侧的推进器（小型火箭发动机）来完成的。左手控制器只要不在中间位置，相应的推进器就会启动。右手控制器更加复杂一些。它用来控制姿态，也就是我们要去的方向；它通过一个精心设计的开关面板与推进器相连，从而完成各种操作。和左手控制器的T形手柄不同，右手控制器更像飞机的操纵杆——后拉是抬头，前推是低头；左推是向左横滚，右推是向右横滚；所有这些都和驾驶飞机的情况完全一样。

此外，飞船空间太小，没有地方安装方向舵踏板，于是，飞船第三轴（即偏航）的控制也由右手控制器来完成——向左或向右转动控制器会使飞船做偏航运动，就像在飞机里踩踏左右方向舵一样。前面讲的比较简单清晰，我们现在讨论那个“精心设计的开关面板”。此时飞行员该退场，而电气工程师或集工程师于一身的试飞员该上场了。我们把速率陀螺和无控区之类的东西，以某种方式连接到操纵杆上，这样我们就有了一种选项，使自己在某种程度上成为那个精心设计的自动驾驶网络的一部分。例如，他可以按照某种形式设置开关，这样，当他把右手从操纵杆上拿开时，他给出的控制速率为零，飞船就会一直处于方向固定的惯性空间（即陀螺稳定状态）；需要的时候飞船再自行启动推进器，从而在选定的无控区精度范围内，始终保持方向不变。要是开关没有这样选择，无人驾驶的飞船就会漂行，并指向物理学定律给定的方向。前面的第一种方式，从控制的角度来说更好一些，但会以燃料消耗为代价。精准的姿态控制，在有些情况下是必需的，而在其他的情况下，就是一种浪费。驾驶员的工作首先是确定怎样最好地把这些相互矛盾的需求结合在一起，怎样以最少的推进器启动（省下燃料用于轨道会合）来飞向月球，同时也能在关键阶段（如飞船对接）进行精密控制。唐·艾西尔负责为我们做这些工作。

泰德·弗里曼：助推器。助推器有多种称呼，其中“运载火箭”可能是最贴切的一个。燃料消耗完以后，助推器基本上就剩下一个空壳了，但从历史上看，它们是极其重要的，因为没有它们，就没有太空时代。齐奥尔科夫斯基、戈达德和冯·布劳恩他们从来就没有想过模拟器、回收系统或任务规划，他们考虑的是运载火箭的原始动力，这些火箭能把人类送往地球轨道、月球、木星或任何更远的地方。在我看来，钟摆已经晃过去了——火箭的作用就和击发子弹的火药差不多。从乘组的角度来说，你是乘坐这玩意儿，而不是驾驶它，你只需知道火箭出问题的时候怎样离开它或者怎样关闭它就可以了。逃离还是继续待在飞船里是由两个边界条件决定的：如果它偏离了一定的角度，这有可能把你带向错误的方向；或者，它改变方向的速度超过了给定的数值，这意味着它即将开始翻滚。乘组会分析和记住最大偏离角度和最大角度变化率，他们通常有时间对这种意外偏离做出反应。另一方面，如果火箭爆炸，它通常都是瞬间发生的，此时，乘组的任何行动都毫无意义。泰德·弗里曼接受这项艰难的工作 4 个月后，在一次坠机事故中丧生了。

迪克·戈登：驾驶舱集成。驾驶员所做的每一件事都是在驾驶舱里利用里面的开关和控制器完成的。他的大部分信息都来自驾驶舱里的各种显示器。在“阿波罗”飞船这样复杂的机器里，这些器件的选择和设置极其重要。首先，各种可以获取的信息很多，不可能一下子都展示给驾驶员，因此，必须对每个分系统进行分析，并确定哪些是最基本的测量参数。为了测量燃料电池的健康状况，你应该检测它的电压，还是它产生的电流，还是它消耗的氢和氧，还是它产生的水的纯洁度，还是这些项目都检测，还是都不检测，还是另想其他办法？驾驶员多久应该关心一下燃料电池的健康状况？当然，在进入地球轨道这段时间，他会更加关注和他连在一起的巨型火箭，确保它没有偏离预定轨迹。然而，火箭很快就成为空壳并被抛掉，和它有关的各种仪表就毫无用处，但它们在随后的飞行任务期间依然占据宝贵的面板空间。也许燃料电池指示器应该占据那个非常重要的空间。

除了确定什么时候需要什么信息以及它们的优先顺序，驾驶舱设计人员还会面对很多其他问题。所有的开关和控制器都必须能够接触到，有些应该离操作者更近一些。如果驾驶舱发生氧气泄漏，造成驾驶舱失压，宇航员就必须穿着僵硬、封闭的宇航服来工作，这样会使工作难做很多。像更换氢氧化锂罐（为了防止氧气中二氧化碳超标）这项简单的工作，如果穿着衬衫，用一只手只需 2 分钟就能搞定；要是穿着宇航服的话，它就变成一场 15 分钟高强度的摔跤比赛。其他的开关和控制器也需要去操作，不仅在真空里，在升空和再入阶段这种超重力很大的情况下也一样，此时，加速度引起的超重力会使伸出去的胳膊的重量达到平时的 6 倍或 8 倍。能见度也是一个很重要的问题，驾驶舱里的照明一直很成问题，随着超重力的增加，驾驶员的视野会变窄，从而失去一些周边的视觉敏锐度。粘贴的各种标签必须符合逻辑，容易看清。

驾驶舱设计人员必须权衡所有这些以及其他各种因素，并给出一个万全的设计。举例来说，T 形手柄（左手边的平移手动控制器）也被用作中止飞行的控制器。如果发射塔上的火箭意外着火了，指令长只需把左手柄逆时针转动 30 度，就可以启动一系列动作，从而使逃逸火箭启动，把指令舱带离危险区，再打开降落伞……就这么简单——手腕的一个小动作而已！就应该这么简单、迅速，因为你没有时间进行复杂的开关设置。我们设想一下一个不好的设计所带来的后果："哟！"尼尔·阿姆斯特朗把发射前检查清单给弄掉了，当他去捡的时候，胳膊碰上了平移手动控制器，这一下子就把首次登月任务给中止了，结果他在 30 亿观众面前成了大笑柄。驾驶舱设计缺陷的一个经典实例，是空军一架教练机上的座椅弹射程序。6 个重要的操作步骤醒目地印制在座舱盖的边框上，飞行员很容易看到。它唯一的缺陷：第一步是“抛掉座舱盖”。迪克·戈登是 14 位宇航员中最有经验的试飞员，他完全有能力避免类似的问题。

拉斯蒂·施韦卡特：未来计划和飞行实验。我不知道拉斯蒂在未来计划中做什么，但他在实验领域却非常忙碌，尤其是在“双子星座”计划中。登月本身几乎就是一项实验，但在“双子星座”计划中，华盛顿有一个评审委员会，它让所有参会者解释为什么在失重状态下使海胆卵受精会带来重大的科学突破，或者带来什么其他的结果。一旦一项实验获得通过，它就被分给某次飞行任务，于是就启动了一个漫长、痛苦的过程——把理论上看上去非常合理的想法，变成在飞行中可以完成的任务。实验分为几类，包括国防部的实验、医学实验、科学实验和载人航天中心的实验。持续时间较长的任务侧重医学实验（如“双子星座”7 号有 8 项），而其他实验则根据轻重缓急、重量限制、对乘组时间的其他要求等，分散实施。有些实验命运不济：由于启动手柄被格斯·格里索姆扭断了，海胆实验只能放弃。有些实验（如广域地形照相和微陨石测量）似乎产生了很多有价值的数据。我不知道有哪一项是特别成功的。在“阿波罗”计划中，把各种实验分给具体的飞行任务这种模式一直延续，直到飞船在肯尼迪角发生了大火，把格里索姆、怀特和查菲烧死之后，这种模式才结束了。NASA 认为，按照严格的技术标准建造一种新飞船并保持这种技术标准，就已经非常困难了，更不用说再去增加各种复杂的实验了，因为这些实验会给指令舱增加导线、电缆、黑匣子和各种其他设备。于是，NASA 宣布暂停早期“阿波罗”飞行任务的各种实验，这个举措受到大多数宇航员的欢迎。

戴夫·斯科特：制导与导航。非常重要的系统，是飞船的大脑。戴夫在麻省理工学院的硕士论文就是关于星际导航的，这一点非常有帮助，因为麻省理工正在设计“阿波罗”飞船的制导与导航设备。“阿波罗”系统的核心部件，是一个比篮球稍大的金属块，称为“惯性测量装置”。它包含三个相互垂直的陀螺，陀螺通过万向支架（也称框架）与飞船相连。当陀螺全速旋转时，它们使惯性测量装置始终指向一个方向（即固定在惯性空间中）。它就是一个“稳定平台”，飞船围绕它转动。如果我们知道惯性测量装置的指向（例如相对于恒星），我们就可以通过测量飞船各轴和惯性测量装置各轴之间的角度，来测量飞船相对于相同恒星的指向。这三个角度（俯仰、偏航和滚转）就告诉你相对于恒星（在惯性空间是静止不动的）的指向。陀螺会漂移，所以，宇航员必须每隔一定时间把惯性测量装置恢复到与恒星精确对准的状态：通过望远镜或六分仪选两颗恒星，把仪器的十字线对准它们（当然是一次一个），并在完全对准的时刻按下一个按钮。然后告诉计算机选定的是哪两颗恒星（输入预先存储的数字或恒星的坐标）。于是，惯性测量装置就被驱动到新的正确指向。

所有这些都是姿态信息的更新，只告诉你要去的方向，并不能告诉你到达了什么位置。位置信息来自一个被称为“状态向量”的东西，它存储在计算机里。一个状态向量包含7个数据：3个位置信息，3个速度信息，1个时间信息。计算机知道自己的开始点（肯尼迪角39号发射塔），并记录所有随后的行程。在发动机工作的时候，加速度计被启动，用于记录速度的变化，但在惯性飞行中，计算机通过复杂的数学计算（计算太阳、地球和月球对飞船的引力）来记录行程。随着时间的推移，状态向量会失去精度，必须进行更新——由地面计算机把新的状态向量发送给飞船，或者由宇航员通过测量选定恒星与地球地平线或月球地平线之间的夹角来完成。改变飞船的飞行轨迹其实非常简单：我们只需让跟踪网络（罗杰·查菲负责）把状态向量和其他信息发送给飞船的计算机（戴夫·斯科特负责），计算机就把方向指令通过仪表面板（迪克·戈登负责）发送到控制器（唐·艾西尔负责），控制器通过电气系统（沃尔特·坎宁安负责）启动火箭发动机（吉恩·塞尔南负责），发动机再把我们带离辐射带（比尔·安德斯负责），推送到飞行任务（巴兹·奥尔德林负责）给定的位置。其他的宇航员都无所事事吧?!

C. C. *威廉姆斯：发射场业务与乘组安全。*卡纳维拉尔角（肯尼迪角的前身）一直都在发射火箭，后来才开始载人；一旦载人，火箭发射就会带来一些问题。火箭都是向东发射，只要它一直朝那个方向飞行，就不会有问题。如果制导系统出了故障，成吨的易爆液体推进剂开始在天空乱跑，发射场安全军官就会按下“自毁”按钮。要是火箭不载人，还是没问题，然而，上面要是“双子星座”或“阿波罗”飞船呢？炸毁火箭之前他需要发出什么样的警告？要是乘组对警告不予理睬或者没有收到警告怎么办？留给乘组多少反应时间？他应该尝试多少次？怎样平衡两三个宇航员的安全和下面整个社区的安全？C. C. 威廉姆斯负责深入思考这些问题和乘组在肯尼迪角的复杂流程，包括正常情况下进入飞船的流程和意外情况下紧急撤离的流程。如果你想快速撤离“双子星座”飞船的发射塔，你就得乘坐滑索，这意味着你需要把降落伞绳套在钢质滑索上，跳出飞船。然后你沿着滑索滑下来，一开始滑索几乎是垂直的，然后就变得越来越平滑，一直滑到最底部，解开滑扣，跳到地面赶紧跑走。在“阿波罗”飞船里，情况更复杂一些（“阿波罗”飞船几乎所有的东西都更加复杂）。滑索上挂着一个小缆车，你跳进缆车，松开锁制机构，沿长长的滑索滑下去。在滑索底部，你冲出缆车，跳进一个黑暗、溜光的地下滑行通道（上面带有混凝土防护层），最后冲进一个“橡胶屋”。这间屋子是防振的，可以承受“土星”5 号火箭爆炸时引发的地面振动，内部都是由橡胶建造的，包括橡胶地板和橡胶椅子，为的是进一步对人员提供保护。这都是 C. C. 威廉姆斯负责的工作。

麦克·柯林斯：宇航服和出舱活动。出舱活动有两种：“双子星座”计划的太空行走和“阿波罗”计划的月面行走。每种行走使用的装备并不一样。“双子星座”任务的宇航服由马萨诸塞州伍斯特市（戈达德的家乡）的戴维·克拉克公司制作；氧气由飞船提供，通过一根脐带线缆经由一个胸前包进入宇航服；胸前包由洛杉矶的加勒特公司的一个分部生产。“阿波罗”任务的宇航服由特拉华州多佛市的国际乳胶公司制作，氧气由一个背包供应，背包由康涅狄格州温莎洛克斯市的汉密尔顿标准公司生产。还有很多其他可能用于出舱活动的装备，最引人注目的是宇航员机动装置，它本身几乎就是一艘独立的飞船，“双子星座”宇航员把它绑在背上，驱动自己像巴克·罗杰斯那样在太空遨游；它由达拉斯市的林-特姆科-沃特公司制造。我的工作是监督这些装备的研制，确保研制顺利，使用起来安全、方便，其他宇航员也感到满意。

这是一项艰苦的工作，不说别的，光是不同的地理位置就够你跑的了。我待在休斯敦也能做很多事（和 NASA 乘组系统部的工程师们一起工作），但大部分重要的设计评审和装备检验都在承制商的工厂里进行，这意味着我那架老旧的 T-33 必须不停地在康涅狄格州、加州、特拉华州、得州和马萨诸塞州之间穿梭，我才能与研制进展保持同步。研制工作并不总是那么顺利，在“阿波罗”宇航服制作上，情况更是如此。首先，宇航员与他的宇航服之间有一种爱恨交加的关系：爱是因为它是一件非常熟悉、能够一天 24 小时提供保护的衣服；恨是因为它非常笨重和不舒服。一般来说，随着时间的推移，宇航员会从恨转移到爱上，这样，到了升空那一天，他就把宇航服当作一位老朋友，因为这件衣服是为他精心定做的，穿的时间不长也不短——让他感觉比较舒适，也没有出现磨损和裂纹。实际上，每位乘组成员都有三套量身定做的宇航服。第一套称为“训练服”，宇航员一得到飞行机会（一般是正式公开宣布之前的几个月）就会制作出来。

“训练服”这个名字很贴切。在模拟器里、离心机上、零重力飞机中等场合，只要有真实性的需要，乘组都会穿上它。经过几百个小时的反复使用，它会变得破旧不堪，但它从来就没有准备用于飞行。第二套是飞行服，第三套是备用服。这两套制作得完全一样，只是其中的一套被选定为主飞行服（可能它更合身一点点），另一套为备用服。飞行服和备用服一般要穿用一段时间（每套大概 20 小时），使它们更“驯服好用”，这符合可靠性工程中比较流行的婴儿死亡率理论，这种理论认为，一个构件有着比较高的初始失效率，这第一个危险期一过，它就会处于整个寿命期的最佳状态（最可靠）。由于这种宇航服极其昂贵——一套“双子星座”任务的宇航服约 3 万美元，“阿波罗”任务的就更贵了①，每人三套似乎太多了，但其中的考虑是这样的：在发射的那天早上，我们不能让像拉链断裂（确实发生过！）这样的宇航服问题推迟或中止一次数百万美元的飞行任务。

如果说宇航员会最终爱上自己的宇航服，但他第一次穿上这些定制的气囊时，即使不是完全厌恶，也会感到惊讶。在 1965 年 1 月 28 日的一则备忘录中，皮特·康拉德对一款早期的“阿波罗”宇航服评论道：“根据上周在零重力下工作的情况和本周的一些工作，我的结论是国际乳胶公司的宇航服无法使用，应该

---

① 我们以前常常开玩笑说，宇航服每磅 1 000 美元，这样说并不太离谱；重型的出舱活动宇航服比轻型宇航服要昂贵得多，后者仅在飞船内部穿用。

抛弃。鲍勃·史密斯穿上宇航服（价值65 000美元），看上去就像水泥铸就的职业橄榄球队员一样。我的也好不到哪儿去。我想把一套‘双子星座’任务的出舱活动宇航服带到工厂[①]直接对比一下。”

为便于理解，我们有必要解释一下宇航服的用途，为什么制作宇航服那么困难。首先，它必须是气密的，这样就可以加压充气，在太空的真空中保护宇航员。要是周围没有气压，他就没有气体可以呼吸，即使你解决了这个问题——给他戴氧气面罩，他依然会很快死去，因为他身体里的液体会气化，他的血液会沸腾。所以，我们必须先制作一个气囊，它可以充压到大约每平方英寸3.7磅，如果像我们那样呼吸纯氧的话，这个压力就是比较合适的压力。这种气囊由薄氯丁橡胶依照个人体型制成。气囊的材料非常柔韧，没有充压时，它很容易跟随宇航员的动作发生变形。它被充压到每平方英寸3.7磅时，就变成了一种完全不同的东西。你下次路过附近的加油站时，观察一下他们给内胎充气的情景。内胎从盒子里拿出来时很柔韧，但随着充气压力的增加，它变成了有一定硬度的环形体。宇航服气囊也是一样，尽管我们只充压到每平方英寸3.7磅，而不是内胎所用的更高的压力。为了防止内胎爆裂，它被放进相对不易变形的外胎，类似地，宇航

① 指格鲁曼公司在纽约市贝丝佩奇的工厂。鲍勃·史密斯是格鲁曼公司的试飞员，是登月舱驾驶室布局设计的主要负责人；据登月舱驾驶员说，这是一项非常出色的工作。鲍勃早在登月舱上天之前就离开了这个“阿波罗”项目，去试飞格鲁曼公司的喷气运输机——“湾流”Ⅱ去了。

服气囊也被放进一个“约束层”。这里才是黑科技进入理性设计世界的地方。约束系统必须能够让宇航服随宇航员弯曲，随宇航员扭转，总的来说，它就像宇航员外加的一层硬皮服。设计一个灵活的膝关节并不是太难，因为它仅在同一个平面内做前后运动。可肩关节呢？它能够做出特别复杂的运动，而宇航服必须能够跟随它的各种运动，不需要宇航员过度用力，不会漏气，不会改变形状，也不会在宇航员放松的那一刻突然回到某个让人不舒服的位置。在“双子星座”宇航服中，约束层由巧妙编织的网片构成，这种网片只能沿一个方向膨胀。使网片的膨胀方向与身体的正常运动进行仔细匹配，再把不同的网片缝合起来，宇航员穿着这样的宇航服就可以实现一定程度的运动能力。在每平方英寸3.7磅的压力下，“双子星座”宇航服趋于保持某种中间状态，就像汽车内胎趋于变成环形体一样，但编织网约束层把它的形状保持得很好，使宇航员可以在合理的限度内弯曲和扭动宇航服。然而，这需要用力，你一旦放松，宇航服就会猛地回到中间状态。

“阿波罗”宇航服的配置要复杂得多。它没有采用简单的约束网，而是用一套复杂的波纹管、不易变形的织物、不易弯曲的导管和滑移索来控制充压气囊的形状。从理论上说，这些构件会使宇航员具有比“双子星座”宇航服好很多的运动能力，但早期的型号，正像皮特·康拉德说的那样，并不总是如此。不充压时，“双子星座”宇航服要舒服得多，因为它的约束网比较柔韧，而“阿波罗”宇航服即使在不充压的情况下，那些接头和缆索也会梗在那里。

不管是“双子星座”还是“阿波罗”宇航服，要是没有降温的手段，气密宇航服里面的宇航员会泡在自己的汗水里，于是，复杂的通风管路必须配置在宇航服的躯干、头盔、胳膊和腿的部位。这些通风管路都连到一个多路歧管上，让氧气通过胸部两个大的圆形连接器进出宇航服。“阿波罗”登月宇航服有四个这样的连接器，两个用于连接飞船，另外两个连接背包。此外，还有一个电气连接器，用于提供通往耳机的无线电信号。来自四个传感器（粘贴在宇航员胸部）的生物医学信息，通过挂在腰带上的电子信号调整器，也连到这个电气连接器上。针对“双子星座”宇航服，我们只穿简单的长内衣裤，但“阿波罗”宇航服配有更有效的冷却系统，它需要宇航员穿上水冷的内衣裤，里面缝着细小的塑料管，这些塑料管再通过多路歧管连接到胸部的另一个连接器上，把温水输送到背包里，经过冷却再泵回到内衣裤里。内衣裤上还有一个三角形塑料袋，用于把生殖器放进去，在无法脱去宇航服的飞行中，可解决小便问题。尿液可以通过大腿部位的另一个连接器排放到飞船的污水管线中。

手套、靴子和头盔必须连接到宇航服的躯干上。对靴子来说，这没有问题，直接连到气囊上就可以了。但手套和头盔会增加一大堆设计问题。手套必须单薄、柔软，即使充压也能操控各种开关和其他精密的控制器（如滚转手动控制器）。手套还要能够脱下来，能够进行手腕的弯曲和转动，能够打开和合上手掌，拇指和其他手指要能够活动自如，可以牢牢抓取或轻轻触碰，等等。头盔必须坚固、轻便、感觉舒适，包含耳机和话筒，提供极好的视野，隔离噪声，提供足够的循环氧气来防止呼出的二氧化碳的聚集。

如果你觉得事情变得非常复杂，那请你明白，到目前为止，我们所做的一切只是让一个人可以在真空中工作。现在，我们必须讨论一下真空中的其他危害：太阳的耀眼热能，不朝阳处能使物体结冰的低温，微小炮弹（称为“微陨石”）对宇航服的撞击。幸运的是，高温、低温和微陨石都可以一并解决——使用较厚的外层，它既是极好的隔热层，对高速撞击也是合适的屏障。上述问题的隔热部分并不复杂，因为我们有明确的设计输入：黑夜的温度预计是 -250 华氏度，正对太阳的温度预计是 +250 华氏度，月球陨石坑底部的温度预计是 +310 华氏度。这样，“双子星座”宇航服外层的温度范围就是 -250～+250 华氏度，“阿波罗”宇航服外层的温度范围就是 -250～+310 华氏度。剩下的工作就是寻找最适用的材料，最终发现采用多层的聚酯薄膜就能满足要求。微陨石问题则完全不同。微陨石是外太空的“鲨鱼”——平时并不出现，出现时通常不会造成伤害，但偶尔也会造成极大的伤害。海洋游泳者怎样防范鲨鱼？或者说太空漫步者怎样防范微陨石？我们尝试了数学计算的方法——基于以前回收的太空飞行器所测量的微陨石冲击次数和理论计算。我们的数学模型清晰地表明：如果你在太空待了很长时间，你被极小微陨石击中的概率很高，而被大个微陨石击中的概率很低。在这种情况下，设计出能提供百分之百的保护的宇航服是不可能的，我们必须尊重常识。由于聚酯薄膜不能很好地吸能，我们增加了一层毡类材料，它和坚韧的尼龙外层一起，能对绝大多数像尘埃一样的冲击微粒提供很好的保护。一开始，我们不知道怎样把这种高温和微陨石保护材料装到宇航服上。我们尝试过外套、斗篷等方案，最后决定把保护层直接贴到宇航服外层上。你在飞船外面的时候，这个方案要简便得多；当然，这也意味着你在飞船里面穿的时候，你会觉得宇航服更加臃肿和笨重。在“阿波罗”飞船里，这不算什么大问题，因为不需要的时候，你可以把宇航服脱掉，但在“双子星座”飞船里，这是不可能的，因为驾驶舱太小了，你没法脱宇航服。因此，在有出舱活动的任务中（“双子星座”4号、8号、9号、10号、11号和12号），穿着薄外层宇航服的指令长坐在左侧，穿着臃肿宇航服的出舱宇航员坐在右侧。睡觉的时候，通常都会因为驾驶舱的温度设定发生争吵——指令长觉得太冷了，而出舱宇航员觉得太热了。

宇航服还存在其他方面的差异。出舱宇航员的眼睛需要特殊的防护措施，避免受到太阳光线（尤其是紫外线）的伤害。在头盔的本体面罩上增加了一种特殊涂层，然后又增加了一个可以掀上去、合下来的面罩（像太阳镜那样着了色）。在“阿波罗”任务中，我们曾经尝试了15到20种不同的方案，最后确定了镀金双面罩头盔，供登月宇航员使用。

从1964年末到1965年初，我忙着解决所有这些设计问题——帮助乘组系统部的工程师们评估新的设计方案，与提出意见（像皮特·康拉德）或建议的宇航员们沟通，让整个宇航员团队了解最新进展。传播消息的常用方法是发布备忘录；随着我们14位宇航员对各自负责专业的研究不断深入，备忘录开始一打一打地堆积到我们的“收进”文件筐。有的备忘录是征求宇航员们的意见的，有的是发布消息的，有的是宣布决定的，有的只是发泄一些不满。其实，不管是作为个人还是一个团队，我们宇航员得到了NASA和承制商团队的充分尊重，我们的意见他们都会认真考虑，我们可以直接接触管理高层。实际上，很多不同技术领域的很多人都想征求我们的意见，结果把我们忙得不可开交。在我自己负责的领域，会议、设计评审、仿真试验和其他活动会在两个或更多的地方同时进行。我花了更多的时间在路上，并告诉参会人员乘组在太空预计会怎么做和不怎么做，而不是写备忘录，但我有时候也会觉得有必要让宇航员团队关注一下我负责的这个“罪恶专业”的最新发展。

备忘录

日期：1964年10月7日

收件人：所有宇航员

发件人：麦克·柯林斯

主题：出舱活动基本原则

最近在KC-135飞机上进行的零重力状态“双子星座”飞船进舱试验表明：出舱宇航员要想返回飞船并挤入座位关

上舱门，需要用上全部的体力和灵活性。如果他丧失行动能力（死亡、昏迷、严重缺氧或精疲力竭），第二位宇航员将没有办法把他弄进飞船。到目前为止，所有的设计工作都在朝着避免他失去行动能力的方向努力，没有任何通过设计滑轮之类的东西把他拉入的计划。我认为这是一个合理的决定，这一决定很现实地承认了这样的事实：你不能把一个像穿着宇航服的人那样大的死物塞进像“双子星座”驾驶舱这样小的空间里。

无论如何，这是一项残酷的基本原则。也就是说，为了成功地返回地球，左侧的宇航员必须切断同事的生命保障管线，关闭舱门，把他留在地球轨道上。这显然会产生很多严重的后果，我希望你们就这个主题发表意见。

“阿波罗”飞船也存在类似的问题——怎样处理在月球表面失去行动能力的宇航员。例如，最近乘组系统部去除了“同事管线”连接器，这种连接器原来考虑用于让登月舱里的宇航员去救援外部的同事——把两人的生命保障管线接到同一个背包上。这是如下这种研制理念的一部分：“宇航员是出舱活动系统一个不能失效的构件”。我同样认为就应该这么做，但我还是想听听不同的意见，因为现在正是需要我们发表意见的时候。

麦克·柯林斯

一般而言，大家对这类备忘录的反应都是鸦雀无声，因为其他宇航员都忙着自己的专业问题。就我这则备忘录而言，我记得只有一个人做了评论：埃德·怀特激烈地反驳说，返回“双子星座”飞船不需要“全部的体力和灵活性”。对埃德而言，我确信不需要，因为他是卓越的运动员，强壮得像马一样，但当我穿着那件讨厌的宇航服挤入右侧的座位、低头关上舱门时，那种艰难让我大吃一惊。这在地面上非常容易，因为有重力的协助，但在零重力的训练飞机上，我总是被崩出来，就像酒瓶的软木塞被崩出来一样，对此我非常担心。我猜想，埃德担心的是，我的备忘录会导致他即将在“双子星座”4 号飞行任务中进行的出舱活动被取消。后来的事实证明，我们俩其实都不必担心。埃德成了我国第一个在太空行走的宇航员，返回飞船并没有什么困难，只是舱门关闭起来有点不顺畅。为了使埃德之后的所有太空行走宇航员（包括我自己）更容易进入飞船，右侧座椅的底板被切下去一点，舱门的关闭也轻松了，这样，所有的问题就都解决了。实际上，在太空驾驶飞船比在零重力训练飞机里驾驶飞船更容易。

在太空驾驶飞船也更加惬意。零重力训练飞机是由空军的 KC-135（实际上就是一架波音 707）改装的——去掉客舱里的所有座椅，内壁装上了缓冲垫。这架飞机通常从俄亥俄州的代顿空军基地起飞，但在特殊情况下也可以征召到休斯敦或肯尼迪角。通过沿抛物线轨迹飞行，它一次可以模拟失重状态 20 秒多一点。驾驶员先让飞机陡直地俯冲，再紧急上拉（超重力为两三个 G），然后再使飞机以精确的速度飞越抛物线轨迹的顶部，这样就可以使我们的身体漂浮在后舱的天花板和地板之间。至少理论上是这样。在实际训练中，即使驾驶员水平再高，飞机也会有些晃动，我们往往会在后面撞来撞去。我们每次都会飞很多的抛物线轨迹，飞几次感觉很好玩，飞多了就会变得非常无聊。即使对经验丰富的飞行员来说，重复四五十次抛物线飞行也是非常难受的，因为身体不停地在0G和2G之间转换。飞机上的乘员一般包括摄像师、工程师和各种保障人员，他们大多数人都不习惯这样的飞行状态，几次这样的飞行就会呕吐。这让问题变得更加复杂。有的宇航员也会呕吐。我从来没有吐过，但有时候感觉特别难受，几乎要吐了。我发现尽量使脑袋不动很有帮助，但很多时候这是不可能的，因为我们在试图收取模拟"阿吉纳"火箭上的模拟微陨石测量装置或完成当天的其他任务时，会猛烈地摆动。关于零重力训练飞机，有一个很奇怪的现象：我不是变得越来越适应，而是变得越来越难以忍受。在我"双子星座"飞行任务快结束的时候，只要有人一说"KC-135"，我就感到恶心。谢天谢地，我们在"阿波罗"任务的乘组训练中很少再用它。

在我负责的宇航服工作中，有一个更加令人不安、甚至非常严重的问题引起了我的注意：在有些情况下，我会出现幽闭恐惧症。你不是真的穿上了一件宇航服，而是钻进了宇航服的里面。一旦手套和头盔锁定到位、宇航服充压，你就变成从里面窥视这个世界，你就不再是这个世界的一部分，你被困在这个坚硬的茧壳里，像茧一样对它产生依赖，尤其依赖里面用来呼吸和冷却身体的氧气。好在到目前为止，我还没有感到不适，就像我坐在狭小的驾驶舱里从来没有感到紧张一样。现在我们介绍一项艰巨的任务——从一条黑暗的通道打开一扇笨重、不听使唤的舱门。随着我的呼吸变得粗重、快速，一种异样的恐慌开始在我的心里慢慢升腾。天哪，我呼吸有些困难，我想离开这里！当然，我不敢让人知道我的这种心情，我总会想办法加以掩饰："嗯，哥们儿，能不能加大氧气的流量，检查一下管线是不是哪里挤住了？我先待在这里休息一下。"无论如何，我还是能够应付过去，但有时候，我就想把面罩掀起来，看一眼外面的世界，这在太空的真空（或高空环境试验舱）里显然是不可能的。

我非常认真地对这个事情进行了思考。显然，我进行的很多试验都非常艰难，而且供气管路都特别长——从试验控制台一直到模拟飞船或训练模拟器，所供的气体不会像真实飞船里那样凉爽、流畅。众所周知，气流不畅会导致头盔里富含二氧化碳的呼出气体停滞，这反过来又会引起生理上的不适。另一方面，我感觉不适的时候，别人似乎没啥问题。显然，我需要的氧气不应该比别人多，如果别人对同样热乎乎、不清新的供气并不觉得有问题而我却觉得非常恐慌，那我显然出了问题。我委婉地向资深的宇航服工程师探讨这个问题："有没有人第一次穿上这东西会出现幽闭恐惧症?""有啊，我记得有一个人我们第一次给他拉下面罩时，他简直疯了。我们只得马上给他脱下来。他受不了。""真的?"我试着分析我在什么情况下会出现这种令人恐惧的压抑感觉。只要能感觉到凉爽，看得比较清楚，能够自由活动，我就没事。一旦工作量增加，并开始出大汗，我就变得容易犯病。要是在黑暗的角落里工作，或者被东西缠住了，或者面罩起雾了，我就几乎无法工作——无法对工作指令做出响应，每次持续一分钟左右。有时候我会强迫自己安静地坐一会儿，克服心里的恐慌——那种无论如何也要离开这里的强烈愿望，但至少有一次，我不得不找个借口中止了试验。

这种情况出现几次之后，我想去找迪克，向他承认这一切，然后离开航天计划。当然，我并没有去找他，因为我特别想留下来，而且我也觉得自己可以摆脱这种可笑的境况。我在爱德华兹空军基地毕竟穿过十几次加压飞行服（包括在 F-104 的紧急跃升飞行中），从来就没有一丝被困在里面的感觉。而且，幽闭恐惧症之类的东西也不是经常出现，我可以顺利完成大多数试验任务。当然，在飞行中只要发生一次这样的事故，我和我的乘组就会陷入严重的危险之中，但另一方面，在已有计划的飞行任务中，约有一半根本就不需要穿宇航服，只有在可能性极小的驾驶舱失压的情况下才需要穿。无论如何，我可以而且一定会克服太空飞行中这个滑稽可笑的问题。

随着时间的推移，情况变得越来越好。我学会了在试验开始时要求提供最大冷气流量，尽管这意味着我会冷得够呛。我也学会了注意自己的呼吸，并使自己相信一切会很顺利，自己也真的获得了足够的氧气。后来，随着我对宇航服越来越了解，那些非常艰难的任务也得到简化，我出现呼吸困难的情况也就越来越少。我从未和别人讨论过这件事，所以，我不知道是不是只有我一个人存在这个问题，但我从未看到或听说过别的宇航员也存在这个问题。正是出于这个原因，我对宇航服的爱与恨就更加强烈。我在“双子星座”10号任务中出色完成了太空行走任务，我穿的宇航服是G-4C-36。它是一件非常好的宇航服，经过特殊改进后，给了我更好的视野和活动能力，它穿上去非常合身，让我感觉非常舒适。它那像纸一样薄的气囊，是由伍斯特市几位美丽的女士精心地粘在一起的；我在50英尺长的线缆的末端漂浮时，宇航服的气囊确保每平方英寸3.7磅的氧气不会泄漏到周围没有压力的太空中。对这件由金属、织物和橡胶构成的宇航服，我感觉到的几乎都是爱；然而，当想到一般的宇航服时，我就想：啊，你这个讨厌的小棺材。要是以后再也不穿宇航服了，那该多好啊。

除了监督宇航服的研制，我在宇航员办公室里还负责监督各种出舱活动装备的研制。在“双子星座”任务的出舱活动期间，宇航员会携带一个胸包，而“阿波罗”任务则是一个更大的背包。它们都是工程技术的奇迹，里面塞满了氧气瓶、无线电设备、热交换器、烧水器、水泵、气泵、风扇和其他各种各样的东西，用于给宇航服充压，并保障宇航员的安全和舒适。

还有一种装备特别新颖，将在两次“双子星座”任务中进行试验，它就是宇航员机动装置。它本身其实就是一艘小型飞船。它被放在“双子星座”飞船后面的转接舱里，为了把它取出来，宇航员必须先释放驾驶舱的压力，然后出舱，沿着扶手往后走（身后拉着一根线缆），再转弯进入转接舱。在那里，他坐上宇航员机动装置，拉下两侧的环形扶手，把它的供电和供氧系统接到宇航服上，卸下与飞船相连的脐带线缆。这样，它就可以切断与

“双子星座”飞船的联系（至少从理论上说是这样），然后，启动上面安装的小型气体喷射器，它就会飞出转接舱。“太空漫步者”（“太空漫游者”或其他称呼）就可以在“双子星座”飞船前面飞来飞去，飞船里的同事就可以看他做一系列的旋转、前后滚翻、S弯和其他机动飞行，用于表明宇航员脱离母飞船也可以独立飞行。要是这个想法得以实现，空军（这个装备的研制方）预见了宇航员可以在地球轨道执行的一长串实用任务，例如检查和修复我方的卫星，或者破坏对方的卫星。这个方案虽然很吸引人，但从未真正进行过任何试验。在“双子星座”9号任务中，吉恩·塞尔南就没办法把它的扶手放到位，最后累得大汗淋漓，汤姆·斯塔福德只得把他叫回驾驶舱。由于吉恩遇到的困难，以及迪克·戈登在“双子星座”11号任务中遇到的一些问题，原计划在“双子星座”12号任务中进行的第二次试验被取消，这让巴兹·奥尔德林非常不满：他本来要在“双子星座”计划最后一次飞行任务中对它进行一次全面试验。

宇航员机动装置是个又大又笨重的东西，它之所以这样是因为它包含着各种各样的功能。它有使自身保持稳定的陀螺和很多推进器，启动这些推进器就可以使它上升、下降、前进、后退，等等。在NASA内部，他们不仅觉得这东西非常复杂，而且它还不是“自己的孩子”。NASA有和空军的这种装置类似的产品，它是一种手持机动装置（称为“喷枪”）。其思路是，宇航员右手拿一个又粗又圆的手柄，上面有两个触发器，从手柄上伸出两个支臂，每个支臂的端部有一个喷嘴，都指向后方，第三个喷嘴在中间，指向前方。如果宇航员想去某个地方，他只需把喷枪指向目标并按压“走”触发器，这样就启动两个向后的喷嘴。当到达目的地时，他只需按压“停”触发器，从而使第三个喷嘴工作。由于这个装置里没有陀螺，为阻止身体旋转或翻跟头，宇航员需要把喷枪指向能抵御这种运动的方向，并正确按压触发器。三个喷嘴的供气装置可以和喷枪做成一体（这样供气量就非常有限），气源也可以来自飞船上一个更大的气罐，并通过脐带线缆给喷枪供气。埃德·怀特在“双子星座”4 号任务中使用的是第一种，我在“双子星座”10 号任务中使用的是第二种。除了使用简便，这种喷枪还有另外一个优点：它可以放在驾驶舱里。释放驾驶舱的压力之前，出舱宇航员可以在驾驶舱里接上脐带线缆并完成所需的各种准备，而不是穿着宇航服绕到后面的转接舱里，笨拙地接上各种连接器，这是非常艰难的一项工作。然而，一旦设定好，带有稳定系统的宇航员机动装置显然比简便的喷枪更好操控。遗憾的是，两者从来没有直接比试过。

除了操心宇航服和出舱活动所需的其他硬件，我还花了很多时间去试着确定，作为独立飞行的人类地球卫星，人在飞船外面到底能够完成什么样的任务。他真的能做正儿八经的修理工作，抓取其他飞船，或者回收实验装置吗？即使他能做，他应该做吗？在太空工作有没有更好的方式？当然，作为试飞员，我的背景对这种工作毫无用处，然而，这是一个全新的领域，别人也没有可以利用的实际经验。其实，这就是理性的人做理性的猜测，然后再通过飞行试验进行验证。现在回想起来，我觉得我们只犯了一项基本错误：在没有重力的情况下，你即使保持身体不动都需要用上全部的注意力和体力，这一点我们当时并没有认识到。在月球上（有重力场）或牢固地绑在飞船里都没有问题，但在失重的太空行走期间，你的身体会不停地漂向某个非预期的位置，你总是需要奋力回到想去的地方（除非你足够聪明，能想到脚蹬环或短绳之类的东西）。设想你坐在自己最喜欢的扶手椅里，有人突然把重力关闭了。为简单起见，假定椅子用螺栓固定在地板上。一开始什么事情都没有发生，因为你并没有动一丝一毫。只要你身体稍微动一下，事情就开始了：如果你直了一下身，你的臀部就会推动椅座，椅座就会反推（还记得“每一个作用力都会产生一个大小相等、方向相反的反作用力”吗），你就会开始慢慢上升。为了阻止身体的上升，你伸手去抓两腿之间的椅座。这一动作使你的身体产生一个力矩，于是你头朝下开始翻滚。为了停止翻滚，你用另一只手抓住椅子扶手，在相反的方向施加了一个更大一点的力矩。这使得你的臀部撞向椅座，力度要比你的意愿稍大一些，这当然意味着此时你腾起来的速度比你第一次升起来时更快。很快你就会发现自己在用双手和椅子争斗，而你仅仅想坐在椅子里而已。你稍微练习一下就知道怎样抑制所有的运动，然后再小心翼翼地松开双手；然而，只要随后接触任何东西（这是不可避免的，即使是做最简单的工作），这一过程又会重来一遍。

我们在零重力训练飞机上注意到了这一点，但在那短短的大约 20 秒钟里，我们根本无法评估（甚至理解）可能导致的问题。

此外，我们还有一种错误认知，认为我们之所以身体定位有困难，是因为飞机驾驶员飞的抛物线轨迹不到位，而且故意让我们四处翻滚。在“双子星座”4号任务中，埃德·怀特的出舱时间很短，也并没有做任何有实际意义的具体工作，所以，我们仍然不太理解其中的问题。直到吉恩·塞尔南、我和迪克·戈登分别完成“双子星座”9号、10号和11号任务后，我们才罗列出了各种问题和可能的解决方案，然后，在12号任务中，由巴兹·奥尔德林试验各种脚蹬环、腰部系绳和其他各种辅助构件，而不是像原计划的那样，坐上宇航员机动装置，在太空飞来飞去。

如果说出舱活动规划是我专业领域中最激动人心、最具创新意义的内容，宇航服试验则是最无聊、最累人的工作。正如皮特·康拉德所说的那样，“阿波罗”宇航服的研制并不顺利，我自己则被夹在一场激烈的争吵之中（存在哪些问题以及如何解决)。“阿波罗”宇航服的承制商（国际乳胶公司）一开始制作了几款很灵活的宇航服，因而引起了NASA的关注。然而，他们后来好像越改进，宇航服变得越糟糕。它最烦人的地方在于，为了获得灵活性，它的肩关节竟会在三角肌的肉里挖出一道一英寸深的沟道。它的头盔戴上去也不舒服，向下的视野也不好。另一方面，戴维·克拉克公司研制的“双子星座”宇航服，进展就比较顺利，如果说它的连接网片方案在涉及关节灵活性方面存在固有的局限性，至少他穿着比较舒适。汉密尔顿标准公司负责提供所有出舱活动的装备，包括背包、热与微陨石防护产品等，而国际乳胶公司是它的分包商。于是NASA通过给汉密尔顿标准公司施压来把压力传递给国际乳胶公司。汉密尔顿标准公司于是招聘了一些宇航服工程师，并开始制作自己的实验型宇航服，作为国际乳胶公司可能的替代产品。戴维·克拉克公司不甘示弱，也立刻制作出了自己的“阿波罗”宇航服，通过一个实验型滑动塑料肩周环，来改善连接网片的灵活性。NASA对各方的这种努力表示欢迎，这样很快就正式形成了一种三方竞争的态势，通过竞争来最终决定由哪家公司制作这种最重要的登月宇航服。每家公司依照麦克·柯林斯的尺寸，拿出一件宇航服参与竞争。为了对各方都非常公平，同时也为了让他们最大限度地提供有用信息，我们制订了非常详细且特别有条理的试验方案。每一项能做的试验都要在相同的条件下做一遍（一共三遍），每一项试验都需要进行记录和存档。很多试验（如泄漏率测量）不需要我参与，但负责试验的鲍勃·琼斯（年轻、精力充沛的博士、心理学家）有一个长长的清单，上面写着“需要乘组参与”。于是我们就出发了，到加州唐尼市的北美航空工业公司，在指令舱全尺寸模型里检查每件宇航服的伸展长度、视野宽度和一般灵活性。然后到纽约市贝丝佩奇的格鲁曼公司，在登月舱里做同样的事情。

此外，我又一次坐上了那个叫作离心机的恶魔般的训练和研究装置。那时候（1965年6月），载人航天中心的离心机还没有弄好，于是我们带着三款宇航服前往宾夕法尼亚州约翰斯维尔，借用海军的离心机。这是我第三次来这里上这个“轮子”——第一次是作为我们在爱德华兹空军基地的美国空军航空航天研究飞行员学校培训的一项内容；第二次是在“基本的肮脏培训”期间。如果说零重力训练飞机一小会儿就完成了自己的任务，精度也令人怀疑，那大过载离心机正好相反：只要上面的乘客能够承受，它就能够以极高的精度不知疲倦地完成自己非常专业的工作。它的工作就是模拟宇航员乘坐飞船进入太空时的加速度，或者重返大气时的减速度。它通过旋转一个小型模拟驾驶舱（安装在一根50英尺长的横杆的端部）来实现这一功能。随着离心机转速的不断加快，离心力就越来越深地把乘员推入座椅或躺椅。这个力可以用G来度量；一个G就是我们最熟悉的加速度常数——地球重力场32.2英尺每平方秒（9.8米每平方秒）的加速度。对“双子星座”飞船来说，飞船进入地球轨道、“大力神”火箭的第二级关闭时，G值达到最大——7.5，也就是说，此时的体重是正常值的7.5倍。重返大气时，“双子星座”飞船的G值通常能达到4。“阿波罗”飞船的情况就不一样了，它的“土星”5号火箭比“大力神”更加“温柔”，第一级停止工作时，G值仅为4.5。然而，从月球返回时，飞船冲入大气时的速度为每小时25000英里，这会让你非常难受。在这种情况下，飞船的减速度一般会达到7G；如果你再入时的角度比正常值更陡一点，它就很容易飙升到10～15G。因此，15G是我们在离心机上的极限值，这可不是好玩的。

超过大约8G时，我就开始感觉非常不舒服——呼吸困难，胸骨下面疼痛。到10G时，疼痛稍有增加，呼吸变得几乎不可能。实际上，在G值很高的情况下，我们需要一种完全不同的呼吸方式。正常呼吸的话，你会发现呼气没有问题，但吸气时你没法胀起自己的肺，就像有钢箍捆在胸部一样。所以，你必须尝试全新的方法——使肺几乎一直处于胀满状态，并快速小口喘气。在 G 值很高的情况下，除了呼吸困难，视力也开始减弱，黑暗会从四周向中间靠拢。中间状态称为“隧道视觉”，驾驶舱设计人员一定要注意，必须把这一飞行阶段用到的仪表设备都直接放在你的眼前，而不能放在周边，因为你的眼睛现在看不到那些地方了。当然，我们都听说过战斗机飞行员从俯冲突然拉起时，会暂时失去知觉，但宇航员不太容易出现这种情况。这倒不是因为人有什么不同，而是因为 G 的方向不同。确定方向最容易的方式是看眼睛下垂的方向。当战斗机飞行员“拉正 G”（由俯冲拉升）时，用宇航员的话来说就是“眼球向下”。飞行员的“负 G”就是“眼球向上”。正 G 值过高，血液就无法到达大脑，于是你就失去知觉。负 G 值过高，过多的血液就会强行进入大脑，你就会出现红视症，这是一种更加危险的状况。宇航员承受超重力的角度与此相差 90 度。与飞行员的座椅不同，宇航员用的是躺椅，这样，他承受的 G 就是横向的，即“眼球向里”。虽然这种受力方式会使胸部疼痛并引起呼吸困难，但你可以承受高得多的 G 值，而不会失去视觉或知觉。

这类事情第一次尝试时都有一种险恶的诱惑力。当医生在你每次从离心机上下来后给你检查眼睛是否出血时，你才发现你的整个后背都均匀布满了红色斑点（称为瘀斑），这是由加速度压力造成毛细血管管壁破裂而引发的大量微小出血。这样的尝试一次就够了，此后再做就变成了最痛苦的工作，那种宿醉般的感觉会持续一两天，有时候突然转头也会感到头晕。所以，第三次来到约翰斯维尔我并不感到高兴，尤其是我还要穿着每一款宇航服完成所有测试（共3次）——度量它们在各种条件下的舒适性、伸展长度和视野宽度。

尽管我比较遭罪，但宇航服的竞争是个好主意，因为这会促使国际乳胶公司在性能上迈上更高的台阶，尤其在肩部灵活性和舒适性方面。这家公司的宇航服显然比那两家更有优越性，而且从1965年的三家竞争到首次登月这4年的时间里，宇航服的性能越来越好。在“阿波罗”计划的末期，宇航员们在月球上长时间地进行舱外活动，并没有感觉到明显的不适；我们在1965年第一次看见这套登月出舱活动装备时，无论如何也想不到会有这么好的结果。例如，在“阿波罗”17号任务中，吉恩·塞尔南用7.5小时完成了行程约为12英里的月球考察，这在1965年简直是无法想象的。那时，有些宇航员甚至建议放弃背包的研制，我们只需带着与飞船相连的脐带线缆工作就可以了。要是那样的话，我们的行动半径大约只有50英尺。产生这种看法的原因，是背包变得越来越大，越来越重，越来越复杂；它们使小小的驾驶舱变得更加拥挤；它们不会像脐带线缆那么可靠；它们的重量意味着可以携带的燃料变少了（燃料的预算非常紧张）；我们想从月球拿到的只是几块石头而已。我的看法是，我们应该继续研发这些花哨的装备，等我们看到结果之后再做决定。这同样也是一条费用昂贵的路径，但我对此并不担心。令人高兴的是，从未有人对我们说，“阿波罗”计划的花费太高了。

6 获得上天机会

跑半个地球到坦桑尼亚的桑给巴尔岛去数野猫，没有任何意义。

——《瓦尔登湖》（亨利·梭罗著）

是吗？那数一个人的脉搏有什么意义？记录他的死亡，或者至少记录他的最大愚蠢度？1965 年就是需要做出这种判断的年份。如果对我来说这一年一开始就很糟糕——穿着湿热难耐的宇航服，那对 NASA 来说，这一年至少是个不错的年份——是“双子星座”计划和它的奇才们的收获年，因为停顿近两年后，我们突然又开始飞行了[①]。至少真正的宇航员会感觉很爽，而且“双子星座”计划看上去也挺顺利。两次成功的不载人试验之后，格斯·格里索姆和约翰·扬乘坐“莫利·布朗”7 号飞船，于 3 月 23 日升空，执行“双子星座”3 号飞行任务。飞船的名字是格斯起的，取自百老汇的音乐剧《不会沉没的莫利·布朗号》：

---

① 1963 年 5 月 15 日，戈登·库珀乘坐“信念”7 号飞船，环绕地球轨道 22 圈后，结束了“墨丘利”计划。

他希望飞船也像莫利·布朗号那样不会沉没（不能像他的“墨丘利”飞船——“独立钟”7号那样沉入大西洋）。格斯和约翰需要忙碌地绕地球飞行3圈，在5小时的飞行中，对飞船的构件进行最严格的测试。有人（包括格斯和约翰）认为飞行时间应该更长一些，也许应该长到让某些问题暴露出来，但管理层的保守意见占了上风。忙乱的3圈之后，飞船在大西洋溅落，偏离目标区约60英里。通过启动推进器，格斯完成了3次变轨（这是轨道会合的一次必要预演），约翰也完成了各种分系统试验。约翰还抽时间吃了一块咸牛肉三明治，那是沃利·希拉放进他宇航服口袋里的，这件事NASA事先并不知道，所以他们反应有些过度。医生们声称，这块三明治差不多毁掉了这次飞行的医学实验方案；工程师们则认为，三明治的残渣很容易进入飞船系统的内部，从而造成灾难性后果。有些国会议员极其愤怒，指责NASA完全失去了对宇航员团队的控制。我觉得那时候我们大多数宇航员都想把沃利勒死，一块咸牛肉三明治这么丁点小事就引发了上层对我们如此巨大的关注。迪克甚至还给我们发了一则备忘录：“未经我的许可，把任何东西带上飞船都将受到相应的惩处。除了影响个人前途，你们还应该认识到，这些看上去无关紧要的小事情将会而且已经影响到后续乘组的安排。特此备忘。”也是在这个时候，宇航员命名自己飞船的做法被叫停①，这让吉姆·麦

① “墨丘利”飞船都有自己的名字，名字之后都带有“7号”，表示这些飞船属于“首批七杰”：“自由”7号（谢泼德），“独立钟”7号（格里索姆），“友谊”（转下页）

克迪维特和埃德·怀特非常失望——他们本来想把他们即将升空的“双子星座”4号飞船命名为“美国白头鹰”。

不管叫什么名字，“双子星座”4号飞船的研制非常顺利。“双子星座”3号任务的完成使我们有了一个很好的开始，让我们相信后面不会有重大的重新设计，尽管飞船还没有配备燃料电池和会合雷达等系统（这些系统还没有完成测试）。除了溅落地点不够准确，“双子星座”3号几乎实现了所有的试验目标。那段时间也比较忙乱——5天前，阿列克谢·列昂诺夫在“上升”2号飞船的外面漫游了10分钟，成为世界上第一位太空漫步者；1天后，美国的“徘徊者”9号探测器撞击在月球上。“徘徊者”9号发回了数千张照片，包括撞击月球数秒前拍摄的特写镜头。科学家们经过分析认为，“火山口的边缘似乎比平地更坚硬，但火山口的底部看上去像是固化的火山灰泡沫，可能无法支承着陆飞船的重量。”于是，“双子星座”3号成功之后带给我们的那种乐观情绪又被苏联人已经走在了前面这样的事实和月球表面还有不少麻烦这样的可能性，给浇了一头冷水。

（接上页）7号（格伦），“奥罗拉”7号（卡彭特），“西格马”7号（希拉），“信念”7号（库珀）。苏联人按照不同的计划给飞船命名，大致来说，他们的“东方”对应我们的“墨丘利”，他们的“上升”对应我们的“双子星座”，他们的“联盟”对应我们的“阿波罗”。但除了按不同的计划命名飞船外，苏联人还使用单独的呼号，如“海鸥”“鹰”“金刚石”“氩气”。可能因为“莫利·布朗”这个名字被认为有点过于缺乏敬畏，所以我们随后的飞行任务都仅仅使用代号。等到执行“阿波罗”9号任务的时候，休斯敦需要同时向两艘载人飞船发送无线电指令，这时候，它们不能都叫“阿波罗”9号，于是，不让给飞船命名的限制就取消了。指令舱立刻被命名为“糖块”，登月舱被命名为“蜘蛛”，这两个名字既诙谐又传神地展现了飞船的特征。

“双子星座”4 号任务就是为了消除在人们心中积累的悲观情绪。这次任务好像面面俱到。首先，它将持续飞行 4 天，而不是仅仅绕地球 3 圈。第二，飞船一进入地球轨道就会掉头，给“大力神”2 型运载火箭的上级照相并与它做编队飞行。第三，埃德·怀特将进行出舱活动，甚至有可能利用自己的喷枪飞向“大力神”火箭！第四，乘组成员很上镜、健谈、喜欢交际，而且还善于表达情感，不像大部分乘组那样，总是从太空发出一些简短的咕哝声。埃德·怀特的出舱活动是个意外惊喜，直到“双子星座”4 号飞船升空后才向世界宣布。实际上，进行出舱活动的决定是在 10 天前才做出的，是载人航天中心紧张忙乱的幕后活动的结果——一个人数不多的专家小组成功研发和测试了脐带线缆、喷枪和专用的小型胸包。虽然我是宇航员办公室里负责出舱活动装备的专家，但我并没有进入这个小组，这让我非常受伤。虽说我忙着解决“阿波罗”的问题（如宇航服的三方竞争），当“双子星座”4 号的出舱活动设计团队以极大的努力和保密性进行工作时，我还是感觉被冷落了。

1965 年 6 月 3 日终于到来了，这一天是埃德·怀特从西点军校毕业 13 周年（我也是）。这是一次引人注目的飞行任务，随着飞行任务的展开，我的心中感到一阵不爽（嫉妒?）。一开始，他们就出现了一个小问题——吉姆·麦克迪维特让“大力神”火箭漂移得太远了，结果与它再次会合时遇到了困难；如果说我们的轨道力学这个老朋友有什么棘手特性的话，这就是一个生动的例子。显然，在没有计算机给出会合指令的情况下，要想赶上那枚已成空壳的运载火箭的话，吉姆会浪费很多燃料，于是，与“大力神”火箭会合的尝试被取消了，埃德·怀特的出舱活动变成了单独的试验任务。

我妻子帕特和苏珊·博尔曼（弗兰克·博尔曼是麦克迪维特的后备指令长）一起来到了肯尼迪角，第一次观看飞船发射。这种痛苦的经历一结束，她就搭乘一架飞机回休斯敦，飞机上挤满了记者，他们急着赶回载人航天中心的飞行任务控制中心，对飞行任务继续跟进。飞船升空4小时后，飞机上通告说出舱活动即将开始。帕特惊讶地喊道：“天哪！他要走出去了！”她对飞行任务这种奇异的发展既恐惧又期待。她好不容易才敢看飞船发射了，从“墨丘利”计划开始，她一直都是从收音机里收听飞船的发射，因为她不想看到飞船从眼前爆炸。看来，要想适应这种飞船发射的情况，她仍然还有很长的路要走。不管她同意还是不同意，埃德·怀特还是打开舱门，漂了出去，吉姆趁机拍下了一些航天计划中最令人难忘的照片。在简短的试验过程中，喷枪似乎工作得非常不错，而最令人高兴的消息是，埃德在外面没有遇到任何困难。实际上，他感到非常愉悦，时间到了都不想返回舱内，吉姆和飞行任务控制中心只能对他进行哄劝。等他回到飞船时，舱门有一阵子关不上，不过，他最后还是用力把它关上了。这样，4天飞行任务的剩余部分就变成轻车熟路了。返回地球后，他们的精神状态依然很好，于是，规划人员把下次任务——“双子星座”5号的飞行时间加倍成8天。实际上，乘组的状态比我还好。我感觉越来越疲惫不堪，咳嗽一直不好。1965年

6 月间，我不停地解决一个又一个重大的宇航服问题，连续 50 小时在高空、干燥氧气环境中的模拟飞行试验，让我的咳嗽更加严重。

“双子星座” 4 号任务的后备乘组是弗兰克·博尔曼和吉姆·洛弗尔。在迪克·斯莱顿的做法里（现在变得越来越明晰），一个后备乘组会跳过两次飞行任务，成为第三次任务的主乘组（对“双子星座” 4 号的后备乘组来说就是“双子星座” 7 号任务）。此时，我们这批 14 个人都想知道谁会进入“双子星座” 7 号的后备乘组。老前辈不够用了。“首批七杰”中，只有 3 人（格里索姆、库珀和希拉）还处于飞行状态，而且他们已被分到“双子星座” 3 号、5 号和 6 号任务中。格伦退休了，卡彭特正在水下做试验，斯莱顿（有不规则心跳）和谢泼德（有内耳炎引发的头晕）都已停飞。“二期九杰”都已或即将进入“双子星座”计划的主乘组：扬——3 号任务，麦克迪维特——4 号任务，怀特——4 号任务，康拉德——5 号任务，斯塔福德——6 号任务，博尔曼——7 号任务，洛弗尔——7 号任务，阿姆斯特朗——8 号任务，西伊——9 号任务。有趣的是，尼尔·阿姆斯特朗是他们这批最后一位获得飞行任务的宇航员（西伊坠机摔死了）。他们是把最好的放在最后吗？他被选为第一个登上月球的人只是赶巧吗？现在比较明显的情况是，他们需要有人填补后备乘组的位置，也就是说，宣布“双子星座” 7 号的乘组时，该是把第三批宇航员派上用场的时候了。他们应该是依照某种业绩排序进行选拔的，所以，在 6 月末当得知埃德·怀特和我为“双子星座”

7 号的后备乘组时，我因宇航服的麻烦和没有参与“双子星座”4 号任务的出舱活动规划而产生的不安和疑虑一下子就消失了。这是一种召唤，是职业生涯中非常重要的时刻，是我在载人航天中心工作 18 个月来获得晋升、认可、甚至信任的第一个迹象。我一直都不知道我给迪克和艾伦留下了好的还是不好的印象。我曾想他们可能不太了解我的工作，因而会偏爱那些经常出入他们的办公室寻求建议和决定的人，或者那些与他们一同出差、聚会的人。我比较喜欢独来独往，我负责的宇航服工作也比较独立，尽管我在同事中间很受欢迎和尊重（我认为），我还是觉得自己非常边缘化。

不管怎样，我没有时间去做任何猜测，因为我立刻投入了既紧张又兴奋的乘组（尽管是后备乘组）工作中。我高兴地取消了一次地质学考察，扔下了像烫手山芋一样的出舱活动装备工作，全身心地投入到“双子星座”7 号任务中。我甚至都没有时间预想一下迪克的“跳过两次任务”的做法，这种做法似乎会使我进入“双子星座”10 号任务的主乘组。“双子星座”10 号任务至少还要等一光年的时间，而“双子星座”7 号飞船将在 12 月升空，时间非常紧张，我有很多东西需要学习。以前我把大部分精力都放在了“阿波罗”计划面临的问题上，连“双子星座”任务的基本情况都不太了解。我在努力赶上来的过程中，一起工作的三位同事（博尔曼、洛弗尔和怀特）不可能停下来等我，所以，我必须加快步伐。更糟糕的是，我持续的咳嗽又加重了，还伴随出现了夜烧，被诊断为病毒性肺炎。我被停飞了，这意味着出差时我只能尴尬地在他们三个后面磨蹭——他们驾驶 T-33 或 T-38 直飞目的地，而我只能寻找最接近的航班。幸运的是，在此期间，博尔曼决定让我们休年假，这真是我的救命稻草。我和帕特带着孩子们在得州的帕德里岛（靠近墨西哥边界一个未遭毁坏的小岛）度过了美好的一周。我每天像蜥蜴一样在靠近热带的阳光下烤晒，我的咳嗽很快就消失了，于是我精神饱满、满怀喜悦地回到休斯敦。

在休斯敦，进入某个飞行任务的乘组体现了某种地位，会给你带来看得见和看不见的好处。例如，乘组成员出差时有使用飞机的优先权。乘组成员可以免除日常的公共关系事务（如“炮膛里的一周”）。每个乘组都配有一个工程师保障小组，他们能为乘组提供非常有价值的帮助——跟踪乘组所需的各种信息，代表乘组参加各种会议，确保飞行任务的硬件或计划问题及时得到解决。这使得乘组可以专心学习各种机器的操作，专心思考怎样最好地使用它们。这些工作主要在教室和模拟器里完成。不同的乘组之间也分等级——执行下一次任务的是第一乘组，在模拟器使用上，他们拥有最优先的权利。虽说 NASA 尽最大努力做了提前计划，但人性决定了每个人真正担心的飞行任务是下一个，这对乘组成员来说是显而易见的。如果你是还没有进入任何乘组的宇航员，你指出了一个重大的长远问题，但很可能没人理你；然而，如果你即将执飞下一次任务，你一句无关紧要的抱怨也会引起重视。实际上，第一乘组得到了大量的帮助、保障和关爱，让他们感觉就像多吃多占、即将被宰杀的小肥牛。对同一个任务的两个乘组来说，优先权给了主乘组，但后备乘组享有的机会几乎是同等的；后备乘组接受的训练从理论上来说应与主乘组完全一样，实际上也几乎完全一样，至少在“双子星座”计划中是这样。“双子星座”计划中的四个人（两个为主乘，两个为后备），从数量上来说比较容易应对，我们一般都是开上两架飞机，去实施完全一样的工作计划。在“阿波罗”计划中，有六个乘组成员和两种不同的飞船，所以情况就变得更加复杂，训练期间两组人马的一致性就不是那么严格。因为主乘组和后备乘组不能乘坐同一架飞机，以防坠机事故让某个专业的人员全部丧失，这就使情况进一步复杂化。例如，博尔曼是“双子星座”7 号任务的指令长，洛弗尔是驾驶员，怀特是博尔曼的后备，我是洛弗尔的后备。我不能和洛弗尔同乘一架飞机。

加入这个乘组我特别高兴，这不仅是因为我是我们这批 14 位宇航员中最先入选的，而且还因为我认识博尔曼和怀特已经很多年了。1960 年夏天，博尔曼和我一起来到了爱德华兹空军基地，上试飞员学校时，我俩的课桌紧挨着。我和怀特一起上的西点军校，认识他已经 17 年了，尽管在这期间我和他很少见面。他们两人都是我的好朋友，也很容易共事，尽管博尔曼惹恼了很多人——他在工作上总是以直率、武断的军事精确性要求别人，对那些和他意见相左的人总是无情地嘲讽。最友善也比较容易相处的洛弗尔使整个团队更加完美。和他们一起出差是一种享受，特别是想到要是不和他们一起出差说不定我就会待在“炮膛”里的时候，更是如此。

离开“炮膛里的一周”我感觉有一种特别的遗憾，因为我刚刚找到了宇航员们一直被问的一个问题的答案。没人会在大庭广众之下问这个问题，但演讲结束后，总会有人悄悄地凑上来，让我签名的间隙，吞吞吐吐地小声问道：“嗯，我一直想知道你们宇航员……嗯……你们怎么……嗯……在天上上厕所?”好吧，那我就把“双子星座”7号任务关于上厕所的正式获批流程照抄在下面：

操作流程

化学尿液体积测量系统

阴茎套式集尿器

(1) 从选择阀上展开收集/混合袋；

(2) 把阴茎放入集尿器单向阀并把乳胶集尿器套在阴茎上；

(3) 把选择阀开关顺时针打到“小便”位置；

(4) 解小便；

(5) 解完小便后把选择阀开关打到“取样”位置；

(6) 取下乳胶集尿器，抽出阴茎；

(7) 从存放处取出尿液取样袋；

(8) 在取样袋标签上写上个人信息；

(9) 把取样袋的颈口套在选择阀取样法兰上并把颈口转动1/6圈到停止位置；

（10）揉捏收集/混合袋，使尿液与示踪化学剂充分混合；

（11）把尿样注入手柄转动90度，使取样针头插入取样袋的橡胶塞；

（12）挤压收集/混合袋，把大约75毫升带有示踪化学剂的尿液转到取样袋；

（13）把尿样注入手柄转动90度，使取样针头收回；

（14）把充有尿液的取样袋从选择阀上取下；

（15）把充有尿液的取样袋存放好；

（16）通过快卸接头把化学尿液体积测量系统接到飞船的排放系统；

（17）把选择阀开关打到“排放”位置；

（18）打开飞船的排放系统；

（19）从飞船的排放系统上取下化学尿液体积测量系统；

（20）把收集/混合袋缠绕在选择阀上并把化学尿液体积测量系统存放好。

在“双子星座”7号乘组设计的徽章上，是一只握着火炬的手，是代表马拉松选手的一种标志。这是一个非常贴切的设计，因为“双子星座”7号任务就是一场持续两周的马拉松，除非人员或飞船出了问题。“双子星座”计划有两个主要目的：证明宇航员可以承受登月所需的长时间失重（往返共8天）；证明在太空进行飞船会合是可行的。“双子星座”7号任务的飞行时间比登月更长一些，是为了使整个系统有一个可靠安全系数，它的飞行时间也是在前面两次任务不断积累的基础上进一步加长的（“双子星座”4号任务4天，5号任务8天）。这次任务没有安排进行轨道会合，它主要是一次医学飞行——一场医学实验的盛宴。如果说像尿泡尿这么简单的事情都需要20个步骤，那你考虑一下，完成“双子星座”7号任务所有的医学实验会需要多少工作量。这些实验包括：

M-1：心血管状态调节；

M-3：太空锻炼装置；

M-4：飞行状态心音图；

M-5：体液的生物测定；

M-6：骨骼的矿物质流失；

M-7：钙平衡研究；

M-8：飞行状态睡眠研究；

M-9：人类耳石的功能。

除了这些范围广泛的医学实验（我不知道为什么没有M-2），还有11项科学、技术和军事方面的实验。医学实验一般是把飞行前、飞行中和飞行后的数据进行比较，以度量失重的影响。有些实验只是为了测量宇航员缓慢变差的身体状况，有些则是为了抵消这种状况。M-1就属于后一种情况。执飞“双子星座”5号任务的皮特·康拉德和执飞7号任务的洛弗尔将配备可充气的大腿橡胶箍，它们每隔一定时间（不分昼夜）就会按程序自动充气，通过对大腿的按压来粗略地模拟地球的引力，这样有可能会刺激自主神经系统，从而使宇航员返回地球后身体恢复得更快。他们的同行者（5 号任务的戈登·库珀和 7 号任务的弗兰克·博尔曼）将不配备这样的东西，用来进行对照。在太空进行体育锻炼也希望产生好的效果。M-3 里的东西只是一个简单的弹力绳，一端带有一个拉手，另一端是一个尼龙环。仅仅把弹力绳拉伸 12 英寸将需要六七十磅的拉力。把弹力绳套在腿上用双手用力拉，这样有可能使胳膊和腿获得一定强度的锻炼。拉动期间和拉动到设定次数之后，测量脉搏数和恢复到锻炼前脉搏数所需的时间。M-4 测量心脏杂音和可能的心肌疲劳，而 M-5 则测量身体的体液输出。在太空，身体会流失体液，因为失重会引起血液聚集在胸腔，此时牵张感受器受到欺骗，错误地认为身体的血液总量增加了，因而会通过排尿来做出反应。这一机理非常复杂，涉及激素 ADH 和醛固酮的分泌。M-6 测量失重期间骨密度的降低——通过对手和脚跟进行 X 光拍照，来比较飞行前后的变化。

M-7（钙平衡研究）是个奇特的实验。它需要精确测量飞行前和飞行期间钙的摄入和排出。摄入的控制是这样的：飞行前的几个星期，我们只能吃喝医学实验人员给的东西，他们当然知道里面含有多少钙。他们甚至测量我喝的马提尼鸡尾酒。如果给我们的东西没有吃喝完，他们也会把剩下的东西进行测量和称重。钙排出就比较复杂了，因为钙可以通过小便、大便和汗液排出。我们穿特制的长内衣裤，用完之后要交还给他们。我们在蒸馏水里洗澡，洗澡水也要供他们分析。我们保存尿样和大便样，不管去哪里，都要保留饮料瓶和冰淇淋盒子。医生们甚至把这种无聊的东西放入特制的手提箱里，让我们出差时携带。谢天谢地，这是发生劫机事件、开始检查旅客行李之前的事了，因为我宁愿被捕也不想让航空公司的行李检查员看到我行李箱里的东西。在太空，M-7 实验意味着必须仔细存放每次的尿液（别忘了那 20 个步骤!），每次的大便样放入小塑料袋之后也必须存放在一个抽斗里。

M-8 通过贴在刮去头发的头皮上的电极来测量脑电波。正像其中的一位实验人员说的那样，“这是一个合作研究项目，用于回答下面这些实用的科学问题：从头皮记录、由脑电图展示的脑电活动能否提供涉及醒-睡循环、警觉性和工作适应性等因素的重要、有用信息……”这就是那种专门用来惹怒乘组的实验。通过添加令人难受的电极、导线、电子放大器等东西，使本来已经非常复杂的任务变得更加复杂，这样，地面上的一些蠢货就可以决定我们是否做好了执行任务的准备！这是尾巴摇狗——本末倒置的典型例子：错误的人（医生们）利用错误的信息（脑电波）在错误的地点（地面）做出了错误的决定。毫无疑问，宇航员们对任何可能导致依照 M-8 的结果进行决策之类的东西，根本没有什么热情。M-9 是个没有什么害处的小实验——测量内耳在失重状态下发挥作用的能力（使我们的身体保持平衡的机制）。

1965 年 8 月 21 日上午 9 点，戈登·库珀和皮特·康拉德开始了“双子星座”5 号飞船的 8 天飞行。除了进行医学实验（基本上是“双子星座”7 号任务的简化版），他们还将首次测试燃料电池和会合雷达。为了测试这种雷达，一个专门的分离舱（带有雷达应答机和闪光灯）挂装在飞船的转接舱；飞船进入地球轨道后，分离舱被释放。他们将执行复杂的会合程序，在太空追寻分离舱。遗憾的是，氧气罐压力不足使得电能的消耗必须减少，燃料电池不允许产生足以使会合雷达持续工作的电流。尽管如此，雷达还是短暂地工作了一段时间，燃料电池工作得非常好，氧气罐的压力也恢复得不错，这样就使飞船飞行了整整 8 天。因为我还沉浸在埃德·怀特那激动人心的出舱活动中，或者因为我过于专注于后面的“双子星座”7 号任务，不管是什么原因，我觉得“双子星座”5 号任务是一次无聊的飞行，连平时热情洋溢的皮特·康拉德也变成了哑巴。回到地面，乘组显得疲惫、脱水，而且有些虚弱。我们“双子星座”7 号乘组的所有人都开始琢磨，8 天和 14 天会有什么样的差别。

首先，从来没有见过“双子星座”飞船的人根本无法体会被锁在里面两个星期的滋味。飞船非常小，比大众轿车的前排座位还小，两名宇航员之间还有一台体积很大的控制台，就像大众轿车前座的两名成年人之间放了一台彩色电视机。在“双子星座”飞船里，你要是身高 5 英尺 9 英寸，你可以完全站直身体；要是超过这个高度，你的头就会碰上舱门，或者脚就会顶住地板，或者舱门和地板都顶住。应急弹射时，对宇航员的身体姿势有一定的要求，这就使得座椅的设计既笨重又不舒服。你没法离开座椅，因为你没有其他的空间。在地面（地球引力为 1G），我坚信没人可以坐在里面待 8 天。不用 8 天，他就会感到酸痛、僵硬、憋闷、痛苦不堪，连最有进取心的人都会疯掉。我在“双子星座”飞船模拟器里一次不能超过3小时，模拟器从水平面向后倾斜了大约30度，从而使座椅处于最舒服的角度。那库珀和康拉德怎么可以待上8天，而博尔曼和洛弗尔怎么还要待上14天？其原因在于失重，失重使得宇航员的臀部可以漂离座位，恢复身体的各种循环，防止出现褥疮。总的来说，两位宇航员可以在他们的“大众轿车”里晃荡，而不会被重力挤压在某个部位上。

虽说有失重的帮助，但“双子星座”飞船可不是舒适的地方。驾驶舱很小，两个窗口也很小，宇航服很臃肿，数不清的设备和其他东西不断地漂移出来，你需要一遍又一遍地把它们放回去。存储隔间又窄又深，这意味着要是你要的东西放在最底下，到头来驾驶舱里会漂满东西，你还得把它们收起来放回各自的盒子里；此时你很可能忘了要找的东西，然后整个过程重来一遍。驾驶舱集办公室、书房、厨房、餐厅、卧室、卫生间和实验室于一身。里面只有你们两个，这一点你每时每刻都能感受到——他要是散发体味，你就能闻到；他要是弄跑了尿液，尿滴也一样会漂到你的脸上。你不可能让自己身上干干净净，一次都不可能。你不能刮胡子，或者喝热咖啡。你不能把贴在身上的各种传感器去掉。对博尔曼和洛弗尔来说，飞船就是他们需要待上14天的家。

在那两周里，他们的身体状况预计会有选择性地慢慢变差，但谁也不知道变差到什么程度，只有让他们做了才能知道结果。关键时刻是在重返大气的时候，此时，地球重新把引力施加到他们身上。只有这个时候，医生们才开始测量身体失去了多少功能，或者身体变差到什么程度。有些事实是非常清楚的。首先，失重状态本身相对来说是比较有益的，没有重力的持续拉动，身体的肌肉就没有多少事情可干。特别是心脏的肌肉，不需要再费力地把血液向上泵送，因为太空里没有“上”。在地球上，当我们站立时，心脏不仅要沿着下行的容易路径把血液输送到我们的脚上，而且还要克服重力向上泵送到我们的头上，有点像城市的供水系统，既要向山坡供水，也要向山谷供水。在零重力状态下，心脏需要克服的主要是动脉和毛细血管的内部阻力（即所谓的“外周阻力”），这比对抗重力要容易得多。在地球上，通常情况下我们的身体通过静脉内关键部位的单向瓣膜来阻止血液流回到身体的重力依赖侧。在我们的身体系统中，为了回收这些“用过的血液”，静脉最后又把血液送回心脏。这些静脉瓣膜由自主神经系统进行控制和“微调”，我们无法对自主神经系统进行有意识的控制。在太空，这些瓣膜有些失去作用，因为血液并没有“向下”溜回腿部的趋向，于是两天后自主神经系统说完“去你的吧！”就降低了对瓣膜的精密控制。只要失重状态持续，这就没什么问题，但在重返大气层时，很大的地球引力一下子加上来，瓣膜需要马上恢复功能。遗憾的是，身体需要一定的时间才能重新适应这一任务，在此期间，宇航员会感到头晕（尤其是站立的时候），因为血液趋于在下肢端部聚集，而没有瓣膜的积极响应，心脏就难以把血液泵送到头部。

除了瓣膜失去功能，由于失去了抵抗重力的机会，体质也会在多个其他方面变差。当我们把沉重的包裹搬上楼梯时，我们需要克服的就是重力；要是没有这样的载荷，我们就不需要强劲的筋骨或紧张的肌肉，比如，卧床的病人就不需要它们。实际上，从生理学的角度来看，失重状态比任何其他地面状态都更接近于平躺状态，通过对卧床病人的研究——测量他们骨骼的矿物质流失和肌肉萎缩，来把这一信息应用到太空飞行上。在这种背景下，为了适应太空飞行，怎样使自己的身体做好准备？在宇航员大队内部，各种见解五花八门。喜欢享受生活的沃利·希拉认为，要想在太空不劳累，最好的准备方式就是休息。数学家尼尔·阿姆斯特朗认为，一个人一生的心跳次数是有限的，他不会在锻炼时让心跳加速，从而加速自己的死亡过程。持相反意见的是运动员们，特别是埃德·怀特，他每天早上都跑 3 英里，晚些时候再打五六场壁球和手球。大多数人都处于中间状态。他们觉得锻炼是有帮助的（不管你喜欢还是不喜欢），但他们不会过于积极，他们只参与那些能满足自身需求的运动或锻炼形式。令人吃惊的是，NASA 没有正式的身体锻炼计划，做不做、做多做少全由自己决定。在载人航天中心，有一个很棒的专门供我们使用的体育馆，里面有两个手球馆和两个壁球馆。来这里的宇航员很多，特别是中午时间，他们通过锻炼和不吃午饭来加倍展现自己的优秀品质。

我的看法是，既然太空飞行会使身体变差，那我们一开始就应该让身体强壮（至少在心血管方面），这样，在给定的时间内，我们的身体就不容易变差到危险的程度。如果道琼斯股价指数必须下跌 100 点，我希望它从 1 100 点的时候而不是 800 点的时候开始下跌。调节功能很好的心血管系统只能通过锻炼来实现和保持，持久的锻炼可以合理地加重心肌的负荷。这一负荷可以通过脉搏数加以度量，通常（至少我是这样），休息时脉搏数大约是每分钟 60 次，当我全力锻炼时大约是 180 次。像手球这样的运动非常有趣，运动量比较大，对增强心血管功能也比较有利，但这样的运动会使脉搏数随着运动节奏的快慢而忽上忽下。一个更有效的方式，是让心脏稳定地承受设定的负荷，我觉得最好的方式是跑步。只要每周跑步一小时，我就能保持良好的体质。我每周在附近的小路上跑 4 次，每次两英里并记录时间。在“双子星座”任务飞行训练期间，我可以用 13 分钟跑完两英里。

博尔曼和洛弗尔都是不抽烟的跑步者，升空前身体都非常棒。埃德·怀特和我也一样（特别是怀特），我尽最大努力跟在他的后面。然而，我们的大部分时间并不是花在锻炼身体上，而是花在搞清楚那台复杂的大型飞行器上，确保我们知道怎样度过在地球轨道上的每一个小时，知道怎样应对可能的意外情况。在前面的飞行任务中，乘组都是分头睡觉，这样总有一个人是醒着的。然而，不管醒着的人多么细心，他仍然会在无线电通话和做实验中发出声响，从而影响同事的睡觉；康拉德和库珀从太空返回后非常疲惫，部分的原因是他俩在 8 天里都没有睡好觉。在“双子星座”7 号任务中，睡觉改为同时进行。这种做法的依据在于，设备都经过了充分的试验，可以不用宇航员照看，这样，乘组就可以调低飞船的电力消耗，拉下窗口的遮光板，每天就有连续 8 小时的睡眠时间。

从生理学的角度来看，在 24 小时内有 8 个小时专门用来休息，也是有道理的，因为在地球上这本来就是我们的生活习惯。我们身体的时钟也遵循这一生理学活动的规律——称为“昼夜节律”。这个 24 小时的节律与地球的转动周期保持一致，使我们天黑以后就会犯困，第二天早上就会醒来。改变这种节律大约需要一周的时间。要是我们从华盛顿飞到东京，我们会发现自己晚上特别清醒，而白天就迷迷糊糊。当我们在地球轨道上每 90 分钟绕地球一圈、完成太阳系的一个昼夜时，会发生什么情况？此时，我们的身体会忽略这一情况，仍然坚持执行已经建立的 24 小时生理节律，这样，当家里（肯尼迪角，因为飞行前乘组会在这里生活一周以上的时间）是晚上时，乘组就会犯困，尽管在地球轨道上正在发生从早上到中午再到晚上的快速变化。因此，我们手表上的时间仍然是肯尼迪角的当地时间，我们也会相应地安排在地球轨道上的活动。在后面的飞行任务中，我们把手表的时间调整到休斯敦的当地时间，为的是便于与飞行任务控制中心进行交流；由于休斯敦与肯尼迪角只有一个小时的时差，所以，这不会造成什么影响。除了我们的手表和仪表面板上的两个常规时钟，“双子星座”飞船还有一个数字式计时器，它在起飞时就开始计时，一直持续到飞行结束。它记录地面经历时间，与我们的飞行计划相匹配——依照起飞后的小时和分钟数记录发生的大小事件。

“双子星座”7 号任务的飞行计划并不复杂，因为它没有轨道会合，只有一艘飞船在太空飞行，操作的定时要求也不是特别要紧。在有轨道会合任务的飞行中，为了把“双子星座”飞船和它的会合目标——“阿吉纳”火箭在相同的时间和地点、以相同的速度对接在一起，飞船的各种机动都必须在精准的瞬间完成。而在“双子星座”7号任务中，我们需要演练的主要是发射，重返大气层，怎样做各种实验，怎样实施应急程序。应急程序演练是任何飞行员永不休止的训练内容。不管飞行员对他的飞机多么熟悉，都必须对这些应急程序进行定期演练，从而对程序时刻保持敏锐性，以便在任何情况下都能快速准确地做出反应。

随着时间的推移，我对“双子星座”飞船越来越了解，竟然爱上了“双子星座”7号飞船。我特别想执行这次任务，一直到发射那天，我还半信半疑地认为主乘组的某个人有可能会生病，而埃德和我会执行这次飞行任务。我并不是希望弗兰克或吉姆运气不好，我只是在为自我感觉并不遥远的可能性做准备。现在回想起来，我无法想象自己为什么那么愿意被锁在一间在地球轨道上转圈的男厕所里，并待上14天（既没有轨道会合，也没有出舱活动），而不是耐心等待被分配到后面时间较短、更令人兴奋的“双子星座”任务中。

1965年10月25日，“双子星座”6号飞船的会合目标——“阿吉纳”火箭在高空发生了爆炸。“双子星座”6号乘组看到位于“阿特拉斯”运载火箭顶部的“阿吉纳”目标火箭顺利升空之后，就忙着准备他们自己的发射任务。但6分钟后却传来了不好的消息。“阿吉纳”火箭的主发动机刚启动，遥测信号就消失了，肯尼迪角的雷达开始跟踪五六个目标，而不是原来的一个目标。显然，主发动机启动时压力失控，造成了火箭的爆炸。“双子星座”6号乘组——沃利·希拉和汤姆·斯塔福德一直急切地想进行轨道会合和对接的首次尝试，但现在目标没有了，穿戴整齐的他们却哪儿也去不了。于是，经过快速重新规划，NASA决定赶紧发射“双子星座”7号飞船，来作为“双子星座”6号飞船的目标飞行器。当然，这样两艘飞船就不会有实际的对接。但由于“双子星座”6号任务最重要的内容是轨道会合，所以，为了获得一些轨道会合方面的数据，NASA决定赶紧发射“双子星座”7号飞船，而不是等待另一枚“阿吉纳”火箭。这样的变化对“双子星座”7号任务的飞行计划影响不大，只是两艘飞船的发射次序发生了改变——在我们升空之后，只要地面保障人员把发射台修复好，“双子星座”6号飞船就可以在我们原来的位置上发射升空了。这样，在1965年年底前，我们有可能在10天内发射两艘飞船。

“双子星座”7号飞船飞行时间很长，而6号却非常短。弗兰克·博尔曼决心要待够14天，而沃利·希拉决心做完轨道会合试验就尽快返回。汤姆·斯塔福德想做出舱活动，被沃利·希拉拒绝；科学家们请求他们完成一些实验，沃利一笑了之。沃利要的是简单、快捷和成功；显然，成功只能建立在简单、快捷的基础之上。沃利拥有世界上最强大的人类计算机——汤姆·斯塔福德，一旦汤姆分析、解决了轨道会合的问题，沃利就会把“打败陆军”的标志贴在飞船的窗口上，用口琴为弗兰克和吉姆吹几段《铃儿响叮当》，然后就可以返回地球抽烟去了。

随着“双子星座”7号飞船发射日期（12月4日）的到来，我不情愿地承认吉姆·洛弗尔真的要上天了。于是，作为一位不错的后备乘组的成员，我尽力帮他做好飞行准备，包括设定开关，把他那一侧的驾驶舱整理利索。我甚至还在一个小小的刺绣样本上绣了字，如果他愿意，可以把它粘在他前面的仪表面板上。上面绣着“温馨之家”，在随后的两个星期里，不管温馨不温馨，飞船就是他们的家。中午，埃德·怀特和我穿着白大褂，戴着白帽子，站在“白屋”附近。“白屋”是移动平台上的一个封闭系统，建在“大力神”2型运载火箭顶端，用作装卸平台、通信中心和进入“双子星座”飞船唯一的入口。当吉姆和弗兰克出现在我们面前时，我们没法和他们说话，因为他们穿着密封的宇航服，呼吸着起除氮作用的纯氧，但现场气氛非常热烈，大家用肢体动作开些玩笑，相互拍背，然后我们把他俩送进飞船，尽量向下压入座位，这样关闭舱门时就不会碰到他们的头盔。等吉姆扣紧了跨肩安全带、腿部安全带、氧气软管和通信接头，我们做最后一次的握手。然后，舱门关闭，我和其他人一起退回到发射塔内，“白屋”也移开了。

我和埃德·怀特此时无事可做，突然感到成了无用之人，于是退到一个安全、有利的位置——距离发射控制中心几英里以外的木质看台。随着下午2:30升空时间的到来，我感到越来越紧张。要是“阿特拉斯-阿吉纳”火箭会在高空爆炸，那为什么

“双子星座-大力神”不能？从来没有出过问题的往往更可怕，因为任何事情总有第一次；“双子星座”1 号至 5 号飞船的发射都没有问题，这是不是意味着随后任务的发射成功率会变得更低，而不是更高？这种想法（或者说这种缺乏逻辑的想法）在发射时是普遍存在的。随着这个毫无生机的庞然大物第一次苏醒过来，晃动着身体，摇动着刚生出的火焰尾巴，开始缓慢地爬升，几个月来的冷静分析被几分钟的情绪激动所取代——那是希望和恐惧的大爆发。在最初的几秒钟里，那纯粹是一种奇观，因为只有眼睛参与其中，你能看见事情的发生但还没有被情感所征服。当突破声障的巨大轰鸣声传来，你脚下的大地开始颤动时，你一下子就回过神来，整个身心参与其中，你就开始笑、哭、大喊大叫或轻声自语。在过去的 6 个月里，我一直“折磨”着“双子星座”7 号飞船，现在它反过来开始“折磨”我。它走的时候虽然没有带上我，但至少带走了我的心；它至少看上去要走了，而且还得到了人群的协助。“加油！加油！加油！”人们有节奏地喊着。“加油……加油……”我悄声地说着，有些哽咽，和人们的喊声也不同步。“快点走吧。”它越来越快地飞上去，随后变成了天上的一个小点，再后来就彻底消失了。然后，人们一边相互祝贺，一边说：“嗯，结束了。”当然，对乘组来说，这仅仅是开始。

埃德和我飞回休斯敦，来到飞行任务控制中心。从某种程度上说，他们的飞船上天期间，后备乘组的成员是这里的重要人物，他们被叫来提供建议，尤其是飞船上出问题的时候，因为他们对飞船非常熟悉。然而，他们通常并没有指定的职责，因为宇航员办公室在飞行任务控制中心的代表是飞船通信员，他们通常是 24 小时三班倒，与飞船的沟通都由他们来完成。由于“双子星座”7 号飞船运行顺利，我就没有多少事情可做，每天的日常工作就是给苏珊·博尔曼和玛丽莲·洛弗尔通报飞行进展。苏珊对飞行计划特别感兴趣，我每天给她通报飞行计划的最新进展，在地图上向她展示那一时刻弗兰克应该位于地球的哪个部位的上空。随着日子一天天过去，这种小小的日常仪式变得越来越不自然。显然，我觉得苏珊真想问的问题是，弗兰克还能不能活着回来。可我们没人知道答案，苏珊也知道这一点，所以，她并没有把问题说出来。

“双子星座”7 号飞船升空 8 天后，“双子星座”6 号做好了与它相会的准备，肯尼迪角 19 号发射塔上又出现了即将发射的“双子星座-大力神”组合。沃利·希拉和汤姆·斯塔福德这次不需要担心“阿吉纳”火箭，倒计时期间一切看上去都很正常。实际上，发动机都启动了，而且还有起飞的迹象，然后就突然安静下来。他们大约只有一秒钟的时间去评估两种情况：①起飞后出于某种原因，发动机关闭了，他们现在处于灾难的边缘——飞船要么落回原地，要么翻倒，为了避免随后的毁灭，他们需要立即进行应急弹射；②发动机在起飞前关闭了，火箭仍被固定在发射台上，除非出现新的危险，他们仍然可以待在原地。硬件设计指向第一种选项（据说驾驶舱里确实出现了起飞信号），但沃利的座椅指向第二种选项。他感觉座椅很稳实。心中恐慌的人可能就会拉动弹射系统，即使沃利和汤姆这样做了，熟悉硬件系统的人肯定也不会指责他们。但自制力极强的沃利一直保持冷静，做出了正确的决定，使得“双子星座”6号飞船能够保存下来，另外择机发射。随后的检查发现，发动机启动后，在起飞前的一瞬间，一个电气插头被振松了，结果，一个错误的关机信号发给了“大力神”火箭的发动机。第二天，NASA通报说，“即使电气插头没有松掉，也没有关闭‘大力神’2型火箭的发动机，不小心留在燃料管路中的一个塑料防尘盖也一样会中止‘双子星座’6号飞船的发射……这个防尘盖显然是在工厂里装上去的，由于‘人为疏失’没有取下来……”沃利和汤姆真命大！

1965年12月15日，他们的第三次发射终于取得成功。按照计划，经过绕地球4圈的追逐，“双子星座”6号飞船终于来到7号飞船的侧面，并一起飞行了5个小时。在此期间，两个乘组相互交谈，相互照相。随后，沃利和汤姆与7号飞船脱离，睡了一觉，吹奏了《铃儿响叮当》就返回了，留下弗兰克和吉姆再疲惫不堪地飞行几天。12月18日终于到来了，现在，弗兰克需要设定制动发动机点火姿态和为4个制动固体火箭发动机点火的电气电路。前提是他们仍然还可以做，仍然没有被300多小时的真空暴露所“浸透”或毁坏。“双子星座”7号飞船消耗完氧气前，启动制动火箭是重返地球的唯一途径，所以，当弗兰克报告说制动火箭点火成功时，飞行任务控制中心的人们都大大地松了一口气。现在我们担心的事情又少了一些。他们会在预定的地点溅落吗？降落伞能打开吗？他们的身体状况还好吗？很快，电视上就出现了他们两个走在航母甲板上的画面（嘿，他们还能走路）。他们看上去脸色苍白，疲惫不堪，胡子拉碴，但满脸喜悦和笑容，也没有明显的身体不适。

随后的体检结果证实，他们的身体状况不错，从某种方式上说，在太空待了14天的他们，情况比待了8天的库珀和康拉德还好。博尔曼的体重减轻了10磅，而洛弗尔减轻了6磅。洛弗尔大腿上的脉动套环并没有产生明显的效果。博尔曼的脑电波显示，第一个晚上，他断断续续地睡了几个小时，第二个晚上美美地睡了7个小时（博尔曼自己早就说了）。第三个晚上没有记录，因为头皮上的脑电图电极提前松掉了（是意外还是故意的？只有博尔曼自己知道）。乘组对体育锻炼的耐受力（通过测量心跳对拉动弹力绳的响应）在14天内没有明显的变化。骨密度的X光测量结果是个惊喜，因为他们大约只流失了3%——只有“双子星座”5号乘组的三分之一。我没有看到复杂的钙平衡研究的结果，我也没有查档案的强烈愿望。我也无法报告自主神经系统需要多长时间才能让腿部的瓣膜重新恢复功能，你只要想起博尔曼和洛弗尔自信地走在航母甲板上的电视画面，就会明白他们不存在严重的问题。能够解释“双子星座”7号乘组比5号乘组状态好的主要原因有两个：7号乘组的宇航服没有那么臃肿，而且大部分时间里都可以脱掉；7号乘组采用了更有利于休息的两人同时睡觉的做法。我觉得还有一个原因：弗兰克·博尔曼有着非常坚定的意志。

“双子星座”6号和7号乘组落地后，“双子星座”计划的10次载人飞行已完成了5次，一大半的问题有了答案。其中两个主要的问题是：宇航员能否经受长久失重状态下的登月之旅；依靠成功进行太空会合的登月策略是否可行。确实，实际的对接还没有完成，虽说埃德·怀特初次尝试了 20 分钟的太空行走，我们还没有坚实的数据来证明一个人可以在他的飞船之外有效地开展工作，但这些都被认为是一些较小的问题。现在唯一最大的未知因素是太空会合问题。太空会合是一项特别复杂的任务，涉及的变数超过你的想象。在仔细控制的条件下，沃利和汤姆在地球轨道上完成了一次并不意味着在月球轨道上也能完成，这里面涉及光照、时序和空间安排，更不用说各种可能的设备故障了。在出现设备故障的情况下仍有可能进行飞船的会合，但需要采用不同的技术（称为“降级工作模式”）。因此，剩下的 5 次“双子星座”飞行任务都会进行轨道会合、对接和太空行走，并且会在 5 次地球轨道飞行任务中尽量多地加进去一些和轨道会合有关的条件变化。

下一次飞行任务——“双子星座”8 号属于尼尔·阿姆斯特朗和戴夫·斯科特，这意味着戴夫是我们第三批宇航员中第一个上天的宇航员（尽管我是第一个入选飞行乘组的宇航员）。8 号任务的戴夫和 9 号任务的查理·巴塞特，省掉了后备乘组的锻炼，一下子就插到了我的前面，这一下子就把我打回原形。当 8 号和 9 号乘组分别在 9 月和 11 月宣布时，我为他们高兴，并感到这进一步证明 NASA 是个不错的机构，知道自己在做什么。但随着 1966 年的到来，我感觉有点紧张。6 个月来，我一直认为“双子星座”10 号任务将是我的，但现在埃德·怀特告诉我说，10 号任务不会是他的，他听迪克说他将参加后面的“阿波罗”任务。他对此心里很矛盾，既想再飞一次“双子星座”任务，又想第一批执飞“阿波罗”任务。我个人认为，那时“阿波罗”计划对他更有意义，而且我觉得他很有可能会成为第一个登上月球的人，因为他有很多的优势。他已经向这个国家展现出了第一位太空漫步者的美好形象，为什么不能同样展现第一位月球漫步者的形象？无论如何，我们这个后备乘组显然不会再飞“双子星座”10 号任务了，所以，当约翰·扬（他和格斯·格里索姆刚刚完成了“双子星座”6 号后备乘组的工作）告诉我他和我将执飞 10 号任务时，我特别高兴。我有点舍不得埃德，但我很喜欢约翰，再说了，哪怕我一个人或者和一只袋鼠飞都行，我最大的愿望就是飞向太空。所谓的乘组心理学匹配全是胡说八道。为了追求对每个人都重要的共同目标，在一段明确给定的时间内，几乎每个人都能忍受几乎任何人。于是，约翰和我全力投入到计划于 1966 年 7 月升空的“双子星座”10 号任务中。

7 上天准备

我有六个诚实的仆人（他们教会了我所知道的一切），他们叫“什么”“为什么”“什么时候”“怎样”“什么地方”和“谁”。

——《大象的孩子》（鲁德亚德·吉卜林著）

约翰和我面对的第一项艰难工作是审读“双子星座”10号的飞行计划。说它艰难是因为我俩除了知道它是剩下的“双子星座”系列任务中一次“标准”的飞行任务外，其他一无所知。在剩下的5次任务中，每次都是飞行3天，每次都有轨道会合、出舱活动，以及各种科学、技术和医学实验。在地球轨道条件允许的情况下，每次的轨道会合技术要尽量不一样，每次的出舱活动要实现的目标也要尽量不一样，各种实验也是如此。当我们把所有的工作都罗列出来时，约翰和我立刻意识到我们需要完成的工作量非常巨大。在3天的时间里，我们需要分别与处于不同轨道上的2枚“阿吉纳”火箭进行会合，完成2次差异很大的出舱活动和15项科技实验。此外，我们将扮演导航小白鼠的角色——在飞船里计算发现和接近第一枚“阿吉纳”火箭所需的所有机动飞行轨迹，而不是利用地面计算的指令把我们引导到飞船雷达的探测范围内。这项技术还没有经过优化，但飞船上增加了一个扩展的计算机存储器（模块 6），需要我们在模拟器上尝试各种方法，找到利用这个存储器的最佳程序。

我们想到的第一件事，是我们在 3 天内完成所有的工作会非常紧张。由于飞船携带的生存供应（最重要的是氧气）足够使用 4 天，那我们为什么不多待一天呢？出于某种考虑，这个想法没有得到“双子星座”计划办公室主任查克·马修斯或他的团队的认同，于是，我们的要求被否定了①。我们曾想要求把某些实验取消，因为其中的一两个实验确实看上去有点蠢，但这些实验都是经过了长时间的评审并正式获得批准，我们也不想花大量的时间去和官僚机关做无意义的争斗。我们都愿意做轨道会合和出舱活动，不愿意把这两项任务削减，这样有可能削减的就只有模块 6 项目了。由于这个模块刚启用，我觉得要是约翰和我说它还不够成熟，管理层就会把它放到后面的任务中。现在回想起来，我认为那样其实最好，或者也许应该把这项工作完全取消。模块 6 采用了非常繁杂的程序——我需要用一个便携式六分仪测量一颗恒星与地球地平线之间的夹角（根据恒星相对于我们飞行轨道的位置，在仔细确定的时间间隔内选取不同的恒星来重复这一过程），再把夹角和时间输入给计算机的模块 6。把模块 6 的数据

---

① 不知出于什么原因，一直到最后一次“双子星座”飞行任务，NASA 管理层才做出妥协，允许“双子星座”12 号飞船飞行 4 天。

与带上飞船的各种图表结合起来，就可以确定我们的飞行轨道，并预测出在某个给定时间我们与目标“阿吉纳”的相对位置（它的轨道我们是知道的）。这项工作的愚蠢之处在于，模块6的工作方式就无法用到“阿波罗”计划上，“阿波罗”计划将使用一种更加复杂、也更加精确的导航技术。所以，我们会在模拟器上花费大量的宝贵时间，来开发一种毫无价值的技术。实际上，模块6会降低我们成功完成后续任务的概率，因为它不仅会浪费我们在地面上宝贵的准备时间，而且还会把我们最初几小时的飞行搞得忙乱不堪。另一方面，计算飞船自己的机动飞行指令，构建自主飞行能力，使飞船不受地面控制也能在太空遨游，这不是一项很有意义的任务吗？在载人太空飞行中，让驾驶员进行掌控不正是我们追求的目标吗？于是我们保留了模块6。

所有15项实验（2次轨道会合和模块6也都入选），在载人航天中心都有自己强大的支持者，这样，为了简化这次飞行，2次出舱活动就成为别人力争取消的主要目标。我记得我入选“双子星座”10号乘组后不久，模块6最强烈的支持者迪克·卡利就把我拉到一边，盛赞飞船自主导航的伟大意义。迪克从阿拉伯人开始，从人类旅行的距离和精确性的角度，回顾了人类文明的发展史。“终于看不到陆地了。”他轻声地说道，对早期航海家的大无畏精神肃然起敬。迪克要我做当代的麦哲伦。他希望把两次出舱活动都取消，从而使“双子星座”10号任务成为导航实验的一次盛宴，一次又一次地重复轨道确定和预测的练习，直到把这一技术达到最完善的程度。当然，他找错人了。我已经在载人航天中心待了 2 年，专门负责宇航服制作和出舱活动装备，这样做就相当于从熊妈妈那里抢走她的幼仔。

两次出舱活动是我最不想取消的。迪克的做法所产生的效果（除了约翰开始把我叫麦哲伦以外）是让我们的思路更清晰了，于是我们罗列了必须保留两次出舱活动的更有说服力（我们希望如此）的理由。在第一次出舱活动中（一次简单的“站立在舱口”的练习），我们可以做一些具有实际意义的科学研究——获取选定恒星的紫外线特征信号，由于地球大气层的强烈过滤作用，这种信息是地面上的天文学家无法获得的[①]。在第二次出舱活动中，要是相关设备能够研制出来，我就会做一次非常有趣的太空行走——利用喷枪把我推向一枚“阿吉纳”火箭（“双子星座”8 号飞船的目标飞行器），并从火箭上取下一个微陨石测量装置，这个装置已经在危险的太空中暴露 4 个月了。这次出舱活动之所以很有意义，也有多方面的技术原因，但这确实需要迅速开发一些新设备；我知道查克·马修斯并不喜欢这样，因为他必须控制各种设计变更。幸运的是，查克是一个很有耐心、愿意倾听的人。我常常见他一连几个小时地坐在会议上，一脸疲倦，但非常清醒，一根接一根静静地抽烟，偶尔点点头。他是一个非常专业的决策者——对问题进行充分的讨论，把所有的事实摆在桌面上。

---

① 仅是把照相机升高到地球大气层以上是不够的。照相机还必须拿出飞船才行，因为飞船的玻璃窗会过滤掉大部分天文学家想测量的紫外线。因此，出舱活动是需要的——使照相机的镜头暴露在未经过滤的太空里。

就这件事来说，查克非常平静，而我就非常紧张不安。他很耐心地听完我的意见之后，仍然没有做出任何承诺，让我觉得卡利已经赢了，他终于可以把我这个可怜的家伙变成麦哲伦了（我每次去五角大楼都会迷路）。几天后我才知道，查克同意对所需硬件进行开发。其实，基本硬件已经有了：宇航服、胸包、机动喷枪、脐带线缆。我只是需要更大的活动范围和更多的喷枪气体，这意味着需要制作一条50英尺长的新线缆，喷枪的推进气体储存在飞船上新加的气瓶里（而不是喷枪本身携带），并通过脐带线缆给喷枪供气。这样，线缆不仅变长而且也变粗了——里面的一根软管将提供呼吸用的氧气，另一根将提供机动喷枪用的氮气。线缆里面还有一根与飞船连接的系绳（粗尼龙绳），不管我怎么挣扯，它都不会断裂；里面还有一束电线，让我可以与约翰通话，医生们也可以监视我的心跳。要是约翰为我按下了驾驶舱的话筒按钮，我也可以和地面人员通话。为了避免受到太阳热量和飞船机动推进器喷出热气的损伤，线缆带有一个直径约为两英寸的护套。整个线缆，用我女儿的话来说，非常粗大！

答应了每个人对“双子星座”10号任务提出的每一项要求之后，约翰和我现在开始把这些任务组织成一个可行的飞行计划，我们私下里说，我们正在尝试把4磅的东西装进能装3磅的包装袋里。例如，我们那15项实验的工作量超过了所有其他的“双子星座”任务（那两次8天和14天的飞行任务除外，因为他们既没有轨道会合，也没有出舱活动，他们除了做些实验，就没有别的事情可做）。从时间上来说，我们将把37%的飞行时间用于做实验，是“双子星座”计划里最高的（第二名是“双子星座”12号，实验占了30%）。第一次轨道会合比较简单直接：飞行4圈之后追上我们的目标——“阿吉纳”火箭（比我们提前1小时41分钟发射）。当然，增加的工作量——在飞船上进行模块6的各种计算，绝对会占满一开始的这4圈飞行，除了做恒星-地平线夹角测量的时候，我们就没有时间往窗外看上一眼。第二次轨道会合则是完全不同的一项工作，因为我们需要会合的是完全不同的一个目标：“双子星座”8号飞船会合的目标——“阿吉纳”火箭。这枚火箭被尼尔·阿姆斯特朗和戴夫·斯科特抛弃，已经在地球轨道上等了我们4个月。这有什么不一样吗？2枚目标火箭之间最大的差异在于，8号任务的“阿吉纳”火箭早就“死”掉了，因为它的电池已经没电了，这意味着它失去了雷达应答机。这反过来让我们的雷达失去作用，因为我们的雷达呼叫时，8号任务的“阿吉纳”火箭无法回应；这样，我们只能依靠光学设备进行轨道会合。此外，当“阿吉纳”“死”掉时，它的稳定系统也失去作用，我们追上时，它很有可能像陀螺一样在旋转，或者在前后翻滚，那我怎么把上面的微陨石测量装置取下来？悲观主义者（还是现实主义者?）设想出了一场巨大的乱局——“双子星座”飞船、“阿吉纳”火箭和我被要命的50英尺长的脐带线缆给死死地缠在一起了。

于是，为了把所有这些任务组织得看上去井然有序，我们这个乘组有很多工作要做。我们以良好的组织形式把支持者召集起来，并举行各种会议。我们从埃德·霍斯金斯带领的工程师保障团队那里得到了很多的帮助。我们还有一个后备乘组——吉姆·洛弗尔和巴兹·奥尔德林，他们对这项工作不是太满意，但还是给出了一些很有价值的建议。他们不满意的原因在于，按照迪克的乘组安排规则，他们跳过两次飞行任务（“双子星座”11号和12号）后会得到第三次飞行任务。但计划里并没有“双子星座”13号任务，于是他们成了跛脚鸭，把本该花在“阿波罗”计划上的宝贵时间浪费在了“双子星座”计划上。

此时，1月变成了2月，我们的飞行计划也取得了不错的进展。结果是这样的：考虑到“双子星座”8号任务目标火箭“阿吉纳”的地球轨道平面，飞船将在下午晚些时候发射；随后，要是模块6工作正常的话，花5个小时追逐我们自己的“阿吉纳”目标火箭并与之对接；然后我们会启动火箭的大推力发动机（又一项第一），把我们推向更高的轨道，从而使我们接近8号任务的“阿吉纳”目标火箭；接下来我们会睡觉；第二天，14小时的工作包括“阿吉纳”火箭发动机的几次启动、很多实验和“站立在舱口”出舱活动；第三天要工作15小时，包括靠近8号任务的“阿吉纳”目标火箭需要进行的一系列非常复杂的机动飞行、各种实验、出舱活动、不再需要设备的丢弃和轨道降低；第四天只工作8个小时，完成剩余实验，准备反推火箭的启动，升空70小时27分钟后溅落在大西洋。我们尽力穿插进行的还有吃饭、燃料电池清洗、平台对准、无线电通话，以及对确保乘组和飞船正常运行来说至关重要的一些小事。理论上，在70个小时里，我们会工作46个小时，休息24个小时，但实际上，情况并非如此。

此时，我产生了一种从未有过的紧迫感。这不再是为别人设计宇航服，我也不再是别人的后备，这一切都是为“双子星座”10号任务准备的，飞船几个月内就要升空，而我就会乘坐这艘飞船。

我随身携带了一个7英寸×10英寸的黑色笔记本，我把它分成6个栏目：①计划节点；②系统简报；③实验；④飞行计划；⑤其他事项；⑥待办事项。第6栏是我工作过程中发现的问题，我用数字进行编号。我会定期查看这个列表，只要问题没有解决，我就会不停地烦扰相关人员。问题一解决，我就把那个编号划掉。到飞船发射那天早上，我列出的138个问题全部得到解决。这一过程有点让人不安，也耗费时间，但非常有成就感。要是能解决……这次飞行就会非常棒。于是我拿出笔记本，赶紧记下来。飞行任务一直在我的脑海中挥之不去。要是笔记本不在身边，我会在餐巾纸、钱包里的小纸片或者任何可用的东西上写下来。记得有一次晚饭后我在圣路易斯一家假日旅店的酒吧里喝啤酒，突然产生了一个很好的想法，我赶紧记在一张小纸片上。百无聊赖的服务员溜达过来说：“嗯，做明天的旅行安排?”我欢快地回答说：“对呀。有一枚环绕地球飞行的火箭‘阿吉纳’，我准备上天去追逐、看望它。我在想我也许应该携带一面美国国旗，把它绑在‘阿吉纳’的天线上。你不觉得那是一个很棒的主意吗?”“当然是，哥们儿，当然是。肯定是。”他一边嘟囔着，一边快速回到收银台，待在那里不再动窝。他甚至都没有给我拿第二瓶啤酒。但我并不需要第二瓶了，因为服务员比我还清楚，我已经喝高了。5 个月来，我一直都是这样。我并不是每天写日记的人，但在这种特殊的氛围里，我也会记下对事情的一般感受。其核心要点是（与我当初的猜测相反），我对“双子星座”10 号任务的全身心投入并没有让我心无旁骛，而是让我的生活意识提升到一个更高的境界。生活变得更加美好了。音乐听上去比平时更加优美，食物更好吃，葡萄酒也更好喝了。平时觉得很平常的葡萄酒竟体验出以前从未注意到的细腻味道，感觉几乎就是一种佳酿。我每天工作的时间特别长，但我并没有感到疲惫不堪。

不幸的是，这种极度愉悦的心境被一架 T-38 给撞碎了，也把埃利奥特・西伊和查理・巴塞特给摔死了。坠机事故发生在圣路易斯，我曾在那里待了很长时间。埃利奥特和查理是“双子星座”9 号任务的主乘组，他们是在一个周一的早上，从休斯敦飞过去准备降落时坠毁的。查理曾是我的邻居、同学、辅导员和朋友。他是一个出类拔萃的人物，似乎拥有所有的优点：非凡的智慧、钢铁般的意志、富有感染力的乐观心态、帅气的外表。他竟被摔死在停车场。我对埃利奥特并不熟悉，只知道他是一位很友善的绅士。现在两人都不在了。除了给朋友们留下悲伤，他俩还给“双子星座”计划的任务留下空缺，这一空缺很快被后备乘组填补。现在，汤姆・斯塔福德和吉恩・塞尔南将执飞“双子星座”9 号任务，我们的后备乘组洛弗尔和奥尔德林转给了他们。艾伦・比恩和 C. C. 威廉姆斯成为我们新的后备乘组。由于所有健在的“二期九杰”都会有一次或多次执飞“双子星座”任务的机会，所以，对他们来说，这种变化并不像对第三批宇航员那样产生任何影响。我们第三批宇航员最初的升空顺序是这样的：斯科特、巴塞特、柯林斯、戈登和塞尔南。现在则变成：斯科特、塞尔南、柯林斯、戈登和奥尔德林。

新的“双子星座”10号任务团队刚建立，迪克就给了我们一项独特的任务：让我们加入他和沃伦·诺斯领导的遴选委员会，挑选新的一批宇航员。这让我感觉非常不可思议，原因有两个：第一，我们正全力进行“双子星座”10号任务的训练，离发射只有极其紧张的4个月了；第二，我们已经有大约30位依然健在、处于飞行状态、抱怨得不到上天机会的宇航员。哪里需要更多的宇航员？为什么要麻烦我们去挑选？约翰表达了反对意见，但迪克的态度很坚决，于是在3月的第一个星期，我们放下所有的工作，挑选出了19位宇航员。虽然我们丧失了一周无法弥补的训练时间，却度过了一段非常有趣的时光。

我做的第一件事是到人事办公室看材料，他们已经做了初选。通过审查年龄、所受教育和飞行经验，他们把几百位申请者减少到35位。每一位进入最后一轮的申请者都有一套令人难忘的档案资料。你要是花些时间（我花了一个周末），就有可能获得每个人相当完整的情况：这个人引诱过同事的妻子，那个人是潜在的同性恋；这个人飞行技能非常好，那个人的上司巧妙地说出了他的不足；这个人给一群大学教授留下了深刻的印象，那个人每门课都能蒙混过关；这个人在现有的宇航员中有熟人，那个人太年轻，对我们谁都不认识；有一位坚持要25 000美元年薪，别人显然都不关心能拿多少钱。我回想起自己作为申请者（或恳请者）时的痛苦经历，决心尽自己最大的努力来筛选这些人，把最好的人员挑选出来。这批申请者中没有黑人和女士。

我觉得没有女士让遴选委员会松了一口气，因为女士会带来各种问题，这是毫无疑问的。你拉开宇航服，把塑料袋粘在你的臀部解大便，又老又丑的约翰·扬就坐在离你6英寸远的地方，这已经够你难受的了，要是旁边坐的是一位女士呢？另外，女士没有阴茎，她无法使用化学尿液体积测量系统，这样系统就得重新设计。这不行，最好还是继续使用男性宇航员。没有黑人宇航员则是完全不同的一回事。NASA本来就应该招录他们，我们宇航员们也欢迎他们加入，我不知道为什么没人进来。也许只是因为他们没有所需的飞行和教育背景，或者他们对其他职业更感兴趣。我只知道没人会因为肤色而被淘汰，因为申请表上就没有记录肤色或信仰的栏目，NASA官员只有在进入最后一轮的申请者们前来体检时才能发现他们的肤色。尽管如此，我仍然认为这是很遗憾的事实，我们遴选委员会的任务是挑选，而不是招募，于是我们开始构建一套公平合理的打分体系。迪克曾提出一套评选体系并用于前面几次的宇航员遴选中，我们在这个体系的基础上做了不大的改动。这是一个30分的评价体系，包含分值相等的3个部分：专业水平、飞行经验、个性与志向。“专业水平”在这里有点用词不当，因为它的分项包括：智商——1分；学历、荣誉和其他资格证书——4分；NASA组织的能力测验——3分；技术面试——2分。飞行经验分为：飞行记录（总飞行时间、飞机种类等）——3 分；试飞员学校或上司做出的飞行技能评级——1 分；技术面试——6 分。个性与志向没有细分，整个 10 分都在面试时给出，申请者的个性占很大比重。这样，在满分 30 分里，有 18 分是在非常重要的面试期间给出的。我记得我们在每一位申请人身上花一个小时，大约 45 分钟用来提问，15 分钟用来分析和讨论。我们一整天都坐在赖斯宾馆憋闷的房间里，从一大早一直面试到傍晚，就这样度过了整整一个星期。

我们遴选委员会需要审核来自空军、海军、海军陆战队和民间的申请者，所以由来自不同领域的代表组成。沃伦・诺斯代表平民，约翰・扬代表海军，C. C. 威廉姆斯代表海军陆战队，我代表空军。迪克（平民、前空军试飞员）是遴选委员会的主席。我加入 NASA 前，曾认为属于哪个军种非常重要，猜想宇航员遴选和乘组安排在很大程度上会基于空军、海军和平民之间的平衡。我们 14 位入选后，一开始我们倾向于形成自己的小圈子。然而，新的密切关系很快就形成了，它比基于军装颜色（我们并不穿军装）的关系更加紧密。我很快意识到，我并不关心（也没有想过）谁属于哪个军种。我们是一个团队，不像五角大楼里的空军和海军将军们，为了保持自己的明确身份，总是不停地争吵要轰炸机还是要潜艇。NASA（至少是宇航员）对你来自哪里并不关心，在这个遴选委员会里更是这样。我们没有指标设定，我发现自己常常为一位海军或平民候选人说话，而不支持某位空军候选人。别人也是一样。实际上，争论比我预想的要少很多，不管是入选者还是落选者，不管是从纸面上还是在面试中，他们都是很明显地出现在我们面前，打分和排序都不困难。

我觉得遴选工作最难的部分是度量候选人的志向。这个人真的想来这里工作吗？他会在多年的实习阶段一直能够全身心地投入吗？这是很难做出的判断。只是基于面试就能给出 30 分中的 18 分，我们有可能被能言善辩的家伙蒙骗。但最让我们印象深刻的，不是他对事业投入的流利表达，而是他事先所做的功课——用心准备的可信证据：对“双子星座”和“阿波罗”计划做了研究，知道它们存在的一些问题，并根据自己的经验提出了合理的解决方案。我们探求他们的知识边界，聪明的候选人会说：“我不知道。”而其他人则试图糊弄我们。现在回想起来，我觉得我们遴选委员会做得相当不错，选出的 19 位宇航员中没有一个令人失望。我记得弗雷德·海斯是第一名，对这 19 位，我们都一致同意入选。

唯一令约翰、C. C. 威廉姆斯和我感到吃惊的，是迪克那句“我们要录用所有符合要求的候选人”；当总共选出 19 位时，迪克很高兴地全把他们录用了。他招录这么多到底要干嘛？除去过河拆桥的心理，我们确实认为招录 6 个就足够了，但迪克考虑的是要满足将来最乐观的飞船发射需求。那时（1966 年 3 月），NASA 正在考虑一项称为“阿波罗应用”的计划（太空实验室的前身）——面向地球轨道的发射和“阿波罗”登月任务同时进行。实际上，如果你相信乐观主义者们说的话，在那个十年之末，肯尼迪角的发射活动会非常繁忙，几乎每个月都会有一次“阿波罗”或“阿波罗应用”任务的升空。按照主乘组和后备乘组这种安排，每次任务都需要6位宇航员大约一年的准备时间，这意味着迪克会需要很多人。于是，迪克开始大量招录（在1967年夏天的高峰时期，宇航员总数达到了56位）。几年后，那些素质很高、志向很高、花费巨资加以培养但从未得到上天机会的年轻人开始悲伤地离开，这是判断失误造成的结果。

在赖斯宾馆度过有趣、快乐的一周之后，“双子星座”10号乘组爬回模拟训练器并开始操练模块6没几天，就被叫来观看“双子星座”8号任务的发射。我在休斯敦的飞行任务控制中心“观看”发射——观看那个代表“大力神”运载火箭的小黑点平稳地沿着大屏幕上那条给定的线条爬升，观看尼尔·阿姆斯特朗和戴夫·斯科特把飞船与“大力神”火箭分离，开始对目标火箭“阿吉纳”进行4圈的追逐。“阿吉纳”早上被发射升空，现在看上去仍然正常（这比以往总算有了改进）。4圈的追逐使飞船顺利抵达轨道的最高点，到晚饭时分，飞船与“阿吉纳”火箭实现了对接。这次的对接（两个飞行器在太空的实际结合）是航天史上的第一次，这种对接非常重要，因为它是两名美国宇航员从月球表面返回过程中不可或缺的环节。这种对接也完全是手动的，就像飞机的空中加油一样。当我们这些飞行员听到尼尔报告说对接并不困难，也没有意外状况时，都非常高兴。于是，我赶回家，准备用丰盛的晚餐和一杯马提尼鸡尾酒表示庆祝，确信“双子星座”8号任务有了一个良好的开端。

我刚一进门就吓了一大跳。帕特非常不安，她刚接了戴夫·

斯科特家打来的一个含糊的电话，请我们帮着把孩子照看几个小时，免得他们碍事，等“他们把他们弄下来后”再把孩子接走。我正忙着给飞行任务控制中心打电话，戴夫的岳父就把两个孩子送过来了。打了两次电话之后我才知道，经过一段时间的失去控制、疯狂翻滚之后，“双子星座”8号飞船确实正在依照指令返回地球。“混账‘阿吉纳’！”我一边想，一边急忙开车赶回飞行任务控制中心。事情的发生和我想象的完全不同。在对接后的半个小时里，一切都很正常，随后乘组注意到飞船出现一些晃动和滚动。这意味着飞船或“阿吉纳”的姿态控制系统出现问题。是谁的问题呢？尼尔发现他可以手动启动推进器来抵消这种不正常的运动，可他一松开手动姿态控制器，飞船就又开始晃动和滚动起来。他以此认为问题可能是由“阿吉纳”火箭造成的。此时飞船位于太平洋上空，与所有地面跟踪站失去联系，尼尔和戴夫无法从飞船和“阿吉纳”火箭向地面发送的信息中获得任何帮助。随后，尼尔决定与“阿吉纳”火箭脱离对接，这是符合逻辑的操作，因为那样他就可以离开“阿吉纳”火箭一段距离，单独查看每个飞行器。他脱离对接后，认为“阿吉纳”火箭的晃动和滚动会加速，而自己的飞船会安静下来，结果相反的情况发生了！“双子星座”飞船开始像陀螺一样旋转起来，尼尔和戴夫很快发现他们开始以每秒钟300度的速率翻滚，这一速率让人难以承受，而且还在进一步加快。他们没有时间深入思考这一问题，也没有地面站可以咨询。很可能是一个推进器卡死在打开（启动）状态，然而飞船上有16个推进器，这种组合了偏航、俯仰和滚转的运动，使得确认出问题的那个推进器几乎是不可能的。他们于是做出了最合理的下一步——关闭整个轨道姿态机动系统。现在，他们完全处于牛顿第一定律的掌控之下：除非施加外力，静止的物体将一直处于静止状态，而运动的物体将一直处于运动状态。换句话说，卡死的推进器已不再工作，不会使他们的翻滚速率超过每秒钟300度，但没有外力的介入，这一速率会永远持续下去，这是乘组无法承受的，因为他们有可能漂向并撞上附近的“阿吉纳”火箭。他们无法以这种状态完成任务，他们有可能出现头晕和呕吐。于是尼尔被迫使用了自己的杀手锏——启动了专门用于重返大气层（即再入）的姿态控制系统。利用这第二组推进器，他很快停止了飞船的旋转。等飞船进入下一个地面跟踪站的通信范围时，这种慌乱状态已经结束。整个过程持续了大约10分钟，到目前为止这是航天计划中最吓人的10分钟。这一故障使得“双子星座”8号任务必须立即结束，因为一条不可改变的任务规则是：再入姿态控制系统一旦启动，就必须立刻实施再入程序。

当我从飞行任务控制中心里的各种对话中确定一切都恢复正常后，立刻返回相距不远的家中，向帕特和勒顿·斯科特的父亲奥特将军（一位老飞行员）说明情况。斯科特的孩子还太小（特蕾西还不到5岁，道格2岁半），无法真正理解正在发生的事情；现在已过了他们上床睡觉的时间。我们想让他们静静地回家（离我家就一个街区），但此时，我们听说简·阿姆斯特朗正在来勒顿·斯科特家的路上，前院满是电视摄像灯和急切的记者们。幸运的是，所有这些混乱场面都集中在他家的前门，我们蹑手蹑脚地从后门进入，并未引起任何注意，但显然，孩子们还是发现了一些端倪。简到来时，径直走向前门，后面跟了一小群 NASA 官员，他们向记者们解释说，在这种危急时刻，她要和勒顿在一起，也会在适当的时间和记者们讨论这件事。于是，电视摄像组的人员关掉聚光灯，等在那里。

结果，再入返回在各方面都很正常，只是飞船没有溅落在计划中的大西洋，而是提前溅落在了太平洋。周到细致、一贯秉持“万一出现某种状况怎么办”理念的 NASA 事先让海军在那里部署了一艘驱逐舰，以防万一。因此，乘组安全的消息很快就得到确认，于是意外状况就这样结束了，只是尼尔和戴夫以及所有为那部分无法完成的飞行任务（如出舱活动）做出艰苦努力的人们，感到特别失望。但至少简和勒顿眼前的担心已经过去了。密切关注这次飞行 11 个小时后，她们都很累了，于是简准备回家。她刚一出门，院子里就热闹起来。照相机的闪光灯闪烁起来，耀眼的摄像机聚光灯也重新打开，话筒都伸到了她的面前，20 个声音慌乱地问着问题。在一片灯光之下，她能看到的唯一友善、熟悉的物体是自己的轿车，她径直走过去。她一溜烟地开走了，留下一片失望的叹息声。她甚至连宇航员妻子们的标准语言——“兴奋、自豪、高兴”都没有说。

尼尔和戴夫也很不高兴，尤其是戴夫，他差一点就成为美国第一位真正的太空漫步者，我也非常同情他。他为这次非常艰难的太空漫步进行了长达几个月的高难度艰苦训练，他的太空漫步使用一种新开发的胸包和背包，现在他再也没有机会知道这种装备会如何工作，在太空自由漂行会是一种什么感觉了。私下里，有的宇航员对戴夫的不幸感到庆幸，因为他的出舱活动太复杂、太危险。问题的核心在于，“双子星座”飞船的驾驶舱太小，装不下大件的装备（像计划在“双子星座”8 号、9 号和 12 号任务中使用的背包）。于是，背包就存放在后面的转接舱里，而转接舱是暴露在真空里的。工作流程需要太空漫步者给驾驶舱泄压，打开舱门，沿着扶手向后走到转接舱，呼吸和通信则通过与驾驶舱相连的脐带线缆提供。这些都问题不大，但接下来的工作就比较吓人，因为他必须把氧气供应和通话线路从脐带线缆转到背包上。这需要卸下氧气管路和无线电通话线路并通过胸包重新连接到宇航服上。就戴夫的任务而言，还需要一根为他的手持机动喷枪提供推进气体的管路。由于穿着宇航服，宇航员的行动能力和视野都受到限制，这就使得变换连接器非常困难，而且不允许出现差错，也没人帮忙指出管路是否出现纠缠或者潜伏在转接舱孤寂真空中的十几种其他危险。我在“双子星座”10 号任务中的出舱活动方案也非常不完美，我需要把所有的东西都存放在已经非常拥挤的驾驶舱里，但我至少可以在加压的驾驶舱里完成几乎所有的准备工作，而且需要的时候约翰也可以提供帮助。戴夫的装备非常复杂，无法装入驾驶舱，因此就需要采用比任何“双子星座”出舱活动都复杂的操作流程。说实话，这次飞行前，我对戴夫非常担心。一年后“双子星座”计划结束时，我向尼尔提到了我的担心，并说取消戴夫的出舱活动说不定是一件幸事，但尼尔并不这样认为，他厉声地对我说，没有哪一个出舱活动方案比你10号任务的更危险，因为你走向的目标是一枚失去稳定功能、随意漂移的“阿吉纳”火箭。我觉得一个人会对熟悉的事情变得越来越适应，不管别人觉得这件事看上去是多么怪异。

经过诊断，“双子星座”8号飞船的问题是由推进器电路的短路造成的，它使推进器一直处于启动状态。“双子星座”9号和后续的飞船都做了相应的改进，整个计划继续快速推进。

约翰和我几乎把整个4月和5月都花在了圣路易斯，细心照看“双子星座”10号飞船，一直到完成最后的组装和随后的测试，包括在高空环境试验舱里“驾驶”它，检查它在每个飞行阶段的状态。飞船上接入了测试设备，用来测量每个压力开关、二极管、推进器、降落伞、计算机等构件的正确响应。要是某个东西不能完全满足技术要求，它就被更换掉。飞船大部分时间都待在一间白屋里，里面极其干净，空气都经过了过滤。每个人都穿着白大褂和白靴子，戴着白帽子。白屋一天24小时都在运行，里面通常有三四艘飞船，垂直安装，头部指向天空，就像它们在发射台上的情况一样。约翰和我一连几个小时地平躺在座椅上，双腿翘在空中，按照每个试验程序，慢悠悠地拨动“双子星座”飞船里的开关。每个试验都有一本很厚的试验计划，列出了模拟飞行演练中每位技术保障人员承担的任务。有的试验流程比较简便，有的则需要试验指挥、试验设备保障人员和驾驶舱里的乘组之间进行复杂的协调。我们事先仔细研究过试验计划，需要我们参与的地方都画上了红线。然后在试验流程到来的准确时刻（希望如此），我们就会把相应的开关按要求启动一定的时间。要是试验团队里有人做错了，试验就会重来，有时候要来回进行三四次。从时间上来讲，这种试验的效率很低，但这是一种不错的训练，因为我们对自己的飞船了解得更细致了。每艘飞船都稍有不同——不仅设计上稍有不同，系统响应上也不尽相同，尽管人们认为系统响应对所有飞船和模拟器来说都是一样的。在地面上发现这些微小的差异就不会在飞行中感到意外。

在白屋里工作的另一个好处，是它把驾驶舱设计和开关位置在压力不大、不断重复的试验流程中，深深地刻在了我们的脑海中。

我们不在飞船里的时候，就一定在飞行模拟器里。圣路易斯的模拟器是专门训练轨道会合的，它可以准确模拟平台、雷达、计算机和其他所需系统的响应，但没有其他系统的操作，我们需要在休斯敦和肯尼迪角的模拟器上训练其他系统。由于我们是模块6的首批用户，所以我们非常需要圣路易斯的这台模拟器，这里有非常专业的麦克唐纳飞机公司的工程师团队，他们发明了模块6，或者至少使它成为现实产品。我们一连几天坐在这台地狱般的机器里，用薄薄的棕黄色塑料杯子喝着水一般的咖啡，看着黑色屏幕上被其他亮点（代表星体）围绕的一个亮点（代表“阿吉纳”目标火箭）。视觉投影非常粗糙，但驾驶舱里的东西都比较精确，当我们一圈又一圈地追逐“阿吉纳”时，雷达、平台和计算机都完美地模拟了飞船的运行（除非它们被认定“不满足要求”）。有时候我们追上它并不困难，也没有浪费燃料；有时候

(尤其是不让我们使用雷达、平台或计算机时)，我们会胡乱地划过太空，完全错失了“阿吉纳”，或者追上时理论上我们的燃料箱早就空掉了。每次轨道会合训练之后，我们都会走到隔壁的房间，查看记录仪在一张大图纸上绘制的模拟飞行轨迹。我们在这里分析所犯的差错，提出改进的建议。图纸上看上去最可笑的轨迹，就是我们所说的“空绕机动”——飞船在追上“阿吉纳”目标火箭的过程中所作的半径逐渐缩小的螺旋形飞行轨迹。这种机动除了看上去可笑，它还浪费大量燃料，约翰和我后来发现，圣路易斯模拟器所做的这种预测相当准确。“空绕机动”产生的原因是目标相对于恒星的运动没有被消除，飞船也没有较早地做出更强有力的纠正措施来完全抵消这种无谓的运动。

到 5 月中旬，我烦透了“空绕机动”、白屋和整个圣路易斯，很高兴能够中断不长的一段时间，飞到肯尼迪角，观看 5 月 17 日“双子星座”9 号飞船的发射。和以前一样，飞船发射前，先用“阿特拉斯”运载火箭把对接目标“阿吉纳”（作为最上面的一级）送入地球轨道。半上午的时候，火箭轰鸣着冲向天空，看上去没有任何异常，但升空两分钟后，“阿特拉斯”的一台发动机失去控制并发生翻转，火箭一个跟头栽进大西洋。斯塔福德就像是“阿吉纳”的丧门星，在他执飞的任务中，这是“阿吉纳”的第二次事故；第一次事故发生在去年秋天，他和沃利 · 希拉躺在“双子星座”6 号飞船里等待升空时，“阿吉纳”在空中发生了爆炸。现在，他和吉恩 · 塞尔南搭档，他们需要等待两个星期，另一枚目标火箭才能投入使用。6 月 1 日的第二次发射仍然没有成功——一部数据发射机死活不肯把信息发送给飞船的计算机。“双子星座”9号飞船终于在6月3日进入地球轨道，这一天正好是吉姆·麦克迪维特和埃德·怀特的“双子星座”4号飞船升空一周年。成功完成轨道会合之后，斯塔福德和塞尔南发现目标火箭的头部整流罩没有脱落，处于半张开状态，目标火箭看上去像一只“愤怒的鳄鱼”。虽然无法与这家伙实施对接，但他们还是继续完成了出舱活动和其他实验。这次出舱主要是为了首次尝试宇航员机动装置。然而，吉恩在前面阶段的出舱活动中累得气喘吁吁，面罩上全是雾水，于是他和汤姆明智地决定，不再尝试去驾驶那个宇航员机动装置，像独立的地球卫星那样去飞行。就像前面说过的那样，问题的核心在于，没有合适的扶手、脚蹬环和其他约束装置，身穿宇航服的太空漫步者仅是把身体保持在工作场所附近，就会耗费巨大的体力，根本就没有剩余的体力去完成给定的工作了。显然，这种工作负荷的加重是失重的副产品或结果，而不是失重本身的作用，尽管如此，吉恩遇到的困难还是让设备设计师们感到困惑，他们对后续飞行任务的出舱活动方案总是抱有偏见。

突然之间，“双子星座”10号任务成了人们关注的焦点，成了宠儿，因为我们是下一个升空的飞行任务。随着工作重点从休斯敦和圣路易斯转到肯尼迪角，我们的训练进入最紧张的状态。10号飞船和“阿吉纳”目标火箭5月中旬都已运抵肯尼迪角，两艘飞行器第一次会面，并通过精心设计的试验进行“沟通”；约翰和我坐在飞船里，向“阿吉纳”发送无线电指令，并查看它的响应。

对一般的外行人来说，为一次飞行任务进行训练有点像为一场职业拳击赛进行训练。确实有点像，太空飞行涉及体力方面的问题，所以为了强化心血管功能，我每天跑两英里；为了休闲和放松，我有时也会打手球；为了锻炼需要特别用力的肌肉（控制胳膊和手的肌肉），我挤压网球和举重。但这些都是小菜一碟，真正的比赛项目是脑力的竞赛，这是在飞行模拟器里进行的。此时，比赛要么输，要么赢；乘组一次又一次地“执飞”任务的关键阶段，直到觉得所有可能的错误都犯过了，也都道过歉并纠正过了，在太空不可能再有其他意外了。这是 NASA 训练系统的精髓，这里是我们最想花时间的地方。海滩跑步很重要，地质学习很值得，雨林生存训练很有趣，离心机转圈很受伤，飞船地面测试很有用，但只有模拟器说你准备好了的时候，你才可以上天。这一过程并不容易，因为从很多方面来说，驾驶飞行模拟器比驾驶飞船本身更加困难。模拟器不仅要复制驾驶舱各种仪表设备的所有动作，而且还要模拟外部世界的各种信息，并利用一台大型计算机记录地球、“双子星座”飞船、“阿吉纳”目标火箭和太阳之间设想的各种运动。简而言之，模拟器必须能够在任何未来的时间点上准确重现整个飞行环境，把我们放在这一环境准确的位置上，并记录我们随后的飞行轨迹。我们所犯的错误必须能够记录下来（最好以图形的形式记录）。“要是出现……情况怎么办？”必须以一百种不同的形式进行提问，并不停地回答一千次。只有当问题变成了不断重复，答案变得一致正确的时候，乘组才做好了上天的准备。

到 1966 年 6 月末，约翰和我已接近这种程度，尽管我们仍然还有两个问题需要完善。一个是可恶的模块 6，我花费了大量的时间，但仍然难以理解。在 C. C. 威廉姆斯的帮助下，我“窜改”了流程，把图表和恒星测量简化到最低程度。但工作量仍然非常巨大，容错功能甚至比向“阿吉纳”目标火箭发送指令还差，因为一旦做错，你没有办法进行交叉检查，所有下游的计算全被污染，最终的结果完全是错误的。第二个不放心的问题是出舱活动，尽管我觉得（盲目地?）比模块 6 更有信心。如果在飞船上利用模块 6 所做的导航计算被证明是错的，那不会造成身体的伤害，只是让人有些难堪，因为飞行任务控制中心会推翻我们的方案，用地面上一大群专家深思熟虑的意见（还得到了整个地下室里所有计算机的支持）取代我们粗略的计算。然而，一次出舱活动的判断失误会导致死亡——我的死亡。当然，问题的核心在于，热爱冗余系统的 NASA 却从来没能思考出来向宇航员提供冗余充压保护壳的实用手段。我的意思是，在宇航员的柔软身体和太空的纯粹真空之间只有薄薄的一层铝壳（飞船）或橡胶（宇航服的气囊）。更令人担心的是，这些橡胶气囊是把一套定制的贴身橡胶片粘合在一起的。当你想到太空漫步的时候，你可能想象到一位小伙子正在充满自信地利用着这个既富有又强大的国家所提供的最先进技术，但我不会这样认为。我看到的是，在马萨诸塞州的伍斯特，几个瘦小的老太太弓着腰坐在她们的胶罐前面，我只是希望她们在讨论周五晚上的宾果游戏和新任主教的时候，注意力不要跑得太远。也许，放弃家庭生活而在一根 50 英尺长的线缆末端胡蹦乱跳本身就不正常。

NASA 的一些高官也认为这有点不正常，吉恩·塞尔南遇到困难之后，他们对我出舱活动的细节越来越感兴趣。此时，对失重进行水下模拟训练得到人们的支持，他们建议把我所有的出舱活动都在水箱里进行模拟，并分析可能遇到的困难。幸运的是或者说不幸的是，约翰和我没办法丢下手上的工作（我们只剩下一个月的时间了）去做水下模拟这件分心的事。我们向马修斯和他的下属们表达了我们的意见。我们最强有力的理由是我的装备比较简单，泄压前都可以在驾驶舱里完成穿戴。我离开驾驶舱后唯一需要做的准备工作，是把一根氮气管连接到飞船的侧面。连接位置就在驾驶舱的后面，而且附近有很容易抓到的扶手。我只需打开盖板，露出里面的氮气阀，再把我的脐带线缆连接器插上就可以了。我要是操作正确，机构就会自动锁定；我要是没对上，脐带线缆端部的卡环就会向前弹出，我就得把它按回去。这是一项需要两只手来完成的工作。这是唯一一个需要技巧的地方，但这并不是什么生死攸关的事情，因为这些氮气是用来驱动喷枪的，对我安全返回驾驶舱并没有什么影响。马修斯说可以，我们可以不去水下做训练，但需要让别人在水下模拟一下，看是否可行。于是他们做了水下模拟，结论是我有可能遇到困难，也有可能没有困难。约翰和我对这一消息无动于衷（我在失重的飞机里做的时候，也是有时有困难，有时没困难），继续全力投入飞行模拟器的训练中。

关于喷枪，其简便性对我们来说既是好事也是坏事。喷枪既轻便又紧凑，可以存放在驾驶舱里，这是好事。另一方面，作为一种控制装置，其效率受到严重质疑，地面上好像也无法准确检查它的性能。我的训练装备是一块超级光滑的地板，尺寸有拳击擂台那么大。上面可以放一个圆盘，尺寸像市场上的地面磨光机那么大。圆盘里的气体喷射器被打开，把圆盘抬离地面一点点。这一系统在地板和圆盘之间产生了一种尽量没有摩擦的联系。然后我穿上宇航服，系上胸包，拿上喷枪，站在圆盘上。这样我就可以练习用喷枪喷射气体。我可以从训练场地的一侧开始，“飞向”位于场地另一侧的目标。我“飞”的过程中，身体会歪向一侧，我学会了怎样抑制这一不需要的运动而达到目标。这种训练还算不错，只是这种模拟形式非常原始，每次只能模拟一个身体轴向。我的意思是，如果我站在圆盘上，我可以练习怎样控制偏航，但只能控制偏航，如果在圆盘上放一个沙发，我侧躺在沙发上，当我滑过场地时，我只能改变俯仰。模拟滚转时我就仰卧，但处于这种姿势时就无法从场地的一侧滑向另一侧。模拟上下运动就根本不可能，我只能在场地上滑过来滑过去。也就是说，整个控制问题只能粗略地逐个进行研究。然而，要想从“阿吉纳”上收取微陨石实验装置，我可能需要精确地同时控制滚转、俯仰和偏航，这是我根本无法进行练习的。更糟糕的是，喷枪无法产生单纯的滚转、俯仰或偏航运动，却能产生一个副产品——使身体产生意外运动的外力。

喷枪的反对者指出了这些问题，但遭到了喷枪支持者的激烈反击，他们说简便意味着安全，与他们竞争的宇航员机动装置就是怪物，而且喷枪在埃德·怀特的太空行走中表现得非常好。我被夹在中间。我去年对出舱活动所做的研究使我相信，要想做精准的机动，就需要像宇航员机动装置这样的大型背包，但另一方面，我只有喷枪，那就充分地利用它。我的出舱计划也许不需要特别精确的机动。例如，如果约翰可以让飞船离"阿吉纳"目标火箭足够近，也许我一漂就过去了；如果"阿吉纳"翻滚得不是太快；如果我们可以从某个角度接近它，从而约翰既可以看到它我也可以摸到它；如果……如果……如果……离上天都这么近了，竟还有这么多"如果"，但我们也毫无办法，因为出舱活动规划并不能产生像轨道会合那么精确的数学分析。7 月到来的时候，约翰和我每周 5 天都在肯尼迪角，驾驶飞行模拟器，熟悉系统与应急程序，背诵飞行计划，听取实验人员最后的简报，帮助完成"双子星座"10 号飞船在 19 号发射塔上所做的最后几次试验。然后周末我飞回家，周六在哈罗德•威廉姆斯的无摩擦训练场地（我称为"滑台"）练习出舱活动。我把喷枪使用得相当不错，至少载人航天中心的经理们比较满意，让我们的出舱计划不受干扰地向前推进，只是吉恩·塞尔南出舱时的那种疲惫仍然像幽灵一样困扰着他们。

周日是我的，我努力保持这一原则。我 1966 年的日历上显示，在准备"双子星座"10 号任务的整个过程中，我只在 3 个周日加过班。我可以在周一的早上 4:30 起床赶往圣路易斯或肯尼迪角，但周日是我陪帕特和孩子们的休闲时光，是付账单、修剪玫瑰、尝试佳肴（经常搞砸）和用草坪浇水软管对着狗冲水取乐的日子。的确，随着 7 月 18 日的临近，我的思绪越来越集中在这次飞行任务上，但我依然可以做到心平气和。把自己即将升空的体验，沉着、冷静而又乐观地分享给家人，这是多么美好的事情啊！对这样的情景我至今仍然历历在目。回忆这段时光时，帕特说那时我讨厌说话时被打断，心事重重，心烦意乱，特别容易被惹恼。谢谢她！她等了好几年才告诉我这些。当我 7 月 10 日离开家去执飞“双子星座”10 号任务时，深深地感受到了家人的坚定支持和爱意，以及他们对我即将尝试的东西的某种理解。我当然不会认为我会成功完成所有的任务，我相信约翰也是一样，但总的来说，我还是非常自信，至少对几项重要的任务充满自信。危险当然存在，没人比我们更清楚这一点，因为我们最近一直在研究这艘令人摸不透的飞船有可能把我们毁灭的各种方式。除了飞船有可能出问题，人更容易出问题。我们在很多方面都有可能出错，在忙碌的 3 天飞行中，会有很多出错的机会，甚至不出一个小时，就会有发生事故的可能。这些我们都知道，而且这种了解让我产生了某种恐惧，但这是一种精神恐惧，不是情感恐惧。我不知道我能不能把两者的区别解释清楚：我会把患上癌症这类情况（我确实害怕患上癌症）归入精神恐惧，而把在马戏团观看没有保护网的高空走钢丝这类情况（会把我吓个半死）归入情感恐惧。精神恐惧是对人类生命脆弱性的感同身受，而情感恐惧是一种特别紧张、引发恐慌的身心反应。

虽然即将到来的“双子星座”10 号任务确实增加了我的精

神恐惧，但我可以非常诚实地说，不管是以前还是上天期间，我从未有过情感恐惧。我觉得这正应了那句老话：人们往往对未知的东西感到恐惧。的确如此——噪声、气味、起源和后果未知的事件都能引起身心的恐惧，我们所有的训练就是为了防止这类恐惧出现。最后，我必须说，在失去生命和肢体的恐惧之外，潜伏着一种类似的情感，也许它不是恐惧，但至少是一种忧虑，一种担心——你不是害怕会被夺去生命，而是担心自己会特别尴尬。至少对专业飞行员来说，“宁死不屈服”被“宁死不尴尬”所取代。事故档案中充斥着这样的案例：飞行员的职业自豪感（也可以叫倔强）使他宁愿选择最终导致自杀的行为，也不愿意承认自己犯了错误。我对这种病也没有免疫力。

我们在肯尼迪角最后一周的训练一开始很紧张，结束时很平静。随着升空时间的逼近，乘组会权衡剩余的时间和尚未达到的训练目标。不管乘组多么努力，到时候他们都得承认，他们的确无法完成所有计划的工作——至少“双子星座”10号任务是这种情况。好在我们的工作是按优先顺序安排的，这样，未完成的研究项目属于“最好知道”而不是“必须知道”的范畴。就我个人而言，训练节奏几个月来一直在加快，升空前第三天达到峰值状态。此时，我只说了一句：“去你的吧！我要是现在还不知道，我就永远也不会知道了。”此外，最后两天太激动了，你不可能还会猫在模拟器里。老朋友们给你发电报或打长途电话，祝你旅途顺利。飞船的某些部位总会出问题，因此发射计划总是受到影响。每个人都紧张不安，四处奔忙，急着解决出现的问题，但乘组除外，他们现在已经达到了一种更高的境界——面对像燃料电池泄漏（这是“双子星座”10号魔鬼干的好事!）这种不愉快的事情时所表现出的一种高傲的超然状态。

升空那天，可可比奇和周围的村庄充满了生机。两天前人们就开始高喊“加油!”大批的游客涌入海滩，酒吧都挤不下了，当地人日夜聚会，经济形势一片大好——哪怕它不会持续很久。乘组对此一清二楚，但无法参与其中，因为他们被封锁在肯尼迪角，被隔离在乘组宿舍，以免受到伤害。宿舍像奢侈的监狱，配有舒适的家具摆设（有点消毒剂的味道）和丰富的食物（口味有点淡）。对“双子星座”10号乘组来说，我们在乘组宿舍的日常生活比大多数乘组都更加舒适，因为8号“阿吉纳”目标火箭要下午晚些时候才能到达我们的上空。我们的发射时间是美国东部时间下午的5:20，这样我们就需要通过每天晚睡一点来调整自己的生物钟；到最后两天时，我们要等到早上三四点钟才睡觉，然后一直睡到中午。随着7月18日越来越近，虽说我们也在熬夜学习，但深夜的时光也带有某种休闲和放松的意味，这对我们来说特别有帮助。

宇航员被问得最多的问题之一是：“准备一次飞行任务需要多长时间?”我想到目前为止我讲述的这些事情一定让你感到困惑，你不知道答案也没什么，因为我也不知道。在过去的6个月里，我一直在为“双子星座”10号任务做飞行训练，主要针对的是它独特的出舱活动和轨道会合问题，但在这之前的6个月，我作为“双子星座”7号任务的后备宇航员，一直在学习“双子星座”飞行任务的基本技能。那答案是一年吗？那讲述轨道力学的宇航员基本培训、热带雨林生存训练、离心机训练、零重力飞机训练、宇航服制作技术与管理算不算？我在试飞员学校和航空航天研究飞行员学校接受的培训算不算？我在爱德华兹学习试飞技术算不算？多年前从浓烟滚滚的驾驶舱里弹射跳伞算不算？我在学校里学习数学（它是轨道力学的基础）算不算？我不知道一次进入太空的飞行任务需要多长时间的准备，我只知道我花费了35年的时间才到达位于佛罗里达州梅里特岛的乘组宿舍，到了1966年的7月17日我才觉得准备好了。我觉得花费的时间刚刚好。我不想让飞船发射提前一天或推后一天。我知道明天也许会出现令人震惊的意外，甚至丧失一两个人的生命，但我觉得我们成功的概率还是令人放心的，这是一次不错的机会，你还有什么不满足的呢？我在电话里与帕特愉快地聊了很长时间，然后翻看了一会儿飞行计划，又和约翰对了对笔记。到凌晨3点，我上床睡觉，像个婴儿一样一觉睡到了中午。

8　第一次进入太空

啊，我摆脱了地球粗暴的束缚，

带着欢快的翅膀在天空跳舞。

——《高飞》（约翰·吉莱斯皮·马吉[①]著）

在一间经过改造的拖车房里，熟悉的宇航服正等在那里，我们将在这里穿上宇航服。这里离19号发射塔不远，我们的“双子星座-大力神”组合就站在那里。一位医疗技术人员在我的胸部刮去一两片胸毛、在我皮肤上粘贴圆片形传感器时一直跟我闲聊，这让我很烦，因为我得回答他的问话。然后我穿上纯棉内衣裤，里面有一条内置式电子信号调整器腰带，用于把我的心率信号放大后发送给飞行任务控制中心。他把这个装置连接到一台机器上，来确认收到了满足要求的信号。在这一过程中，彩色电视机上的主持人正在向观众讲解即将进行的轨道会合——他用在内

① 约翰·吉莱斯皮·马吉是一位加入加拿大皇家空军的美国人，他驾驶一架“喷火”战斗机，牺牲在“不列颠空战”中，当时只有19岁。他出生在中国，生活在华盛顿，他父亲是白宫对面圣约翰教堂的教区牧师。《高飞》无疑是飞行员中最熟知的诗歌，它被挂在或钉在大多数军事基地宿舍或办公室的墙壁上。全诗见本书第248页。

圈运行的一列玩具电动火车代表“双子星座”飞船，追逐在外圈运行、代表“阿吉纳”目标火箭的另一辆速度较慢的电动火车。约翰和我被主持人逗得笑出声来，他对我们的任务做了一个又一个荒唐的简化。然后我们穿上一个三角形黄色塑料集尿袋，把阴茎塞进下角处的一个橡胶接尿口内。接尿口有三个尺寸——小号、中号、大号，但人们总是使用更显英雄本色的称谓：超大号、特大号、无敌号。宇航员根据在地面做试验时的痛苦经历进行选择，要是尺寸不合适，在“双子星座”飞船脚比头高的座位上，尿液就会顺着脊柱聚集在腰部。于是宇航服技术人员就很不高兴地把这些新手宇航员称为“湿背人”。

现在开始穿宇航服：先把双脚塞进蜿蜒曲折的尼龙内衬，再使躯体弯折，把胳膊伸到底，让头钻入颈环；站起来，在别人的帮助下拉上后背上的拉链。接下来，扭动着戴上特别紧的手套并卡入腕环。再下来，头盔被轻轻地（几乎毕恭毕敬地）放到颈环上，连接构件对准后，头盔被粗暴地往下按，“咔嚓”一声就锁定了。当面罩放下并锁定后，向太空的过渡就完成了。此后你就呼吸不到空气了，只有纯粹的氧气；你也听不到人类的声音，除非接入电子通信系统。透过宇航服这个屏障，你仍然可以看到外面的世界，但只能看，你无法闻到、听到、感觉到或品尝到外面的世界。今天，G-4C-36 宇航服感觉不错。没有潜伏的恐惧，只有对它熟悉的包裹所产生的心满意足；没有鼓包，没有凹陷，没有污点——一位为这次任务重生的老朋友。

外面的世界已发生了明显的变化。人们看上去有些不自在，行动上也有些不自然。发射演练时他们说错台词后会大笑，但今天的笑声非常机械、生硬。约翰和我像帝王一样坐在棕色的厚躺椅上吸氧除氮时，信使们进进出出传递着好消息。飞船的状态非常棒，天气也比较配合，尽管有一小片雷雨云正飘向北方。在佛罗里达州 7 月的后半下午，要是只有一片雷雨云，那是非常幸运的，希望它继续向北飘移。

我们乘坐一辆小型面包车来到发射塔，进入小电梯的笼厢里；电梯“嘎吱嘎吱”吃力地沿着塔架的一侧升到顶部后，我们进入白屋。我妈妈、姐姐和姐夫站在附近某个地方。我走进白屋之前他们看到我了吗？在白屋里，所有的工作都非常高效，大家都为共同的目的忙碌着，白屋已做好了移除的准备。传统的玩笑也开过了。发射塔主管冈瑟·温特送给我们一套聚苯乙烯泡沫塑料工具——4 英尺长的扳手和钳子，嘲弄一下过去的几个月里飞船故障不断的情况。他做得并不离谱。我只是一台花哨重型设备的操作员，要是这台设备出了故障，我根本就不会修。连我妻子的机械修理技术都比我好。

在别人的帮助下，挤入驾驶舱，接上氧气软管、降落伞绳索和通信线缆，最后舱门轻轻地扣下来。我们终于与世隔绝，封闭在我们自己小小的世界里，陪伴我们的只有内部通话系统的静电噪声和氧气的“咝咝”声。飞船里氧气的味道和平时稍有不同——洁净、清爽，带有一点消毒剂的味道。我朝约翰看了一眼，笑了笑。被抛光的面罩放大，他的鼻子比平时更长更尖了，看上去像个招人喜欢的聪明的狐狸。也许他知道未来 3 天里只有他才知道的东西，对此他感到很高兴。我们彼此交谈，与附近发射掩体里的人交谈，也与遥远的飞行任务控制中心的人交谈。我们忙碌交谈的都是技术问题，为的是确保每个人都能听清别人说的话，飞船的一切都很正常。最后的准备包括平衡（旋转）把我们送入太空的“大力神”火箭的2台发动机。虽然事先做了提醒，这次发射还是让人感到有些吃惊，因为这和我们以前训练的并不一样。经过漫长的几个月的等待之后，这头沉睡的巨兽终于苏醒了，当身下90英尺处的2台发动机开始晃动的时候，我们很容易就感受到了火箭的颤动。天哪，它开始动了！另一个意外有点尴尬。我扫了一眼小小驾驶舱里一排排的仪表，看到约翰前面那个推进剂数量指示表时突然停下了。它的指针平躺在0上！这怎么可能？所有的工作都要进行一检和再检，试验和审核，难道有人忘记给轨道会合燃料箱加注燃料了？不可能，肯定是传感系统的某个地方出了问题。现在怎么办？我一边用手敲了敲仪表的玻璃面罩，一边向约翰示意。他只是稍微点了一下头就忙自己的事去了。我决定忍耐下去，要是没有这项显示约翰照样愿意继续发射飞船，我也同样愿意。管它呢！做出这个重要决定不到5分钟我就尴尬得无地自容——那个仪表的指针突然指向了满格量值。原来，和飞行模拟器里的情况不同，这项显示要等到发射前才启动。我应该事先了解这一点。

我们被告知，“阿特拉斯-阿吉纳”组合飞行器已经起飞，当“阿吉纳”进入预定轨道时，我们松了一口气，因为随后我们会需要它。虽然它的发射台离我们只有一英里左右，但我们看不到它，除了头顶上的一小片蓝天，我们看不到外面的世界。外面的温度是 81 华氏度，风速是 16 节，但我们并不知道这些。我们躺在飞船里，看向上方，大西洋就在我们的右肘下面，我们的脚伸向北方。我们会直直地向上飞一会儿，然后慢慢沿弧线转向东方(我们的右侧)，在大西洋上空进入 100 英里高的地球轨道，此时我们侧躺在我们的右侧。爬升时间是 5 分 41 秒，进入轨道时飞船沿航向飞行的距离是 530 英里，发动机关闭时飞船的速度是每小时 17 500 英里。至少我们被灌输的是这样。现在我们的速度是 0，飞行距离是 0，前景未知。天数变成了小时数，小时数变成了分钟数。这不是模拟训练，我们不会再乘坐电梯回到地面，也不会一边喝咖啡，一边报告训练情况。我们现在的主要仪表是时钟，无线电通信系统终于传来了令人激动的声音（尽管试图让人听上去很平淡）：10，9，8……我们用双手紧紧地抓着两腿之间那个 D 形环，猛地一拉我们的座椅就会从这个魔鬼身上弹射出去……7，6，5……真的要飞了……4，3，2，1……发动机应该启动了，注意那些仪表的读数。起飞！

有一点难以觉察的颤动，然后我们就升起来了。噪声挺大，但此时我们靠的是感觉，而不是听觉。下面，发动机快速摆动着，虽然有阵风和燃料的晃动，但仍然能够使雪茄形状的飞行器保持精细的平衡。在火箭的顶部，我们真切地感受到这种幅度不大的突然侧摆。随着我们被慢慢推向贴身座椅，我们感觉不到任何速度，只是超重力在不断提升。我隐隐约约意识到上面的一层薄云离我们越来越近，然后就“嗖”地一下穿了过去，这瞬间与我们那种静止不动的感觉发生冲突。哇噻！我们正在登天！随着加速度的不断增加，一种间断、快速的振动也不断增加，但这种振动不是侧向的，而是上下的。这就是所谓的“弹跳”运动，这是我们事先就知道的，我们并不感到意外或不适，只是引起了身体和仪表面板的高频抖动，仪表的读数有点看不清了。50 秒后，我们超越了弹射座椅的有效工作极限，于是我松开了对 D 形环的“死亡抓握”。当我们的速度接近马赫数 1 时，噪声和振动猛然增加。当我们的速度在稀薄的上层大气中达到超声速时，火箭一下子就安静下来[①]。现在超重力越来越明显，第一级火箭的燃料箱几乎变空了，但它的两台发动机仍然在全力工作。随着时钟走过了 2 分 30 秒，超重力超过了 5G，级间分离（关闭第一级，与它分离，启动第二级）即将开始。

级间分离是一次巨大的冲击。一切发生得太快，大脑根本来不及反应。眼睛还没来得及看清是祸是福，超重力就突然消失了，我感觉自己顶着安全带飞向前方。窗口外全是红色和黄色的火焰、闪耀的颗粒和呼啸而过的碎片。随着第二级火箭的发动机平静地运行，这一吓人的场景一下子就消失了（就像它一下子到来一样），留给我们的只有黑色的太空和平稳的飞行。在地面上，帕特看着电视，以为火箭发生了爆炸。她说得没错，级间分离后不久，第一级的氧化剂箱就爆裂了，碎片四处飞散，场面十分壮

---

① 这里的注释针对的是懂技术的读者。“双子星座-大力神”组合一般在 4 万英尺的高度达到每平方英尺 750 磅的最大动压，此时的速度为马赫数 1.5，飞行时间为 1 分 20 秒。

观。在驾驶舱里，我们没有时间讨论这件事。这是约翰第二次乘坐“大力神”火箭升空，他知道这一次是不一样的，但我不知道。于是我就沉溺于这种无知之中，开始享受这一旅程。

我们现在已经远离了大气的扰动，实际上已经“进入太空”，只是我们的速度还不足于让我们待在太空。如果现在发动机关闭，我们就会落入大洋而丢尽颜面。但随着我们的超重力超过5G和6G，这预示着这一速度很快就会到来。超重力达到7G时，我就感觉难受了——感觉有一只大手在使劲儿按压我的胸部，但这只持续了几秒钟，因为第二级火箭的发动机按时关闭了。我们与完成任务的“大力神”火箭分离，检查我们的飞行速度。我们的速度只比要求的慢了每小时20英里，我们立刻启动飞船自身的推进器，把这一差距补上。在地面上，飞船通信员戈登·库珀拨错了开关，把飞行任务控制中心的内部通话发送给了我们：“所有人注意，我们到待命室去做简报。”我带着嘲讽的口吻回答说：“抱歉，看来我们要错过下面的简报了。”戈登没有吭声。

约翰和我把检查清单拿出来，很快把在模拟器中练习了很多遍的流程过了一遍，把我们的“双子星座”从被动载荷变成了一艘环绕地球轨道飞行的主动飞船。我们必须抓紧时间，因为再有7分钟我们就会完全进入黑夜，而且第一个夜晚排满了用于轨道计算（模块6）的恒星观测工作。作为试飞员，我对一开始就需要这么忙乱感到非常不满——这是一艘崭新、第一次升空的飞船，我们还没来得及查看一下它是不是工作正常呢。为了模块6，所有的事情都是火急火燎。作为游客，我同样非常生气，因为在身旁那个小小窗口的外面，是大海和天空所呈现的最壮观的景观，这是我从未见过的，而我却没有时间去欣赏。我刚把鼻子贴在窗口的玻璃上，约翰就半开玩笑半认真地说只给几秒钟，然后就命令我回到工作上。

在驾驶舱里，我第一次体验到了失重——微小的碎片、垫圈、螺钉、灌封胶颗粒、灰尘，像个微型舰队一样，漫无目的地四处漂行。一个小时左右，它们就会消失——被通风系统吸入入口滤网内，但目前而言，它们是有趣的怪东西，同时也清楚地提醒我们，这艘飞船是由不太靠谱的人组装的，他们会把东西落在飞船里，而这些东西会跑到无法接近、甚至造成危险的缝隙里。我的身体并没有因为失重而感觉有什么明显的异样。脑袋稍微有些胀，手臂一放松就会漂到我的面前，像螳螂一样。基本情况就是这样——我被困在狭小的驾驶舱里。

我们从肯尼迪角升空，飞越大西洋，看到的第一片陆地是位于非洲西南的安哥拉海岸。我们离它还很远，还没有经过赤道，就突然进入黑夜。我们在地球轨道上以每分钟300英里的速度飞行，黎明和黄昏以惊人的速度来到面前，所有熟悉的色彩变化被压缩到非常富有动感的一两分钟里。日出更加壮观，当东方刺眼的亮光突然出现时，适应了黑夜的眼睛不得不眯缝起来——一开始是金黄色，接着变成鲜亮的橙色，然后变成刺眼的白色。但黑夜会悄悄地来到你的身边——你发现看不见东西、需要开灯的时候才意识到它的到来。

黑夜也是让我拿出六分仪、与模块6开战的信号令。我的第一颗恒星是仙后座（北方天空呈 W 形的星座）的王良四。它处于仙后座的右下角，很容易看到。我现在的任务是把它与地平线的夹角测量 6 次。我每次都要告诉计算机这个角度值，计算机因此就知道可见地平线的准确高度（就像我看到的那样），并利用这一数值来更准确地确定地球的直径，从而使我的轨道计算尽量精确。当我努力寻找地平线时，第一次感到惊讶：在均匀虚空的某个地方，黑色的天空变成了黑色的水；我能粗略地看到这种变化，因为在某个点上星星消失了，但它们是逐渐消失的，两者之间并没有明显的分界线。我一直都是乐观主义者，我生命中最伟大的探险行动刚进行了 23 分钟，我就不得不面对这一困境。“约翰，我不想做悲观主义者，但我觉得这事不好弄。”约翰除了说“嗯，尽力吧”还能说什么呢？经过几次实验，我发现当那颗恒星接近地平线时，我可以在六分仪里看到它的成像。有一个模糊的条带（即气辉），恒星落入其中后几乎就看不见了；要是我仔细观察，它被大气吞灭前，又会出现在一个很窄的能见区里。我必须在这个时刻尽量准确地把它捕获。此时我会喊一声“记录!”，约翰就会按下一个按钮。然后我们必须把灯打开足够的时间，读取六分仪里的角度值，然后再手动输入计算机。我终于知道怎么做了，但这一过程非常缓慢，当我们完成王良四，准备做第二个恒星娄宿三（Hamal）时，已经比计划节点落后了。娄宿三的名字很好听，它处于白羊座（羊角处最亮的那颗星），我不知道它在阿拉伯语中的意思，但我总是与吉卜林的一首诗里的盗马贼卡莫尔（Kamal）搞混。

结果娄宿三比卡莫尔还难以捕获。我用眼睛就可以找到它，可当我把六分仪对着它朝地平线移动时，它竟神秘地消失了。宝贵的几分钟就这样溜掉了，我终于在最后一刻得到了一次测量结果。黑夜结束前，我们又匆忙地对织女一和河鼓二进行了尝试；随后我们在澳大利亚西海岸附近冲入了明亮的阳光里。约翰特别高兴，说道：“多美的景象啊！”我忙着做模块6的计算，就嘟囔了一句：“伙计，别给我说这些好不好？我明天再看。”

地面人员对模块6毫不关心，也无法欣赏约翰看到的美景，但他们一直跟踪着我们的任务进展，并提醒我们不要忘了这次飞行的另一个领域。“你们氧气罐的压力有点下降。注意观察。”他们还想知道燃料电池的情况。我还没来得及照看这些喜怒无常的“双胞胎”，他们很神奇地把氧气和氢气转化成电能和水；我快速查看了一下，发现他们没有我的照看依然工作得很好。和平时一样，两块电池中的一块有点懈怠，而另一块则完全有能力承担起整个工作负荷。所有其他系统看上去也都工作正常，这实在是非常幸运，因为我们要是继续忙着进行模块6的导航计算，就没有时间去检查各个系统。到达夏威夷上空时，我已完成了一些初步计算，我把结果与地面专家的进行比较。地面的结果有的与我的计算比较接近，有的则相去甚远。一般来说，为了与“阿吉纳”目标火箭会合，我能够在大致正确的时间预测出一系列机动飞行的大致正确的量值，但我们的侧向位置（即平面外位置）我都计算错了。更糟糕的是，我不知道自己到底错在哪里，我反复计算了好几遍，结果都是一样。

当我们飞越加州的巴哈海岸时，我暂时从数学计算的苦差事中解脱出来，从卡槽里取出并装好照相机，按计划给美国南部的地形和天气状况拍照。因云层非常密实，这些照片没什么价值。起飞1小时37分钟之后，我们完成了绕飞地球的第一圈，是迄今非常忙碌的一圈。傍晚时分，我们开始了第二圈，身下的世界发生一点侧移，我们没有回到肯尼迪角上空，而是飞越了基韦斯特。我再次拿起六分仪，观测不同的恒星——北落师门和大角(多么神秘的名字)，但得到的还是类似的结果。我利用几乎看不见的地平线来操作六分仪感到极其困难。为了实施追上“阿吉纳”目标火箭所需的飞行机动，随后我们同意利用地面专家的计算结果，而不是我们自己的计算结果。虽然轨道计算失败了，但我还是继续实施我的“麦哲伦”行动，继续把潦草的数字填写到图表上，继续忙乱地把指令输入计算机。约翰觉得我应该振作起来，于是说道：“我觉得你做得非常不错。”“拉倒吧，我做得很糟糕。”我说的是真心话。约翰把责任推给了宇宙。“没事！恒星看不见就是看不见。我6个月来就一直这样告诉你。”

起飞2小时10分钟时，为了与“阿吉纳”火箭同步，我们启动了推进器；2小时30分钟时，我们再次启动推进器，把我们的轨道平面稍做改变，为的是与“阿吉纳”的保持一致；3小时48分钟时，我们小心翼翼地进入一条位于“阿吉纳”下面15英里的圆形轨道。所有这些飞行机动都是在地面人员的指导下完成的。4小时34分钟时，我们独立完成了一项重要工作——利用我们的雷达和计算机计算飞船的拦截轨迹，这一轨迹会使我们的飞船在绕飞地球三分之一圈后与“阿吉纳”相遇。在这一过程中，我们按照预先规划的时间间隔，对我们的飞行轨迹做了两次调整，为的是让飞船一直保持在拦截轨迹上。当“阿吉纳”从一个小小的闪光点变成了不太清晰的圆柱体时，一切看上去都还不错。约翰驾驶飞船，我向他提供有用的信息。

他最需要我提供的两个数据是相距“阿吉纳”的距离和我们的追踪速度。对接时，两个数据都应该变成0；对接之前，两个飞行器之间有着复杂的相互关系。一方面，如果速度超出可接受的范围，我们就无法及时停下来，就会越过“阿吉纳”。另一方面，如果速度降低得过快，情况就变成飞船还没有追上“阿吉纳”火箭就已经停了下来；此时轨道力学要求我们先做一点滚转，然后对难以捕获的“阿吉纳”重新开始追逐。

两种情况我都不希望出现。于是，当约翰让我报告这些数据时，我就大声地说出来。“现在速度是多少?”“现在是83（英尺每秒）”“应该是多少?”“应该是70左右。”“好吧，我们应该降低一些，对吧?”“是的。”“我要制动了，伙计。”“对，制动。距离两英里，速度65。”“1.8英里，速度62。要是驾驶舱的灯光影响你，你就告诉我。约翰，速度49。”“好的。”“速度44，距离1.4英里。”“速度41，距离1英里多一点。”……“速度9，距离0.2英里。”“700英尺……660英尺……还是660英尺……600英尺……还是600英尺。”出问题了。我们偏向一边并开始转动，却没有进一步靠近“阿吉纳”。速度在每秒4或5英尺之间波动。天哪！我们在绕着“阿吉纳”做轨道平面外的空绕机动，这和我们在圣路易斯的模拟器里的情况完全一样。约翰非常不高兴。“喂，喂，喂，你这个废物！谁在滚动？那个混账‘阿吉纳’，还是我们？”“我们。”

约翰和我知道接下来必须怎么做。我们出错了。我们不知什么原因偏离了预定的正确轨道，虽然只是偏了一点点，但我们现在必须付出代价——消耗更多的燃料。现在，我们相对于“阿吉纳”的物理运动对我们并不有利，不管再需要多少燃料，约翰也得结束这种针对“阿吉纳”的螺旋形空绕机动，然后直接把我们带到它的面前。后来我们才知道，造成这一问题的部分原因，是惯性平台的对准不精确，产生了一个轨道平面初始误差。无论如何，我们最后还是及时停在了“阿吉纳”面前，但剩余的燃料只有36%了，而不是这一阶段应有的60%。这可不是好消息。我们不知道接下来会取消或压缩哪些项目，但毫无疑问，我们不可能用这36%的燃料去完成所有计划中的任务。

不到2分钟，地面人员就婉转地表达了关切：“请告诉我们推进剂余量读数好吗?”“读数是36%。”“36%?”“是的。”我们没有心情去做解释。我们不想讨论空绕机动……“谢谢!”最后，他们还是无法掩饰对这一罪恶数字的不解。“嗯，你们好像消耗了过多的燃料……”废话，我们知道，问题是接下来怎么办。我们怎么才能尽力挽救我们的实验和出舱活动，以及与第二枚“阿吉纳”目标火箭的会合？这正是飞行任务控制中心需要解决的问题，我们相信他们一定会找到解决方案。与此同时，我们正忙于其他的事情——约翰平稳、娴熟地把飞船的头部插入“阿吉纳”

目标火箭前面的对接卡环（连一点儿颠簸都没有），完成了人类历史上第二次飞船对接。他感觉很容易就完成了，就像尼尔在“双子星座”8号任务中一样。约翰在超级娴熟地驾驶飞船时，我开始扮演数字计算机的角色，利用编码器向“阿吉纳”发送了只有18位的指令：030-021-250-140-211-070；睡觉前我会再发送144位指令。“阿吉纳”现在变成了我们的发动机，我们将利用它的燃料把我们推送到它的兄弟——“双子星座”8号任务的“阿吉纳”目标火箭那里，它位于我们上方的某个地方。8号“阿吉纳”像僵尸一样环绕在高度为250英里的轨道上，它没有闪光灯，也不会对我们的雷达做出反应。地面人员知道它的大概位置，我们将利用我们自己的“阿吉纳”火箭发动机和地面人员的计算结果，把我们推送到可以用肉眼看见它的地方，剩下的事情就靠我们自己了。

这一追逐过程的第一步比较特别，它会把我们带到人类到过的最远的高度——475英里。这一机动的目的不是为了创造一项高度的世界纪录，而是为了使我们的轨道与8号“阿吉纳”的轨道之间建立合适的时间关系。我们需要慢下来一些（至少要慢下来一小段时间），这意味着我们需要飞到更高的地方，因为飞得越高，速度就越慢（还记得吗?）。“阿吉纳”发动机的推力是1.6万磅，它只需工作14秒钟就能把我们推送到475英里的高度。火箭发动机位于“阿吉纳”的远端（我们与它的近端对接），所以我们看不到。但我们会体验到它的存在，因为它用1G的加速度（眼球向外甩）把我们推送上去时，我们会顶在仪表面板上。发动机会在夏威夷上空启动，180 度之后，我们会在地球另一侧的南大西洋达到最高点。碰巧的是，在这一区域（称为南大西洋异常游离层），范艾伦辐射带的下沿出现下沉，在 475 英里的高度上，我们会擦过它的底部。这一情况我们几个月前就知道，但初次涉足这一区域到底有多危险谁也不是特别清楚①，于是，在飞船上测量我们所接受的辐射剂量率和总剂量就特别有意义。起飞 7 小时后，在地面人员的要求下，我读取的总剂量为 0。

7 小时 38 分钟时，我们会启动“阿吉纳”的发动机。我们必须先把照相机和其他零碎物品存放好，以免发动机启动时把它们碰坏或把我们撞伤。发动机工作期间，我的任务是监视装在“阿吉纳”前端的那一排仪表和指示灯，要是它们显示“阿吉纳”内部出现了危险的异常情况，我就会拨动一个开关，把发动机关闭。我还要注意观察时钟，如果发动机没有按时关闭，我就立刻让它关闭。我们不想超过预定高度，主要因为那样会搞砸我们追逐 8 号“阿吉纳”的时间策略，也因为那样会把我们更深地推入范艾伦辐射带。

① 医生们曾预测总剂量为 19 拉德，并认为这一剂量是足够安全的。这种预测最大的问题是，范艾伦辐射带下沿的浓度并不固定，但 1962 年 7 月美国的一次高空核试验使捕获电子数量飙升以来，这一浓度一直在下降（下降的速率不详）。此外，安全与否只具有统计学的意义，而不是精确定义的门限值。人们对辐射的影响知之甚少，而且这种影响因人而异，也需要经历很长的时间，所以，没人能够确切地知道某个给定的剂量率到底能产生多大的伤害。我只知道我要是得了白内障，我会认为是“双子星座”10 号任务干的好事。

随着发动机启动时间的临近，不管是对我们还是对飞行任务控制中心来说，一切看上去都很正常。他们用一个问题来做最后的提醒："你们把安全带系好没?""系好了。"此时的情景与我以前经历的完全相反——火箭发动机位于我们的前面，推力面向我们而试图把座椅推离我们。我一旦向"阿吉纳"发送一长串三位数的指令（以 501 结尾），发动机的启动时序就会自动完成。收到指令后，"阿吉纳"会运行一个 84 秒的例行程序，发动机随后就会启动（我希望）。我发完所需的指令时，我们正好处于计划的时间点上，我们接下来能做的只有等待。我在时钟和状态显示面板（即"阿吉纳"前端的指示灯和仪表）之间来回看。在预定的时刻，我看见一串白"雪球"从"阿吉纳"的后面喷出来，形成不断扩散的圆锥体。在黑色的天空背景下，这意想不到的白色气流相当好看。唉，糟糕！我正想着它启动不起来呢，整个天空突然变成了橙白色，我紧紧地顶在跨肩安全带上。这台发动机工作起来既不细腻也不温柔。我的工作是监视状态显示面板，但我禁不住越过它看向发动机喷射出的类似在独立日见到的壮观景象。然而，出于多年的习惯，我还是及时检查了各种仪表，驾驶舱里的一切似乎都很正常，也就是说发动机工作的那 14 秒还没有结束。我们不温不火地左右摇晃着（约翰负责监测晃动的角度），当时钟终于走完 14 秒时，我发送了一条指令，让这台粗野的发动机停下来。此时，发动机也自行做出了停机决定；我们一下子又回到了失重状态，随后享受了持续 30 秒、比前面更加壮观的奇妙景象。这时太阳快落下去了，正好在我们的背后，照亮了发动机喷出的每一个颗粒、火花和火球。这样的喷出物有很多，有的小得像萤火虫，有的大得像篮球；有的懒洋洋地向后滑去，有的一闪而过。整个“阿吉纳”火箭周围，有一圈缓慢消退的金色光环。我急忙拿出照相机，拍了几张，并与约翰交换意见。“真漂亮！”他完全同意：“当那个小宝贝启动时，确实很漂亮。”也许是由于这种奇怪的布局（以飞行员的视角）——能看见自己的发动机在工作而且把你向后推进，也许是因为我的感知能力被白天的工作强化了，也许是由于失重 7 小时后突然出现了超重力，我也不知道到底是什么原因，但感觉那 14 秒无穷漫长，加速度似乎也比实际值大很多，方向的稍微改变就像是突然转向一样。这些都使我感觉很不舒服，于是我就把这种感受告诉了约翰：“我差一点儿就提前把它关闭了，真的。”我俩一致认为，以前遇到的和这种推力突然启动最接近的情况，是 J-57 喷气发动机开动加力的时候。要是发动机没有调整好，当你把油门转到加力位置时，它就会猛然启动。至少在 F-100“超级军刀”战斗机的有些早期型号上，这种启动非常猛烈，能把你的脚从方向舵踏板上振脱掉。

现在，我们的高度比“超级军刀”高多了，正开始沿一条平缓、绕地球半周的轨道爬升，并从 180 英里的高度升至 475 英里，这都是发动机工作了 14 秒的结果。地面人员让我们报读辐射计的读数，对我们报读的很小数字难以置信。起飞 8 小时 9 分钟时，我们只积累了 0. 04 拉德；到 8 小时 20 分钟时，变成了 0. 18 拉德；最后，到 8 小时 37 分钟时，他们怀疑我们是不是把辐射计给关闭了。“我们觉得你们的辐射计还没有打开啊。”“打开了。现在的读数是 0.23 拉德。”“嗯，数据看上去……少了一个数量级；不过这样的数据还是比较令人放心。”那就好。他们满意，我们也满意，难以置信的一天也该结束了。

肯尼迪角现在是凌晨 2 点，该是我们吃饭和睡觉的时间了。然而，我俩有点闷闷不乐，因为随着乘坐“阿吉纳”火箭做狂野飞行的那种兴奋渐渐消退，地面人员又要和我们一起把事情理一理。“请把推进剂读数告诉我们。”“收到。现在的读数大约是 32%。”燃料已经消耗了三分之二，还有很多事情没有做呢！也许我们应该与这枚“阿吉纳”对接的时间比原计划延长一些，利用它的燃料，省下我们自己的，但有“阿吉纳”连在一起，有的实验就不好做了。此外，我们接近 8 号“阿吉纳”之前，必须把它抛掉，因为在轨道会合的最后阶段，它的发动机无法提供微小、持续变化的推力。我担心我的一次或两次出舱活动会被取消，那会让人很受伤。

说到受伤，我的左膝盖在两个小时前就一跳一跳地疼起来，而且越来越厉害，现在有一种不轻不重但很不舒服的痛感。我认为这是氮气从组织中的溶液中跑出来，产生了小气泡，压迫了我的神经。由于某种原因，关节（特别是肘关节和膝关节）对这种形式的减压病最为敏感。我之所以这样判断，是因为我感受到的疼痛与以前在高空环境试验舱里感受到的完全一样。升空前我确实做了几个小时的除氮，但每个人所需的除氮时间差别很大，我可能比大多数人更为敏感，也许我在发射塔上把氧气管从手提氧气箱换到飞船上时，有空气进入了我的宇航服。不管是什么原因，现在需要考虑的是如何解决这一问题。说出来还是不去管它？我能生动地想象到，一句简单的抱怨将会引发雪崩式的各种医疗诊断会议。除了不能上门会诊，他们什么事都能做出来。这至少会引发一连串兴奋不已、持续半个晚上的无线电通话。我不需要这些。除了吃两片阿司匹林，他们还能告诉我什么呢？我没有声张，自己吃了两片阿司匹林。如果真是减压病，时间就对我有利，几个小时内氮气气泡就会消散。

约翰闷闷不乐，比平时更不爱说话。即使说话，说的也是轨道会合和他对燃料消耗过多的不解。他想不出为什么会发生这种情况，我也帮不上忙。这里的原因有两个：第一，作为汤姆·斯塔福德在“双子星座”6 号任务中的后备，约翰忘记的有关轨道会合的知识比我能学到的还要多；第二，我参与的轨道会合方面的工作——保存一套精心制作的图表，仅限于前后和上下方位，不包括我们出现空绕机动的左右平面。约翰在轨道会合上的苦闷和我对取消出舱活动的担心（更不用说我那讨厌的膝盖了）使这里笼罩着一种忧郁的气氛。我在为我们 8 小时的睡眠时间准备驾驶舱的时候，突然想到：天哪，这真是一个充满敌意的环境，其中的规则根本就没有容错功能，我们明天和后天肯定还有很多出错的机会。

除了我的膝盖（虽然吃了阿司匹林，但还是疼痛），还有两个影响睡觉的因素——我的手和头。由于没有重力让它们落下来，胳膊放松下来后我的两只手一直漂在我的眼前。让我担心的是，我的手后面是仪表面板，上面布置着各种拨动开关，它们的位置非常重要，睡觉期间决不允许被改变。要是这两只愚蠢的手在漂动过程中碰到了一两个开关怎么办？我必须把它们放到安全的地方，可放哪儿呢？我试着把它们放在腰下面，但由于穿着宇航服，那样让人非常不舒服。我真想把它们塞进嘴里。此外，还有脑袋的问题。睡觉时不垫个枕头或摸得着的东西就感觉不对劲儿。然而，我一直在漂动，只是偶尔脑袋会碰到舱门上，再被弹回来。

约翰准备让驾驶舱里的光线暗下来，这意味着除了关闭照明灯，还要在两个窗口上牢牢地贴上一个薄金属板，因为我们一半的飞行轨道都处于耀眼的阳光里。当我们拿出金属板时，竟然得到了一个惊喜——某个好心的家伙在每块金属板上贴了一张绝世美女的照片。她们是这个空间狭小、布满设备的男人世界里令人意外的入侵者，与这里的环境格格不入。然而，要是没有她们就没有睡觉所需的黑暗的话，我们也只能欣然接受了。在漆黑的驾驶舱里，我心烦意乱地四处漂动，后来终于找到了一处至少可以断断续续打瞌睡的地方。我向右靠了靠（离约翰稍远一点），把头顶在高处的一个角落里，就等于有了枕头。我对自己漂动的双手仍然感到不爽，但认为对意外拨动开关的担忧有些愚蠢，于是尽量不去管它们和我的膝盖。这样过了两个小时后，我又吞下两片阿司匹林，试着入睡。这一次我睡了大约两个小时，醒来时膝盖的疼痛几乎感觉不到了。我再也睡不着了，但我不想打扰约翰，于是我坐在那里，开始回忆明天的任务。

这一天基本上全是实验，有的实验我需要站在舱口来完成。还有与“阿吉纳”的多次脱离对接和再对接，为的是让约翰和我进行练习。还有两次飞行机动，使我们的轨道与8号“阿吉纳”的轨道更加精准地对齐。对接练习没有多少实际意义，还浪费燃料，我们可以把这项任务取消，可要是我们一整天都和“阿吉纳”连在一起，有的实验就需要做相应的调整。地面人员整个晚上都在研究这一问题，我只希望他们不要把“站在舱口”的出舱活动取消。约翰窸窸窣窣地翻了个身，明显是睡醒了，于是我们取下遮阳挡板，看向外面的世界。我们所能看到的只有一小片撩人的太空，因为“阿吉纳”就堵在窗口，几乎挡住了外面的一切。更糟糕的是，“阿吉纳”火箭的箭身与地平线精准对齐，这样我们就总是面向上方，只能看见黑色的太空，而看不见身下滚动的陆地。约翰对此做了非常恰当的比喻：乘坐“阿吉纳”火箭就像坐在火车头的后面，你只能从两侧看一眼铁轨。

我们把一些设备存放好或取出来，检查了一下我们的系统，吃了早饭，简单洗了一把脸，又两个小时的“睡眠”时间就过去了，现在到了休斯敦给我们通话的时间。通话系统响起来时，约翰赶紧接了，忙碌的一天开始了。“早上好，约翰。请报告一下乘组状态和辐射计读数。”“收到。乘组状态良好。水枪计数器是335①。我们晚上睡得还不错。辐射计读数是0.78拉德，剂量率

① 这里指的是我们的饮用水，它由水枪供应。我们喝水或往脱水食物袋里加水时，就按压水枪的开关，每按压一次，喷水半盎司，同时计数器响一次。地面人员要确保我们喝了足够的水，但水枪只有一个计数器，所以他们无法知道谁在喝水。

低于标准。”0.78！谁也想不到会有这么低，后面也不会高多少，因为再有两个小时我们就会再次启动“阿吉纳”的发动机，回到较低轨道，回到范艾伦辐射带的下面，这样我们就可以从下面追上8号“阿吉纳”。纯粹是由于一次时间上的意外，我们才需要爬升到目前这个475英里的高度，而且偶然之间约翰和我就创下了海拔高度的世界纪录。我想到了那些一直追求这种高度纪录的先驱飞行员们，为了这种追求，他们搭上了名誉、金钱和性命，而约翰和我轻而易举地就做到了。想到这些，我不知道该哭还是该笑。

启动时刻到来时，我们再次感受到“阿吉纳”的强劲动力，约翰仍然惊叹不已：“加速度虽然只有1G，但这是我们经历的最大的1G。那家伙真能把你顶翻！”我们的新轨道是185英里×240英里，今天结束前我们会把轨道调整为240英里的圆形轨道，位于8号“阿吉纳”下方大约8英里，后方1 200英里，并慢慢接近。我们取消了对接练习，下一个任务是“站在舱口”的出舱活动。这样做的主要原因是为了完成实验S-13——测定所选年轻、炽热恒星的紫外线辐射特性。由于飞船的窗口玻璃不能传输紫外线（为了保护我们的眼睛），我们必须打开舱门才能操作70毫米口径的照相机。我需要把照相机底座卡在飞船外面的卡座上。照相机上有一个专用的计时器，用于精确设定20秒的曝光时间。我为了把事情做在前面，“阿吉纳”启动前我就把照相机、底座和计时器组装好了，放在脚坑里比较安全的地方。遗憾的是，当“阿吉纳”的发动机启动时，照相机撞到了隔板上，弄断了照相机里面的计时器启动杆。没关系，到时候约翰会充当计时器的角色，我会手动按下快门 20 秒。

就在约翰和我一边讨论这事，一边忙着为驾驶舱泄压和打开舱门做各种准备的时候，我们突然有了一个意外的访客。无线电通话系统里传来了我们的上司——迪克·斯莱顿那粗哑的声音：“约翰，我是迪克。为了使无线电通话系统变成哑巴，你们也真是够拼的……从现在开始你们能不能稍微话多一点？”这话听起来并不像是严厉的批评，但在我们的世界里，这却是一句很重的话。迪克自己也是不爱说话的人，他只有在极端情况下才会出现在通话系统里：他肯定是受够了飞行任务控制中心的不断抱怨才要求我们多说话的。地面人员认为，轨道会合时要是他们参与得更多一些，说不定那 36％的燃料会奇迹般地恢复到 60％。他们认为，即将进行的出舱活动虽说只是拍一些紫外照片，将来某一天也会提供实验结果，但休斯敦新闻中心的记者们不会满足于这种口头的承诺，他们要的是重要新闻，他们要的是宇航员的原话，而且他们现在就要。美国公众有权利知道！我们忙得焦头烂额，他们不管；让我们把 4 天的工作放在 3 天里做，我们尽力去完成——系统管理、“阿吉纳”指令发送、在飞船上导航、大量的实验、两次轨道会合，等等，他们也不管。所有这些他们都不管，还说我们话太少，让我们多说话。约翰不太高兴：“你让我们说什么呢?”迪克的态度开始软化：“只要合适，说什么都行。比如出舱活动。”约翰有点哪壶不开提哪壶：“好吧。麦克这会儿正说这事呢。”麦克不仅在说话，而且像金丝雀一样在唱歌呢；

他喋喋不休地说的事，在飞行任务结束后的汇报会上用一两句话就能说完。我讲述“阿吉纳”，讲述碰坏的高速照相机，问地面人员如何修理，他们却给我讲述了休斯敦太空人队与纽约大都会队的棒球比赛。天哪！我正忙着完成那个有131步的出舱活动检查清单，而他们却想谈论棒球比赛！此时，一个小小的失误就会使我宇航服里的氧气跑掉，而置我于死地，他们却还在谈论内场草地的颜色，我不得不打断他们，讲述了我最后的挣扎，这样记者们就可以赶在城市版报纸的截止时间前发稿了。

实际上，这次的出舱活动并没有那么艰难，即使出点小状况也不会造成多大影响。我只需确保把延伸软管正确地装在出入管线上——软管要足够长，既能让我站立在舱口，也能与飞船的供氧系统有可靠的连接。由于我将在傍晚打开舱门，在黑夜中钻出舱口，这在操作上可能不是太顺手，但希望不会出现大的意外。约翰和我面对的主要问题，是穿着宇航服操作设备，还要确保照相机的设置、时间的安排等都严格做到位了。太阳一落下去，我们立刻打开一个小阀门，释放了驾驶舱的压力，就像释放浴缸里的水一样，这需要花点时间，只有等到压力为零时我们才敢打开舱门，否则，舱门就会一下子崩开，这有可能造成舱门的损坏。到舱门可以打开时，我用一只手轻轻一推它就全程打开了，而且它翻转得很自如。这是好消息，因为以前舱门打开时发生过卡滞。因为密封的舱门对成功返回来说是必不可少的，所以，每次操作舱门我们都有点紧张。

天空漆黑一片，我小心翼翼地钻出舱口（到腰部），向我的左侧转了一点。飞船的头部指向了南方，这样就把照相机（我把它插入卡座时费了很大的劲儿）朝向了南方的星座——半人马座。约翰看着时钟，充当计时器的角色，每次曝光时，我都把快门按下 20 秒。我感觉左侧不太对劲儿。我感觉有东西把我拉回驾驶舱。我突然发现左肩上还挂着安全带，这是最近一次“阿吉纳”的发动机启动时我做的预防措施。由于看不见，我开始在一堆导线、软管和安全绳之间用手摸索松开机构，找到后我用力一按，才把它给松开了。现在我感觉更加放松了，随着刚出来时那种惊讶慢慢消退，我往四周看了看，感觉非常不错。我面向东南方向（和我们飞行的方向大体一致），“阿吉纳”火箭位于我的右侧，飞船的转接舱位于我的左侧。我的第一感觉是对广阔视野的惊叹，经受了飞船小小窗口的限制之后产生的一种解脱感。天哪，星星到处都是——从我头上的天空一直到我身下靠近模糊地平线的地方。星星非常明亮，它们并不闪烁。我当然知道星星的闪烁是由大气造成的，我以前在天文馆里也看到过不闪烁的星星，但这次可不一样；这不是模拟的，这是一个人所能看到的最好的宇宙景象。在下面的地球上，几乎什么都看不清，因为月亮还没有升起，唯一可以看见的亮光是一片雷雨云偶尔产生的闪电。蓝灰色怪异的微光使我可以区分云团、水域和陆地，也使我可以感受到运动。我们完全静默、绝对平稳地环绕着地球；当我立在横着前行的座驾在夜空中翱翔时，这种庄重、优雅的运动使我感觉自己就是上帝一样。我唯一感到不满的是，面罩的保护涂层使我无法更好地欣赏璀璨的星空。我把头向左转向北方，找到了熟悉的“七姊妹星”——昴星团。在亚利桑那州沙漠晴朗的夜晚，我用肉眼可以看到 11 或 12 颗（而不是 7 颗）星星，但现在，我失望地发现，经过面罩的过滤，我只能看到 7 颗。另一方面，金星看上去极其明亮，我不得不再三确认——不是通过外观，而且通过它在天空中的位置（金星应该处在的位置），它的确是金星。

照相进行得很顺利，随着清晨的到来，整卷胶卷都照完了，每张的曝光量都是 20 秒，里面包含南方天空的紫外线秘密。我们准备进行下一项工作。这项工作依然是照相，但性质完全不同。为了把宇宙的壮丽景象记录在胶片上，我们还带来了自己的摄影对象（信不信由你）——一块约 8 英寸见方的钛金属板，划分成 4 种颜色：红、黄、蓝和灰。它带有自己的卡座和一根 3 英尺长的延伸杆。我把它连在照相机上，我的任务是在阳光的照射和各种曝光量的设定下，给这块金属板照相。这样做的目的是把我给这块金属板拍的照片与地面实验室拍的进行比较，以便确定最能准确重现太空颜色的感光乳剂和胶卷显影工艺。这对从月球表面带回的照片进行科学分析具有重要意义。约翰和我认为，达到这一目的显然有比给这块无聊的金属板照相更简便的方法，所以，这不是我们最喜欢的实验。但随着清晨的到来，我还是认真地把照相机、胶卷、金属板、延伸杆之类的东西都准备好了。

太阳带着平时那种刺眼的白光升上来，这时我的眼睛开始流泪。我拍了两张照片之后，眼泪流得更厉害了，我把遮阳面罩拉下来，把头缩到宇航服里（像乌龟那样）来挡住眼睛，还是没有用。我的眼睛为什么流泪？我能想到的“双子星座”10 号任务与其他任务唯一的不同，是吉恩 · 塞尔南在 9 号任务中出现面罩起雾问题后，一种特殊的防雾剂额外列入我们的材料设备清单中。这种防雾剂采用涂抹的方式，我这次出舱前特意用含有这种防雾剂的湿垫涂抹了我面罩的内侧。我认为阳光使这种防雾剂蒸发成气体，引起了眼睛的过敏。这种情况应该很快就会消失，因为流经面部的氧气会使防雾剂消散。但我看不见照相机上的按钮，于是我把照相机递给约翰，让他帮忙。“约翰，我遇到了问题。”“怎么了，伙计。”“太阳一出来我的眼睛就开始流泪，我不知道是面罩内侧的防雾剂造成的，还是别的原因。但我流泪流得很厉害，没法睁眼睛，手上的事也没法做。我没开玩笑。”约翰觉得是太阳光造成的。“别看太阳。”“我没看，我现在闭着眼睛……我像乌龟一样把头缩进了宇航服……我的头在阴影里。”约翰这才说出了他的情况。“伙计，我的也一直流泪。”“是吗？”“是的。”太棒了！这正是我们需要的——两个瞎子在太空高速飞行，舱门开着，看不见检查项目清单，看不见舱门的关闭手柄，也看不见影响舱门关闭的漂浮物。我的话听起来就像破损的唱片。“我的眼睛在流泪。”也许我多说几遍问题就消失了。约翰依然兴致很高。“麦克，我的也是。我啥也看不见。”“好吧，我把卡座拔下来。好了，我把它扔掉了。”约翰明白了我的意思。“好。进来吧。我们关上舱门。”“好的。”只要能关上。我抓住熟悉的手柄，开始往下拉。“嗯，合上舱门了，伙计。”“有困难吗？”“没有。”很棒！舱门很棒！我尽力躬下身躯后，感觉舱门锁定机构正常咬合了，然后我拉出锁定手柄，通过一下一下地扳动来把舱门关闭。我们想办法摸到了正确的阀门，小小的驾驶舱很快就充满了氧气。约翰的问题依然存在。“我什么也看不见。”“约翰，闭上眼睛，一会儿就好了。”约翰有点不太相信。“你能看见吗?”“我能看见。你别着急，伙计。驾驶舱的压力正在恢复，舱门很容易就锁定了。一切正常。”“麦克，突然就出状况了。肯定是氧气管路的问题。”“嗯，我觉得是抹到面罩内侧的东西造成的。或者是氢氧化锂里面的东西造成的，也可能是……”“我不知道，伙计。它弄得眼睛很疼。我觉得是氢氧化锂造成的。”“嗯，压力升到了每平方英寸 2 磅，氧气压力保持得不错。”“很抱歉，麦克，我啥也看不见。”“你只管坐在那儿，别着急。”“你能看见吗?”“能。我现在能看清楚。”我能看清楚，而且情况不断好转。我们终于和一个地面跟踪站取得了联系，向他们解释了我们遇到的情况。随后他们向我们问了不下一百个问题，但我俩谁也无法确定到底是什么原因造成的。

氢氧化锂用来吸收我们呼出的二氧化碳。约翰和我经过一段时间的讨论，更加相信它就是元凶，但我们找不到任何的氢氧化锂颗粒来作为证据。此外，它应该是放在罐子里的，如果发生了泄漏，那我们之前为什么没有觉察到？好在我们没有时间一直担心这事，我们需要继续进行各种实验。现在我俩基本上都可以看清东西了，我们必须适应这种情况。尽管如此，我心里还是有些不安，老是想着要是我不是站在舱口，而是在飞船外面 50 英尺长线缆的末端，此时我突然看不见东西了怎么办。我希望明天天亮之前能够找到解决办法。

我又开始了一项和星星有关的工作，这次是为了克服用眼睛寻找地平线的困难而设计的导航实验。这次我手里拿的不是六分仪，而是光度计。我不需要去测量恒星与地平线之间的夹角，只需把光度计对准已知的恒星，当恒星消失在靠近地平线的黑暗中时，我就用光度计测量恒星光线不断减弱的强度。这项工作比较轻松。随着工作的进展，驾驶舱里气体的质量也不断改善，我们的眼睛已经不再流泪了，除了眼睛周围有些红肿，约翰和我终于恢复正常。除了给“阿吉纳”发送指令，清洗燃料电池，观测恒星和讨论眼睛问题，我们还理清了明天的工作。明天将是重要的一天，我们将利用“阿吉纳”的发动机和我们自己的推进器进行一系列的飞行机动，并最终与 8 号“阿吉纳”会合，然后我会出舱，从 8 号“阿吉纳”身上取回微陨石测量装置。今天的情况有好有坏，眼睛老流泪肯定不是好事，但我们还剩余 30%的燃料，这无疑是大好事。地面人员（此后的讲述里简称“地面”）告诉我们说，他们正在考虑一个实验，明天一早就做，希望能搞清楚氢氧化锂的问题。接下来我们就只有日常琐事了——吃饭，然后睡一个 8 小时的好觉。

今晚的觉睡起来并不困难。首先，我的膝盖不疼了，在小小的驾驶舱里睡觉也不再觉得那么怪异。我知道把头放在什么地方，漂动的手我根本不再管了。但最主要的是，我已经筋疲力尽、困得要死了。今天真是令人满意的一天，如果说我们的燃料还是不够，明天的轨道会合和出舱活动依然存在不确定性，但我们至少正在走出昨天的困境。我们有很好的机会把明天所有的任务都按计划完成。

一觉醒来，7 个小时过去了，地面上忠实的朋友把我们叫醒，让我们开始第三天的工作。我们吃早饭的时候，他们介绍了确认氢氧化锂或其他东西会不会在我进行出舱活动期间再次出现的试验——我们只是把驾驶舱的压力释放一半，看看有没有异味或眼睛过敏。另外，我们只使用系统中的一个风扇而不是两个，他们的观点是，昨天用的两个风扇有可能把零散的氢氧化锂给吹起来了，而一个风扇就不会出现这种情况。实际上，在我即将进行的出舱活动（如果保留的话）中，我会使用一个不同的供氧系统——直接从氧气罐通过一根很细的高压软管，经由脐带线缆接到我的胸包上。胸包对氧气进行减压并使用单独的净化和冷却系统。但约翰仍然使用原来的供氧软管，他的眼睛决不能出问题。我出舱期间，他的工作需要非常细致：使飞船与 8 号目标火箭构成某种队形，充当我的监护人和眼睛，防止我的线缆卡在我看不见的地方。此外，约翰驾驶飞船靠近“阿吉纳”时，他会启动位于飞船周围不同地方的 16 个推进器的某种组合。这些小型火箭发动机的推力是 100 磅，喷出的气体具有很高的温度和速度，没人准确地知道我穿着保护程度有限的宇航服离推进器多远才是安全的。要是飞船向上漂向“阿吉纳”，为了避免撞上“阿吉纳”，约翰就必须使飞船向下运动。为此，他必须启动位于驾驶舱的后面、靠近我的扶手和氮气阀的那个朝上的推进器。我在把脐带线缆接到氮气阀上的时候，他最好不要启动那个推进器！不会的，为了完成这次的出舱活动，我们会时刻保持警惕，所有的眼睛都处于协调状态。昨天在舱口的站立非常简单，但今天的漫游就非常复杂、艰难，而且不允许出错。

氢氧化锂的试验很顺利也很成功，于是我们开始下一项工作——找到追逐了两天的8号“阿吉纳”。我们需要利用自己的“阿吉纳”火箭进行最后2次较小的机动，然后在起飞45小时的时间点上把它抛掉。我们本来计划23小时前就把它抛掉，但利用它的燃料而省下我们自己的是天赐的机会，要是没有它，我们不可能进行这第二次的轨道会合。尽管如此，我们的燃料依然很紧张。我们讨论了结束任务的各种节点，并与地面达成一致意见：当我们的燃料只剩7%的时候，就不再继续进行轨道会合。此外，我们还有两次很小的轨道调整（依照地面的计算进行），然后就靠我们自己了——只有我们的眼睛可以导引我们了。我们知道我们已经与那枚僵尸般的“阿吉纳”完全处于一个轨道平面——位于它的下方8英里，正慢慢追赶它。我们很快就能在阳光下看到它。大约在25英里以外，约翰终于看到它了——位于我们上方大约15度的一个很小的点。约翰集中精力把飞船的头部对准它，我则测量飞船与地平线夹角的变化率。通过把这些实际的角度与图表上的理论角度进行比较，我就可以告诉约翰我们应该什么时候离开自己的轨道而进入“阿吉纳”的轨道，从而使8英里的高度差平滑而又极度节省燃料地变成0。消除这一高度差还必须尽快完成，因为没有雷达的导引，我们必须在太阳落下去之前赶到那里，黑夜中我们是看不见“阿吉纳”的。为了充分利用这55分钟的白天时间，所有这些工作在几个月前就做了仔细计算；但工作做起来仍然非常紧张，我们需要在清晨看见“阿吉纳”，太阳在我们正上方的时候开始改变轨道，天黑前5分钟赶上“阿吉纳”。当我们开始与它并轨时，一切看上去还不错。在这一过程中，我做了2次轨道修正计算，但修正量都非常小。当我们离“阿吉纳”不到2英里的时候，它从一个小光点变成了圆柱形。我拿出六分仪测量与它形成的夹角。我一边看时钟一边看它夹角的变化，这样我就可以向约翰粗略提供两个飞行器之间的距离和接近速度，除此以外，我只能高喊“加油”和“避免空绕机动”了。约翰让飞船停了下来，所有的相对运动终于停止了，我们就这样静静地来到“阿吉纳”跟前，剩余的燃料竟然是15%！虽然在我们飞行前的估算里，此时的剩余燃料应该大约是40%，但这还是比7%的结束工作门限值好太多了。我们成功了。

通常，在完成轨道会合的兴奋之后是一段安静的时间，但我们的情况不是这样，因为我们的工作负荷依然很重。太阳即将落下，我们打开了探照灯。在随后37分钟的黑夜中，约翰必须全神贯注，不能让“阿吉纳”溜出灯光的范围，我则全力准备出舱活动，因为我需要在黎明时分打开舱门。我尽可能地提前做了准备，但最关键的是准备胸包。要是提前把胸包拿出来，就无法摊开轨道会合用的图表，也无法操作六分仪，所以，我现在才有机会把胸包拿出来，并接上50英尺长的脐带线缆。我们需要走完一个70步的检查清单，这本来需要约翰和我合作，进行相互检查，但此时我们被迫独自完成各自的工作。我快速瞄了一眼窗外，约翰的世界还算不错，“阿吉纳”并没有翻滚，而且看上去非常稳定。我一边艰难地做着检查，一边想：至少“阿吉纳”翻滚这件困扰我6个月的问题可以抛到脑后了。

黎明到来时，我按计划做好了出舱的准备。我的第一项任务是走到驾驶舱后面靠近16号推进器的地方，那里有氮气阀和一块已经暴露了2天的微陨石探测板。我取下探测板没有什么困难，只是需要确保约翰不启动16号推进器，因为我的手基本上就在它的上面。“注意那个推进器，伙计。别向下平移，我离它很近。”“知道了。”可没过几秒钟，他突然说：“伙计，我要是不赶快平移，我们就会撞上那个混蛋。”我不知道“阿吉纳”在哪儿，因为我面对着飞船的侧面；我一手拿着微陨石探测板，一手抓着扶手往回走，两脚慢慢地前后晃动。我想我离开16号推进器已经够远了。够远吗？“等一下！嗯，可以了。”我总算回到了舱口，把探测板递给约翰，然后再往回走，把我的喷枪连接到氮气阀上。我再次提醒约翰：“别向下平移。”我又得到了同样的答复：“嗯，我要是不赶快平移，我们就会撞上那个混蛋。”我挪开了那地方。“可以了，你现在可以平移了。我已经离开那地方了。”约翰有了新的主意：“哎！我们不能后退一点吗？”我才不管呢，我又没有靠近那些推进器。“开始吧，你要向下平移吗？”“不，我要后退。”“那就后退吧。我没告诉你的时候，千万别下行。”

飞船外面有两个扶手，有一个需要我用手拉起来，另一个被设计成自动弹起来。我收取微陨石探测板之前把前面那个拉起来了，但后面那个只弹起来一头（远离驾驶舱的那一头），这一头几乎仍然与飞船表面平齐。我需要把氮气管线穿过这个扶手再连到氮气阀上，但由于扶手没有弹起来，粗大的氮气插头显然无法穿过去，虽然我用力拉了两次，但还是不行。最后我决定不穿过扶手、把插头直接连到氮气阀上。我取下氮气阀的盖板，利用两个扶手把我的身体尽力转动到阀门的正上方。然后我右手抓着扶手，左手拿着插头，猛地往插座上一按。妈的，没插上。插头上的卡环已经弹出来，我必须把它按回去（需要两只手操作）。与此同时，我向下猛按的反作用力使我的身体翻向一侧，我的两腿撞向了飞船的侧壁。约翰和飞船的控制系统都感受到了这种颤动，但飞船讨厌这种意外的晃动，于是自动启动了推进器，以便恢复到原来的稳定状态。“麦克，你把推进器都给弄启动了。”我能说什么呢？“知道了。”约翰继续说道：“你别太急躁好不好？”我尽力。我准备再来一次。我把身体再次调整好以后，我慢慢松开了两手，自由漂动了一秒钟，伸手把连接器的卡环按了回去。然后一手抓住扶手，再次把插头按下去。连上了！“我接上了氮气。”“好的。”约翰回答道。

现在我们得想办法处理氮气管线纠缠的问题，因为我没有把它从扶手下面穿过去，所以它老是蜷曲。要是不把这种蜷曲拉直，它无疑会漂到讨厌的 16 号推进器的上面被弄断，让我用不成氮气。问题的解决只能靠约翰了。“我回到驾驶舱附近待一会儿。”飞船显然漂离了“阿吉纳”一段距离，因为约翰回答说：“嗯，我得向上平移，没问题吧?”“稍等。可以了。向上平移没问题。能看到蜷曲的氮气管线吗？你得让它某个地方往下拉。你能做吗?”“管线在哪儿?”我把氮气管线在打开的右侧舱口晃了晃。“看到没?”“看到了”“我看着‘阿吉纳’，你处理氮气管线的问题吧。”我扒在打开的右侧舱口，朝右上方看了看“阿吉纳”，它距离飞船不下 20 英尺。我看不到地球，只看到“阿吉纳”后面没有星星的黑色天空，所以我想地球应该在我身后。我突然意识到，自打开舱门以来，我都没顾上看地球一眼。我才不关心它在哪儿呢，我关心的是装好走向“阿吉纳”所需的装备，然后取回那个微陨石测量装置。地球的位置并不重要。我们的速度——几乎每小时 1.8 万英里，也不重要。重要的是我们与“阿吉纳”的相对速度，而不是与地球的相对速度。“嗯，我弄好了。”约翰解决了氮气管线的问题，正把我们带到离“阿吉纳”更近的地方。“我要把你放到它的跟前。”太好了！约翰一边透过左侧的小窗口往外看，一边慢慢把我们带向前上方“阿吉纳”安装着微陨石测量装置的那一端。他让飞船来到了离“阿吉纳”最近的地方。“再近的话，我就看不见你或者‘阿吉纳’了。”我看“阿吉纳”没问题，不用像他那样透过小小的窗口，而且我看到我们处于很好的位置。“嗯，我几乎可以跳过去了，不过，你最好再往前一点点，然后我再跳。我告诉你怎么靠近。约翰……约翰?”他用了 2 秒钟才做出决定。“好吧。”我指挥着约翰往前靠，从相距 15 英尺一直到 6 英尺。他看不到“阿吉纳”了，因为它几乎就在我的头上方。“约翰，就停在这儿吧。”“好的。”我让他向后退一点点，这个操作不需要我的帮助。“向后平移。好了。你处于很好的位置。约翰，我准备跳向它了。”他像一位父亲那样轻声地说：“别着急啊。”“知道了。”

我轻轻地推了一下飞船，希望抓着舱门的右手和抓着飞船的左手在用力上保持平衡。我朝着前上方漂离驾驶舱时，没有挂着任何东西，我沿着直线漂移，没有出现翻滚或侧滑，这让我松了一口气。没过三四秒我就撞到了我的目标——“阿吉纳”端部的对接卡环上。对接卡环是个圆锥形的东西，边缘很光滑，不是一个落脚的好地方，因为上面没有现成的扶手，但微陨石测量装置就位于这一端，而且我跑这么远就是为了收取它。我用双手抓着对接卡环滑溜溜的边缘，开始沿逆时针的方向挪动。我带着充压、僵硬的手套，用手爬行大约 90 度，才能够得着测量装置。我在挪动过程中，碰掉了对接装置上的一个放电环，它弹出来，悬挂在连接点上。它看起来像一把细长的镰刀，带一个吓人的钩子，直径有 2 英尺。我不知道要是被它缠住会出现什么状况，我觉得它不会很结实，很容易从“阿吉纳”上拽下来；但另一方面，它是由某种金属制成的……我最好离它远点儿。现在，我来到了微陨石测量装置面前，我必须停下来。妈的，我滑脱了！我转过来时动量过大，身躯和腿部的惯性使我继续前行，虽然我拼命地想抓住，右手和左手还是相继从“阿吉纳”上滑脱。我慢慢侧翻着离开“阿吉纳”，有几秒钟我除了黑色的天空什么也看不见，随后飞船进入我的视野。约翰显然在默默地看着这一切，此时他嘟囔道："麦克，你在哪儿?""我在上面。别担心。只是别再靠近好吗?""好的。"

我慢慢地弄清了方位。我在飞船前上方 15 到 20 英尺的地方，向下看到了约翰的窗口和我自己打开的舱门。我应该是恰好脱离约翰的视野。"阿吉纳"在我的左下方，稍微靠后一点。我的脐带线缆的一圈正吓人地甩向"阿吉纳"杂乱的前端，所以我不让约翰再往前靠。但这种担心很短暂，因为我还在漂移，还在朝我的右上方漂移，把蜷曲的脐带线缆给拉直了。我的漂移使我离开了"阿吉纳"，而绕着飞船做相切运动，这可不是好事，因为物理学定律告诉我，随着我离飞船越来越近（我的回转半径越来越小），我的速度会不断增加，我有可能以危险的速度撞上飞船。就是这种角动量守恒让滑冰运动员把胳膊抱紧身体时旋转得更快。我可不想出现这种情况。幸运的是，我有喷枪（我的机动装置）粘在臀部。它可以消除（至少可以降低）我的切向速度，从而使我安全地回到飞船。我伸手去拿，它竟然不在了！我摸索了一阵，摸到了和它相连的软管；我发现喷枪并不是真的不在了，它只是在我身后拖着。我收回软管，打开喷枪的两个延伸臂开始喷射。我通过喷枪上的两个小喷嘴，朝我选定的方向喷射氮气，为的是①降低我的切向速度；②增加我走向飞船的径向速度；③使我一直走向飞船。开始这一操作流程时，我已经转向飞船右侧更高的地方，现在飞船位于我的左下方，我正漂向它的尾部。喷枪不能完全改变这一轨迹，但足以使它发生改变，使我沿一个缓慢的弧形轨迹漂向飞船，并在我到达飞船尾部（我从未想过来这里探险）时变成直线轨迹。“约翰，我回到了驾驶舱后面，别启动推进器。”

我到达飞船的动作并不优雅，速度还是有点快；来到打开的舱口时，我赶紧用一只胳膊钩在舱口，这才慢慢停了下来。现在，把脐带线缆和我弄进驾驶舱并不困难。该做第二次尝试了。“约翰，我们再来一次吧。”“好的。”这次我准备用喷枪把我平移到“阿吉纳”那里，这样约翰就不用让飞船离“阿吉纳”那么近而影响他的视野。他要是让飞船距离“阿吉纳”大约 15 英尺，他就可以看见我和大部分的“阿吉纳”。当约翰使飞船处于“阿吉纳”下面预定的位置时，我把喷枪指向“阿吉纳”的端部并启动了喷枪的喷射系统，离开了飞船。我奇妙地漂了上去，感觉就像被自己的提靴带拉上去似的。我的左脚到达仪表面板顶部的时候，不知被什么东西挂了一下，我开始慢慢向前翻滚。就像潜水员先让头部而不是背部入水一样，我也不想让后背先撞上“阿吉纳”，于是我赶紧用喷枪做些调整。我把喷枪指向合适的方向来产生一个向上的俯仰，经过几秒钟的喷射，我恢复了所需的姿势。此时我吃惊地发现，我正慢慢地上升，而我的路径不再指向“阿吉纳”的端部，而是它的上方。幸运的是，我赶紧做了最后的调整，漂过去的过程中，我向下伸出左手，勉强抓住了“阿吉纳”。随着我身体的转动（这是对新产生的力矩的响应），我把右手向下插入对接卡环和“阿吉纳”主体之间的缝隙，紧紧地抓住了几根导线。我这次决不能再松脱出去！经过这一番折腾，我失去了方向感，我不知道从哪边挪动可以找到微陨石测量装置。当然，“阿吉纳”的端部是圆形的，无论从哪边走我最终总会到达它所在的地方，但我可不愿意像过去的人那样，为了找到印度就一直往西航行，而且那样更容易被悬吊的金属环挂住。约翰也很担心。“注意别让那个讨厌的东西把你缠住。”我明白他的意思。“知道。我看见它了。”我继续两手倒腾着往前挪动，经过了那个吓人的障碍。约翰还是不放心。“别让那东西挂住你，它现在就在你的身后。”

我现在没法停下来，也看不到拖在身后的脐带线缆。“要是情况不妙，你及时告诉我。我现在继续挪上去。”最后，我转到了微陨石测量装置（一块边长大约6英寸的方形金属板）所在的地方，它在一个整流罩下面，被固定在撑杆上。按下两个按钮，然后用力一掀就可以取下整流罩。它通过两根带插销的导线连接在测量装置上（插销嵌入测量装置的孔里）。我需要取下整流罩并扔掉，然后扯下测量装置，死死地抓在手里。此时，要是发现整个测量装置像焊在“阿吉纳”侧壁上一样无法弄下来，我也不会感到意外。因此，当两个按钮按下去、稍微一用力就把整流罩掀掉、而且测量装置就挂在两根导线下面时，我着实有些意外。不知为什么，我迟钝的大脑从未想过拿着测量装置会不会有危险，而且用一只手就能轻松抓住整个东西让我感到非常高兴。

约翰仍然担心我会被“阿吉纳”挂住，因为它现在开始移动了。我已经两次对它的端部进行了掀动、拉动和扭动，在约翰看来，它的响应已经非常明显。我碰撞它时，看不到它的移动，但我能感觉到，它并不是稳如磐石。约翰显得非常紧张。“赶紧回来……离开那堆垃圾……赶紧回来，伙计。”我拿到了微陨石测量装置，它已经在“阿吉纳”上待了3个月；虽然按计划我需要再换上一个新的测量装置，但现在看来继续这样做就非常不明智。“阿吉纳”开始慢慢翻滚，挂在那里呈钩子形状的导线离我特别近，对此约翰非常担心。我告诉约翰准备回到飞船。“别担心，别担心。我这就回去。别太紧张。”约翰问道：“你需要我把飞船转过来对着你吗?”“不需要，你啥也不用做。”这次不用担心切向速度的问题，所以返回时就比较轻松——我两手交替着慢慢拉动脐带线缆，要是动作太快，最后就会撞上飞船。我可不想让约翰对着我的脸启动推进器。“千万别启动推进器。我正往那边走呢。”我的意思是我已经绕到了飞船的后面。约翰显然一直在朝我这边看，因为他突然问道：“你看不到‘阿吉纳’了吧?”“看不到。啊，能，我能看到。”它就在我们的上方，第一次漂移到了飞船的后面，所以约翰看不到。我们离它不是很近。

我回到了打开的右侧舱口，突然发现我那70毫米口径的照相机不见了，之前我把它插入了胸包一侧的存放槽里，这让我非常难过。我只能怪自己，因为这个非常规的装备是我自己设计的。几个月前，我要求制作一个特殊的固定夹，这样通过把固定夹上的一个指形金属件插入胸包上的一个锁孔形插槽，就可以把照相机固定。在训练期间，这套装置一点问题都没有，而且我即使穿着笨拙的宇航服也能熟练地单手操作照相机的进卷和快门。为了保险，我用一根系绳把照相机连到胸包的一个圆环上。在过去的半个小时里，我在失重状态下与“阿吉纳”的摔跤比赛把照相机甩出了锁孔形插槽，它在系绳的末端一会儿撞到这边，一会儿扭到那边。这种情况发生了不下6次，每次我都是抓住它，顺便拍张照片，再把它塞回插槽。此外，漂行过程中我还拍了不少其他照片，这卷胶卷里至少有12张到目前为止拍出的太空计划里最壮观的照片——“双子星座”飞船、地球和“阿吉纳”目标火箭的广角照片。现在它们全没了！我四处张望也看不到照相机的踪影，只有它的系绳孤零零地挂在胸包上，散漫地跳着芭蕾来吸引我的注意。照相机每次松脱、四处乱撞的时候，固定它的螺钉可能就松开一点，直到最后完全脱开。再见了，我那美妙的照片。

这次出舱的下一个任务是对喷枪进行评估。我设计了一系列的飞行机动，在线缆的末端完成，为了让约翰看见，我所有的动作都在飞船的前面进行。工程师们将根据我完成这些飞行机动的精准度（约翰用摄影机做的记录和我的感觉），评估喷枪作为机动装置的可能性。但我需要先做两件事。我向约翰报告了照相机丢失的事，他听起来有些难过，但他的注意力依然在“阿吉纳”上。“我们不会撞上那家伙吧?”“不会。我们离它比较远。我看着呢。我们很安全。”再见，8号“阿吉纳”，我们结束了3个月的恋爱，你又成了自由漂移的流浪者，一个避而不及的大麻烦。然后我需要向地面报告，不然我们又得挨批评。之前约翰和我之间的会话都是在对讲系统上进行的，地面根本听不到。地面要想听到，约翰就得把驾驶舱里的话筒按钮一直按下。所以，我在约翰的帮助下才能和地面说话，但之前我们俩都忙得不可开交，顾不上一直按着这个按钮。现在“阿吉纳”远去了，我最好向他们做个汇报，免得他们焦虑不安。

地面有其他想法。“我们不希望你们再消耗燃料。别再消耗燃料了。完毕。”这意味着我在线缆末端练习机动动作时，约翰将不能启动推进器来使飞船保持稳定。约翰嘟囔道：“那他最好返回驾驶舱。”地面表示同意。约翰正式通知我：“返回驾驶舱。”我不想，我不想返回驾驶舱，但我知道我没有理由去争论。我的主要任务是从“阿吉纳”上取回微陨石测量装置，而且燃料不足是谁也没有办法的事情。

约翰提醒我把氮气管拔下来，然后我让地面知道我们接下来做什么。“休斯敦，这是‘双子星座’10 号。我拔掉了氮气管，正站在舱口。约翰不再启动推进器。我们先休息一会儿，确保进入驾驶舱之前把事情安排妥当。”“收到。这是夏威夷。不着急，把所有的事情弄利索，美国大陆那边很快就会把你们接住。”休斯敦和夏威夷有啥区别吗？不都是我们下面的一块地吗？在我看来，他们都是“地面”，而且他们听上去好像只有在美国大陆上空舱门才能正常关闭似的。他们根本不知道我遇到了什么问题——这个混账脐带线缆至少把我绕了两圈，我好像应该离地面更近一些、看清楚下面到底是夏威夷还是休斯敦似的……妈的，不想它了。约翰看到了我面临的问题，尽力伸出戴着僵硬手套的右手，想帮着解开一圈。我现在只得后退，约翰抓着我的脚用力拉了一下，我快脱开了，只有一圈还固执地缠在我身上。50 英尺长的线缆大部分都进入了驾驶舱，几乎变成了一大块模糊的白色物体，挡住了仪表面板、约翰和门框以下的东西。妈的，里面都满了，我大部分身体还在外面呢。我把身体使劲挤进那一圈一圈的线缆里，把腿用力弯折，深深地塞进脚坑里，奋力用熟悉的方式向里面扭动身躯（在零重力训练飞机上我练习过100次）。我抓住头上的舱门，小心翼翼地转到关闭位置。它首先接触的要么是门框，要么是我的头盔。如果是后者，我就得把这个痛苦的过程再来一遍。咔嚓！成功了！现在，我只需拉下舱门手柄，不停地转动，直到舱门完全封闭。在这一过程中，地面问约翰能不能告诉他们现在的燃料读数。他不满地嚷道："你们开玩笑吧？"

当我们摸索给驾驶舱充压的氧气阀时，除了一圈一圈的脐带线缆，我俩几乎看不到东西；只有驾驶舱充好压力，我们才可以给宇航服泄压，才可以开始整理我们小家的繁重工作。忙乱中，我"不小心"把与地面的无线电通话系统给关闭了，这至少可以给我们片刻的宁静。我们重新与地面建立联系时，约翰想给他们开点玩笑。"他倒在座椅上了，因为大约30英尺的线缆把他给缠住了。我们可能很难把他弄出来。"我也想给他们开点玩笑。"这地方让动物园里的蛇馆相形见绌。"有点不太好笑，我们只是想让他们知道再次回到驾驶舱我们感到非常高兴。现在驾驶舱里的压力已经升到了舒适的每平方英寸5磅。

我们还需要打开一次舱门，这最后一次只是快速打开舱门把所有不需要的装备扔出去。我们拿出一个巨大的行李袋，想办法把终于绵软下来的脐带线缆、胸包、空的食品袋和其他不再需要的东西都塞了进去。这次驾驶舱泄压前，我使劲往脚坑里蹲，这样，打开和关闭舱门时，我头盔上面就至少有6英寸的空间。一切都很顺利，我把垃圾袋扔了出去，驾驶舱的压力再次升起来，我们最后一次给伍斯特的小老太太和她们的胶罐投了信任票。下一次打开舱门时，我唯一担心的是蓝色的大西洋海水会不会冲进来。驾驶舱一下子变得宽敞了，特别是约翰那边，他第一次可以把腿伸直了，而且把腿伸直也碰不到固定在地板上的设备了。在这次的舱门打开过程中，我们需要带回的一个实验装置和我们的飞行计划不见了。最后我们在约翰脚下的地板上发现了飞行计划(多余装备扔掉前他看不到那地方)，但那个实验装置确实不见了，很可能是我们不注意的时候从右侧舱口漂出去了。

今天结束前，我们还有几件事要做，但不是很多，因为燃料数量指示表上显示我们只有7%的燃料了。第一（最重要的），我们需要把我们的轨道从250英里下降到180英里（近地点），这会用掉大部分的剩余燃料。轨道越低越好，万一明天早上的制动发动机点火遇到麻烦呢。制动的能量来自4台独立的固体火箭发动机，然而要是某一台没有启动，或者我们无法控制推力的方向呢？所以我们希望飞船的轨道越低越好。180英里的近地轨道不是最好的，但还是比250英里的好多了。我们安全地进入新轨道以后，为了弥补一些失去的实验时间，我们快速进行了一项步骤详细的实验——把飞船周围呼啸而过、带正电的离子用来确定我们的飞行方向。与我们目前使用的既复杂又笨重的陀螺仪相比，这是一个非常简便的方案。实验看上去很成功，与离子传感器相连的指针，其指向与来自陀螺的指向非常接近。

这项实验完成后，从肯尼迪角起飞53小时以来，我们第一次可以把控自己的时间了——我们可以睡10小时的觉，用不着一直紧盯“阿吉纳”了，也没有让我们一刻不闲的导航、轨道会合或其他的复杂任务了。我们只有一个限制条件：我们不能消耗燃料，因为燃料读数几乎为0了；我们环绕地球随意漂行时，这种限制根本不算事儿。我们祝贺自己，也得到了地面朋友的称赞。“我们特别高兴……你们今天表现得非常棒，特别棒!”约翰表示同意，说道：“告诉你们吧，太刺激了。简直难以置信。连我自己都不太相信。”我觉得他在说我爬上“阿吉纳”的事，这事恐怕连上帝都会觉得不可思议。谁会相信呢？我只能说：“希望那些照片出来作证。”

与此同时，为了节省燃料，我们还关闭了姿态控制系统，于是飞船开始做一些与飞机完全不同的事情。战斗机可以翻跟头、横滚，甚至自旋，但不会侧滑或后退，否则就会发生严重的事故。但我们现在一边漂移，一边缓慢、平稳、自由自在地翻着跟头，飞船头部的棱角在天空中画出优美的弧线，它一会儿在我们漂行的前方，一会儿在一侧，一会儿又跑到后面。我们就像乘坐慢行的三维过山车，没有噪声，没有撞击，没有翻腔倒胃的感觉。如果这就是那些老爱德华兹试飞员们说的，宇航员只是坐在密封的圆筒里在天上转圈，那我完全同意。现在是晚饭时间，我在忙乱地准备出舱活动时没顾得上吃午饭，已经饿得不行了。我用冷水（我们只有冷水）充满一塑料管脱水的奶油鸡汤。揉捏几分钟后，我用外科手术剪刀（非常锋利，紧急情况下可以剪断

50 英尺长的脐带线缆，例如无法从氮气阀上卸下线缆时；我试过）剪开进食管。我终于喝上了第一口汤，这是我吃过的最好吃的东西。此时，窗外的景观绝对令人惊叹。

怎么跟你解释这样的景观呢？先考虑一个算数问题吧。我们在一个球体（半径为 4 000 英里）以上 200 英里的轨道上漂行时，距它表面的高度仅为其半径的二十分之一。大气层本身特别薄（如果拿橘子做比喻，还没有橘子皮厚），我们只是位于大气层的上面。当然，地球表面的曲率是显而易见的，但那不会给你留下深刻的印象，就像你看一个餐盘时，你注意的是它上面的图案，而不是它的凹度。速度也一样，你感觉肯定不会像印第安纳波利斯 500 汽车赛那样速度惊人。地物经过窗口的速度和坐在商用飞机上看到的快不了多少。这是因为我们很高的轨道速度被我们很高的海拔高度给平衡掉了，所以角度变化（对速度最重要的视觉感知）仍处于常见范围。颜色也是一样，虽然天空是毫无变化的纯粹黑色而不是蓝色，但下面的颜色和从飞机上看到的几乎完全一样。让一个 6 岁的孩子看看窗外，估计看不了一分钟他就会回到自己的小画书里。那到底是什么东西令人印象这么深刻？它有什么不同之处？不同之处存在于成人的眼睛里，他会把看到的东西与自己在地球表面“爬行”的人生经历进行比较。超级游客来到了太空，那是一种多么有能力的感觉啊！身下走过去的不是区县，而是国家或洲；不是湖泊，而是海洋！要是在地上，你可能会说：“布兰奇，要是再开 6 个小时，我们今天就可以到达黄石公园了。”然而在太空，6 个小时我们会绕飞地球 4 次！你看，我们刚过了夏威夷，前面就是加州海岸，我把从阿拉斯加到墨西哥的整个陆地尽收眼底，此时我的奶油鸡汤还没有吃完呢。从圣迭戈到迈阿密正好9分钟，你要是错过了，别着急，90分钟我们就会转回来。另一个不同之处在于，我们在景观之上，这里一直都很明亮。没有雾霾天，没有雷雨云，所有的东西都在下面，在未经过滤的阳光下显得超级明亮，给下面的景观增添了一种喜庆的气氛。没有沮丧，没有悲伤，只有美好的期待。这是一个比下面更好的世界。真是太奇妙了！

到目前为止，我们都是用时钟而不是景观来记录工作进展。燃料电池必须在51小时36分钟时进行清洗，我们并不关心此时我们正在飞越美丽的斯里兰卡岛。现在，飞船慢慢地做着侧手翻，我们一边大嚼压缩熏肉块、从塑料袋里吸食淡淡的西柚汁，一边看着一大块一大块的陆地雄赳赳地走过我们的窗口。印度洋在马尔代夫群岛周围的较浅水域闪烁着迷人的翡翠和蛋白石的颜色，随后是缅甸海岸、单调的绿色雨林、山脉、海岸线和越南的河内。我们看见东南方向起火了，于是赶紧拿出剩下的那架照相机拍照。阳光在中国台湾附近的海面上奇异地闪烁着。岛的南面有清晰可见的水流交会的波纹，我想这些波纹对渔民们肯定非常有用，他们需要了解这些水流。岛本身呈现出鲜亮的绿色，颜色和形状像一片发育良好的栀子花叶。然后我们再次进入太平洋，冲向夏威夷和加州海岸。我愿意永远待在天上！嗯，纠正一下，超过70小时10分钟（制动发动机点火时间）我就不想待了。现在是56小时14分钟，我们该睡觉了。两位姑娘又上到窗口，挡住了外面明亮的世界，让约翰和我在黑暗的驾驶舱里想着自己的事情。

我禁不住把今晚与前两晚进行了比较。实际上，第一晚心情非常糟糕，我们做出了两件很尴尬的事——模块6计算不准，轨道会合时燃料消耗过多，再加上我膝盖的疼痛，以及由于明显不友善的陌生环境而产生的紧张不安。第二晚就好多了，但心里仍然充满了不确定性，过度的疲劳让我感到非常郁闷（而不是晕头转向)。今晚的情况就完全不一样了。我们完成了第二次轨道会合（比第一次更加困难)，我从一个飞行器走到了另一个飞行器，并从上面取回了实验装置！这件事在我脑海里挥之不去。遗憾的是出舱时间缩短了，我没能细细品味这一经历，欣赏一下外面的美景。有趣的是，我感觉不到运动，也感觉不到坠落；别忘了，我从高层建筑的边缘往外看的时候，总是有一种想吐的感觉。我完全没有意识到地球的存在，心里只有“阿吉纳”和飞船——每次只想一个，取决于下一步要做的工作。工作，工作，工作！应该让一位宇航员漂移到线缆的尽头，不干别的，只是环顾四周——哪个大师能有这样的机会对着整个地球进行沉思呢？我觉得天堂应该在250英里的高空，而不是在下面加尔各答拥挤的大街上，或者上面单调、漆黑的真空中。我站在宇宙的制高点，有着观察天体最佳的视角，我只需停下来仔细看一看这个世界，哪怕只有一小会儿，也能让我在下面回味一辈子。“我在地球轨道上发现了真理。”错，我没有。“我在飞船外面看见了上帝。”错，我根本没有时间寻找祂。但愿我可以像脚上长翅膀的“墨丘利”

信使那样，及时传递某种有价值的信息——辉煌与美丽的信息，希望与赞美的信息，准确反映我今天所见的信息。约翰·吉莱斯皮·马吉肯定知道怎样传递这样的信息。在我身后存放着小国旗、戒指等物的小包里，有一张小卡片，上面是我妻子帕特打印的马吉的诗歌——《高飞》。

啊，我摆脱了地球粗暴的束缚，
带着欢快的翅膀在天空跳舞。
我向着太阳爬升，
进入在阳光和欢笑中滚落的云雾。
在高空阳光下的寂静中翻滚、上冲、侧滑，
无论做啥都是那样无拘无束。
盘旋中我驾机追逐呼啸的狂风，
穿过空气的廊道冲上无垠和激情燃烧的蔚蓝。
我轻盈地飞上有风的最高空，
在这里云雀和老鹰从不沾边。
带着静默和升华进入高空无人涉足的圣洁之域，
我伸手触摸了上帝的圣脸。

他坐在“喷火”战斗机的驾驶舱里就写下了这首诗。他要是在地球轨道转一圈，又会写出什么样的诗句呢？我为他的牺牲而悲伤。

第四天，首先听到的是和平时一样的起床号，我们要是不回应，他们就会一遍又一遍地播放。我们只睡了几个小时，不过没关系，今天的工作时间不长，就几项实验、制动发动机启动等。早餐是我们在天上的最后一餐，地面一提醒，我就特别有胃口；也许吃得太多了，约翰禁不住挖苦我说：“妈的，你们应该看看他的样子，他连我的最后一餐都吃了。”早饭后，我把满满的一袋尿接到舱外排放阀上，看到了和往常一样由飞离而去的白色颗粒形成的“雪暴”。这种“尿壶星座”（这一称呼是沃利·希拉的发明）是排出的尿液在真空立刻冷冻并破碎成数千个微小颗粒后形成的。这些一串接一串的不规则的颗粒流从窗口呼啸而过，滚向无尽的远方，它们在阳光下呈现出纯洁的白色，而不是我们平时见到的那种讨厌的黄色。这种童话般的变换是这里的常态，这是一个远离肮脏的美妙世界。

今天上午一切似乎都很顺利。我们在正确的时间和地点找到了正确的恒星，我们开心地做着剩下的实验，然后一下子就进入了最后一圈。传统上，这是一个表达谢意的环节——感谢地面的保障人员，为了保障我们的飞行任务，他们可能在尼日利亚的卡诺或在印度洋上的一艘小型舰船上待了几个星期。“‘双子星座’10号，这里是飞船通信员。”“请讲。”“没别的了。我们随时待命。祝回家的旅程愉快。”“收到。非常感谢。很高兴与你们交谈。合作非常愉快……感谢下面所有辛勤工作的人。”约翰说的是大实话。要不是飞行任务控制中心各个团队快速做出的精确计算，我们不可能充分利用“阿吉纳”火箭的燃料来弥补我们燃料的不足。在卡诺上空，我对全世界的观众和听众说：“嘿，我真不想回去。这上面太奇妙了。”地面回复道：“下次多带点吃的和用的。”一群聪明的混蛋！这本来就应该是4天的飞行任务，非让我们在3天里赶完；现在是起飞69小时21分5秒，制动发动机启动将在70小时10分25秒开始。

我们溅落区的天气情况还不错——在2 000英尺的天空有分散的云团，能见度15英里，西南风8节，浪高两三英尺，有几次不大的阵雨。直升机航母“瓜达尔卡纳尔岛”号正在波多黎各以北大约400英里的大西洋上待命。我们将在太平洋上空启动4台制动发动机，此时我们面向后方，发动机喷口朝向前方，这样发动机的推力就会把我们的速度降低到轨道速度以下，让我们平缓落入大气层。在启动发动机前的这段时间，我们需要走完检查清单里的每个项目，没有哪个检查清单会像制动发动机启动前的检查清单那样让人充满敬畏，因为这个检查清单不会给你第二次机会，你必须一次做正确。我们非常缓慢地走过这些步骤时，我用铅笔一项一项地打钩。有些关键步骤我们会提前讨论，包括我如何按下某一排按钮这样的细节。约翰会告诉我：“对着中间往下按。用力往下按并保持足足的一秒钟。”“好的。”然后他又补充道：“按不同的按钮时，中间停一小会儿。”“好的。停大约两秒钟？”“不，停一秒钟。”“好的。”时间快到的时候，我们把通往身后转接舱的燃料和电气管线切断，然后把转接舱抛掉。这样就暴露出了4台平钝的固体火箭发动机，它们会一个接一个地启动，让我们脱离地球轨道进入末段滑翔。当然，我们的指向必须正确，如果我们把发动机喷口的朝向弄反了，我们就会进入末段爬升，那样我们就再也无法回到地球了。随着发动机启动时间的临近，我们特别注意我们面向的方位。在坎顿岛上空，倒计时终于开始了：10，9，8，7，6，5，4，3，2，1……启动！

经过几乎三天的失重，我对加速度的度量都失去了概念。4台制动发动机产生的加速度不会超过0.5G，但当第一台启动时，我那变得非常敏感的身体感觉都有3G，因为我被猛地推到了座位上。但我担心的不是G值，而是能数几个数：1，2，3，4！“我数了4个醉人的数！约翰。”“是的。”约翰一边回答我，一边向地面报告：“发动机自动启动得棒极了！后向303，右向5，下向119。”他的意思是制动发动机产生的速度变化是：后向每秒303英尺，右向每秒5英尺，下向每秒119英尺。理想的速度变化分别是：304，0和114。两者非常接近！现在我们可以抛掉制动发动机装置、暴露出热防护罩了，约翰也可以驾驶飞船飞向溅落区了。和通常的做法一样，约翰会手动驾驶飞船，我会提供相关的协助——调取计算机数据，利用图表做备用计算。

我们进入上层大气时，一层电离的气体会包围我们的飞船，产生一种无线电信号无法穿透的屏障，使我们处于5分钟的“停电状态”(即无线电静默)。但在这之前，我们会处于加州上空，对我们的飞行轨迹进行初步检查。加州地面站对来自休斯敦的无线电通信进行了转发。约翰问道：“喂，下面有‘超级再入专家’在帮我们吗?”“没问题。他就在这儿呢。”超级再入专家指的是约翰·卢埃林，他是飞行控制团队的成员，专门研究飞船再入。我们和他讨论了相关数据，他确认我们的再入过程不会有任何问题。我们落过了40万英尺的高度（一般认为是大气层的上沿），此时约翰需要操作各种控制器，依照计算机的指令改变我们的倾斜角。这有点像驾驶飞机做侧滑转弯，只是我们现在是颠倒、向后的，为的是增加平钝热防护罩与逐渐稠密的大气之间的摩擦。热防护罩由呈蜂窝结构的玻璃纤维制成，里面充满有机硅材料，它通过烧蚀过程来散热——实际上是通过部分材料的蒸发，把与大气摩擦产生的热量带走。很快热防护罩就开始发挥作用。飞船后面长出了一条尾巴，一开始很纤细，然后越来越粗大，越来越令人惊讶，亮闪闪、红黄两色的气流尾迹扭动着冲向明亮的天空。这真让人大开眼界。“嘿，好戏开始了……你看那束混蛋火焰！”偶尔会有一小块热防护罩脱落，给这条彩色的尾巴增添亮眼的闪烁。现在，我们承受的减速超重力开始增加。“约翰，现在是多少G?”飞船只有一个G值指示表，它位于约翰那一侧。“约0.5G。”“你开玩笑吧?!”我感觉都有3G，但实际上连1G（我一生都在经历的量值）都不到。我怎么仅仅3天就忘记了平时的感觉?

在一间老旧的教室里，我们曾经计算过飞船再入时的最大G值，它是飞船升阻比的倒数。我们飞船的升阻比大约是四分之一，因此它的最大G值是4。我不知道为什么在这个时候我还做一遍计算练习，但我非常清楚，在飞行模拟器里，它的G值是4，而且我也无法改变这一量值。“约翰，你把它驾驭得非常棒!”我们现在的G值正好是4。当我们冲出无线电静默区、地面开始呼叫时，我感觉超重载荷减轻了。落过10万英尺时，G值降为

2，一切看上去都很正常。在3.8万英尺时，我们释放了减速伞。它直径只有6英尺，用于把我们稳定在垂直状态，并把我们的速度降下来，以便在1万英尺的高度上打开主降落伞（直径为58英尺）。糟糕！飞船并没有稳定住，我们开始前后摆动，离开本应垂直下降方向的角度约为25度。“糟糕！”约翰说道。我以前从未见过减速伞，但不知为什么，我觉得约翰的担心是多余的，他显然是和“双子星座”3号飞船的情况进行了比较。“约翰，别担心，没事的。”也许这只是我的一厢情愿。现在飞船摆动得不那么厉害了，我们准备稍微提前一点打开主降落伞。约翰告诉休斯敦：“主伞已打开！”刹那间，红白两色的降落伞笼罩着我们的窗口，让我们觉得非常欣慰。现在我们平躺着以每秒30英尺的速度降落，只剩最后的一件事——释放飞船头部的降落伞绳，这样飞船底部就会处于水平状态，我们溅落时飞船的头部就会朝上，舱门也会处于水面之上。在“双子星座”3号任务中，这种使飞船从单点垂直悬挂转为两点水平悬挂的操作，曾使格斯·格里索姆撞到了仪表面板上并撞碎了头盔的面罩。约翰对此记忆犹新，他提醒我说：“伙计，准备，垫胳膊！”我们把穿着宇航服的胳膊垫在脑袋和仪表面板之间，结果我们的身子只是轻轻往前晃了一下。我们现在落过了5 500英尺，一切正常。窗外看不到航母，但我们离目标点肯定很近，因为休斯敦说他们从电视上看到了我们。现在我们看到了一种奇怪的情况：云团横着闪过我们的窗口！我们不仅正在降落，而且还在伞绳下面旋转。这种转动越来越慢，最后停了下来，然后又朝相反的方向越来越快地转动起来。我从未听说过、也不愿意看到这种情况，觉得这会让我们降落得更快。“伙计，我们会重重地撞向水面!”奇妙的是，我们没有，我们只是轻轻地落向水面。我们肯定是正好赶上了回落的水波。

天气很柔和，8节的风也不见了，海面非常平静。由于这种突然的下降，我的耳朵好像被堵上了似的，空气中弥漫着一种不太习惯的化学物质燃烧的气味。窗外，飞船头部的一对推进器“咝咝”地冒着烟，偶尔喷出微弱的火苗。我突然意识到，过去的3天是多么干燥和凉爽；现在我们回来了，未经过滤的海洋空气是湿润、腐臭、燥热的——主要是燥热的。我那带有厚厚出舱保护层的宇航服完成了自己的使命，现在变成了一种累赘——一条充满我的汗水、令人窒息的毯子。外面一片忙碌——一架直升机闪过我们的头顶，紧接着潜水员们给飞船加上了起稳定作用的充气橡胶垫。真棒！我们通过无线电系统和潜水员们通话。“双子星座”10号飞船不再飞了，我们现在只是两个笨拙的闯入者，任由一组新专家摆布。他们成了出舱活动者，在外面使劲儿折腾。“小伙子们，慢慢来！我们并不着急。你们千万别伤着。”

这次任务结束了。

9 进入“阿波罗”任务乘组

天足够黑的时候，人才能看到星星。

——拉尔夫·爱默生

成为第17位进入太空的美国人是一种小小的荣誉，从某种程度上说，它改变了我的生活。我没有变得家喻户晓，也没有人保存我签署的支票而不去兑现（据说有人曾对约翰·格伦的支票这样干过）。但我现在是真正的宇航员了，此后一生都在向人们解释“进入太空是一种什么样的感觉”。我和公众正式见面的第一个场合，是飞行后的新闻发布会。会上，约翰无法用通俗的语言解释造成这次飞船空绕机动和燃料消耗过多的原因。我的任务就简单多了——描述一下在太空漂移的情景，在没有扶手或脚蹬环的情况下怎样完成工作任务。人们对我们非常友善。载人航天中心主任鲍勃·吉尔鲁斯认为，这是到目前为止最复杂的一次任务，韦布局长的副手鲍勃·西曼斯说，现在我们已经铺平了登月计划的道路。有记者委婉地想让我们承认轨道会合时消耗过多的燃料是一个错误，他们还暗示在一堆脐带线缆中把设备弄丢不是一件光彩的事。

记者会上没人说由于我俩很少说话而使这次飞行成为一次公共关系的灾难。他们要是真的这样说就好了，因为我们至少可以把原因摆到桌面上：我们太忙了，实在没有时间和必要把每一步操作都用可以引用的语言解释一下。而且，重要的事情都及时进行了记录，任务结束后也会提交给相应的专家。作为试飞员，我们接受的训练就是这样——不要在无线电通话系统中一惊一乍的。在试飞员的世界里，平平淡淡是好事，因为它意味着你没有感到意外，你的计划很精确，事情和你预想的相一致。反过来，情绪激动意味着出现了意外，这通常都不是好事。

新闻发布会和技术汇报会之后，约翰和我不再是一个团队，再次成为不断壮大的宇航员队伍中的一员，等待安排飞行任务。我用“双子星座”10号任务的差旅津贴（每天8美元，3天共计24美元），去海边度了两周假，重新熟悉一下我的家人。回到办公室后，桌子上放着成堆的信件。这次飞行一个巨大的遗憾是没有我朝“阿吉纳”火箭进行太空行走的照片。由于照相机出了问题，加上约翰专心于不让飞船碰上“阿吉纳”火箭（还不能启动那个可恶的推进器），我们只剩一台自动拍摄的电影摄影机，它对着正前方，连续拍下的只有“阿吉纳”几英尺以下那黑色的太空。在20世纪下半叶，一个事件必须眼见才能为实，没有图片的描述最多也会让人产生时光倒错之感。我为自己感到难过，因为我无法用图片来向我的孙辈们讲述我是如何作为人类地球卫星在太空进行简短漫游的。有人给我的一封信让我稍感安慰——里面附带了陆军地形测绘工程兵团的J. C. 弗里蒙特上尉给国会参议院的报告，描述了他1843年到1844年在俄勒冈州和加州北部的旅行经历：

> 不幸的是，由于发生了不管是对我们还是对我们的牲畜和收集物品来说都非常严重的事故，我们收集的大部分东西都丢失了。在加州北部内华达山脉的峡谷中和山脊上，我们损失了14匹马和骡子，它们从岩石或悬崖上落入无底的峡谷或河流中，其中一头载着在2000英里旅途中搜集的一捆捆的植物。几乎快到家的时候，我们在堪萨斯河沿岸的帐篷被大洪水淹没了，洪水给下游的密苏里河与密西西比河两岸造成巨大的灾难和毁坏，也给我们剩余的那些容易腐烂的标本造成严重的损毁——它们全被洪水浸泡透了，我们也没有时间去晾干。

不管是谁发的这份报告，我谢谢你——和14匹马和骡子（其中一匹还载有花费了2000英里精心收集的标本）相比，一架掉入无底深渊的照相机算什么呢？

我至少省去了一种飞行后的传统仪式——荣归故里。我是在意大利的罗马出生的，然后一直在搬家，所以我没有故乡，这样就没法进行故乡巡游或其他形式的返乡庆祝活动。约翰被迫去了奥兰多，我现在成了自由人，两年来第一次可以放松一下了。我完成了一次太空飞行任务（一次获得认可的太空飞行任务），现在可以接受“阿波罗”计划的新任务了，这是一个非常不错的时间点。格斯·格里索姆说“阿波罗”1号飞船有可能在年底前升空，很可能与“双子星座”12号飞船同时在天上，西曼斯也表示说最早在1968年就可能实现登月。因此，当弗兰克·博尔曼告诉我说我被分到他的乘组时，我特别高兴。乘组安排是这样的：博尔曼是指令长，汤姆·斯塔福德是指令舱驾驶员，我是登月舱驾驶员。我们是“阿波罗”计划第二次载人飞行任务（乘组是希拉、艾西尔和坎宁安）的后备乘组。这项工作本身并不是太好（希拉的飞行任务并没有可以让我驾驶的登月舱），但重要的是，我们显然会获得别的飞行任务，甚至有可能成为首次登月的乘组。我觉得我们有很好的机会，因为我们是目前最有经验的三人乘组，是唯一一个没有新手的乘组。博尔曼在太空待的时间不比任何人短（在“双子星座”7号任务中待了14天），斯塔福德在轨道会合方面比任何人都更有经验（参加过“双子星座”6号和9号任务）。我当登月舱驾驶员是非常合适的，因为我对格鲁曼公司怪异的着陆器非常着迷。此外，我要是把它降落到月球上，说不定还能把我出舱活动的经验派上用场。

无论如何，1966年8月不管是对我们的航天计划还是对我本人来说，都是一个特别令人乐观的月份。不仅“双子星座”计划正在非常成功地收尾，“阿波罗”计划即将启动试飞，而且太空时代好像真的到来了。随着美国的“月球轨道器”和苏联的“卢娜”11号月球轨道器发回大量的照片和探测结果，月球对这两个国家来说变得越来越近了。登月好像也不是唯一的目标——像美国空军参谋长约翰·麦康奈尔上将这样的领导人，开始谈论未来空军飞行员将驾驶宇宙飞船降落在常规跑道上。NASA 的领导者们开始规划“阿波罗”之后的计划——“阿波罗应用计划”，深思熟虑的社论主笔们敦促 NASA 在月球竞赛中不要仓促行事，做长期规划时要更有远见。

我在乘组中担任的小角色，是照看一艘“阿波罗”指令舱，它正在北美航空工业公司在加州的唐尼工厂做最后的组装和测试。它将是这一型号的第二艘载人飞船，人们都用它的系列号——014 称呼它。在唐尼工厂的白屋（比麦克唐纳公司在圣路易斯的白屋大很多；我曾在圣路易斯的白屋里花费了大量的时间照看“双子星座”7 号和 10 号飞船），试验人员把一个跳跃的绿色大青蛙标志挂在了飞船上。挂这个标志是想挖苦一下格斯·格里索姆他们的第一艘载人飞船（系列号是 012），飞船的问题很多，要不是格斯他们紧盯不放，014 号飞船这个小可爱就会超越过去，成为第一艘可以上天的飞船。012 号和 014 号飞船都称为Ⅰ型飞船，它们其实就是一种样机，在某些方面还不完整，与后续设计相比，有些方面的技术已经落后。例如，它们没有对接装置，无法与登月舱对接；制导系统的核心——惯性测量装置指向了奇怪的方向，它所有的测量值必须转换为飞船体轴坐标系。对博尔曼、斯塔福德和我来说，在这艘Ⅰ型飞船上下功夫有点令人沮丧，因为只有两艘会用于载人飞行，我们肯定会转到后面的Ⅱ型飞船，而且也会有我们自己的登月舱。

另一方面，被分到具体的乘组极有帮助，因为这样可以使我们加快学习“阿波罗”基本系统的进度。实际上，我感觉自己还没有来得及吸收足够的背景知识就一下子投入了这项工作。主乘组的希拉、艾西尔和坎宁安已经为这个项目工作几个月了，博尔曼也和他们差不了多少。刚完成“双子星座”飞行任务的汤姆·斯塔福德和我是新来者，但汤姆似乎比我学得更快。他在海军学院学习电气工程时，成绩全班第一。他记忆电路图就像十几岁的女孩们记忆流行歌词一样容易。这些东西对我来说更难一些，但随着 9 月的结束，我开始明白了放在白屋里那个楔形装置的内部结构。以前觉得“双子星座”飞船非常复杂，但和这头“怪兽”相比，简直就太简单了。在这艘“阿波罗”飞船上，仅一种开关就有 300 多个，此外，管路、阀门、控制杆、支架、旋钮、指示表、手柄等都是数十个。除了驾驶飞船用的各种控制器，里面还有各种实验装置，既有医学实验的，也有科学实验的。飞船里面乱作一团——排满了橱柜和箱子，里面装着宇航员 14 天的食物和日常用品；实验装置塞满了各个角落和缝隙。更糟糕的是，这种杂乱一直都是动态的，工人们来来往往极有规律，总是不停地重新布置导线，更换黑匣子，重新摆放各种设备。这让人感到有点莫名其妙，因为我询问过的人没有一个能说清楚在某个时刻都有什么东西在（或不在）飞船里，但后来我想肯定有人在哪里做着记录。我的工作是在无休止的试验过程（24 小时不间断）中待在现场，这是为了检查飞船是否做好了飞行准备。越来越明显的是，北美航空工业公司还远远无法与“墨丘利”和“双子星座”飞船的制造商——麦克唐纳公司非常专业的试验团队相比。北美航空工业公司后来确实赶上了麦克唐纳公司，但那是两年以后的事了。此时，它还处于业余摸索阶段，在这个项目上我也是业余人士，还在努力学习“阿波罗”飞船新的名词术语和系统，因而无法给它提供任何帮助。

参与“阿波罗”计划的NASA工程师们也不太帮忙。“双子星座”计划一直被认为是“阿波罗”计划的试验场，从中获取一些实际的经验后再应用到登月计划上。但奇怪的是，当我们把“双子星座”计划的方法建议给“阿波罗”工程师时，他们并不愿意接受，甚至连听都不想听。你第一次向他们提及“双子星座”的时候，他们就暴露出了真面目，他们会用冷淡、稍微带点傲慢的语气对你说，“阿波罗”飞船就不是那样工作的。你不理解只是因为你还没有掌握超级复杂的“阿波罗”系统。

虽说试验流程不尽人意，但辅助性安排非常周到。因为要每天24小时做试验，飞船试验人员可能随时需要一位宇航员坐进驾驶舱，于是给我们提供了一间豪华的休息室，配有床铺和彩色电视机。我们还经常受邀去管理层的餐厅，结识北美航空工业公司的经理们，开始了解“阿波罗”计划那无与伦比的工程复杂性。他们对我们关照得非常周到，使我们每周去唐尼工厂的出差尽量愉快。

尽管如此，我还是觉得这地方难以令人愉快，南加州到处都是装饰华丽的夜总会。工作时，技术工人们更愿意谈论周末开车去内华达山脉野营的事，而不愿意解释为什么上次试验没有成功。这样一个时髦的地方似乎不太适合组装这种无比复杂的飞行器，因为这需要特别细心和严格自律。也许看不惯这里的根本原因，是我根本就不想飞 014 号飞船。要说哪一次飞行任务比较无聊，那只有这一次了。格里索姆、怀特和查菲的 012 号飞船，其特点是“阿波罗”计划的首次载人升空，并飞行两周（如果各种管路不散架的话），而希拉、艾西尔和坎宁安的 014 号飞船只是重复前面的任务——数据表里的另一个数据点而已，是为更好地规划后面更复杂的飞行任务做准备的。此外，014 号飞船里塞满了各种医学实验设备，包括被称为运动量监测仪的一辆折叠自行车；要是空间允许的话，宇航员可以定期骑一骑，让医生们了解一下心血管退化的情况。甚至还要带一只青蛙，装在一个微型离心机里，它的内耳里装了传感器。失重到给定的时间后，青蛙定期在离心机上旋转，然后相应地记录它的耳石功能。乘组甚至都不能提醒一下这个可怜的小家伙，只是按下开关就不管了。设想一下，一个青蛙开关能让试飞员发挥什么作用？我可不想驾驶这样的飞船，我们赶紧把它测试完，离开这个嘈杂之地，然后开始我与博尔曼和斯塔福德的月球之旅。

在去唐尼工厂的间隙，我在休斯敦的工作也相当紧张——追赶“阿波罗”计划的其他工作，抽时间看一些登月舱的资料，花在家人身上的时间至少是忙乱的 1966 年上半年的 2 倍。遗憾的是，一个小数的 2 倍仍然是个小数。9 月和 10 月分别去了 4 次唐尼工厂后，我越来越讨厌希拉的乘组和他们的跳蛙。

一个有趣的插曲是在休斯敦驾驶直升机。一年前，NASA 派我去直升机学校学习过，我特别喜欢飞那两架非常敏捷的小型贝尔直升机，它们就停在隔壁的埃灵顿空军基地。驾驶直升机并不容易，尤其是驾驶早期的型号，它们没有旋翼转速的自动控制系统，两手忙着做一些和固定翼飞机完全不一样的事情。有点像一只手揉肚子，另一只手拍脑袋。左手控制上下和油门。你要是想上升，就向上拉动油门变距杆，旋翼叶片就会扭转，从而吸入更多的空气，产生更多的升力。遗憾的是，这一操作的结果可能会使旋翼的转速降低，所以，你向上拉动油门变距杆的同时必须扭动手腕，给汽化器加油，从而使转速保持不变。老直升机驾驶员仅靠声音就能判断旋翼的转速，但我一直没有学会这一技巧，总是把眼睛盯在转速表上。与此同时，右手也不能离开右边的驾驶杆，否则这个不稳定的小坏蛋就会突然失去控制，不管是左右运动还是上下运动，都是一样。下肢也没有闲着，因为两脚需要一直踩着方向舵踏板。NASA 之所以让我们利用直升机进行训练，是因为驾驶登月舱在月球降落与直升机进场有点类似，尤其是着陆时的最后几英尺。此外，登月舱驾驶员训练还包括驾驶几次模样怪异的飞行床架装置——月球着陆训练飞行器，参加这一训练之前，你需要积累 200 小时的直升机飞行时间。NASA 还根据月球轨道器和“徘徊者”探测器拍摄的照片，用炉渣在埃灵顿附近建造了一两英亩[①]模拟的月球表面，并在上面精心仿制了各种陨石坑。我们利用这个“石头堆”模拟月球表面抵近：在大约 500 英尺高度，急收油门，驾驶直升机以各种角度和速度、在各种光

① 英亩：面积单位，1 英亩 = 4 097 平方米。——译注

照等条件下进行降落，以准确掌握下降高度和速度。这种训练非常有趣，从唐尼工厂出差回来后也是一种很好的理疗。

唐尼工厂的014号飞船进展正常，但“阿波罗”计划的整体进展并不顺利。随着冬天的到来，夏天那种普遍存在的乐观情绪已经荡然无存。格里索姆他们的012号飞船不会在11月与“双子星座”12号一起飞行，而是一天一天地推迟到1967年。造成这种推迟的原因不止一个，而是一长串小的毛病和缺陷，需要对各种构件进行更换和重新测试。环境控制系统的问题尤其突出。012号飞船的管路系统简直就是管路工的噩梦，似乎总是出现泄漏，需要进行耗时的拆卸和修理。“阿波罗”计划的麻烦还不限于012号飞船。10月25日，017号飞船服务舱的一个燃料箱，在唐尼工厂进行压力试验时发生爆裂，让整个航天界深感不安。服务舱的燃料箱对登月任务来说至关重要，如果其中一个在月球轨道出现问题，宇航员们就无法返回地球。更糟糕的是，有传言说巨型“土星”5号运载火箭的第二级存在问题（它的第一级和第三级状态都很好）。质检人员发现第二级的铝合金蒙皮和焊缝一直存在微小裂纹，相关专家暗示说，北美航空工业公司选错了铝合金材料。传言说，虽然这种合金重量轻、强度高，但就是太脆，第二级要成为安全的运载工具还有很长的路要走。我们宇航员非常关注这些技术问题，而对不断进行的有关费用攀升和管理不善的新闻报道不太关心。费用不是我们关心的事情，管理看上去也问题不大，尽管有些从未参与过“双子星座”计划的“阿波罗”计划人员确实有点天真和过于自信，甚至可能有些傲慢。我们“双子星座”计划的人可能也一直都有点傲慢，此时我们发现人们开始用同样的态度对待我们。至少我们可以说，我们经历过一次艰难的助产过程，尽管它只是沿地球轨道的两人飞行。

“双子星座”计划还在继续，虽然即将结束，但计划进展相当稳健。皮特·康拉德和迪克·戈登于9月中旬乘坐“双子星座”11号飞船进入太空，任务完成得非常不错。正像约翰·扬和我轻松地打破了苏联的“上升”2号飞船创下的167英里的高度纪录，把高度纪录推高到475英里一样，“双子星座”11号飞船也轻松地打破我们的纪录，把高度纪录提升到了850英里。在这个高度上，地球的曲率已非常明显；他们带回了波斯湾和周围地区非常壮观的照片。这次飞行的技术成就也同样令人瞩目。作为指令长，皮特·康拉德表现得既冷静、能干，又充满活力。迪克·戈登的表现也近乎完美，唯一的问题是，出舱活动期间他很快变得体温过热和疲惫不堪，只得被康拉德叫回驾驶舱。迪克的任务是在飞船和与之对接的“阿吉纳”目标火箭之间连一根系绳，这样，当两个飞行器脱离对接时，试验能否把系绳用作节省燃料的手段——让两个飞行器缓慢旋转并保持系绳张紧。平时训练时，迪克轻而易举地就完成了这种连接，但在太空，他发现做起来非常艰难。当他骑在飞船头部，一边摆弄不听使唤的连接器，一边试图保持工作姿势时，身体却胡乱翻滚。“骑上它，牛仔！”是皮特能给大汗淋漓的迪克提供的唯一建议。迪克随后就返回了驾驶舱，他虽然最终赢得了这场“摔跤比赛”，但后面的舱外试验只得取消。

考虑到吉恩·塞尔南和迪克·戈登分别在“双子星座”9号和11号任务中遇到的困难，包括心率飙升和明显的体力不支，再加上埃德·怀特和我的评论与建议，项目经理们决定利用最后一次飞行——“双子星座”12号任务，试验各种能使出舱活动更加容易的装置。巴兹·奥尔德林于是成了很不情愿的“小白鼠”，因为他一直希望能够利用一台精心设计、背在身上的机动装置——宇航员机动装置，像电影人物巴克·罗杰斯那样自由飞行。可现在，他需要试验和评估各种限定装置，包括扶手、脚蹬环，等等，这些工作虽然没有那么激动人心，但同样非常有意义。巴兹总共在舱外待了五个半小时，以高度程序化的方式进行工作，并定时进行休息，因此没有遇到任何困难。

从1966年11月11日至15日，“双子星座”12号任务还成功地完成了轨道会合与对接，以及大量的实验。这次飞行非常成功，从而使令人自豪的“双子星座”计划圆满结束。尽管如此，当读到各种文章说NASA终于解决了让所有以前的太空漫步者感到疲劳的问题时，我还是感到很恼火。埃德·怀特没有遇到任何困难，我也没有，只是明显的事实是，“阿吉纳”目标火箭就不是设计用来让人太空漫步过去的目标物体。毫无疑问，和从第二颗地球卫星（无动力、无辅助装置）上取下一部实验装置相比，巴兹站在带有各种约束装置的平台上敲敲打打简直就是小儿科。另外，“双子星座”12号的实验量并不比10号多，却给了4天的飞行时间，这让我非常不解。唉，约翰和我要是也多给一天，那该多好啊！

以下信息（以表格形式罗列）回顾了“双子星座”计划的某些亮点。这些信息不包括下面的主要成就：

(1) 博尔曼和洛弗尔的7号任务，证明了人在失重状态下待14天（几乎是登月任务所需时间的2倍）不会产生严重的身体问题。

(2) 6号、8号、9号、10号、11号和12号任务证明了利用各种技术、以不同的形式完成轨道会合是可行的，而且如果我们可以在地球轨道上进行，那在月球轨道上进行也不会有问题。

(3) 组建了一支庞大、有能力的试验、规划和飞行控制团队，可以把去25万英里以外的地方探险并安全返回的实际风险降到最小，但不可避免的缺陷依然存在——复杂的飞行器是由难免犯错的个人组装的。

发射和返回期间最高心率

任务编号	乘组	发射期间最高心率（次/分钟）	返回期间最高心率（次/分钟）
3	格里索姆 扬	152 120	165 130
4	麦克迪维特 怀特	148 128	140 125
5	库珀 康拉德	148 155	170 178
6	希拉 斯塔福德	125 150	125 140

续 表

任务编号	乘组	发射期间最高心率（次/分钟）	返回期间最高心率（次/分钟）
7	博尔曼 洛弗尔	152 125	180 134
8	阿姆斯特朗 斯科特	138 120	130 90
9	斯塔福德 塞尔南	142 120	160 126
10	扬 柯林斯	120 125	110 90
11	康拉德 戈登	166 154	120 117
12	洛弗尔 奥尔德林	136 110	142 137

我不知道怎样解读这些数据。NASA做过一些有趣的试验：让两位飞行员坐在高速飞机里，检查他们心里紧张（至少是心率提升）的程度，结果表明，对飞行任务负有责任的那位（而不是实际驾驶飞机的飞行员）更紧张。如果把这一结论应用到上述表格，每次任务的指令长，他的心率一般提升较多。

返回小结

任务编号	偏离预定目标点的距离（海里）
3	60
4	44

续 表

任务编号	偏离预定目标点的距离（海里）
5	91
6	7
7	6. 4
8	1. 4
9	0. 38
10	3. 4
11	2. 65
12	2. 6

有一段时间，约翰和我是这一纪录的保持者，尽管9号飞船的偏离距离比我们少多了。为什么呢？因为国际航空联合会在9号任务之后设定了一个新的纪录类别，作为新类别建立之后的首个飞行任务，约翰和我自动成为新纪录的创造者。我想11号飞船的乘组又拿到了新的纪录证书，但我不知道，因为国际航空联合会只通知新的纪录创造者，而不会通知老的纪录创造者。

“双子星座”任务中宇航员承受的辐射剂量

任务编号	时长（天:小时:分钟）	平均积累辐射剂量（毫拉德）	
		指令长	驾驶员
3	0:04:52	20	42
4	4:00:56	42	50
5	7:22:56	182	170

续 表

任务编号	时长（天:小时:分钟）	平均积累辐射剂量（毫拉德）	
		指令长	驾驶员
6	1:01:53	25	23
7	13:18:35	155	170
8	0:10:41	10	10
9	3:01:04	17	22
10	2:22:46	670	765
11	2:23:17	29	26
12	3:22:37	20	20

约翰和我之所以承受的辐射剂量这么高，是因为我们的轨道高度正好擦着范艾伦辐射带的下沿，尤其是在南大西洋的关键区域，此时辐射带有些下探（即所称的“异常游离层”）。然而，即使是765毫拉德，它仍然被认为远低于对健康有害的门限值。

乘组体重减轻量（磅）

任务编号	指令长	驾驶员
3	3	3. 5
4	4. 5	8. 5
5	7. 5	8. 5
6	2. 5	8
7	10	6
8	未知	未知

续　表

任务编号	指令长	驾驶员
9	5.5	13.5
10	3.0	3.0
11	2.5	0
12	6.5	7

一般来说，飞行时间越长，体重减轻就会越多。我想太空漫步者吉恩·塞尔南在为期3天的“双子星座”9号任务中减轻的13.5磅，是因为他的出舱活动需要操作笨重的装备而造成了身体的脱水。

实验完成情况

任务编号	计划实验占飞行时间的百分比	计划实验数量	完成实验数量
3	5%	3	2
4	16%	11	11
5	17%	17	16
6	12%	3	3
7	22%	20	17
8	21%	10	1
9	21%	7	6
10	37%	15	12
11	29%	11	10
12	30%	14	12

就百分比来说，约翰和我的实验负荷最重，只有那两次长时间的飞行任务（5号和7号）比我们安排的实验更多。

出舱活动期间的心率

（找不到埃德·怀特的数据）

任务编号	平均心率（次/分钟）	最高心率（次/分钟）
9（塞尔南）	150	180
10（柯林斯）	118	165
11（戈登）	140	170
12（奥尔德林）	105	155

奥尔德林的工作负荷受到精心控制，中间还穿插着休息时间。我们其他人都是按照工作需要的节奏去行事。尽管如此，我唯一感到劳累的身体部位是手指，因为我戴着笨重的充压手套。

轨道会合期间消耗的燃料数量（磅）

<table>
<tr><th colspan="2">任务编号</th><th>实际消耗量</th><th>理论最低值</th><th>实际与理论之比</th></tr>
<tr><td colspan="2">5</td><td>130</td><td>81</td><td>1.60</td></tr>
<tr><td colspan="2">8</td><td>160</td><td>79</td><td>2.03</td></tr>
<tr><td rowspan="3">9</td><td>第一次</td><td>113</td><td>68</td><td>1.66</td></tr>
<tr><td>第二次</td><td>61</td><td>20</td><td>3.05</td></tr>
<tr><td>第三次</td><td>137</td><td>39</td><td>3.51</td></tr>
<tr><td rowspan="2">10</td><td>第一次</td><td>360</td><td>84</td><td>4.29</td></tr>
<tr><td>第二次</td><td>180</td><td>73</td><td>2.47</td></tr>
</table>

续　表

任务编号		实际消耗量	理论最低值	实际与理论之比
11	第一次	290	191	1.52
	第二次	87	31	2.81
12		112	55	2.04

毫无疑问，我们在10号任务中燃料消耗最多。

安全、成功地完成“双子星座”计划之后，NASA管理层开始关注步履蹒跚的“阿波罗”计划并做了一系列的改变，这些改变严重危及我们一些乘组成员的生命。首先，“跳蛙”一下子跳没了——014号飞行任务被取消了，因为它是012号任务毫无意义的重复。如果格里索姆、怀特和查菲要乘坐Ⅰ型指令舱在地球轨道飞行14天，那为什么要让希拉、艾西尔和坎宁安再来一遍呢？于是014号任务就取消了，希拉的乘组就变成了格里索姆的后备乘组，而原来的后备乘组——麦克迪维特、斯科特和施韦卡特立刻成为第二次载人飞行任务的主乘组，他们将在地球轨道上首次对Ⅱ型指令舱进行复杂的试验并对登月舱进行首次载人试验。啊哈，这可是很大的变化！按说这种好事应该给希拉而不是麦克迪维特，但有人显然认为，麦克迪维特的乘组更适合这一极其复杂的任务，它涉及两艘同时飞行的载人飞船。驾驶登月舱尤其不容易，因为一旦麦克迪维特和施韦卡特进入登月舱并与斯科特的指令舱分离，他们必须能够返回指令舱。娇脆的登月舱没有热防护罩，因此它无法单独返回地球——那样重返大气层时会被烧毁。另一方面，对我们这些内部人士来说，给希拉（执飞过“墨丘利”和“双子星座”飞行任务）的这一安排意味着他职业的终结，但我们很快（也很悲痛地）发现，这一判断是完全错误的。

当然，014号任务的取消也意味着博尔曼、斯塔福德和我需要重新安排任务。我们确实被重新安排了，但不是同一个乘组。汤姆·斯塔福德取得进步，和约翰·扬、吉恩·塞尔南一起，组建了自己很有经验的乘组——麦克迪维特的后备乘组。博尔曼和我晋升为第三次载人飞行任务的主乘组，比尔·安德斯是我们的第三位成员。在这一安排中，我也从登月舱驾驶员“晋升”为指令舱驾驶员，但也立刻失去了第一批踏上月球的机会。这其中的原因在于，迪克那时有一条严格的规定，在所有涉及登月舱的飞行任务中，指令舱驾驶员必须是上过天的人，他不想让一个新手单独待在指令舱里。由于比尔·安德斯是个新手，所以只能让我当指令舱驾驶员。我慢慢明白了这意味着什么。我没有了登月舱，没有了出舱活动，不再需要高超的驾驶技巧，不用再进行直升机训练了。我成了导航员、制导与控制专家、营地运营者、管路泄漏责任人，这都是我最不感兴趣的事情。多年后，我对下面的问题回答了一千次：“你、阿姆斯特朗和奥尔德林是怎么决定谁留在指令舱、谁踏上月球的?”我用一百种方式回答这一问题，但没有一种完全符合实情，那时候我很难说“女士，当他们取消014号任务时，我就丧失了登月机会”，尽管基本情况就是那样。

1966年下半年以后，我成了指令舱的专家，虽然我改变过乘组，但再也没有改变过这个专业。

然而，事情并不都是这样悲观，从坎宁安的后备变成“阿波罗”计划第三次载人飞行的主乘组成员，我感觉非常满意。我们的新任务将是一次特别有趣的飞行。这将是第一次搭乘“土星”5号巨型登月火箭的载人飞行任务。虽然我们不会离开地球轨道，但我会重返上次创纪录的高度，并飞得更高——远地点达到4000英里，此时整个地球（从一个极点到另一个极点）都能看到。然后博尔曼和安德斯会对登月舱进行试验，我则留在指令舱。这是非常有趣的工作，尤其令人高兴的是我们可以设定自己的工作节奏，而不是被动地跟在希拉、艾西尔和坎宁安的身后，受他们训斥。希拉每天早上都迟到，不仅从来不道歉，从来不去赶进度，而且开始工作前还会再浪费45分钟——开玩笑，喝咖啡，讲战事。坎宁安不停地抱怨，抱怨希拉，抱怨整个世界；艾西尔则充当和事佬，但半数情况他都不知道发生了什么事情。现在我们摆脱了他们，可以按照博尔曼的节奏自由地规划和组织1967年的工作并进行相应的训练了。首先，我们必须让格里索姆他们升空（可能是2月），随后是麦克迪维特他们，然后（希望在夏末）就该我们了。在我们和家人讨论圣诞节度假的事情时，就我所知，没人预感到灾难会降临“阿波罗”飞船。此后的20个月里，再没有乘组升空，而第一个恢复升空的乘组竟是希拉、艾西尔和坎宁安。

1967年1月27日（星期五），宇航员办公室里非常安静，基本上空无一人。办公室主任艾伦·谢泼德出去了，其他的老家伙们也都出去了。但总得有人去开每周五的例会，艾伦的秘书说我是在场人员中资历最老的宇航员，于是我就手拿笔记本，赶往斯莱顿的办公室，准备记下下一周的工作琐事。迪克·斯莱顿不在办公室，于是他的助理唐·格雷戈里主持会议。我们刚要开始，迪克办公桌上的红色紧急电话就响了。唐急忙抓起电话，面无表情地听着。我们其他人谁也不说话。红色电话是我人生的一部分，它们响起来时，要么是试验通信线路，要么飞机出了事故，要么空中的飞机遇到了麻烦。过了很长时间，唐终于放下电话，非常平静地说："飞船着火了。"这一句就够了。毫无疑问，大家都知道哪艘飞船（012 号），谁在里面（格里索姆、怀特和查菲），在哪儿（肯尼迪角的 34 号发射塔），什么原因（最后的系统测试），什么结果（死亡，越快越好）。此时，我能想到的是，天哪，这么明显的事情我们为什么没有事先考虑呢？我们担心发动机启动不了或停不下来，我们担心各种泄漏，我们甚至担心火焰前锋在失重的太空会怎样传播，怎样降低驾驶舱的压力才可能把火熄灭。然而，在我们眼前的地面上，本来应该是我们警惕性最高的时候，我们把三位宇航员放进了没有试飞过的飞船里，把他们绑在座椅上，锁上两个笨重的舱门，让他们无法逃离火灾。是的，要是下面的运载火箭着火了，我们有精心设计（虽然不一定实用）的逃生方案——沿缆索滑下，但飞船内部的着火应该不会发生。然而，这种情况确实发生了，为什么不会发生？毕竟，我们在太空使用的纯氧环境，其压力至少降低为每平方英寸 5 磅，但在发射塔上，环境压力比大气稍高，接近每平方英寸 16 磅。在每平方英寸 16 磅的纯氧环境中点燃一根香烟，你会吃惊地发现它在两秒钟内就化为灰烬。在这种压力下，氧气分子都挤在一起，任何一般认为是“可燃”的材料几乎都会发生爆燃。飞船里有很多可燃材料——手册、衣服、日常用品等，起火源也有很多。按说飞船不应该有起火源，但不可否认的是，Ⅰ型飞船内部简直就是导线构成的森林，工人们一遍又一遍地侵扰这片森林——更换、剪切、加线、接线，使整个飞船存在巨大的短路隐患。

我们十分震惊地坐在那儿时，红色电话又响了，这次提供了更多的细节——救援人员已到达现场，但由于温度过高无法进入飞船；只有指令舱被损毁，听不到里面乘组的声音或动静。不可能，他们不可能还活着。现在唯一的问题是：他们死得多快？他们是被烤死、烧死、还是窒息死的？是 5 秒钟，还是 5 分钟？他们的家人怎么办？总得有人告知他们，而且要快。泰德·弗里曼死的时候，是一位记者跑上门告诉他妻子费丝的，还要寻求更多的细节，这是我们需要吸取的教训。我给宇航员办公室打电话，找到了稳重、可靠的艾伦·比恩，他说他组织人员通知他们的妻子，我就待在红色电话旁边了解最可靠的消息。几分钟后，艾伦就找到了尽快通知格里索姆和怀特家人的宇航员和他们的妻子，但他找不到通知玛莎·查菲的人。这不能随便找一个人，他必须是一个宇航员，和查菲是好朋友，能够想办法把这个不幸的消息告诉她并安慰她，而不会让她胡思乱想。她的邻居吉恩·塞尔南是个很好的人选，但他外出了。我心头猛地一紧，意识到我是第二个最佳人选。艾伦·比恩在办公室进行电话协调会更有利，于是我告诉他我会告知玛莎。我非常缓慢地开过这 1.5 英里的路程来到她家（和我家只隔了 3 家）。艾伦已经让他妻子苏和几个邻居的妻子赶到玛莎家去阻断一些电话和来访者，玛莎此时意识到已经出事了。但什么状况？

她们都在家人休闲室里等我，眼睛睁得大大的，一言不发。玛莎在这一小群当中显得很突出，她脸上带着不安、有所觉察和默默接受的神情。玛莎平时很突出，那是因为她的美。她拥有了一切：大学啦啦队队长的激情奔放，宽大的颧骨，完美的下巴，模特的体态，运动员的苗条身材。在所有宇航员妻子中，玛莎·查菲最出类拔萃，一头金发像好望角的灯塔一样闪亮。除此以外，她还有一个好头脑——乐观、聪慧，能在罗杰奇怪的新职业中提供帮助，她甚至和罗杰一起研究月球地貌。现在，我不得不过来告知她这个不幸的消息。“玛莎，我想和你单独说句话。”“好吧。”她一边说着，一边走向窄窄的走廊，我跟在她后面一两步的地方。我从未想到“阿波罗”计划会是这样，工作当然有风险，但绝不是承受这样的痛苦——告诉美丽的女人她们的丈夫被烧死了。

去阿灵顿公墓也是一样。在不到 3 年的时间里，这是我们第三次来这里为死去的同事送葬。现在我们至少知道了流程：从雪松衣橱里拿出不常穿的军装；把遗孀、孩子、一位好友和一位牧师送上“湾流”公务机；当天晚上在华盛顿把他们接到乔治敦旅店。第二天早上，忧郁地在大厅里集合，周围都是穿着各种不常见军装的人，然后坐进豪华的轿车赶往不远的阿灵顿公墓。1 月末的阿灵顿是最潮湿、阴郁的季节。格斯和罗杰的棺材放在了马车上，我们仪仗队在两侧以悲伤的步调行走时，至少没有被雨淋到。最后，没有意义的话讲完了，致敬的枪声也响过了，他们两位终于入土为安了。埃德·怀特在同一天葬在了西点军校，我很想在那儿，尽管没人愿意参加葬礼。多年前埃德和我是西点军校的同学，我们作为“双子星座”7 号任务的后备乘组还一起工作过。从现实意义来说，罗杰也是我的同学，我俩和其他 12 位一起，在同一天入职 NASA；在过去的 3 年里，我们 14 位宇航员建立了深厚的友谊和强有力的相互支持。此外，尽管我无法减轻玛莎的悲伤，但我会尽力去做，尽力提供帮助和安慰，因为我毕竟是第一个把不幸的消息告知她的人。我曾尽力向帕特·怀特解释这一情况的缘由，她表示理解。

现在，留给玛莎的是一面折叠的国旗和两个需要抚养的孩子；其他的妻子们也终于明白，太空飞行就像驾驶飞机一样，也会死人。在此之前，这只是理论上的可能性，一种概率事件，但从未真正发生过，在整个“墨丘利”和“双子星座”计划中都没有发生过。现在，“阿波罗”计划一次还没有飞就烧死了三位宇航员，它发生的模式是什么？会不会一次接一次的发生（就像飞机事故连续发生那样）？“阿波罗”计划会不会吸取这次灾难的教训并迅速恢复？NASA 会怎样重新出发？有多少宇航员会决定放弃？如果丈夫不放弃，有多少妻子会选择离开？答案当然是没人放弃，也没有妻子离开，我觉得这是一项值得自豪的纪录，但谁也不知道有多少人差一点就放弃了。除了一带而过地触及一下，我从来没有和帕特深入谈论过这个话题。我觉得这主要是因为我害怕去度量帕特对这个把我们当作人质的“阿波罗”计划的怨恨和敌意。

在令人郁闷的1967年的头几个月，人们越来越明显地认识到，012号飞船的大火并不是一次偶然事件，而是指令舱系列产品存在问题的总体反映。第一个问题是环境问题——每平方英寸16磅的纯氧环境。第二个问题是把大量的可燃材料暴露在高度易燃的环境中。第三个（也是最隐蔽的）问题是对飞船最后阶段的改动缺乏强有力的控制措施，给人的感觉是太多的改动获得了批准，而随后的执行又过于粗糙。事故调查委员会花了几个月的时间研究烧黑的飞船，却无法确定引发致命大火的原因，但他们发现了更严重的问题——可能的原因有数十个，成堆的随行文件并不能准确地展示飞船的真实状态。有些工作做了，但随行文件里并没有记录；另一方面，有些工作做了记录，但并没有很好地完成。在飞机行业里有一句玩笑话，只有纸质随行文件的重量等于飞机的重量时才允许起飞。在太空飞行领域，随行文件是最重要的材料。没有随行文件，事情必然会一团糟，没人知道哪项工作说了没做，哪项工作做了没说，特别是在倍受干扰、不断赶工、一天三班倒的环境中，这种情况不可避免地会出现在载人飞行之前，尤其是系列飞行任务中的第一个。半夜倒班的工人会面对包含56根导线的线缆，如果上一班的人没有在随行文件中准确记录，他/她很有可能把导线剥错。

在我看来，NASA 和北美航空工业公司在深挖问题方面都特别专业。一开始，他们都有点相互抱怨和指责[①]，但他们很快都意识到，现在的主要问题不是追究责任，而是采取一致的行动让计划重新向前推进——安全地推进。最困难的工作是用不易燃的材料取代易燃材料，尤其是衣服、毛巾、食物袋和其他个人装备。实际上，如果在氧气充足的环境中长时间暴露在足够热的火苗上，任何材料都会燃烧。甚至不锈钢在纯氧环境中都能燃烧。“双子星座”和初期的“阿波罗”宇航服的外层由诺梅克斯（一种耐高温尼龙纤维）制成，温度超过 700 华氏度才开始慢慢燃烧，但着火后换成了贝塔布（编织的玻璃纤维）。玻璃纤维内衣穿着让人有点发痒，而贝塔布外层很容易磨损，产生微小的玻璃颗粒，漂满整个驾驶舱，被宇航员吸入肺部。于是贝塔布就需要涂上一层东西，如特氟龙。这样，看上去很简单的问题就变得非常复杂。每一种考虑的新材料都要经过大量的试验，当然，需要更换的并不仅仅是宇航服的外层，实际上，指令舱里所有暴露的构件都要进行更换。人们很快发现，尽管解决方案比较简短直接，但实施起来需要的时间特别长。

除了新材料，还需要新的机构。例如，侧面的舱门需要重新设计，要使宇航员能够快速出来。原来的设计实际上有两个舱

---

① 读者可以选边站。NASA：北美航空工业公司的工作一直特别粗糙，着火时竟不知道 012 号飞船里都有什么东西。北美航空工业公司：我们只是被迫在 NASA 的赶工压力下工作，此外，NASA 的责任是监督和批准我们的每一步工作。

门，内侧的舱门需要用定力扳手才能吃力地卸下来（从而把外侧的舱门暴露出来），把笨重的内侧舱门放到一边才能卸下外侧的舱门。新设计把两个舱门合二为一，锁定机构也大大简化。所有这些工作都需要花费时间，我们在1967年完成3次载人飞行的希望很快化为泡影。有资深行业人员说，项目的延误至少是一年。实际延误接近两年。

北美航空工业公司埋头于自己的重新设计工作。与此同时，整个“阿波罗”计划并没有停止，宇航员办公室里的工作也是一样。我们把更多的时间花在休斯敦，而不是唐尼，但任何头脑冷静的人都知道，考虑启动登月飞行之前，还有无数的细节问题需要解决。这次大火虽然非常恐怖，却给了“阿波罗”计划的其他工作急需的喘息机会。“土星”5号运载火箭的问题，登月舱的问题，地面雷达的跟踪与计算问题，环顾四周，人们都在努力解决各自的问题。我觉得这次的大火一天也没有耽误首次登月，因为直到1969年年中，那些与大火毫无关系的问题才得到解决。其中一个小例子是指令舱和登月舱都携带的计算机。这个小型装置只有38 000个词汇，当你让它解决复杂的轨道会合和其他问题时，这个词汇量明显不大。显然，每个词汇都要能够被乘组充分利用，使用的语言必须高效、直接、简单，但实际情况并非如此。问题并不仅限于计算机及其软件，很多其他硬件也是一样。

博尔曼-柯林斯-安德斯乘组忙着解决自己的问题。博尔曼是火灾事故调查委员会的成员，他把1967年的前几个月几乎都花在了肯尼迪角，调查012号飞船发生火灾的原因；或者在唐尼，监督调查委员会所建议的更改的落实。其中一项建议是Ⅰ型飞船完全退役，这意味着我可以开始学习Ⅱ型飞船系统。实际上，我继承了我一直关照的飞船（系列号为104）。与此同时，比尔·安德斯忙于解决登月舱的问题，我则越来越投身于我们飞行任务（一般称为503号①）的规划。

我们飞行任务的第一个不同寻常之处，在于前面只进行了2次非载人飞行试验。“墨丘利”计划的“阿特拉斯”运载火箭把约翰·格伦送入太空之前，做了大约50次非载人飞行试验，在“双子星座”3号任务中，“大力神”Ⅱ型运载火箭把格里索姆和扬送入太空前也做了几乎同样数量的非载人飞行试验。第二个不同寻常之处是“土星”5号运载火箭的第三级需要再次启动，就像飞往月球的任务一样。但我们会把它提前关闭，这样我们就会继续留在地球轨道；此时我们会冲到4 000英里的高度。此后我们会测试登月舱，完成一套精心设计的轨道会合流程。

轨道会合可不是一个简单的问题。实际上，宇航员办公室里一个非常棘手的问题是：登月之前需要进行多少次的轨道会合来验证“阿波罗”飞船的设备？轨道会合是一门非常神秘的技术，

---

① 完整解释各种系统的编号需要大量的篇幅，我这里只给出要点。格里索姆-怀特-查菲的任务称为“阿波罗”1号。它也称为204号，因为它将是被第2个“土星”系列——“土星”1B的第4枚运载火箭携带升空的。大火之后，编号发生了变化，希拉的任务变成了“阿波罗”7号，因为它之前有6次非载人试验飞行任务。它依然被称为204号，因为它使用了格里索姆他们的运载火箭。博尔曼-柯林斯-安德斯的任务称为503，因为它是“土星”5号的第三次飞行，它之前有非载人的试验飞行任务501和502。

很难向行业外的人解释清楚。但一般来说，它涉及大量重要参数。例如，正常情况下，登月舱可以从下面接近指令舱-服务舱组合（为简练起见，有时简称“指令舱”），但在某些错失正常时序的情况下，也可以从上面接近。登月舱有两套制导系统——一个主系统和一个备用系统（中止飞行制导系统），后者应至少进行一次成功的会合验证。接下来，登月舱的轨道会合可以只用它的上级（上升级）来进行（模拟它的降落级已留在月球表面），或者在上升级和降落级连接的状态下进行。这两种状态有很大的区别。最后，登月舱可以在小的高度差异下慢速接近，或者在大的高度差下快速接近。以下是 4 个主要变量：

（1）登月舱从上或从下接近；

（2）主制导系统或中止飞行制导系统；

（3）只用上升级或把降落级也带上；

（4）小的或大的高度差。

当人们谈及宇航员的训练时，没人会提到高度差，但它才是一个非常重要的问题。轨道会合的大拿们——汤姆·斯塔福德、巴兹·奥尔德林、皮特·康拉德、尼尔·阿姆斯特朗、戴夫·斯科特，无疑花费了大量的时间去思考、讨论和规划这个非常复杂的轨道会合问题。他们并不总是正确，但他们总是很有影响力，“阿波罗”11 号而不是 10 号或 14 号任务的首次登月，在很大程度上是他们商议的结果。正像我前面说的，他们并不总是正确，我记得在 1967 年 4 月 26 日的一次重大会议上，宇航员办公室坚持认为必须演示一次登月舱从上面接近指令舱的轨道会合和利用中止飞行制导系统进行的轨道会合。但这两种会合从未实施过。然而，总的来说，这些轨道会合规划会议不仅对我们乘组成员非常有用，而且对巩固 NASA 的规划也很有帮助；与出舱活动和其他飞行阶段有关的会议也一样，只是效果没有轨道会合规划会议那么显著。这里的核心问题是尽快抵达月球表面，与此同时，要在尽量少的试验飞行任务中尽量多地暴露潜在的问题。这一思路让 503 号任务和其他的早期飞行任务变得非常复杂，达到了乘组和地面人员可以承受的极限，为 503 号任务做规划也让我一直忙到了 1967 年的年底。

幸运的是，一些其他的工作使我得以从休斯敦的会议，在唐尼为 104 号飞船守夜中解脱出来。4 月，我们一群宇航员来到基韦斯特，参加为期一周的潜水培训。这当然不是为了让我们欣赏深海的美景，而是学习水下操作的基本技能，因为较为容易达到平衡状态的水下训练越来越流行，取代了时间很短的零重力飞机的抛物线飞行。在此期间，NASA 在休斯敦建了一个大型水箱（在亨茨维尔建了一个巨型的），作为零重力模拟器。此外，我们继续进行地质学训练，尽管不如潜水有趣，但也是非常必要的。我觉得我们所有人都有更急切的事情要做，但没人愿意放弃勘探月球的机会，而地质学专业知识似乎会增加我们参与勘探的可能性。

另一件很受欢迎的工作中断发生在 1967 年 5 月末——

NASA 派戴夫·斯科特和我去巴黎航展，航展上会有两名苏联宇航员出现。我从未去过巴黎航展，这让我有了足够的理由来接受这个差事。另外，我们还罕见地允许带上妻子，我知道帕特会很高兴再看一眼巴黎，尽管她必须忍受一两次飞行表演。两名苏联宇航员还真的出现了，第一次见到我们的竞争对手让戴夫和我感到很惊奇。戴夫和我应该怎样对待帕维尔·别利亚耶夫上校和康斯坦丁·费奥季蒂斯托夫先生——一个敌对国家的“产品”，连马克思都没有设想过的某种意义上的“同志”？我们决定尽量友善和开诚布公。我觉得他们向我们学习比我们向他们学习的东西更多一些，那又怎么了？反正苏联专家从公开的文献里都能收集到他们想知道的有关“阿波罗”计划的所有事情。另一方面，苏联人的计划都是不公开的，让人觉得很神秘；如果我们这边知道内幕，这样的信息也绝不会从美国中央情报局的档案里流向我们这些在休斯敦从事具体工作的宇航员。

我们与苏联人的第一次见面是在他们开放的展台上，在他俩带着戴夫和我逛他们的展台时，一场巨大的混战随之而来。摄影记者、寻求签名者、保安和不知发生了什么情况的游客，一个个被挤得前胸贴后背，我们在混乱的漩涡中打转，只能沿着被推搡的方向移动。此时，我们的妻子也加入了这场混战，让情况变得更加糟糕。最后，其中的一个苏联人提出了一个绝好的主意——让我们到他们停在外面的 TU-134 喷气客机上去。在客机旁边，苏联的保安人员就可以阻止未受邀请的人员登上舷梯（只有一两个记者溜了进去）。我们四个很快就坐在一张桌子周围，一边通过一名翻译进行友好交谈，一边大口地喝着伏特加。他们询问了格里索姆、怀特和查菲妻子的健康情况，我们也询问了科马洛夫遗孀的情况（科马洛夫在最近的“联盟”1号任务中，因降落伞纠缠被摔死了）。我们为不再发生太空事故而干杯，为我们两国不断增加合作而干杯，为几件其他的事情而干杯。我们觉得别利亚耶夫和费奥季蒂斯托夫确实不错，尽管后者在他的伏特加里加了苏打水，而我们三个每次干杯都是一饮而尽。费奥季蒂斯托夫、斯科特和我都穿着便服，但别利亚耶夫穿着制服，上面装饰着各种看起来很有趣的小玩意，因而显得特别光彩夺目。我们后来听说，费奥季蒂斯托夫不仅是“上升”号三人飞行任务的乘组成员，而且还是一位顶级的飞船设计人员，但当时我们并没有看出来。他戴着眼镜，头发花白，神情严肃，总是置身于谈话的边缘，看起来不像是宇航员。那些寻求签名的人往往对这样的事情很有眼光，他们早些时候把费奥季蒂斯托夫挤到一边，都想得到戴着亮闪闪奖牌的别利亚耶夫的签名。

在别利亚耶夫身上有一种和我们类似的精神状态。我喜欢他，真愿意和他一起执飞太空任务。他不仅展现出乐观向上的心态，而且还有一种沉稳、能干的气质。他的问题问得很到位，对我们的解释理解得也非常快，尽管对更复杂的技术问题，我们都被困在翻译上。翻译是一位来自美国大使馆的甜美女士，她说一口流利的俄语，但她不是技术出身，我们需要花费很多时间向她解释，她才能翻译给对方，反过来也一样。我们得知他们有一群宇航员在接受直升机训练，别利亚耶夫本人在不远的将来会执飞绕月飞行任务[1]。如果苏联人对载人登月不感兴趣，如果（像他们后来说的）他们没有和我们进行登月竞赛，那他们为什么在1967年让宇航员做直升机训练？

后来，这两位苏联宇航员回访了美国展台，在这次的交谈中，我们喝的是美国咖啡，而不是苏联的伏特加。尽管咖啡不像伏特加那样令人兴奋，但这次会谈极其友好，几乎可以说非常热闹。我们发现了一长串共同的兴趣和抱怨，比如，讨厌医生，喜欢穿着埃米利奥·普奇设计的鲜艳迷你裙，在我们身边转来转去倒咖啡的可爱姑娘们。我们分别时，我开始琢磨我们刚刚萌生的友谊到底有多大意义。如果你认为宇航员的共同关注可以明显改变各自国家完全不同的国家利益，那就太天真了；然而，如果在一个领域可以又快又容易地建立密切关系，那为什么不把它扩展到其他领域并最终使两个国家建立更加密切的关系？令人高兴的是，我们至少知道了在某个地方，和我们类似的另一群人也在努力解决类似的问题，尽管他们日常飞的是MIG-21，而不是T-38飞机。戴夫和我离开巴黎时，感觉就像带着签订协议的外交官一样。

在巴黎度过深受欢迎的一周之后，我们又全力投入到“阿波罗”计划中。到了1967年的年末，飞船的硬件开始变得越来越

---

① 可怜的别利亚耶夫再也没有上过天，他于1970年1月死于胃溃疡手术后的并发症。

熟悉，503号任务的飞行计划也开始成型。熟悉给人带来自信，穿着“阿波罗”这双“鞋子”感觉越来越舒服，而一年前，这双“鞋子”不仅特别硌脚，而且还“嘎吱嘎吱”地响个不停。“双子星座”计划变成了一种记忆，而不是竞争对手；大火之后几乎消失的月亮再次闪亮起来，而且似乎逐月变大，更加诱人。但我们仍然还有很长的路要走；我们还没有把沃利·希拉的乘组送入太空，最早也要到1968年的夏天，他们乘坐的火箭还只是动力不足的“土星”1B。“土星”5号运载火箭——这个用于把10万磅重的指令舱和登月舱送入月球轨道的庞然大物怎么样了呢？要是“土星”5号出现问题，情况就完全不同了，登月就会变得异常遥远，至少对我们美国的登月计划来说是这样①。除了担心我们太空计划的未来，我对“土星”5号的担心还有自身的原因——我粉红色的肉身会乘坐只试验了两次的运载火箭进入太空。于是11月9日，我惊恐地站在离肯尼迪角39A发射塔三四英里的一条堤道上，观看501号火箭的发射升空②。

这个365英尺高的庞然大物矗立在那里，在11月不太热烈

① 据传苏联人也在建造自己的登月火箭。“土星”5号运载火箭将产生750万磅的推力，比世界上已有火箭的推力大得多，而西方“专家”认为，苏联的巨型运载火箭的推力为1100～1400万磅的级别。我不知道这样的火箭是否存在，但多年来新闻媒体一直报道说这种火箭进行了一系列的试验，也遇到了不少麻烦，在1969年夏天的一次试验中，火箭在发射台上发生了剧烈爆炸，把地下掩体里的航天高官和军官都炸死了。

② 实际上“土星”5号运载火箭并不是从肯尼迪角发射的，而是从梅里特岛发射的，前者属于空军的发射区，后者属于NASA的发射区。我所站的堤道把这两个发射区一分为二。但为了方便，就把整个发射区称为大家熟知的肯尼迪角。

的阳光下冒着缕缕蒸汽。第一级的燃料是液氧和高标号煤油，能产生特别亮眼的火焰，而不像“大力神”火箭那样，尾焰几乎是透明的，所以当5台发动机启动时（每台发动机每秒吞噬3吨燃料），那种景观非常引人注目。如果这个混蛋发生爆炸，景象会更加壮观，波及范围至少4英里以上。公共广播系统的声音很响，介绍着压力和各种阀门，对着少数几个听众使劲胡扯。按说我应该对细节感兴趣，但实际上并非如此；我只想知道行还是不行。这个庞然大物决定着我当前任务的成败。我的503号任务对501号火箭的表现太敏感了，看着濒海湖对面这枚白色的塔柱，我都紧张得喘不过气来。

冯·布劳恩和他的同事们真是聪明，他们不仅建造了这型火箭，而且还让火箭展现自己——把每一处的温度和压力报告给一大群并不放心的工程师们，他们有的从德国的佩讷明德开始，就一直在发射火箭。特别是发动机启动后，501号火箭依然会急速地报告自身的状态，只有所有工作条件都满足之后，发射指挥官才会命令把火箭固定在发射台的锁定机构打开。这一做法让人倍感心安。在最后的倒计时阶段，大喇叭里的声音变得急促起来，人数不多的观众都安静下来，把头转向北边。一缕火焰直接从火箭底部慢慢冒了出来，喷吐了一两次之后猛然向两侧喷涌而出，经折返后冲向天空。这很正常，说明火焰导流设施发挥了作用。它是火箭下面用钢筋混凝土建造的双通道导流洞，用于把火箭的尾喷流导向两侧，这种烈焰会把沿途所有的东西烧毁。烈焰就像一对巨型的大手，在两侧抚慰着火箭；它一开始呈现出常见的橙红色，随后出口处变成刺眼的白色，周围则是暗棕色。火箭会一直立在那被火吞没，还是马上就会飞走？就在我感到绝望的时候，火箭开始动了，一开始并不明显，随后就气势宏伟地顺着发射塔爬升上去。“起飞了！火箭起飞了！”大喇叭又叫唤起来。

发射看上去还不错，但感觉还是和“大力神”Ⅱ型火箭的发射不太一样。由于“土星”5号太庞大，安全人员让我们后退得非常远，它的尺寸比例已完全失真，而且它爬升的时候一点声音也没有。当然没有声音，我们离得太远了，声音还没有传过来呢。当声音真的传来时，那是一种惊讶，一种震撼，连早有预期的人也倍感意外。天哪，它不是噪声，它是一种真实的存在。这家伙突然伸手抓住你，使劲摇晃，从脚尖到头顶，你整个身体都在振动；随着它的噼啪声和轰鸣声，你突然意识到750万磅推力的含义——即使站在4英里以外，它也能让你脚下的沙地震动起来。据说，这型火箭的声能会杀死飞近的鸟儿，那乘坐它进入太空会是什么情况？

返回休斯敦时，随着501号火箭更多的结果不停地传过来，我有更多的时间思考这个问题。这是一次近乎完美的飞行，它不仅是“土星”5号运载火箭的首飞，而且也是对指令舱进行的一次试验。指令舱飞到了9 700英里的高度，最高速度达到了每秒36 500英尺，几乎和飞船从月球返回大气层时的速度差不多。指令舱热防护罩的表面温度达到了5 200华氏度（和预计的差不多）。即使在这么难以置信的速度和温度下，驾驶舱内依然让人感觉很舒适。1967年11月9日对“阿波罗”计划（尤其是503

号任务）来说是个好日子。

如果说“土星”5号是一种外部的担忧，那我个人的担忧就是飞船计算机和它的相关硬件。和望远镜、六分仪、三框架导航平台一起，“阿波罗”指令舱导航与控制系统是一套非常复杂的装备，我掌握得并不是太好。我去了波士顿附近的麻省理工学院好几趟，硬着头皮听了两个星期他们专家做的系统“简介”，但每次都是摇着头离开。他们说的我听不懂，我说的他们听不懂。后来我终于搞明白了，到1968年，我甚至都用麻省理工学院的语言写备忘录了。

“阿波罗”制导与导航系统的思路其实非常简单，就是利用恒星来定位；在惯性空间里，恒星的位置是已知、不变的。飞船上的三个陀螺是与飞船的运动相隔离的，这样飞船平台就可以相对于恒星进行对准，从而提供一个固定的坐标系。我觉得研究恒星本身非常有趣，虽然全凭机械记忆，但它依然是我们最有趣的训练项目之一。恒星有一种迷人的东西。即使在今天，当我在夜晚（特别是在西南沙漠上空）驾机飞行时，只要抬头一看，马上就会产生一阵几乎令人颤动的怀旧之情。那些星星是我的老朋友，它们准备重新把我导引到月球，或者掠过月球进入黑色的太空，此时你能看见的只有星星。当然，它们离得太远了，看上去总是在同一个地方，不管你是在地球，还是不远的月球。它们使我们知道，我们人类行走的距离简直微不足道；离我们最近的恒星——半人马座阿尔法星也有4光年之远，我们在今天或一生中都无法到达，它既召唤着我们，也嘲笑着我们和我们的梦想。

随着1968年慢慢过去，对博尔曼-柯林斯-安德斯乘组来说，月球看上去一下子近多了，因为休斯敦的管理层和专家们正在审定前三次载人飞行任务的目标，越来越多的人开始支持把第三次飞行任务（我们的任务）的远地点从4 000英里改为23万英里——绕飞月球。有人建议对这一方案加以改进——进入距离月球表面60海里的月球轨道（当然并不着陆）。但我觉得我们不应该考虑这种不靠谱的想法，因为“阿波罗”计划的第一次载人飞行任务还没有上天呢。

几乎与此同时，另一种担忧开始越来越强烈地折磨我，它很快就让我把“阿波罗”计划几乎忘得一干二净。我的身体有些不对劲，应该是一种潜伏很深、越来越恶化、非常严重的病症。我是在一场手球比赛中发现问题的——我的两腿跑动起来感觉不正常，但我并没有在意。我听说过有的拳击运动员两条腿突然就不能走路了，37岁的我突然意识到，这种事终于轮到我了——刚进入中年，我就失去了速度和灵活性。很快，我就开始出现其他问题：有时候下楼梯，左膝盖突然发软，差一点就摔倒了。此外，左腿感觉很奇怪，有的地方有刺痛感，有的地方有麻木感。热水和凉水都会使它产生不正常的神经反应：遇凉水就疼痛，遇热水腿肚子没有任何感觉（即使周围都感觉很不舒服了，它依然没有感觉）。更糟糕的是，这种不正常的区域还在不断扩展，从大腿一直上升到侧腰。

最后，我极不情愿地向NASA的航天医生自首。航天医生应该是飞行员的朋友，但每位处于飞行状态的飞行员都知道，一旦走进医生的办公室，出来时结果只有两个：仍处于飞行状态或者停飞。既然飞行状态只能变得更糟，那干嘛还去冒险？也许我的身体状况会好转……但我随后知道这一次并没有好转。

NASA 的医生不知道什么问题，最后不得不实话实说。他欣然同意我去休斯敦看一位神经科专家。我去了以后，不到一个小时就拿到了结果和支撑结果的 X 光照片：第五节和第六节颈椎之间的一根骨刺挤压了椎管，必须尽快通过手术解除这种压力。那一天是 1968 年 7 月 12 日（周五），我想也没想就和医生约定下周初做手术。我一回到 NASA，事情顿时乱作一团。他们说，不行，事情没那么简单，你需要再听听其他专家的意见，你需要看国内最好的医生，你是空军军官，你的身体属于空军……于是我赶紧从休斯敦拿回 X 光照片，向本地的神经科专家道歉，赶到圣安东尼奥看看空军的医生怎么说。又拍了一些 X 光照片，但结论是一样的；周末又让一位哈佛医学院的专家看了看，结论也是一样。唯一不同的是，哈佛和空军专家建议一种手术而休斯敦的专家建议另一种手术。哈佛和空军的方案是从前面着手，切开喉咙，去除骨刺和少量相邻的骨头，再从我的臀部取出一小块骨头，让它把两节颈椎融合在一起。休斯敦专家的方案是从后面着手，只把骨刺切除，就能解除椎管的压力。除了 2∶1 胜出，从前面做手术的方案还有一个无法抗拒的优势——要想重返飞行状态，空军要求采用骨头融合的方案，因为空军专家认为，另一种方案会使我的颈椎不足以承受弹射座椅的冲击。于是决定采用前面颈椎融合方案，并在圣安东尼奥的空军威尔福德霍尔医院进行手术。7月21日（星期天），苏珊·博尔曼住进我家，照看3个孩子——凯特、安和迈克尔。帕特和我驱车200英里，到圣安东尼奥吃晚饭和住院。

沿着单调的高速公路一路西行，我有太多的时间去思考。如果你沿着这条公路走下去，最后会到达加州的唐尼工厂，健壮的工人们正在那里组装非常棒的“阿波罗”指令舱。你要是中途拐下公路，喉咙就会被切开，前途也会一片黯淡。这么小的一件事情（一根骨刺）竟带来这么不好的选择。它是怎样产生的呢？骨刺之所以长出来显然是因为与它相邻的椎间盘退化、变薄了，然而，是什么原因使它退化了呢？一次突然的振动——像我12年前从F-86飞机上弹射，或者在“双子星座”计划中进行跳伞训练时着陆过于剧烈，或者就是一种和上述活动没有关系的生病过程？手术后我的职业生涯会发生什么变化？我在乘组中的位置已经被吉姆·洛弗尔取代了，但后面的任务中还有没有我的位置？这些事情好像不那么重要了，和把老化的躯体重新粘接起来相比，“阿波罗”任务似乎失去了紧迫性。不让一侧的身体日益恶化才是最重要的，我希望恢复健康之后能够恢复飞行状态和重返“阿波罗”登月任务。

帕特和我在圣安东尼奥老城区的一家令人愉快的墨西哥餐馆悠闲地享用了一顿晚餐，餐馆坐落在重建得非常漂亮的运河岸边，给人带来一种宁静的热带风情。从某种意义上来说，今天是个周年纪念日——“双子星座”10号飞船溅落至今已整整两年，总体而言，这两年非常糟糕，根本就不是一个“真正”宇航员想要的生活。当然，我也没有理由感到难过，但经过 5 年的艰苦工作，难道就以这种方式结束？我付了账，留下数额很大的小费(希望带来好运)，带着沉重、听天由命的心情朝医院和手术刀走去。

10　保障绕月飞行任务

地球是人类的摇篮，但人类不可能永远待在摇篮里。

——康斯坦丁·齐奥尔科夫斯基

威尔福德霍尔医院的神经外科病房是个吓人的地方。其中有两间专门用作重症监护病房，在我住院的10天里，我从来没有进去过。我觉得神经外科手术几乎可以涉及人体的任何部位，但背部和脑部似乎最需要这里医生的关注。这里有老年病人，年轻病人，事故受伤者，病体虚弱得无法做手术的，能自理的和再也无法自理的。最常见的情况似乎是还没有调整好脊椎的状态就从高速战机上弹射出去了，其次是在汽车或摩托车事故中撞到了头部。我觉得自己双倍地走运——一是没有瘫痪，二是我的手术将很快由首席神经外科专家来做。帕特对我住进部队医院一直存有疑虑，这种疑虑是她多年来在与部队医生打交道中产生的，他们要么没有经验，要么什么病都看。但我们俩都知道，这次的情况并不一样，这是一家非常著名的医院，美国和世界各地的疑难杂症都被推荐到这里医治。此外，帕特第一次见到保罗·迈尔斯上校时，她仅存的一点疑虑也一下子就消失了。他是这个领域的权威，而且做事还特别低调。他虽然非常忙，但还是抽了不少时间，一边直率、有条理地给我们介绍手术过程，一边耐心地解答我们的问题。这是一项非常复杂的手术（并不像摘除扁桃体那么简单）。他离开以后，帕特和我都感觉来这家医院是找对了地方。

手术的第一步是做椎管造影。我被打了少量镇静剂后推入 X 光室，腹部朝下绑在一张头部向上倾斜的台子上。然后他们把一滴颜料注入我的脊椎下端。这种颜料有两个重要的特性：在荧光屏上可以看见；比脊髓的比重更大。因此，只要我的头部高于臀部，颜料滴就不会移动；当台子慢慢向下倾斜时，它就会慢慢进入颈椎的椎管和周围骨骼之间（可以从荧光屏上看到）。其思路是看看颜料滴能否自由运动，或者说在运动过程中是否受到阻碍。果然，它刚过了第六节颈椎就几乎停止了，只有一点点渗漏过去，说明此处的椎管被压迫得非常严重。这样，椎管造影就证实了 X 光检测的结果，也确认了明天手术的必要性和准确位置。

第二天一大早，我做了灌肠，好好地冲了一个澡，思考了一下我的未来。我唯一能保证的是保持身体内外的洁净。除此以外，眼前像挂有一条面纱，让我无法真正评估自己的困境。我只知道我从来没有像今天这样希望时间能够飞逝，希望能知道我是一位在飞往月球的征途上短暂停留的宇航员，还是一个整天在退伍军人医院用过去的英勇事迹烦扰病友的无望的残疾人。当护士拿着针管进来的时候，我非常期待，感谢她让我进入一种迷迷糊糊、无忧无虑的状态。切吧，伙计，我真的不在乎。他们把我推进手术室时，我只模模糊糊地意识到里面有明亮的灯光，然后一个蠢货让我从一百倒着数数。我只数了几个就睡着了。

我记得醒来后我告诉妻子很多有趣的事，不知为什么她那美丽而又敏感的脸上却没有任何表情，她好像没有听见我说话一样。最后，她悄悄地离开了，过了很长时间以后又和迈尔斯医生一起回到病房，我们三个这才真正开始了聊天。迈尔斯告诉我说，椎间盘已经完全从椎骨上脱落，并掉入脊柱管中，把我的椎管造影和生活弄得一团糟。现在椎间盘已经取出放在一个瓶子里，我必须好好休息。

我再见到帕特时，已经完全清醒了，感觉和听力都恢复了。我戴着塑料颈托，防止脖子的任何活动。正像被告知的那样，我的右侧髋骨有点木木地疼，因为他们从那里取下了一块圆形的骨头。此外，我吞咽非常困难，这是唯一感觉不太舒服的地方。我没有瘫痪，疼痛也不是很厉害，看来手术做得不错。我也许已经渡过难关了。我的腿感觉还没有任何变化，但应该会慢慢好起来。我睡得好，吃得香，回到了现实的世界。我坐起来，刮了胡子，一瘸一拐地在大厅里走来走去，逗护士们开心。她们非常娴熟又充满善意地嘲笑我们这些做过颈椎融合手术的家伙们，说我们走路时总是偏袒屁股疼痛的那一侧。这也是不错的理疗！我去X光室拍照，做体能训练，举重，慢慢恢复了体力。不久，我就渴望出院了。

一周后，他们说我可以回家了。我乘坐民用航班回到休斯敦，请了一个月的康复假。在家待了10天后，我感到焦躁不安，帕特和我于是决定把狗狗寄养，开车带着孩子去我们的香格里拉——位于墨西哥边界的帕德里岛。我们在路上走了 2 天，这次改成帕特开车。我一天 24 小时都要戴着颈托，而且要戴 3 个月，因为左右看不清楚，我就没法开车了。此外，坐在后座上真是难得的享受，就像国王坐在轿子里一样，而且还不停地向第一次变得如此安静、顺从的妻子发出导航指令。我们一路非常开心。晒了一周的太阳之后，我们再次悠闲地开了 2 天车，赶回休斯敦。

我们中途在罗克波特（离科珀斯克里斯蒂不远）的一家汽车旅馆过夜。第二天早上（1968 年 8 月 19 日）起床后，我在当地的报纸上看到了喜人的消息——“阿波罗”8 号（我原来任务的新称呼）很可能绕飞月球！这种非同寻常的规划显然获得了某位高官的认可，尽管最后的决定还要等到沃利·希拉的乘组完成“阿波罗”7 号任务、地面人员完成飞行试验数据的分析之后才能做出。目前的计划是 7 号任务 10 月升空，而 8 号任务可能是年底升空。我当然没有希望执飞这次任务了。知道我显然需要做手术的那一刻，他们就把我从乘组中拿掉了。我觉得自己像烫手山芋一样被扔掉了。斯莱顿和博尔曼觉得，我即使很快恢复飞行状态，也会因为生病住院耽误了很多宝贵的训练时间。于是，吉姆·洛弗尔（我的后备）将绕飞月球，我根本不知道接下来我会做什么。

实际上，我的未来现在取决于几次 X 光照相——应该把第五和第六节颈椎更强壮地融合在一起的骨头是否真的发挥了作用。从我髋骨上取下的骨头放在了两节颈椎之间，它不能单独发挥作用，因为它只是用作新骨生长的桥梁，而新骨的密度可通过 X 光进行测定。手术 30 天之后做了第一次 X 光照相，结果显示新骨长势不错。这让我大大松了一口气，因为我知道要是结果不好接下来会发生什么情况——回到威尔福德霍尔医院，打上密涅瓦石膏。我在医院时对这种石膏太熟悉也太厌恶了，因此，得知可以回去工作后我感到莫大的宽慰。

我做的第一件事，是搞清楚准备进行的绕月飞行任务的状况。现在的关键问题是登月舱的研发比指令舱落后大约 5 个月。由于轨道会合雷达这个主要问题和一大堆的其他小问题，博尔曼的登月舱 LM 3 似乎要到 1969 年的春天才能准备好。麦克迪维特的登月舱 LM 2 本来应该走在 LM 3 的前面，情况却更加糟糕，而且还超重。与此同时，希拉的乘组准备在 10 月初把第一艘指令舱带入太空。要是他们真的按时升空了，“阿波罗”首次载人飞行的势头应该保持下去，而不是让第二次飞行任务等待五六个月（或更长），直到把登月舱的所有问题都解决。因此，合理的思路就是在这期间再把指令舱飞一次。然而，就像以前发生过后面的任务与前面的几乎完全相同而被取消的情况一样，现在看来，要是第二个指令舱只是重复一遍希拉的飞行任务（假定他们圆满完成所有计划任务），那就没有任何实际意义了。一个单独的指令舱又能做什么呢？也许飞得时间更长或者飞得更远？当然应该更远了。这样飞向月球的思路就形成了——要么绕飞一次，要么进入月球轨道。苏联航天计划的影响虽然难以衡量，但肯定为这一决策提供了有趣的契机。NASA 官员公开猜测，苏联正在研发动力是“土星”5 号两倍的运载火箭，有证据表明他们也在准备绕月飞行。实际上，苏联的“探测器”5 号非载人飞船在 9

月就进入了月球轨道并成功返回地球[1]。

除了赶在苏联人之前把宇航员送往月球之外，我们也需要在登陆月球之前对它进行近距离的研究。主要工作是对整个导航系统进行完整的试验——在严酷的真实环境下试验地面和空中的工作流程和设备的性能，但采用的飞行轨迹比较简单，提供了比实际登陆更大的容错空间。不足之处是月球过于遥远，遇到麻烦时难以救援；由于前面只做了一次载人的飞行，这就需要对指令舱和所有构件的可靠性给予极大的信任。尤其令人担心的是，指令舱制动进入月球轨道时，它后面只有一台发动机，它必须能够正常工作，否则乘组就再也无法返回地球了。

绕月飞行这一安排不仅对相关技术有影响，而且对宇航员个人也有影响，至少对相关乘组有影响。排在希拉-艾西尔-坎宁安乘组之后的，是麦克迪维特-斯科特-施韦卡特乘组，绕月飞行的机会摆在了麦克迪维特的面前。现在看来，他没有接受这一建议要么被认为是殉道者，要么是傻瓜，但那个时候，他做出这样的决定其实也有充分的理由。首先，希拉的任务离升空还有一个多月，这一任务必须执行得接近完美——燃料电池、框架陀螺、计算机、降落伞等的工作表现都要接近完美，第二次载人飞行才不会在地球轨道上重复上一次的任务。的确，发生大火 18 个月以来，指令

① 批评家认为，“探测器”5 号从来就没有到过离月球近得可以拍出有用照片的地方（1 200 英里）；飞船重返大气层也很不成功，其过陡的角度会由于过大的过载和过高的温度而使乘组丧生。尽管如此，“探测器”5 号飞船依然代表着非常强大的能力，使 NASA 官员们深感不安。苏联人会很快进行载人绕月飞行试验吗？

舱似乎已经变得非常成熟，然而，它的第一次载人飞行就一定不出问题？这也太难以置信了。其次，吉姆・麦克迪维特已经把好几个月花在了登月舱上，他希望继续和它在一起，看着它成功完成飞行试验，哪怕他的乘组由第二个变成第三个升空的乘组。最后，选择首次登月的乘组时，对宇航员来说哪个更重要——月球导航经验，还是着陆器本身？这是一个很难回答的问题。

这种安排也会产生其他影响——对细节问题的关注，一些细节问题对有关人员来说也是非常重要的。例如，戴夫・斯科特同意麦克迪维特的决定，但心存忧虑，因为这意味着他必须把自己心爱的 103 号指令舱换成博尔曼乘组的 104 号。虽说这两艘指令舱实际上是一样的，但戴夫伴随着 103 号完成了在唐尼和肯尼迪角进行的无数次试验，已经对它绝对信任。我在测试 104 号指令舱上花费了几乎一样长的时间，也试图让戴夫放心，但效果不佳，他认为两艘指令舱就是不一样。博尔曼的乘组也不是都满意，比尔・安德斯就因为失去了自己的登月舱而感到非常失望。他现在成了没有登月舱的登月舱驾驶员，觉得把绕飞月球作为对失去登月舱的补偿并不划算。我们大家都知道，自己做出的决定很可能影响我们的余生①，然而，我们并没有足够的把握去做出

① 要说谁在这一安排中比较倒霉，我觉得是皮特・康拉德。康拉德是麦克迪维特的后备。要是麦克迪维特执飞了“阿波罗”8 号任务，康拉德就会成为“阿波罗”11 号任务的指令长，第一位踏上另一个星球的人类成员就会是康拉德而不是尼尔・阿姆斯特朗。但博尔曼与麦克迪维特的任务交换后，麦克迪维特成了“阿波罗”9 号任务的指令长，而使康拉德成为“阿波罗”12 号任务的指令长和第三位登上月球的人。

令人满意的决定，只是根据未来的动向进行猜测而已。在这种情况下，我们人类总喜欢抓住知道的东西不放，我想这大概就是为什么像戴夫·斯科特这样绝顶聪明的人会非常在意指令舱侧面打印的系列号。博尔曼就没有这样的心理障碍。他一旦闻到了月球的气息，就会像猎狗发现了一群鹌鹑一样紧追不放。

麦克·柯林斯作为一个好奇的旁观者注视着这一切。当然，我现在最关心的是恢复骨骼强度，然后重返飞行状态。但与此同时，我必须有事可做——每个人都应该有自己的位置。汤姆·佩因刚刚接替即将退休的吉姆·韦布，成为 NASA 的局长，他以特有的善意给我提供了一份去华盛顿工作的机会——负责“阿波罗应用”计划。他说那只是一份“临时”工作，但我从他在电话里的声音中感觉到，他认为是在向一位前宇航员安排工作。我向他解释说，无论如何，我想重返“阿波罗”乘组，那样的话，休斯敦才是我应该工作的地方，因为要是去了华盛顿，我就会不可避免地从未来乘组等待人员的梯子上下来。汤姆（我称呼他佩因博士）立刻同意了我的意见，我非常感激他没有强推这件事。要是面对吉姆（我称呼他韦布先生），我就很难说不了。

决定留在休斯敦，又有了局长的认可之后，我认为继续支持原来的任务——“阿波罗”8 号（原飞行任务现在的名称）任务最为合理。我可以先向替换我的吉姆·洛弗尔解释一些细节情况。更重要的是，我一直是乘组的飞行计划专家，而绕月飞行这一大胆行动意味着无数的新职责需要重新确定，必须组织、规划得极其详细。乘组在忙于模拟器训练和飞船测试的同时，急需有人在没完没了的计划会议上替他们说话，代表他们的利益。例如，飞船在月球轨道的每一分钟都必须经过严密的审查，因为乘组的日常工作取决于很多变数。在任何给定时间，飞船可能处于阳光下、地升状态或者黑夜中。飞船可能处于有无线电通信的状态，也可能不处于这种状态。如果飞船为了通信把天线指向地球，此时飞船的窗口可能面向黑夜，而不是需要照相的潜在着陆点。要是乘组转动飞船把六分仪对着恒星来对惯性平台进行对准，他们会发现几分钟后他们既不能与地面联系，也不能给月球照相。每次改变飞船方位都会花费时间和燃料，这两者在月球轨道上都是昂贵的商品，因此这一连串相互关联的事件必须机智地进行安排才能产生最大效益。这是一项乏味、费事不落好的工作，但它至少让我觉得自己是有用的，而且迫使我把精力集中在“阿波罗”计划而不是塑料颈托上。

我的 X 光检测结果持续改进，到 10 月末，医生允许我取下颈托，我也可以驾驶没有弹射座椅的运输飞机了。到 11 月末，我完全恢复飞行状态，可以驾驶 T-38 喷气机了。现在，X 光检测显示，一块骨头已经取代了原来位于第五和第六节颈椎之间的椎间盘。椎管受到的大部分损伤显然是永久性的，但我的协调能力似乎有些改善，如果一条腿还存在对冷热水的反应问题，那又怎么了，我是完全可以轻松忍受的。重要的是，迈尔斯医生技术太高超了，这么快就让我有资格重返太空，简直就像只是给我做了不屑一顾的扁桃体摘除手术一样。这段时间是我人生中最失落的时期，现在完全恢复飞行状态让我非常高兴。

沃利·希拉的任务（10月11日—22日）从真正意义上说是一种结束而不是开始。它标志着计划拖延的结束——一系列虽经讨论和规划但从未实现的节点拖延的结束，NASA官员全力应对和谈论“阿波罗”飞船火灾阶段的结束。这次任务升空前的9月末，我在实验试飞员协会的年会上做演讲。我罗列了我们在过去一年中取得的成绩，预测了下一年即将实现的目标。我在准备演讲稿时，找出了NASA精心制订的任务计划表，上面显示首次月球着陆将利用107号指令舱和5号登月舱于1969年7月进行。会上我不想明确支持这些具体目标，而是采用了模棱两可的说法，向试飞员们解释说，首次登月从理论上讲有可能在下一次年会——1969年9月前实现。我要是赌徒的话，会以十比一的赔率去赌1969年7月不会出现107号指令舱在月球轨道绕飞时有人从5号登月舱走向月球地面这种情况①。

和3天的“双子星座”轨道会合与出舱活动飞行任务相比，这次飞行本身比较枯燥。沃利、唐和沃尔特绕飞地球163圈，全程不停地喧闹和抱怨。他们都得了感冒，这进一步加剧了他们的烦躁。他们似乎有点小题大做，但他们在太空待了11天，尽到了自己的职责，也完成了所有计划中的实验。他们对飞船的大型发动机（博尔曼他们从月球返回时用到的）进行了充分的试

① 1969年7月20日，首次登月真的按计划实现了。

验——反复启动了8次。飞船出现了一些小的电气问题，但总的来说是“阿波罗”飞船的一次超级首飞，为“阿波罗”8号任务的绕月探险扫清了障碍。当然，NASA并没有马上这样宣布，而是慢慢消化了一个月，以确保绕月飞行不存在任何问题。随着12月绕月飞行发射窗口的到来，月球同时向我们和苏联人发出了邀请，人们流传着很多谁会首先绕飞月球的传言。分析了两国到1968年秋天为止的航天计划之后，我们会发现，它们有惊人的相似性。在1967年年初的3个月内，格里索姆-怀特-查菲被第一艘“阿波罗”飞船的大火给烧死了，科马洛夫则死于第一艘“联盟”飞船。到1968年下半年，两国都从悲剧中恢复了太空飞行任务，两周内都各自发射了飞船——希拉-艾西尔-坎宁安的“阿波罗”7号和别列戈沃伊的“联盟”3号。两国也都向月球发射了非载人飞船。接下来会是什么情况？

随着12月的临近，我不知道苏联人在做什么，但休斯敦的规划、训练、检查和再检查工作慢慢达到了高潮。见乘组的机会越来越少了，最后我只能通过备忘录与他们交流，因为他们大部分时间都在肯尼迪角的训练模拟器里，而我大部分时间都在休斯敦的会议中。我有时也会通过无线电通信系统与他们交谈，因为我是这次飞行任务的飞船通信员之一；我们同休斯敦的飞行任务控制中心、肯尼迪角训练模拟器里的乘组，以及整个地面跟踪站一起进行演练，模拟绕月飞行中遇到的各种预想的问题。

在模拟演练和会议之外，我会就如下一些具有前瞻性的话题写成备忘录发给乘组：

(1) 要是“土星”5号运载火箭失控了，开始把飞船推向不正确的轨道，你们怎么办？你们允许它偏离多少才把它关闭？

(2) 制动进入月球轨道前，你们要不要试一次服务舱的发动机，以确认那家伙工作正常？如果答案是要，你们会把它朝向哪个方向才不会影响当时完美的飞行轨道？

(3) 你们准备怎样度过进入月球轨道的20个小时？做月球的科学研究，关注确保飞船正常飞行的技术问题，确保乘组好好休息，还是其他？请具体说明。

(4) 哪个方位是上？你们要飞船地平仪怎样定义上和下？参考地球地平线，利用月球的上和下，参考整个飞行任务中一直使用的某个方位，还是其他？

(5) 飞行任务控制中心无法像博尔曼希望的那样（把自由返回轨道上的速度误差控制在每秒3英尺以内），使你们保持在精确的轨道上，因为他们对太空中完美轨迹的了解并不是特别清晰。他们说他们给出的数据已经非常精确了，每秒3英尺的速度误差要求并不合理。

(6) 西半球所有的研究人员都急切地索要某种月球地形特征的照片。请把他们转给我，我会进行过滤并转给相关人员。

(7) 在12月的某几个发射日里，地球和月球相对于太阳的位置有可能影响飞船的能见度，而使乘组无法进行任何基于飞船的导航。在这种情况下，你们是否愿意完全依赖地面的计算结果和他们的无线电传输能力而继续进行飞船发射?

(8) 当你们高速返回地球时，如果溅落区有非常强烈的风暴，你们愿意义无反顾地溅落在风暴里，还是启动一个从未试过的流程——像打水漂一样跳回大气层而在别的地方降落?

(9) 在某些条件下，如果你们愿意以更高的速度重返大气层，我们可以让你们更快地从月球返回。具体情况可以讨论。

在所有涉及“阿波罗”8号的工作中，最重要也最不被人理解的就是飞行轨迹分析。相关专家利用计算机获得了一些数据，用于可能出现的紧急情况。例如，如果飞往月球的路上发生了事故（假设一个氧气罐发生了泄漏)，飞船是不可能立刻掉头返回的。由于飞船受到地球、月球甚至太阳的吸引，其飞行轨迹必须经过仔细分析。其结果很可能是飞船的燃料不足以克服月球的引力。此时，我们必须顺从于月球的引力，让飞船掠飞到月球后面，然后再启动飞船的发动机返回地球。还有其他需要分析的情况——根据你是生命保障系统供应不足还是燃料不足的情况，你可以选择以燃料为代价快速返回，或者以节省燃料的方式慢速返回。所有这些问题都必须由计算机进行仔细分析，然后建立一个解决方案文档库。需要的时候，乘组可以很快从书架上取下来，这样，花一个月准备的方案几分钟内就能派上用场。博尔曼在飞行前的新闻发布会上谈到了这个问题。“在飞往月球的一路上，我们有常规的任务中止点，然后我们最终会到达这样一个距离点，此时，绕飞月球比试图马上中止任务还要快捷。”

结果，博尔曼并没有用上这些信息，而他的导航员吉姆·洛弗尔两年后倒是用上了。实际上，当一个氧气罐爆炸时，洛弗尔、斯威格特和海斯损失了“阿波罗”13 号飞船的大部分氧气，此后显然是休斯敦的计算机和轨迹分析专家们挽救了他们的生命。在同一场新闻发布会上，博尔曼还谈到了另一个关键思路——“阿波罗”8 号任务就是一种催化剂（强制函数），为的是暴露各种各样的问题，强迫人们提出他们对飞往这么远的地方的疑虑，让月球成为可以实际踏足的地方，而不仅仅是理论上可以抵达的遥远之地。“我们设计了‘阿波罗’飞船，我们说我们要去月球……等到我们开始仔细检查细节、准备出发的时候，人们开始变得有些紧张不安。”随后他继续说道：“但我对飞船的硬件深信不疑。”我不知道需要什么样的勇气、智慧和四叶草（幸运的象征）才能消除对飞船硬件的疑虑，但我更同意 NASA 安全主管杰里·莱德勒在飞船升空前第 3 天的一次演讲中谈到的观点。他说，虽然这次飞行任务的未知数比哥伦布的远航更少一些，但它“涉及的风险非常大，有的风险很可能还没有预见到。‘阿波罗’8 号飞船包含 560 万个零件，150 万个系统、分系统和组件。即使整个系统的可靠性为 99.9%，我们也会有 5 600 个缺陷。”

作为飞船通信员，和乘组说话时，我是飞行任务控制中心的发言人，而在飞行任务控制中心内部，我就是乘组的发言人。面对 5 600 个可能出现的问题，我们会有很多的话要说。约翰逊总统显然也想着设备故障这件事，因为他给乘组发来了这样的信息：“我相信这台世界上最精密的装备一定配得上我们宇航员的勇气。如果这台装备做到了这一点，任务的成功就有了保障。”这里的“如果”用得很恰当。实际上，情况并没有那么糟糕，沃利·希拉他们的飞行已经展示了飞船极高的可靠性。那场大火以一种非常恐怖的方式为飞船的高可靠性做出了贡献，因为在大火之后，设计人员为指令舱和服务舱做了大约 5 000 处技术更改。在我看来，“土星”5 号运载火箭更难以预测。虽然 501 号火箭的飞行试验近乎完美，但 502 号遇到了很多意想不到的问题，火箭差点没有进入地球轨道。第一级产生了强烈的震荡，第二级的 5 台发动机中有 2 台异常关机，制导系统由于给出的补偿量过大而使火箭进入了一条更高的轨道，其远地点超出预定值达 100 英里。然而，12 月 21 日，我们竟然要用 503 号火箭把 103 号指令舱送往月球。

我们共有 3 名飞船通信员，24 小时三班倒。和飞行任务控制中心里坐在控制台前的工程师们一道，在飞行指挥官的领导下，我们分为三个队：杰里·卡尔为黑队，肯·马汀利为红队，我为绿队。绿队负责发射阶段，我已经和乘组以及飞行任务控制中心的绿队一起练习了几个星期了，为的是确保能够对任何故障尽快做出响应。一般来说，太空飞行不需要做出下意识的即时响应，通常都有时间进行一些问答和讨论，但不是在升空阶段。如果飞船通信员说“中止”，乘组最好立刻照办。

因此，21 日早上 7 点钟，当 503 号运载火箭轰鸣起来时，我非常紧张。我躬身坐在飞行任务控制中心的控制台前，看着那个电子光点在屏幕上移动，听着周围专家们简洁地报告重要的参数指标。压力正常，温度正常，方位正常……一切正常……起飞了……脱离发射塔……10 万英尺。导航系统启动！模式 1 正常……2.5 分钟……级间分离……第一级不用操心了……逃生塔抛弃。模式 2 工作正常……5 分钟。现在要是第二级火箭出现故障，我们可以利用第三级把飞船送入地球轨道……级间分离，第二级再见……第三级启动正常……100 英里了，速度越来越快……准备关闭发动机……关闭发动机！看上去不错，“阿波罗”8 号进入了预定轨道。我长出了一口气，可以在控制台前放松一下了，因为飞船会在这一轨道上漂行近三个小时。

下一个重要事件是再次启动“土星”5 号的第三级火箭，把飞船送往月球。这一操作称为跨月球轨道切入，必须在美国东部时间的 10:40 准时启动，这意味着在这之前，乘组必须检查对这次旅程至关重要的所有设备。要是某个设备出了问题，我们需要现在把问题搞清楚，而不是在启动了跨月球轨道切入之后，那时，飞船的飞行轨迹就变得非常复杂了。幸运的是，检查进行得很顺利，103 号飞船（戴夫·斯科特精心呵护的宝贝）似乎工作得完美无瑕。重要的时刻到来了。随着第三级火箭发动机点火倒计时的启动，飞行任务控制中心里一片寂静。跨月球轨道切入使这次任务不同于之前的 6 次“墨丘利”、10 次“双子星座”和 1 次“阿波罗”任务，也不同于人类乘坐任何运载工具所经历的任何旅程。人类第一次把自己推进到逃逸速度，摆脱地球引力的束缚，飞向外太空。完成跨月球轨道切入之后，太阳系里就会有 3 个人，他们将不同于其他的几十亿人，他们处于不同的地方，他们的运动遵从不同的规则，他们栖息的地方只能被认为是一个单独的星球。三个人会仔细观看地球，地球也会仔细观看他们，这是他们的第一次对视。飞行任务控制中心的人们知道这一点，但他们并没有用不朽的文字在大厅的墙上宣告这一事实，大屏幕上只有一根代表“阿波罗”8 号飞船的细细的绿色线条，爬升，加速，消失，离开依然困在这个星球的我们。我们人类终于有了留在或离开这个星球的选项，而我们今天的选择是离开，这一事实让我们感到惊叹不已。

随着飞船的远去，我们对“阿波罗”8 号的惊奇感出现了一段时间的停顿，因为弗兰克·博尔曼呕吐了。他并没有明说，只是在无线电通话中报告说有一个潜在、严重的医疗问题，需要与医生私下沟通。查克·贝里高兴极了。他在这里几乎等了 10 年，等着有人在天上寻求他的建议。天哪，第一批离开摇篮的人类要看儿科医生了！时机太好了。飞行任务控制中心有完全一样的两层，配备的设备也完全一样，最初的想法是同时控制两个飞行任务，或者至少一个用于飞行控制时，另一个可以用于准备下一次任务。我们现在是在三楼，而二楼是空着的，于是我们五六个人组成一个“精英”小组，下到二楼与博尔曼私下沟通。他并没有说太多，只是说感觉不舒服，肚子难受。病毒？晕船？严重病症的前兆？谁也说不清楚，只能让他多休息、多喝水，然后再观察一段时间。与此同时，“阿波罗”8号飞船正以惊人的速度飞离地球，要是他的症状持续下去，除了每过一分钟就意味着他离地面的医疗帮助又远了几百英里，我们还能做什么呢？我迈着沉重的步伐回到三楼，心里既感到不安又不知所措。

晕船就根本说不通。苏联的文献早就暗示说，失重会以体液晃动的形式使内耳产生扰动，这又会向胃腔发出不舒服的信息，这样就会使有的人呕吐。然而，我们美国人对这样的报告总是嗤之以鼻，即使考虑这些报告，也是基于我们自己没有出现过症状的飞行经验，认为我们送入太空的都是经验丰富的试飞员，他们的内耳早就适应了这种震荡和颠簸。可现在，博尔曼感到不舒服，会不会是苏联人提到的这种病症？虽然安德斯和洛弗尔并没有感觉不舒服，但情绪也不是太高涨。共享一间小小的病房肯定让他们不安，对飞行任务的担忧肯定也会让他们情绪低落。好在随着时间的推移，博尔曼的情况开始好转，让我们这些在飞行任务控制中心里的人都松了一口气。据估计，有一半的地球人听到或读到了有关“阿波罗”8号飞船发射的报道（自约翰·格伦进入太空以来，这次来肯尼迪角报道飞船发射的记者比其他任何一次都多），我们可不愿意告诉一半的地球人说，由于未知的身体病症，我们正让“阿波罗”8号飞船返回地球。博尔曼认为问题可能是由他吃的安眠药引起的，但事后分析让我们感到，这很可能是我们航天计划中出现的第一例太空晕船病。“墨丘利”和“双子星座”飞船都太小了，无法让宇航员解开安全带自由漂行，但从“阿波罗”8 号开始，下面这种情况就变得越来越明显：在宽敞的“阿波罗”指令舱（以及后来的太空实验室）里，有的人会难受好几天，有的人就没事，就像有的海员受不了恶劣天气的影响而有的就没事一样。苏联人的飞船显然比我们的更大一些，因而暴露了这种对身体运动的反应。我们只在零重力训练飞机上有过这样的体验，非常幸运的是我们在进行“双子星座”任务的太空行走时没有出现这种状况。当然，太空行走也使我们的内耳得到了很好的锻炼。要是“双子星座”任务中进行太空行走的宇航员呕吐了，那很可能意味着脏兮兮的死亡，因为头盔里的呕吐物使他什么都看不见，也可能会堵塞氧气管路使他窒息而死。当然，同样的情况也会发生在月面行走宇航员身上，只是月球上较弱的重力会给他们提供一定的稳定作用。

第二天下午，当博尔曼他们出现在电视上时，他们的身体情况看上去相当不错，于是飞行任务控制中心里的我们又回到对机械系统的担心中。我们主要担心的是：

(1) 我们导航系统的精度——飞行 23 万英里之后，飞船偏离月球的距离不能超过 80 英里；

(2) 位于服务舱的大型推进系统发动机的工作情况——它必须能够使飞船进入和脱离月球轨道；

(3) 对第一次远离家园的担忧（有 5 600 个可能出现的故障）。

导航系统工作得非常不错，我们甚至都不需要做原计划的第一次中途修正，但随着飞船离月球越来越近，飞行状态的数学计算发生了些许变化。地球引力的影响越来越弱，而月球的引力变成了主导因素。计算机系统知道这一情况，自动选取了太空中的一个点，把数学方程从地心坐标系转为月心坐标系。我们称之为离开地球的“势力范围”，进入了月球的“势力范围”。穿越交界点时，计算上存在一个小问题，计算机对飞船位置的评估就偏移了几英里。负责这项工作的绿队专家菲尔·谢弗在那晚下班后的新闻发布会上犯了一个低级的错误——主动提及这事。不懂技术的记者和不懂新闻报道的专家之间的鸿沟从来没有像今天这样明显。他越想消除记者们的疑虑，有些记者就越是相信飞船越过分界点进入月球的“势力范围”时会产生振动或颠簸。像职业橄榄球队员那样健壮的菲尔满脸通红，大汗淋漓，他仔细检查了自己那套整洁的方程式，耐心地解释它们之间的逻辑关系。根本没用。飞船飞越分界点时乘组不会感到颠簸、被吓一跳吗？飞船从太空的一个点立刻飞到另一个点时，乘组怎么会没有感觉呢？看到菲尔气喘吁吁、无力招架的样子，我们其他人都在窃笑。此后，我们总是尽量找机会和菲尔讨论月球的“势力范围”，尤其是旁边还有外部人员的时候。

第三天，飞船飞行 20 万英里后，乘组做了更多的电视直播，向我们展示了像棒球大小的地球。著名英国天文学家弗雷德·霍伊尔早在 1948 年就说过，第一批完整地球照片将引发一系列前所未有的新思想。“阿波罗”8 号任务之前，我们看到过非载人飞行器拍摄的完整地球照片，但在 20 万英里的远方拍摄，这枚被飞船的窗口框住的“小鸡蛋”看上去很怪异，而且周围还有我们熟悉的电视机的塑料边框。那是我们吗？在离弗雷德·霍伊尔的故乡不远的伦敦，国际地平协会随后不久就宣称不会改变他们的基本信条，因为虽然照片显示大地是圆形的，但这并不能证明大地是个球体。虽然他们没有被动摇，但我被震撼了，不仅如此，后来当洛弗尔把地球描述为“浩瀚太空中一座宏伟的绿洲”时，我再次被震撼了。

对“阿波罗”8 号飞船来说，下一个重要考验是“月球轨道切入 1”(一个很怪异的名字)，乘组对此会有深切的感受。它其实就是飞船服务舱推进系统发动机的一次启动，把飞船的速度降下来，让月球的引力场把飞船捕获。然后是“月球轨道切入 2”——发动机一次时间较短的启动，把飞船的轨道调整为 60 海里的圆形轨道。在月球轨道飞行 10 圈（20 小时）后，飞船会进行“跨地球轨道切入”——启动巨型发动机，把飞船推入一条与地球稀薄大气层相切的飞行路径。这样，我们就全靠这台发动机了，它有两套管路，但只有一个推力室和一个喷管（伸出服务舱尾部一个短粗的锥体)。

第四天是平安夜，“阿波罗”8 号飞船带着我们关于“月球轨道切入 1”的最新操作指令和建议，一下子就消失在月球的左侧，他们必须在与地球失去联系的月球背后完成这一操作。发动机需要工作 4 分钟才能把飞船的速度降低到所需的每小时 2 000 英里，然后发动机再工作 10 秒钟，把飞船的飞行轨道变成圆形。

如果发动机的第一次启动没有按计划完成，飞船要么滑向太阳轨道，要么坠毁在月球上。发动机的工作没有出现任何问题，乘组目前还比较安全，接下来就看跨地球轨道切入的情况了。

他们环绕月球飞行的时候，拍了数百张照片，做了科学观察，总体而言就像三个充满好奇的游客。他们看不到彩色，只有黑色、白色和介于两者之间的灰色。月球上布满了陨石坑，荒凉得令人生畏，地面看上去就像石膏粉或肮脏的沙滩。安德斯说月球是一个“非常黑暗、并不令人向往的地方”。为了庆祝圣诞节，他们三人还轮流朗读了《圣经》的第一章——“创世纪”。我觉得，他们把自己简陋的生存环境与地球的起源联系起来，是一个非常绝妙的想法，给人留下了极其深刻的印象。

然而，跨地球轨道切入才是我们必须关注的事项，因为全世界所有的神圣话语都无法把“阿波罗”8号飞船推离月球轨道，唯一能拯救他们的是储存在推进系统中的化学能量，这些能量只有在适当的时间沿着适当的方向加以释放，才能把乘组和他们携带的《圣经》推回地球。在博尔曼家的厨房里，当苏珊·博尔曼和瓦莱丽·安德斯等待跨地球轨道切入的消息时，我妻子帕特坐在那里努力保持冷静，因为这一操作发生在失去无线电联系的月球背后。当飞船终于从月球右侧飞出来并报告发动机工作正常时，女士们大声地叫了起来，她们终于可以放下强装的笑脸，真心地享受一下这暂时的解脱了。跨地球轨道切入的成功是送给人们非常不错的圣诞礼物。随着飞船不断加快速度，冲向像刀刃那样薄的大气边缘，下一个考验很快就会到来。要是角度太小，飞船就会错过大气层，滑向远方，再也回不来了；要是角度太大，飞船就会被烧毁。明天有足够的时间去担心这个问题，现在还是打开香槟，庆祝一下跨地球轨道切入的成功，享受当下这美好的时光，按照飞行计划手册上给出的顺序，把恐惧一个一个地吞下去。

“双子星座”飞船很小，也比较简单，几乎可以像驾驶战斗机一样驾驶它。而“阿波罗”飞船又大又重，复杂得让你无法做出便捷的机动。正像约翰·扬所描述的那样，驾驶“阿波罗”飞船就像驾驶一艘装有外置式发动机的航空母舰一样。它还需要很多技艺、预见性和对检查清单罗列的正确操作的严格遵守。“阿波罗”8 号乘组在高速落向太平洋的溅落区时，构建了一种操作模式，这种操作模式在随后的登月飞行任务中一直沿用下来。回家的旅程使乘组第一次能够放松下来去思考他们的处境，他们痛苦地意识到（就像“阿波罗”10 号、11 号、12 号、13 号、14 号、15 号、16 号和 17 号的乘组一样），能否成功进入大气层他们只有一次机会。检查清单会帮助他们取得成功，它就是飞船的第四位乘组成员，它的看法必须加以考虑。为了使飞船指向保持在再入走廊的中心，整个回程中他们只需做一次中途修正，然后能否顺利完成再入、不犯致命错误，就全靠他们自己了。检查清单是在唐尼工厂、休斯敦和肯尼迪角的模拟器里多年试验和不断改进的基础上编制的，它一个开关一个开关地描述怎么做、何时做。在这一过程中，我们这些位于休斯敦的飞船通信员也会告知乘组一些补充信息、天气细节和对速度、时间、位置所做的最后检查。飞船冲入大气层时，最高时速可达25 000英里。当空气挤压在飞船平钝的热防护罩上时，会形成激波，边缘处的温度会急升到5 000华氏度。为了降落在目标区，飞船需要按要求进行滚转，把升力矢量指向导航系统指引的方向。所有这些都必须建立在严格按照检查清单来对飞船和它的各个系统进行准备的基础上。这项工作没有重来一遍的机会，所以，在飞行的最后一天，乘组都会极其细心地检查长长清单上的每一项工作。

第7天的黎明前，当"阿波罗"8号飞船轻快地落入太平洋、距离"约克镇"号航母3英里的地方时，飞行任务控制中心沸腾了，平时安静的房间变得一片混乱。人们挥舞着小小的国旗，相互拥抱，传统的雪茄拿出来，每个人都吸上了。我们的担忧没有一件成为现实，我们所有的恐惧都毫无根基，我们的计划非常坚实、合理，我们的模拟训练非常有效，我们的计算非常精确。我们完全有可能用一千种不同的方式毁掉"阿波罗"8号飞船，但我们却精心呵护并引导它度过了人类历史上影响最深远的一周。对我个人来说，这一刻是我情感与记忆的交织。我感觉精神和情绪都快崩溃了。我曾在唐尼的白屋里，在休斯敦没完没了的会议中，看着飞船慢慢向前推进，并完成具有重大历史意义的旅程。我帮助它不断成长，我为它投入了两年的心血，可以说它是我的飞行任务。但它却不是我的飞行任务，我只是挤在这个吵闹大厅里的100人中的一员。我可以挥舞小国旗，抽雪茄，用手摸摸脖子上的刀疤，仅此而已。我感觉想哭，但我不能在这里哭，于是我拥抱了几位要好的同事就离开了。

“阿波罗”8号飞船是12月27日溅落的，1969年1月9日，NASA宣布了“阿波罗”11号的乘组。“阿波罗”8号的后备乘组是尼尔·阿姆斯特朗、巴兹·奥尔德林和弗雷德·海斯（洛弗尔接替我之后海斯接替了洛弗尔）。按照迪克·斯莱顿的规则，8号的后备乘组将成为11号的主乘组。然而，由于我也曾经是“阿波罗”8号的乘组成员，迪克显然也可以让我把弗雷德挤掉，我真希望迪克这么做。我毕竟是第三批宇航员而弗雷德是第四批，我等待的时间也比他多两年。而且，我有“双子星座”任务的飞行经验，他却没有。另一方面，我也不会自鸣得意，因为我知道弗雷德是一个很能干的人，而且和尼尔一样，已经在NASA工作很长时间了。因此，当得知我的名字已经和阿姆斯特朗、奥尔德林的名字一起，作为“阿波罗”11号的主乘组名单，提交NASA审批时，我终于松了一口气。后备乘组是洛弗尔、安德斯和海斯①。据我们所知，位于华盛顿的NASA总部就是一个橡皮图章，他们从不反对休斯敦提交的建议。在华盛顿召开的“阿波罗”8号乘组飞行后新闻发布会上，有人透露了我们乘组获批的消息，我们很快就获得了正式通知，让我长长地松了一口气。

阿姆斯特朗和奥尔德林，他们不仅名字几乎排在最前面，而且在我们人数不多的宇航员队伍中特别受人尊重。他们两位极其

---

① 这一结果可以理解。博尔曼觉得已经在航天计划中待够了，洛弗尔早就应该晋升为指令长了，海斯则是可以进入乘组的最训练有素的宇航员。

聪慧、能干，在各自的领域有非常丰富的经验。尼尔·阿姆斯特朗无疑是宇航员中最有经验的试飞员，而巴兹则是最有学问的宇航员，特别是在轨道会合领域。但这并不意味着尼尔只是一个实干家而巴兹只是一个理论家。在飞过 X-15 火箭飞机的十几位宇航员中，尼尔被认为是能力较弱的飞行员之一，但却是对飞机设计理念和操作原理理解最深的飞行员。巴兹绝对不是一个学术隐士，他是出色的撑杆跳运动员，是朝鲜战争中的空战高手。在解决安全着陆月球的各种问题上，他俩作为搭档，拥有令人赞叹的聪明才智。和他俩一起工作我觉得特别幸运。

飞行任务本身就没有那么简单了。按计划，“阿波罗”11 号是首次登月任务，但这一计划的假定条件太多了。登月舱还没有做过载人飞行试验，如果在“阿波罗”9 号任务中登月舱出了问题，登月很可能延后到“阿波罗”12 号任务。“阿波罗”10 号按计划是 11 号的彩排，它同样也会出现问题，从而延后月球着陆。另一方面，你也可以支持一项更激进的方案，让 10 号任务直接登陆月球，而不是做一次彩排，就像让 8 号任务直接绕飞月球一样。因此，在 1969 年 1 月初，阿姆斯特朗-柯林斯-奥尔德林将成为首次登月乘组的事情还远远没有明确。我那时要是估计首次尝试登月的概率的话，我觉得“阿波罗”10 号是 10%，11 号是 50%，12 号或后续任务是 40%。尽管如此，我还是迫不及待地想投入训练，因为我们的飞船计划在中夏发射升空。我只剩下一件有点尴尬的任务去完成——就把弗雷德·海斯从乘组中挤掉这件事向他道歉。把别人挤掉我心里总是感觉不舒服。

11　登月准备

本周，美国将以自己的民族自豪感、8 年的艰苦努力和 240 亿美元的财富，向世界表明，她仍然可以实现一种梦想。

她将把三位年轻人送上神话般的人类探险之路，并邀请整个文明世界的人们前来观看——无论结果如何。

——鲁迪·艾布拉姆森（1969 年 7 月 13 日《洛杉矶时报》）

“阿波罗”11 号任务的特殊性很快就让我感觉到了，因为我们三人的名字一公布，载人航天中心的很多人都蜂拥而至，让我们评这个、判那个。第一个拉着我做评审的是乔·科温，让我评审他的生物隔离服装设计（他的工作职责之一）。设计这种服装的目的是防止外来细菌或其他生物对这个星球可能造成的污染，这种服装被用作我们 3 个可能被污染的身体与 30 亿其他身体之间的屏障。它在设计上有点像宇航服，只是更简单、轻便，没有换气和通信装置。整个思路是这样的：指令舱落入太平洋后，我们会小心翼翼地打开侧面的舱门，潜水员把三套服装扔给我们；我们把服装穿好后再出来，并把舱门关闭；然后我们从救生筏转到直升机再转到航母，从甲板下面走进移动检疫设施（起了个好名字的拖车房而已），为了确保生物隔离，拖车房经过了改造，配有过滤器和其他设备。与一位医生和一位工程师一起锁进这一设施后，我们就可以脱下生物隔离服装。等航母到达夏威夷的火奴鲁鲁，移动检疫设施被吊车吊到平板卡车上，运到离港口不远的希卡姆机场，再由大型 C-141 喷气运输机运到休斯敦。抵达埃灵顿空军基地后，再由平板卡车运到登月入检实验室。实验室配有复杂的实验设施，用于检测月球岩石和我们是否带有外来生物。这次检测的主要指标是一群小白鼠的健康状况，它们会以各种方式暴露在我们、我们的装备和我们的个人物品面前。要是小白鼠开始死亡，伙计，那我们就麻烦了。要是它们依然健康，我们就可以在登月满三周后解除隔离。

但在 1969 年 1 月，通往登月入检实验室的路似乎还非常遥远，我们有很多比小白鼠的健康更要紧的事情需要考虑。比如轨道会合，它需要消耗多少燃料？约翰·扬和我知道实际消耗的燃料要比预计的多很多。要是登月舱完全按照计划的时刻从月球起飞，而且也精确地进入了预定的轨道，事情就非常简单。然而，要是（比如说）登月舱的起飞延后了，或者它就没有着陆，与正常会合程序差异极大的一连串的复杂事件就会接踵而至。登月舱起飞延后得越多，它就离指令舱越远。补救措施是增加它的追赶速度，也就是飞得越来越低，直到刚好可以掠过月球的山顶。指令舱也可以协助——飞得更高（因而更慢）。但总有一点，这一逻辑会反过来。登月舱由追逐者变成了被追逐者。它飞向高处把速度降下来，而指令舱则降到最低的高度，尽快多飞一圈，再从后面追上登月舱。不论从我的指令舱的角度还是从尼尔和巴兹的登月舱的角度来说，这些变化因素需要一系列的方法和程序去处理，这与理想的情况有极大的差异。我们最后人为地确定了有可能出现的18种不同的情况，用于所有这些情况的程序必须加以定义并以检查清单的形式详细地写出来，包括每一步的计算机操作和驾驶舱里每一个开关的设置。然后，这些程序必须想办法进行验证，而模拟器就是我们进行验证的工具。与模拟器相连的大型计算机能够跟踪模拟的登月舱和指令舱环绕模拟月球的飞行轨迹；从理论上说，模拟器可以展现各种救援方案是否可行，需要花费多少时间和燃料。

由于登月舱还没有做过载人飞行试验，我们提供给计算机有关登月舱飞行特性的信息就显得有些粗糙，这些信息主要基于格鲁曼公司提供的其他仿真和假定数据。另外，我的指令舱（107号）将配备甚高频测距装置（协助发现登月舱），它也是没有上过天的。因此，模拟器给我们提供的答案是值得怀疑的。在我们计划的登月旅程中，我们需要更精确的数据。我们相信麦克迪维特他们的“阿波罗”9号任务和斯塔福德他们的10号任务，将提供我们所需的所有的实用信息（和登月本身有关的除外）。

月球着陆点选定在静海的西南角。它可能是一个在地质学上具有重要意义的区域，但这一区域的选定并不是基于这方面的考虑，而是基于它比较平坦，陨石坑和大石头不是很多，尼尔可以找到一块平整的地面让登月舱安全降落。这里的另一个好处是它的中心位置离指令舱的赤道飞行平面比较近，而且从与地球通信的角度考虑也是个极好的地方。着陆点静海基地（后来起的名字）看上去如下图所示：

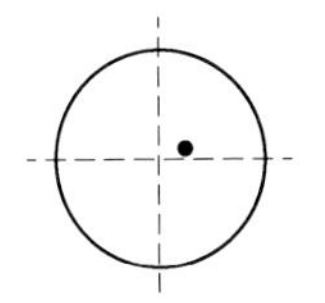

另一个考虑因素是太阳的位置。由于尼尔和巴兹将从东方接近着陆区，当他们测量陨石坑深度等情况时不希望太阳照射他们的眼睛，因此着陆时太阳应该在他们的身后。

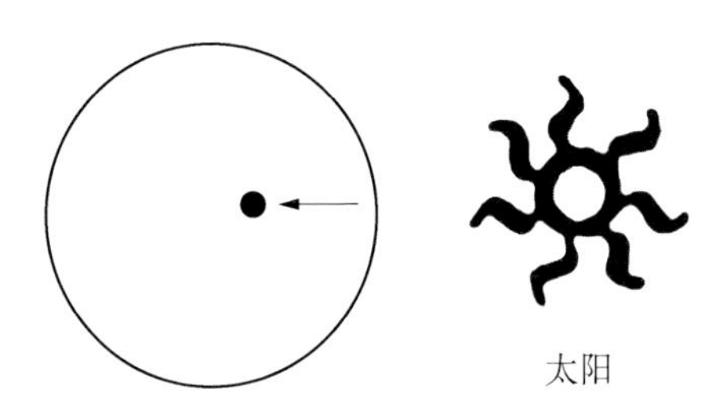

在身后什么样的角度？角度不能太大也不能太小。要是角度太大（即位于头顶上），陨石坑和大石头就不会产生阴影，着陆前的高度感知和避障就会遇到困难。角度太大也意味着地面温度过高。角度太小，物体的影子就会过长，从而遮挡其他有用的细节，同样影响乘组的能见度。太阳 10 度的倾角被认为是最合适的，在模拟器里似乎也可以验证这一点。

由于月球大约 30 天转动一周（即 360 度），这样，对月球上任何一点来说，太阳倾角的变化是每天 12 度（360 ÷ 30）。因此，你要是希望在某一点着陆时太阳位于你的身后，而且与地平线的倾角是 10 度，那每月只有一天适合着陆。此时，月球、静海基地和太阳的关系就如下图所示：

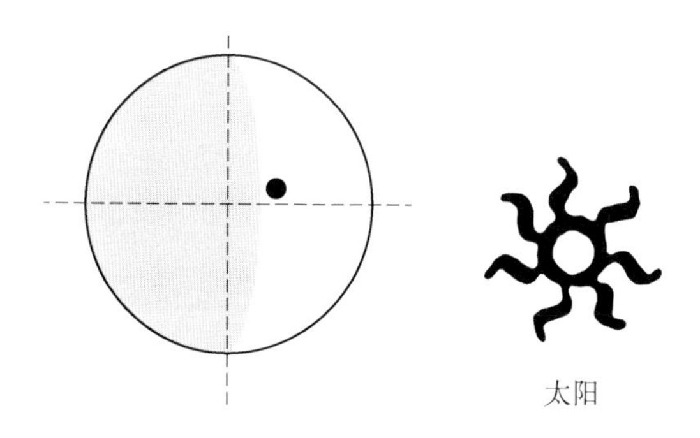

在我们准备登陆月球的 7 月，太阳在静海基地的倾角将在 20 日达到 10 度。这样，考虑到 3 天的旅程和在月球轨道的所有准备工作，我们需要在 7 月 16 日发射升空。真棒！

离 7 月 16 日还有 6 个月，我比任何时候都更加忙碌。我可以每天在模拟器里至少待上 8 个小时，学习大个头的指令舱和它的特性，但我不允许这样，因为有大量其他事情需要乘组在场或认可。NASA 的兰利中心（位于弗吉尼亚州）对登月舱和指令舱之间的对接问题进行了大量的研究，他们有这两艘飞行器的全尺寸样机，挂在他们大型机库的线缆上。我需要驾驶 T-38 飞过去，检查整套试验设施，对整个系统进行“试飞”，并就两艘真实飞行器首次对接时可能出现的问题给出自己的意见。休斯敦的离心机也引起了我们的关注，因为从月球回来时我们经历的超重力会达到 10G 或更高（眼球向内挤压），比地球轨道上任何一次飞行所产生的加速度都大得多。新的宇航服需要去特拉华州的多佛试穿，驾驶 T-38 需要一天的时间（中途需要加一次油），返程又需要一天。工作事项列表长得看不见尽头，地域涉及整个国家，时间也排得满满的。我从来不写日记，但出于某种原因，4 月 14 日这天似乎值得记录一下。

这一天，我先在休斯敦做离心机训练，虽说这从来就不是一件愉快的事，但这次特别难受，因为模拟的是从月球返回时的载荷。在 10G 时，我的胸部塌陷下去，视野变窄了。当最后走下这个“刑架”时，我都不敢左右转头，害怕头晕摔个丢人的跟头。但我必须离开，而且要快，因为我下面安排了模拟器训练；我在这里一遍又一遍地练习进入大气层，就像在离心机上一遍又一遍地训练一样。只是这次只有熟悉的 1G，而不是离心机上惨无人道的 10G。但受到的磨难主要是精神上的——我需要解决一系列涉及不明设备故障的疑难问题。我有时候会成功，但更多的时候是失败，我多次降落伞还没有打开就和尼尔、巴兹一起坠入大海（假定我没有把他俩遗弃在月球表面）。然后我跳出模拟器，穿上臃肿、闷热的宇航服，不是为了训练，而是为了一场公共关系活动——我们乘组需要在一面直径为 5 英尺的蓝灰色的月球前面照相。然后该去机场了，驾驶 T-38 飞往肯尼迪角，但我需要先给家里打个电话，告诉帕特我要出差一两天。家里乱作一团，我家的狗咬伤了邻居家的孩子，虽然不严重，但需要做狂犬病测试，等等，等等。我也帮不上忙，只能一边填写飞行计划，一边安慰几句。然后顾不上吃晚饭，在晚上 7 点急忙冲上夜空，也不知道能不能在机场关闭前到达肯尼迪角。上帝啊，今晚千万别让我出事，我已经累得无法处理紧急情况了……就让我这样安静一会儿吧，让我坐在这里驾驶这架飞机毫无麻烦地穿越夜空吧，这是我唯一能做的了。

另一个夜晚，我从丹佛回家，自然经过了我的老家华盛顿。天哪，看到熟悉的环境真让人高兴！夜幕中的华盛顿和巴尔的摩像两颗闪烁的珠宝。我看到波托马克河流过亚历山德里亚时深色的河岸，二战后我的父母在这里居住了很多年，我的思绪陷入了一连串对少年时代的回忆中。在 43 000 英尺的空中，我看向河的对岸——白宫，麻州大道，华盛顿大教堂。接下来我吃了一惊——大教堂搬家了！我是不是搞错方向了？当然是！我是从北边而不是从南边看过去的。更糟糕的是，如果真的是从北边看过去的，那我看到的根本就不是华盛顿，而是陌生的城市巴尔的摩。原以为的亚历山德里亚老街坊无疑是巴尔的摩北部 40 号公路边上的一连串酒吧。惊醒之后，我意识到今天是漫长的一天，我犯了一个警觉飞行员不应该犯的错误。这个连华盛顿和巴尔的摩都分不清的家伙竟然要在几个月内导航往返月球的飞船。

我有时候单独训练，有时候和尼尔、巴兹一起训练。他俩都是非常优秀的工作者。他们的登月舱和月面训练也有很多问题，他们至少和我一样忙，但他们却能够保持冷静，把工作向前推进。尼尔就像一台运转良好的机器，他虽然看上去依然那么不急不躁，但他的工作表现让人刮目相看，他把大量的时间投入工作，对复杂多变的局面有着很好的掌控。当然，巴兹也一切如常。他平时少言寡语，不苟言笑，但一谈到他负责的几个技术项目，他就精神振奋，滔滔不绝，直到深夜，有时甚至连嗓子都顾不上润一润。他的体格像马一样健壮，睡上两个小时就能爬起来，然后精神抖擞地再次跳入模拟器。他俩是既坚强又知识渊博的搭档，都是比我强很多的工程师。

随着2月末的到来，我们终于等到了登月舱升空的时间。正像“阿波罗”项目办公室主任萨姆·菲利普斯所说的那样，“阿波罗”9号任务虽然不如它前面的“阿波罗”8号那么扣人心弦，但更加复杂。这次任务令公众很难理解——我们都去过月球了，干嘛还要在地球轨道上闲逛？但这艘“纸巾飞船”（吉姆·麦克迪维特对自己的登月舱的称呼）[①] 对我们的登月计划至关重要，它的首次试飞就直奔月球是不可想象的事情。麦克迪维特、戴夫·斯科特和拉斯蒂·施韦卡特一直在努力准备这次飞行任务并解决遇到的各种问题，随着发射日期的临近，他们对工作的投入几乎达到了疯狂的程度。这时，他们已经变得精疲力竭，而且还得了上呼吸道感染，于是发射日期推迟了3天——改为3月3日。对地球轨道的飞行任务来说，推迟几天没有问题，但此事也给我

---

① 稍微有点夸张。为了减重，登月舱的铝合金蒙皮做得太薄了，操作工人掉落一个螺丝刀就能把他脚下的耐压舱壁戳破（这事发生过不止一次）。

们好好地上了一课——为了保持 10 度的太阳倾角，我们有可能需要延后一个月，或者换成离月球西侧边缘更近的着陆点。我们最好不要生病。

当“阿波罗”9 号真的升空以后，一切顺利得就像做梦一样，我们大家都惊叹不已，深深地松了一口气。登月的障碍一个接一个地被解除。首先是掉头和对接：指令舱-服务舱组合位于“土星”5 号运载火箭的顶端，登月舱蜷缩在服务舱后面的保护罩内。要想进入登月舱，需要先把指令舱-服务舱组合与运载火箭分离，调转 180 度，然后使指令舱-服务舱组合后退，与登月舱对接。一旦这两艘飞船头对头完成对接，指令舱-服务舱组合就可以把登月舱从运载火箭上拉出来，此后运载火箭就完成了自己的使命。在登月飞行任务中，这种掉头和对接工作只能在完成了跨月球轨道切入之后才能进行，也就是说只能在我们脱离地球轨道、踏上飞向月球的路径之后才能进行，此时要是发现这个方案不可行，那就太晚了。因此，“阿波罗”9 号的一项重要任务，就是验证这种掉头和对接方案的可行性。下一个（显然也是最重要的）里程碑是轨道会合。仔细检查了登月舱“蜘蛛”并测试了一次它的降落发动机之后，吉姆和拉斯蒂把“蜘蛛”与戴夫的指令舱“糖块”分离，完成了一系列精心设计的机动飞行，使登月舱飞到离指令舱 100 英里外的地方。然后他们尽量准确地照搬登月宇航员从月面返回时所需的技术，顺利回到了指令舱。在指令舱，戴夫用六分仪跟踪登月舱，并计算出如果登月舱出现问题，自己前去营救时所需的机动飞行数据。一般来说，只要指令舱能够准确把控时间节点并采用相同的轨道会合策略，它完全可以像“镜像”一样反向完成为登月舱规划的那套机动飞行。在6个小时的独立飞行中，登月舱（包括最重要的轨道会合雷达）工作得非常完美。为期10天的飞行还穿插进行了其他工作，像拉斯蒂的太空行走（测试登月宇航服和背包），对指令舱-服务舱组合及其各种系统的可靠性进行的再次验证，但这次任务的主要工作是轨道会合和对接。

当“糖块”最后溅落在大西洋上的“瓜达尔卡纳尔岛”号航母附近时，NASA的规划者们被问及了一个有趣的问题：指令舱和登月舱都通过了飞行检查，也有飞船飞到了月球，那为什么不让下一次飞行任务——“阿波罗”10号尝试登月呢？“阿波罗”10号飞船准备5月升空，汤姆·斯塔福德和吉恩·塞尔南将分离他们的登月舱，降落到离月面5万英尺的高度后再返回，与约翰·扬驾驶的指令舱进行对接。支持这一想法的人们认为，让宇航员们冒险飞行了25万英里，驾驶经过验证的着陆飞行器降落到离国家目标只有5万英尺的地方而不实际着陆，是非常不明智的做法。我非常理解这一逻辑，私下里也表示认同，但另一方的理由也很有说服力。首先，月球是一个完全不同的环境，在地球轨道上进行的会合不一定能够适用。光照条件不一样，轨道速度差异很大，地面跟踪能力完全不一样。在这种情况下，比较慎重的做法是尽量做简单的轨道会合，也就是使登月舱完全处于指令舱的轨道平面内，并使两者的速度尽量匹配。这样，乘组返回指令舱就比较简单，而且在整个飞行的任何一点，指令舱也可以提供救援服务。要是登月舱着陆了，那情况就完全不同了：登月舱的速度为零，需要在准确的时刻起飞，并准确进入飞过头顶的指令舱的轨道平面。

由于月球的引力不是均匀分布的，这就使得轨道会合的情况变得更加复杂。月球上有一些局部引力加重点（称为质量密集点），会使经过的飞船稍微下沉。显然，某些月海下面的石头，其平均质量要高于月球其他地方的石头。在 1969 年的春天，人们对这种质量密集点还不是非常了解，跟踪人员还无法把适用的数学表达式输入计算机，这意味着计算机无法精确预测这样的质量密集点何时以及如何扰动登月舱或指令舱的飞行轨道。但有一点是可以肯定的。要是登月舱和指令舱都处于几乎同一个轨道平面，质量密集点对两者的影响几乎是一样的；但如果一艘飞船停在地面，而另一艘一直绕月飞行，积累误差就会很大。汤姆·斯塔福德是真正的轨道会合专家，他对这些理由非常清楚。由于他在宇航员办公室的各种讨论会上总是站在保守的一边，总是强调登月前一定要对各种会合条件进行验证，他现在不会（或者说不好意思）推翻自己平时的意见而强烈支持让“阿波罗”10 号飞船登陆的方案，尽管这意味着他或吉恩·塞尔南将失去首次登月的机会。

最后一个理由（很可能是决定性的）是斯塔福德的 4 号登月舱太重。只要登月舱待在月球轨道，超重几磅没有关系，但要是从月面起飞，登月舱的重量就极其重要了。从登月舱去除任何装备的可行性非常渺茫，这样要想使登月舱着陆，汤姆就得等待后续型号，但从管理和进度的角度来看，这会打开一个潘多拉盒子。因此，NASA 只能坚持原来的方案，把斯塔福德他们的飞行任务当作一次尽量逼真的彩排，而不是真实登陆。斯塔福德和乘组看上去也没有太难过。尽管如此，要是让我做决定的话，我会让“阿波罗”10 号任务推迟几个月，让乘组有更多时间的训练，再把 5 号登月舱交给他们，让他们直接登陆月球。哥们儿，离月面只有 5 万英尺了，然后和月球说再见，这也太过分了吧?!

“阿波罗”9 号任务不仅在工程上取得了巨大的成功，而且在“阿波罗”乘组这个人数不多的封闭圈子里，也算是一个另具特色的里程碑。它使尼尔、巴兹和我在升空的阶梯上又进了一步，我们的这种晋级使我们在预订飞机和模拟器训练时间（这一点更重要）上有了更大的优先权。这种运作体系使得下一次升空的乘组（这次是“阿波罗”10 号）拥有最大的优先权，并获得 NASA 各部门的全力支持。接下来的任务获得的支持就会陡降，因此第二名和第三名的差别就非常大。肯尼迪角有两个指令舱模拟器，休斯敦有一个，但休斯敦的主要用于研发而不是乘组训练。麦克迪维特的任务已经完成，这意味着我们现在可以拥有一台肯尼迪角的模拟器了，除非斯塔福德他们那台坏了，需要把我们挤掉。虽然我前面谈到过模拟器的事情，但我还是想强调模拟器对乘组的登月准备来说极其重要。和其他活动相比，乘组更需要通过在模拟器中的大量训练，来掌握非常复杂的“阿波罗”飞行任务；它需要分毫不差的即时性和数百项任务的完美执行。飞行中没有教官提醒，犯了错误也不会有重来的机会。

假定一个人从未开过车。在他实际开车前，先让他坐车穿越一次洛杉矶——从唐尼沿长滩高速公路向南而行，拐上圣迭戈高速后前往机场。一路上，让他经历一次高速上的爆胎、换胎，然后继续前行。给他讲解交通规则，汽车的工作原理，离合、刹车和油门的协调，方向盘的操控。让他体验一下红灯、黄灯和对面来车的闪灯。然后让他独自开车走一圈，还不能有任何刮碰。这也太难以置信了吧？但我们的“阿波罗”任务就是这样。不管是开车还是驾驶飞船，你被连到一台巨型计算机上，踩油门时速度表的读数就开始变化，飞船做恒星与地平线夹角测量时状态向量就会发生变化。计算机尽可能地把每个仪表、踏板、手柄和开关展现得非常逼真。随着里程的增加，油箱的油量会慢慢减少，加热器打开后飞船里氧气的压力就会增加，等等。窗外的真实世界更难模拟一些，但模拟一些最重要的特性也还是可以实现的。窗外可以播放车辆在相邻车道快速经过的录像；星空完全可以准确地重现在飞船窗外。导航就比较容易：指向圣迭戈高速的标志可以精确复制，月球地平线就不是那么精确，但用于测量它与选定恒星之间的夹角已经足够了。各种故障可以导入。一个前轮爆胎时，路边紧急停车过程中方向盘会晃动几秒钟；稳定与控制系统可能会突然出现短路，从而使一个推进器持续启动，造成飞船的翻滚。不管是开车还是驾驶飞船，我们都可以模拟周围的场景和可能遇到的麻烦，不断练习正常和紧急情况下的操作程序，才能熟练掌握。

对开车来说，我们并不需要模拟器，因为我们有更容易、更省钱、更可靠的方式来完成旅行（比如让妻子开车），但对太空飞行来说，性能良好的模拟器绝对是必需的。由于体积庞大，几何形状复杂，约翰·扬第一次看到指令舱模拟器时，把它戏称为“大火车残骸”。它是一个又大又花哨的家伙，驾驶舱进口离地面约有15英尺，通过铺着地毯的台阶走上去。驾驶舱本身自然是标准尺寸，因为它是“阿波罗”指令舱完全一样的复制品，但周围布满大盒子，以奇怪的角度挤在一起，为我们提供窗外的各种不同的视觉效果。计算机本身则离这堆杂乱的东西很远，它被隔离在旁边带有空调的豪华的房间里，一个大型的团队昼夜不停地伺候着它。它就像一只蜂王，被雄峰舔着，被工蜂喂着。他们通过打孔卡片把最新的飞行信息、飞行轨迹、轨道会合程序、月球引力模型等输入计算机。整套计算机系统花费了数百万美元，每天都有数百位工作人员以三班倒的形式为它的运行提供保障。当然，它也不是一直都工作得非常顺畅，特别是在“阿波罗”计划的初期，让我们觉得实际驾驶飞船比操作模拟器还容易。计算机最喜欢玩的把戏，是让操作程序（如轨道会合）进行到某一点时突然停止。技术人员都蜂拥着问候“蜂王”，乘组只能焦躁地待在驾驶舱里。计算机恢复后，通常意味着程序必须从头再来，而不是从出问题的地方继续。轨道会合练习通常需要几个小时，这意味着乘组一直工作到了关键时刻却一无所获，他们躺在座椅上几个小时却不知道轨道会合是否成功。更糟糕的情况是当登月舱乘组进入登月舱，飞行任务控制中心的人员坐在各自的控制台前，拥有各自计算机的三方都连在一起，在同样的时间共同模拟同一个问题的时候。这是一项非常艰难的任务，很少有系统不出问题、一次完成的情况。在宇航员办公室，最常见的带有指责口吻的见面语是："你不是在模拟器里训练吗?"通常的答复都是："是啊，可那玩意儿又坏掉了。"

我在退出的"阿波罗"8号任务中已经积累了150小时的模拟器训练时间，这至少让我初步了解了飞船上复杂的制导与导航系统。然后在"阿波罗"11号训练的最初几个月，我抓住了每一个去模拟器里训练的机会（不管是在休斯敦还是在肯尼迪角），但直到3月、麦克迪维特的任务完成之后情况才开始改善，要想赶上7月升空的节点，恐怕还是有点晚了。实际上，我们必须和飞行任务控制中心一起成功完成一长串规定的模拟训练项目之后，才能被正式宣布训练到位、可以尝试登月飞行了。有一段时间，我们感到实在无法在7月准备好。

至少，驾驶模拟器是一项安排有序的工作，我躺在那里，要么默默地与机器交谈，要么大声地与坐在旁边控制台前的教员交谈。然而在模拟器外面，真实的世界并不是那么有序，虽然有一个小组专门规划我们的时间，但我们还是发现很多人都急需我们的关注。主要是一些工程师，他们只是想确认我们真的理解了他们负责的分系统，或者想与我们分享他们新发现的问题或解决方案。这些都是很有责任感的人，我们不能置之不理，虽然很多时候他们唠叨的那些事情都不是我们所能掌控的。尽管如此，我们有时候也会得到一些有用的信息。还有一些我们一起工作多年的人，他们只是想和我们聊一聊，送上他们的祝福，也有人想让我们把他们的小首饰带到月球。如果这人是 NASA 或承制商的雇员而且东西很小，我一般会同意，因为我们每人都配给了个人喜好物品包，里面可以装满自己或别人的个人纪念品。在“阿波罗”11 号任务中，我带着祈祷文、诗歌、奖章、硬币、国旗、信封、胸针、领带夹、徽章、袖扣、戒指，甚至还有一个尿布别针，其中有的是我的，有的是别人的。唯一的要求是东西必须要小，但没人能比得上一位先生的聪明才智——他让我带了一个不到四分之一英寸长的空豆荚，里面装有五十头大象，用象牙片雕刻而成，他准备任务结束后分给他的同事。你要是不相信，我可以给你看装这些大象的袋子。还有人给我们写信，有的里面装有希望带到月球的小首饰，有的给我们提供建议，有的只是祝我们一路顺利。随着我们越来越忙碌，我们对邮件越来越不在意，此后我遇到了不止一位朋友，他们说我明显变得高傲自大了，竟对他们发自内心的祝福置之不理。大部分来信都比较真诚，但也有一些奇怪的人。以色列一位明显患有精神错乱症的家伙发来一封信，里面包含大量有关巨型蚂蚁寄生月球的信息。他在信里说，要是登月舱降落到这些蚁穴上或蚁穴附近，那将是一场灾难，他愿意向我们提供标明每一处蚁穴的详细地图——当然，这需要付费。

还有一些非技术性工作，比如给我们的飞船起名，设计任务徽章。我们觉得“阿波罗”11 号不是普通的飞行任务，因而不想要普通的设计，但我们不是专业的设计人员。NASA 也不想在这方面帮忙（我觉得他们很明智）。在“双子星座”10 号任务中，我觉得我们的任务徽章是这一系列中最好看的；艺术家芭芭拉·扬按照约翰其中的一个想法，设计出了非常好看的图案——一个上面不带名字和飞行器、富有空气动力学特性的X。对“阿波罗”11号任务，我们也准备这样做。我们不想把我们三人的名字写在上面，因为我们想让图案代表每一位为登月做出贡献的人，参与项目的有数千人，然而他们永远也看不到自己的名字印在任务徽章上。此外，我们希望设计图案具有象征性，而不是非常具体。在“阿波罗”7号任务中，沃利他们的徽章展示的是地球和绕地球飞行、后面喷火的指令舱。在“阿波罗”9号任务中，麦克迪维特的设计上有“土星”5号火箭、指令舱和登月舱。“阿波罗”10号的徽章更加复杂。“阿波罗”8号的和我们的思路比较接近，徽章采用了指令舱的形状，一个数字8圈住了地球和月球，只是和其他徽章一样，上面印着三人的名字。我们需要更简单的图案，而且要清楚地表明美国是为了和平而登月。吉姆·洛弗尔（尼尔的后备）在交谈中提到了美国白头鹰。太好了！美国白头鹰降落了，还有比这更有象征意义的吗？在家里，我浏览了一下我的书柜，终于在一本《国家地理·鸟类篇》里找到了想要的东西：一只双爪伸出、翅膀部分收缩、准备落地的白头鹰。我用一张薄纸把它描下来，再画上以一定角度看过去的坑坑洼洼的月球表面。

这样，“阿波罗”11号的任务徽章就产生了，尽管获得批准还需要很长的时间。我把一个小小的地球加在了背景中，但阳光照射的方向弄错了，所以，直到今天，我们正式公布的任务徽章依然存在这个错误。经过讨论，我们还在圆形图案的上部写上了“阿波罗 11 号”的字样。有一天，我在模拟器外面向吉姆·洛弗尔描述我们的徽章设计时，我俩一致认为仅靠一只鹰并不能完全传达我们的用意。美国人就要登月了，但那又怎么样？我们的计算机专家兼教员汤姆·威尔逊听见我们的对话后插话说，为什么不把橄榄枝当作我们和平探索的象征？太好了！鹰怎么携带橄榄枝？自然是用喙衔着。于是我又加上了橄榄枝，与尼尔、巴兹讨论了几次颜色方案后，准备交付印刷。太空将是纯黑色（与实际情况一致)，鹰、月球和地球都是自身的颜色，剩下的就只有边框和文字的颜色了。我们选定了蓝色和金色，然后让载人航天中心的一位插图画家为我们做艺术加工。我们对他的设计进行拍照，然后通过正规渠道发给华盛顿的 NASA 总部，请他们审批。他们通常像橡皮图章一样什么都同意，但这次他们没有，我们的方案没有获得批准。什么原因？图案上，强有力的两只鹰爪僵硬地伸下来，这是不可接受的。按照鲍勃·吉尔鲁斯的说法，这只鹰太不友善，太好战，看上去正在凶猛地扑向月球。怎么办？对我这个飞行员来说，“起落架”朝上是不可想象的，因为我曾不止一次地梦见自己就是这样轮子朝天着陆的，每次都惊出一身冷汗。也许可以让两爪变得放松、柔软些，就像婚礼上与来宾握手时那么柔软。然后，有人来了一次头脑风暴：把橄榄枝从喙上挪到两爪，鹰的凶猛意味就消失了。在新的设计中，这只鹰看上去不是很舒服——两爪紧紧地抓着橄榄枝，但我们还是及时把它提交给了华盛顿并获得批准。

把一只鹰作为登陆月球的主题形象很快使它成为登月舱的名字。尼尔和巴兹都认为，把登月舱称为“鹰”非常合适，用在无线电通信里声音也比较清晰。指令舱名字的选择就不是这么容易了，我想了很长时间也没有找到合适的。有一天，我正和NASA负责公共关系事务的助理局长朱利安·舍尔打长途电话，他问我是否给我们的指令舱找到了合适的名字。我说还没有。他说：“我们这有人提议用‘哥伦比亚’。”我未置可否，就转到其他事情上了。哥伦比亚？我感觉有点华而不实，特别是和前面两艘指令舱的名字进行比较的时候（我喜欢“阿波罗”9号的“糖块”，但觉得10号的“查理·布朗”特别难听）。但我认为稍微有点华而不实也是可以接受的，而且这一名字带有很多好的寓意。最明显的是它与儒勒·凡尔纳的科幻故事里发射月球船的巨型火炮——“哥伦比亚特”的名字非常接近。月球船于1865年在佛罗里达州的坦帕附近发射，绕飞月球后在太平洋回收。当然，最重要的是它与我们国家的产生有密切的联系。鹰是我们的象征，但“哥伦比亚”差一点就成了我们国家的名字，因此，虽然有点国家至上的色彩，但与“鹰”相对应还是比较合适的。最后，歌词“哥伦比亚——海洋的宝石”不断浮现在我的脑海中，这预示着一艘有望漂浮在海洋上的宇宙飞船将被顺利回收。由于尼尔和巴兹都没有反对，我也没有更好的选择，于是“哥伦比亚”这个名字就这么定下来了。谢谢朱利安。

另一件事是准备留在月球的登月匾（固定在登月舱的一个支脚上）。上面写着：“来自地球的人于公元1969年7月第一次在这里登上月球。我们代表全人类为和平而来。”上面还有尼克松总统和我们三人的签名。它上面还有两个圆圈，一个代表西半球，一个代表东半球。因为它固定在登月舱的支脚上，也许尼尔和巴兹参与了它的设计，但我认为这种可能性不大，我肯定没有参与。我记得我是从月球回来后才看到了它的复制品，上面的签名不是我写上去的，而是用休斯敦宇航员办公室里的签名机印上去的。除了“代表全人类”这种具有国际意味的匾文外，NASA还准备了一张直径为1.5英寸的微型磁盘。里面包含73个国家领导人的简短讲话，其中包括美国总统艾森豪威尔、肯尼迪、约翰逊和尼克松。这张磁盘将和一面美国国旗一起留在月球，这是唯一一面获此殊荣的国旗。

1969年的春天，每周的时间一闪而过。到5月，当我们成了下一个升空的乘组时，感觉依然还有一年的工作量。5月18日中午时分，汤姆·斯塔福德、约翰·扬和吉恩·塞尔南从肯尼迪角的39B发射塔升空[①]。他们3天后抵达月球上空，成为第4、5、6位近距离观察月球的人类。斯塔福德和吉恩·塞尔南会看得更清楚，因为他俩的工作是乘坐登月舱“史努比”下降到离月面5万英尺的地方，然后再与指令舱“查理·布朗”里的约翰·扬会合。这一过程的主要目的是在登月舱的本地环境中检查它的

① 梅里特岛上的39号发射场原计划包含三个不同的发射场地：A、B和C。C就一直没有动工，B只发射了一次“阿波罗”10号任务。所有其他使用“土星”5号运载火箭的发射任务都是在39A完成的，因此我的结论是B和C其实并不需要。当然，“土星”5号刚面世时，没人知道这个庞然大物产生的高温会对下面的水泥结构造成什么样的损伤，也没人知道太空飞行会不会变得很流行。

工作情况，俯冲到“阿波罗”11 号飞船的着陆点上空并拍照，最后再演示一种风险不大的轨道会合方案。在这一过程中，地面跟踪网络会利用这一机会完善月球独特的引力场模型，因为月球上分布着质量密集点和其他畸变点。幸运的是，整个过程都按计划顺利进行，轨道会合也很容易就完成了。尼尔、巴兹和我都松了一口气，不仅因为汤姆和吉恩安全回到了指令舱，更因为我们看到登月的道路已经铺就，而不需再重复这次的演练（这一点有些自私）。按照登月舱雷达的显示，汤姆和吉恩降落到了离月面 47 000 英尺的高度，也没有遇到什么困难，只是和登月舱的控制系统打了一阵简短的乱仗。在此期间，飞船发生了剧烈的翻滚，让吉恩·塞尔南骂了一句全世界都听见了的脏话——“混蛋!”他因为这句脏话丧失了童子军会员资格，还得再雇 4 位速记员为他处理人们写给他的信件。奇怪的是，“阿波罗”10 号看到的月球与 8 号看到的竟然不一样。8 号看到的是黑色、白色和两者之间的灰色。而 10 号在月球表面看到了很多的棕色——中午是浅棕色，太阳升起和落下时呈深棕色。这两次任务拍下的照片也无法评判哪一个说法更真实，因为稍微改变一下显影过程和感光乳剂，月面就会呈现灰色或棕色，甚至绿色。这虽说是一件小事，但确实激发了我的好奇心。它怎么会在 5 个月内就改变颜色了呢？6 个观察家怎么会分得这么均匀——3 比 3？谁说的对呢？

我们很快就会知道答案，但此时我们没有时间思考这件事，因为我们自己还有很多需要解决的问题——不是呼号、徽章或协议的问题，而是我们仍然面临的非常艰难的技术未知数。我觉得最重要的是那18个不同的轨道会合场景，要是登月舱无法着陆，或者着陆得早了或晚了，或者离开月面时走的是曲线或直线，我们就会用到这些场景。我很快就用完了一个活页本，里面有笔记、操作程序、计算机输入项和图表。我把尼尔和巴兹离开指令舱以后我可能需要的东西都装订在一起，起了个名字叫《单人飞行手册》，共有117页。我在模拟器里把有的场景练习了很多遍，但我没有时间练习那些可能性不大的场景，我准备依靠提供保障的工程师团队，他们把这些场景看了很多遍，并确保它们的实用性。除了轨道会合，还有一长串别的问题。像在“双子星座”10号任务中那样，我弄了一个黑色的笔记本，其中一节专门记录尚未解决的问题。然后解决一项我划去一项。到升空的时候，我正好划掉了100项。奇怪的是，这一数量比我在“双子星座”10号任务中的138项要少，尽管“阿波罗”飞船远比“双子星座”飞船复杂，我在这次任务中也远比上次忙碌。也许是我在“阿波罗”11号任务中只记录确实非常重要的问题，或者我只是感觉压力太大，因为我觉得全世界的眼睛都在看着我。

我的问题分为两类：“阿波罗”11号首次尝试、还没有明确答案的问题；以前做过，但由于懒惰、不注意或能力不够还没有完全明白的问题。后一类的一个例子是把指令舱和登月舱连接在一起的机构——探管-锥套组件。指令舱第一次与登月舱对接时，重量是65000磅，登月舱是33000磅。指令舱轻轻地把探管插入登月舱的锥套内，探管周边3个小小的捕获卡头就会一下子把登月舱的锥套锁定。两艘飞船组合在一起的重量接近10万磅，就这样被 3 个相距不到 4 英寸、像回形针一样的小玩意给连在一起。指令舱驾驶员检测到这一情况并进一步确认两艘飞船没有过大的晃动后，他会拨动一个开关，这个开关使探管内一个小气瓶释放高压氮气，驱动探管返回指令舱，同时带动登月舱一起运动，直到指令舱的通道顶住登月舱的通道，此时，12 个机械卡头把指令舱和登月舱完全锁定，在通道壁的四周形成 12 个接触点。随后指令舱驾驶员离开自己的座位，承担起机械大师的角色。探管和锥套挡在通道中间，卸掉后宇航员才能在两艘飞船之间穿行。要想把它们卸掉，我们需要完成一长串的检查清单。

新闻媒体总是问我们这次飞行哪个部分最危险，我也总是回答说准备阶段被我们忽视的那部分。这样的回答虽然有点回避问题，但真实情况也确实是这样。在“阿波罗”11 号的整个飞行中，实际上有 11 个需要特别关注的地方，我对自己训练时间的安排，就是为了使自己熟悉这些地方，从而能够顺利地完成自己的职责；使自己对装备设计和用途理解得非常透彻，从而能够处理预期出现的各种故障。通常我们三人会共同完成有些工作，但有些是我独自完成的。当然，我只能监视登月舱的飞行情况。以下就是 11 个需要特别关注的地方：

(1) **发射**。从起飞到进入地球轨道的这 11 分钟无疑是非常紧张、危险的一段时间，其中涉及巨型发动机、易爆燃料、高温高速、强风和严苛的导航要求。

(2) **跨月球轨道切入**。第三级的“土星”火箭发动机重新启动，让我们离开相对稳定的地球轨道，开始一条三天后刚好闪过月球的飞行轨迹。要是发动机提前关闭，我们需要完成某种复杂的紧急操作才能回到地球。

(3) **掉头和对接**——把指令舱-服务舱组合脱离运载火箭，调转 180 度，与登月舱对接并把它从废弃的运载火箭上拉出来的过程。这里还包括从连接通道卸除探管和锥套。

(4) **月球轨道切入**——一个两次启动发动机的程序，用于把飞船速度降低到可以被月球引力场捕获但不会撞上月球的状态。要是第一次（更重要）启动提前关闭，就会产生非常奇怪的飞行轨迹，登月舱的发动机就得立刻启动，把我们送回地球。

(5) **降落轨道切入和有动力降落启动**——让尼尔和巴兹离开我那舒适的 60 海里高度月球轨道、与月面上选定的着陆点进行交会的两次发动机启动。要是操作程序没有精确完成，登月舱就会降落在错误的地方，或者（更有可能）根本无法着陆，此时，就得实施非常怪异的会合程序。

(6) **着陆**。有可能非常危险，只是我们不知道。也会出现燃料不足、时间紧急的情况。另外，月面着陆点的情况有可能很差。更糟糕的是，能见度和高度感知问题有可能使飞船坠毁而不是着陆。这种情况从莱特兄弟开始就一直存在。

(7) **出舱活动**。在月球上行走有可能非常耗费体力，让供氧和冷却系统不堪重负。月面可能会有坑洞，甚至是地下熔岩出口，这些都可能导致地表塌陷。最基本的风险在于，任何出舱活动距离即刻死亡的距离只隔着薄薄的一层胶粘的橡胶膜——宇航服而已。

(8) 月面起飞。飞船只有一台发动机，最好能够正常工作——沿正确的方向提供足够的推力。否则，最好的情况是登月舱吃力地进入一条我有可能实施救援的月球轨道；最坏的情况是尼尔和巴兹在静海的石头中间成为永久性的装饰品。

(9) 轨道会合。如果……就是小菜一碟，如果……就是一场灾难。最后会是哪一个“如果”？当我在指令舱里等待结果的时候，我会把包含 18 个场景的那本资料挂在我的脖子上。我希望我会再次进行对接和清理两艘飞船之间的通道。

(10) 跨地球轨道切入。我们会启动唯一的一台发动机，它会使我们返回家园或永远遗弃在月球轨道上。这次没有备用发动机，因为登月舱此时已经没有燃料而被抛弃了。

(11) 再入大气层。要实现成功的溅落，我们需要以精确的角度冲入大气层，以及准时启动、工作顺畅的降落伞系统和相关装置。我会在再入阶段驾驶飞船，而且必须学会如何驾驶它，因为我有可能从月球单独回来。

这些就是飞行中的主要问题，这并不意味着我们可以忽视其他阶段的飞行。往往是那些被你忽视的小东西容易出问题并给你带来麻烦。我觉得个别地方肯定会出问题，因为那么复杂的系统在太空飞行 8 天，有的东西肯定会损坏。它会是什么东西？我可以处理吗？我花费大量时间去思考，在模拟器里花费大量时间去训练，就是为了解决困扰我的这些问题。我还在努力掌握制导与导航系统，因为我是往返月球的导航员。

随着 6 月的到来，我在肯尼迪角待的时间越来越多，在休斯敦和其他地方待的时间越来越少。我还会在休斯敦度周末，但周一必须起大早（4:55 起飞），为的是按时降落在肯尼迪角，开始一整天的工作。因此，帕特和孩子们在 6 月的前两个星期来到肯尼迪角时，我感到非常高兴。我们住在海边的一家汽车旅馆里，帕特终于有机会从休斯敦的混乱中放松一下；在那里，“阿波罗”11 号的升空准备活动引起了媒体、朋友和感兴趣的陌生人的疯狂关注。这并不是说肯尼迪角就非常安静，只是帕特在这里基本上可以做到隐姓埋名，而且这里有海滩，它的宁静似乎总是可以吸收掉我们家人的紧张情绪。随着准备节奏的不断加快，我的紧张情绪也需要被稀释。不管怎么样，我觉得在随后的几周里我可以忍受一切，然后一切结束！我的大脑拒绝思考“阿波罗”11 号任务以后的事。后面还有飞行任务，但我不会参与。肯尼迪总统不是说在这个十年结束前登上月球并安全返回吗？他可没说一次又一次地登个不停，以科学的名义探索月球。我并不是不同意这样做，相反，我非常同意，我只是在“阿波罗”11 号任务中投入得太多了，不想在以后再来一遍了。此外，这种压力对我的妻子非常不利，应该尽快结束。

所以，当有一天迪克和我驾驶一架 T-38 从休斯敦飞往肯尼迪角，他提出准备把我安排到后续飞行任务时，我礼貌地拒绝了。我告诉他说，要是“阿波罗”11 号飞船起飞后中止并落入大海，我会继续回办公室报到；然而，要是我们按计划完成任务，“阿波罗”11 号将是我最后一次太空飞行任务。其实，即使不放弃，我对以后执飞什么任务一点概念也没有，也不知道会担任什么角色，但很可能会成为“阿波罗”14 号的后备指令长，然后在 17 号任务（“阿波罗”计划的最后一次飞行）中登上月球。但在 1969 年 6 月，我数数都数不到 17，即使在今天，我也不会对当时的决定感到后悔。尽管如此，3 年半后，我还是以很大的兴趣观看了吉恩・塞尔南的那次飞行。

帕特和孩子们 6 月中旬回到休斯敦后，我就开始与世界隔离，在我周围编织一个无敌的茧壳。我练习掌握计算机程序，学习 18 个轨道会合场景，折叠、收取那个探管就像在通道里引领一只听话的小羊羔一样。有人说准备把发射日期推后一个月，让我们有更多的训练时间，但这和我无关。问题不在我这里，而是在尼尔和巴兹那里，因为登月舱模拟器老是出故障，他们难以与休斯敦的飞行任务控制中心一起完成任务计划中精心设计的一系列演练。两组人马的计算机在运行过程中总是出问题，整个演练不得不推迟，这种时间的浪费是无法弥补的，于是尼尔和巴兹就落后了。要是比较幸运，他们仍然有可能在 7 月 16 日前完成所需的训练任务，但也只是很勉强地完成。他们俩对此感觉很矛盾。没人愿意推迟任务的发射时间，尤其不愿意被认为是因为没有准备好，但他们也没有公开支持按计划在7月发射。我不知道他们只是很慎重，还是真的对某些可能出现的状况没有把握。我觉得应该是前者，但这不是我该做的判断；当迪克·斯莱顿问我时，我只能说我可以在7月中旬准备好。实际上，推迟一个月也算不上什么大悲剧，但它确实会带来严重的影响，因为要是在8月发射的最后一刻出现硬件问题，那我们的麻烦就大了——某些暴露在腐蚀性燃料中的飞船构件必须返厂检修，无论从时间还是从可靠性上考虑，没人真正知道这种拆装过程会带来什么影响。因此，6月17日是个值得庆贺的日子，因为经过9个小时的飞行准备状态评审，萨姆·菲利普斯上将宣布，“阿波罗”11号任务将于7月16日升空，对此我感到非常高兴。板上钉钉了！我本来心情就不错，因为前一天我通过了一场特殊的体检——倒计时30天体检（我们竟然按天倒计时了)。那天晚上，我带着一瓶杜松子酒和一瓶苦艾酒以及一身的轻松，第一次搬到了梅里特岛上的乘组宿舍。一个月的准备——尽最大的努力，受最小的干扰。这就是我们搬到乘组宿舍这个修道院般的世界里的原因。

一般来说，我们乘组都会最大限度地享受这里明亮的日光和可可比奇海滩上的自由自在。在“双子星座”10号任务中，约翰和我一直到最后一周才来到海滩，但这次不一样。我们需要与世界隔离一个月，一次又一次地演练即将实施的探险计划，而乘组宿舍是唯一可以完成这一任务的地方。它紧邻梅里特岛上高大的装配与试验大楼，我们的办公室就在大楼里面。有一把特殊的钥匙，你就可以进入宿舍，先是一个不大的客厅和没有窗户的走廊，走廊两侧是没有窗户的小卧室，接下来是健身房和桑拿房，走廊拐个90度的弯是餐厅、厨房、简报室（配有世界地图和闭路通信系统）和安全帽（去发射塔时戴的）存放架。除了几位在这里工作的（像工作效率极高的服务员和厨师路·哈兹尔），只有我们邀请的人员才能进来。服务员把我们的名字写在我们的内衣上，把我们的运动衫弄得更挺直，到处收拾得一尘不染。路曾在拖船上当过多年厨师，偶尔也会涉足游艇的社交圈子。当他啤酒喝多时，就会讲一些名人落水和其他一些有趣的故事，但大部分时间都会待在厨房里做饭。他的作品可以用“千篇一律”来形容，以肉和土豆为坚实的构造基础，上面堆着沙拉和小面包，当然还有500卡路里的甜点。你告诉他你在减肥也没有用，他也不生气，只是当作没听见。拖船需要动力，甚至需要穿越大风大浪。登月当然也需要厨房的强力推动。更多的肉，更多的土豆，更多的面包，更多的甜点！它们会把我们推向月球。

我们一般在6点和7点之间起床。在“双子星座”10号任务中，由于太空行走对身体状况有很高的要求，我每天早上都跑步两英里，但这次我没有那么刻意，有时候跑，有时候不跑。通常，我会瞄一眼当天的报纸，匆忙地吃个早饭，就会去相距一个街区远的模拟器大楼，或者去门外我们的办公室里开会。路会用密封的盒子把午饭送过来，我们会在模拟器旁边狼吞虎咽地吃午饭和回电话。秘书们总是把整齐的一叠黄色电话记录条放在那里，等我们中午从模拟器里出来后去回复。

我偶尔也会碰到尼尔和巴兹，他俩在附近的模拟器里训练，但直到晚上，我们三人才能在乘组宿舍坐在一起，在路送来大餐之前，美美地喝上一杯。晚饭后，我们会单独或一起研究资料，温习那些需要我们一起完成的飞行计划。他们之间的工作关系比我更密切，尽管如此，他们（尤其是巴兹）还是愿意和我讨论一些和我无关的问题。

有一天的演练非常糟糕，那天晚上的事情我记得特别清楚。尼尔和巴兹乘坐登月舱降落时出现了某种灾难性情况，休斯敦命令他们中止着陆。不知道尼尔对这一建议有疑问还是动作慢了，反正计算机打印结果显示登月舱在开始爬升前落到了月面以下。换句话说，尼尔把登月舱坠毁了，把他们俩给摔死了。那天晚上巴兹非常生气，都过了我的睡觉时间还一直向我抱怨。我不知道他是担心自己实际的飞行安全（要是尼尔重复这一错误的话），还是觉得在休斯敦飞行任务控制中心一屋子专家面前坠毁很丢人。但不管什么原因，巴兹的声音很清晰，那瓶苏格兰威士忌喝完后，他的抱怨越来越洪亮、具体。此时，尼尔穿着睡衣突然走进来，头发乱乱的，非常气愤地和他争论起来。我礼貌地找个借口上床去了，因为我不想介入他们之间在技术或个性上的冲突。他俩的讨论一直持续到深夜，但第二天早上吃饭时，他俩一切如常，看不到有任何气恼或不自在的迹象，所以我觉得他们昨晚的讨论既坦率又有益（国务院发言人语气）。在我们的训练期间，这是唯一的一次争吵。

虽然巴兹没有明说，但我觉得他最大的不满是尼尔将是第一个踏上月球的人。最初的检查清单上写着登月舱的副驾驶先出舱，但尼尔对此并不认可，利用指令长的特权坚持自己先出舱。这事在 4 月终于确定了，此后不久，巴兹明显变得忧郁和内向。有一次，他想找我倾诉受到的不公平待遇，但我没有答应。我还有很多问题需要解决，根本不想介入这件事。

随着发射日期越来越近，我的心境似乎也扩展了。据我所知，我们人类只发挥了我们全部能力的一小部分，我也不例外，哪怕是到了 1969 年的 7 月初，情况依然是这样。如果说平时我发挥了 20%的能力，我相信此时至少已经发挥到了 25%，而且我的注意力和吸收能力似乎也增强了。在“双子星座”时期，整个流程我都走过一遍，这对我特别有帮助，其中的原因有很多。首先，新的和意外情况会引发紧张情绪，耗费额外的能量，而乘组宿舍不是那种陌生的环境，它让你感觉很舒适，就像穿了一双旧鞋子一样。我甚至住在了执行“双子星座”任务时的那间卧室，卧室里放着同一张照片——一个皮肤乳白、穿着深红色连体泳衣的黑发美女，矜持地站在一座破旧建筑的石阶上，那地方看上去像是意大利的一个小山村。她曾是我挂在墙上的守护神，她提醒我确实有人从这间卧室进入了太空，并安全返回了地球。以前的飞行经验也非常有用，因为有些基本技能一旦学会就永远不会忘记，比如在超重力很大的情况下进行呼吸的最佳方法。更重要的是，“双子星座”的飞行经验使我可以把飞行计划中的各项操作像放电影一样一页一页地展现出来，知道哪些地方的工作负荷过重、问题如何解决。

另一方面，“双子星座”10号任务和“阿波罗”11号任务之间也存在着巨大的差异。虽然“双子星座”10号受到了全世界的关注，但它还是具有区域的特征，是在友善的环境中完成的，几乎就像是一场体育赛事。执行任务时也的确会死人，但除了个人风险，没有叠加国际压力。“阿波罗”11号任务则完全不同。我们三人是国家的使节，要是我们搞砸了，就会使国家很丢颜面。整个世界都看着我们（包括不太友善的国家），我们决不能失败。我带着压力去规划、研究、仔细思索那些致命的缺陷，被忽略的事情，考虑不周的事情，一些我应该做但根本做不了的事情。更糟糕的是，只有我们这些航天计划内部的人知道我们会失败，知道方程里面有未知数，全世界的其他人似乎都觉得任务肯定能够成功，但“哥伦比亚”成为“海洋的宝石”之前，我们需要做出一百个艰难的决定，拨动一千个关键的开关。探管折断，发动机喷管上的一道裂纹，一次电气短路，乘组的一次走神，还有无数的其他状况，都会让我们失败。我不知道尼尔和巴兹有没有这种压力，因为我们从来没有讨论过这个问题，但我真切地感受到了这种压力，这种可怕、把我压得喘不过气来的责任感，这种完全负面的情绪，这种“你不能搞砸”的训令。到升空那天，我两眼的眼皮一直跳个不停，升空后这一症状立刻就消失了。

这里也发生了一件有趣的事——查克·贝里（他声称是我们的私人医生，但我们很少见到他）在新闻发布会上说，升空前总统不应该来乘组宿舍与我们共进晚餐，因为他有可能把病菌或病毒带给我们。要是我们一直在没有病毒和病菌的隔离屏障后面工作，这种说法还有点道理，但我们每天和数十人打交道，再多一个人（而且是一个身体情况一直受到监视的人）也不可能带来什么差异。这让总统非常尴尬，因为要是我们在飞行期间身体出了状况，那就是总统造成的；即使没有出状况，别人也会指责他漠视宇航员“私人医生”的专业建议。于是，总统就把准备共进的晚餐取消了。贝里还告诉媒体说，任务结束后，我们其中的一位有可能会在登月入检实验室里生病；另外还要终身追踪我们的身体状况，确保我们没有带回潜伏期极长的月球微生物。他预测的东西没有一样成真。

汤姆·佩因显然没有病毒或病菌，因为他在乘组宿舍和我们安安静静地共进了晚餐。作为 NASA 的局长，他感受到的压力肯定和我们一样大，但我们双方都没有表露出来，而是轻松愉快地进行交谈。他的主要建议（我觉得是很好的建议）是我们不要冒不必要的风险。要是情况不妙，只管返回，他一定会想办法再给我们一次机会。这就消除了我们对首次登月的渴望所带来的显而易见的风险，在登月过程中，这种渴望会干扰我们对可能出现的危险情况的判断。

然而，随着 7 月 16 日的到来，这种精神放松的情景非常少见。我们准备得怎么样了？在某些领域（如飞行计划的演练），我觉得我们已经完全准备好了。在其他不太重要的领域，我们准备得非常不够，但这些都是可有可无的事情。例如，大部分美国人会在电视上收看“阿波罗”登月的实况。电视是我们之间非常重要的联系纽带，能极大地提升他们对登月活动的理解。我们的电视摄像头就是飞船的眼睛。这事安排得比较晚，是很烦人的一件事，和安全完成我们的飞行任务没有关系，因此我们不想浪费时间。我们不情愿地按照飞行计划把它打开几次，我们不想弄这事，所以我们也不练习，也不演练。我们没有时间去摆弄它，尼尔和巴兹甚至都不知道怎样打开和聚焦，我也是只了解个皮毛。但电视不会造成人员伤亡，而很多其他的事情就完全有可能。我记得我们听到的最后一条关于电视直播的建议是：“嘿，希望你们拍出极好的电视画面，有 10 亿人在观看呢，可别搞砸了呀。”

我最大的安慰来自模拟器。从 1 月到 7 月的 6 个多月里，我在里面积累了 400 小时，对我来说，它就像舒适的家而不是恐怖室。坐在外面大型控制台前的教员们把各种逼真的故障插进来，我都能很快搞定。他们的控制台上有数百个指示灯，还有一两个是备用的，他们也不嫌麻烦，把“柯林斯很棒!”印在其中的一个备用指示灯下面。每次完成训练、爬出模拟器，我都会赶过去看看那个指示灯是否在闪动。要是没有，我就把它打开。

7 月 11 日（周五），我们做了最后的体检；7 月 14 日（周一），参加了最后一场新闻发布会。体检既简短又暖心，而新闻发布会不管是提问还是回答都无聊至极。在介于两者之间的周末，我很长时间以来第一次玩得很开心。我开车来到帕特里克空军基地，跳进一架 T-38，玩了一个小时的特技飞行——一次是周六，一次是周日（一次是迪克・斯莱顿坐在后座，一次是我自己）。这种飞行不是为了好玩，而是为了内耳的调节。由于博尔曼和施韦卡特分别在“阿波罗”8号和9号任务中出现了呕吐，我们有些拿不准怎样才能使我们半圆形耳腔里的液体适应新的失重状态。我们的思路不是让 T-38 飞那些能产生失重状态的抛物线，而是让它完成一些剧烈的特技飞行动作（翻跟头和横滚），让内耳里的液体不停地晃荡，来粗略地模拟在失重的“阿波罗”驾驶舱里运动时产生的那种晃荡。要是按要求去做，我很快就难受起来。一次副翼滚转能使飞机产生最急速的位置变化，但经过这么多年的飞行训练，内耳、大脑和胃显然都适应了这种运动，知道那是一次副翼滚转。然而，要是把头向左或向右扭转 90 度并一直保持这种姿势，然后再开始滚动，情况就不一样了。此时内耳感受到的不是单调的横滚，而是非常快速的翻跟头，和以前的情况是不一样的，这至少让我感到很难受。因此，我唯一能做的就是扭着头做几个横滚，胃里开始难受，想吐的时候赶紧停止，中间穿插一些常规的机动动作和平飞。

身体调节、生理调节、心理调节都做了，其他该做的也都做了。我准备好了。

12　飞向月球

休斯敦，这是“阿波罗”11 号……我看到了窗外的整个世界。

——麦克·柯林斯（升空 28 小时 7 分钟）

“双子星座”10 号任务是在下午晚些时候发射升空的，这样发射当天的安排就比较人性化，但这一次就没有那么幸运。今天（7 月 16 日），发射窗口是休斯敦时间（也是我们手表上的时间）8:32，所以，刚过 4 点钟迪克就把我们从床上拽起来了。快速刮完胡子、冲完澡之后，我们来到健身房，迪·奥哈拉正等在那里给我们记录几项最后一刻的身体指标，如体重和体温。看到迪很高兴，她从“墨丘利”计划开始就一直从事这项工作，她给这个不同寻常的早上带来一种熟悉、舒适的感觉。她是一流的护士、好朋友，总是那么乐观，非常招人喜欢。和平时一样，她做完自己的工作就从容地离开了，随后路送来了最后一顿饭：牛排和鸡蛋、烤面包片、果汁和咖啡。作为 NASA 艺术项目的一部分，艺术家保罗·卡利受邀在早餐时给我们画素描。和迪的情况一样，保罗的闯入并不令人讨厌，他看上去显然是一位专业画家，希望在他眼里我们也是专业人员。我们三人一边大嚼烤面包片，一边和迪克、比尔·安德斯愉快交谈时，几乎没有注意到他和他的画板。发射前的早餐总带着一种刻意的随意，今天的早餐也不例外。我们都知道迪克给早餐安排了23分钟（或类似的时长），一秒钟都不能超过，但我们都假装不知道有这样的时间限制，任何听到我们聊天的人都会认为，我们5个人对又一个无所事事的一天感到有些厌倦。

我谢过路的早餐后就快速回到自己的房间。我仔细地刷了牙，再次检查自己为数不多的个人物品是否都打包了，有人会把它们带回休斯敦。有的上面写着送往登月入检实验室（真是伟大的乐观主义者!），等着我接受飞行后的隔离检疫。我给墙上的黑发美女说再见，不知道以后还能不能再见到她。然后我和尼尔、巴兹一起赶往楼上的宇航服室。在“双子星座”任务中，我们都是在靠近发射塔的拖车房里穿宇航服，但“阿波罗”任务比较讲究，他们在乘组宿舍附近精心建造了一个宇航服维护、存储和穿着设施。想到“双子星座”10号任务时膝盖的疼痛，我赶紧穿上宇航服，戴上像鱼缸一样的头盔，开始呼吸纯氧，驱除身体里产生气泡的氮气。由于那场致命大火，发射塔上的指令舱不再使用纯氧，而是使用氧气为60%、氮气为40%的混合气体。随着运载火箭的上升，这种混合气体从一个排气孔排出舱外，舱内气体被纯氧取代；飞船进入地球轨道、舱内压力稳定在每平方英寸5磅时，驾驶舱里几乎又变成了纯氧。然而，不论什么时候，宇航服里使用的都是纯氧，所以，我越快穿上宇航服越好。乔·施密特负责帮我们穿宇航服，他是一个大好人。他从艾伦·谢泼德的首次升空开始，就一直从事这项工作；他看着我们来来往往，发生变化，但乔依然是乔。他完全可以轻而易举地把某样东西塞进我们的宇航服口袋，让我们给他带到月球，他也知道我们肯定会答应，但他宁死也不会向我们提出这种不合时宜的要求。我们三人都准备好以后，把宇航服连到便携式氧气箱，然后提着氧气箱就像提着一个较重的行李箱，走向停在远处、即将把我们送往发射塔的摆渡面包车。我们离开时，走廊里站满了人，有的是老朋友和同事，但大部分都是陌生人。“阿波罗”计划是一个特别巨大的工程，无数的人和我们一样为这一天投入了多年的时间，我们只知道极少的一部分人，仅在这座大楼里就有数百人，他们在某种程度上掌握着我们的命运，但我们从来没有看过他们一眼。现在，他们当中的某些人站在走廊里和我们默默地说再见。至少在我的头盔里，他们都是默不作声的，我只听到我那笨拙的黄色橡胶套鞋发出的咯吱声和氧气进入宇航服的嗞嗞声。我们离开大楼时，外面的场景更是吓人。由于这是公共关系事务官员所说的“最后的留影机会”，院子里挤满了摄像人员和他们刺眼的灯光，还有无数的摄影师。保安人员用绳子为我们揽了一条通道，我们一边迈着僵硬的步伐走向摆渡面包车，一边向摄影师们机械地挥着手。肯尼迪角保安部门的负责人查理·巴克利在那儿迎接着我们——这是升空前的又一个小小的仪式。

车门关闭了，我们完全以演练的车速行驶在 8 英里的道路上。虽然肯尼迪角还是早上 6: 30（手表上的休斯敦时间是

5:30)，但周围都是开车的游客。他们几乎都停了下来，我们在专用的车道上快速通过。几分钟后我们就拐下主路，现在游客不见了，我的心情也发生了一些变化。今天，我第一次可以把注意力放在“土星”5号运载火箭和它的载荷上，这也是我们今天起这么早的原因。坦率地说，到目前为止，我真的不知道今天能不能发射。我并不迷信，但自从我女儿安在我的生日那天出生（正好是万圣节）后，我就对日期比较在意了；在过去的一两个月，我有点半信半疑地认为我们的任务会推迟一点点，在“双子星座”10号任务的同一天——7月18日发射。然而，现在看来这种想法有点不着边际，今天这种现实感和终结感让我确信，我不会再次走过那条长长的走廊了。不会的，今天就是发射的日子。

今天是个晴天（虽然我们听不到外面，但可以看到），我们被告知外面已经热起来了，几乎没有风——一个大热天正在形成。昨晚，“土星”5号火箭看上去非常优美动人，在聚光灯的交叉照射和黑夜的映衬下，它像精致的蛋白石和银色的项链一样闪闪发光。今天，它又变成了一台机器——坚固、稳重、庞大。它的高度是“双子星座-大力神”组合的三倍，比竖起来的橄榄球场还高，和最高的红杉树一样高，是个真正的庞然大物。它矗立在称为脐带式发射塔的巨型钢质塔架的一侧，发射塔用于扶持和维护运载火箭，直到最后一刻。这两个合作伙伴形成了鲜明的对比，火箭光鲜、平稳、蓄势待发，发射塔则显得老旧、粗糙、笨拙、无处可去。摆渡面包车停在发射塔的底部，我们笨拙地从车上下来。第一架电梯门已打开、等在那里。我感觉有点不对劲儿，然后一下子就明白了——这地方竟然没有其他人！以前每次来到发射塔，这里都是热闹非凡，工人们大呼小叫，设备被吊车吊起，到处都是那种大型建筑工地的景象。现在，这里好像发生过可怕的流行病，除了受宇航服保护的几个人，其他人全死了，只是看不见尸体，乔看上去依然很健康。也许是刚刚响过了空袭警报，人们都撤离了。随着电梯的上升，我感觉在我们四人身后“咣当”一声关闭的不仅仅是电梯的大门。我记得今天有一百万人前来观看这次发射，但我觉得月球离我更近。电梯的上升（第一次垂直推动）标志着“阿波罗”11 号任务的启动，因为我们再也不能接触地球了。然而，当我站在 320 英尺高的狭窄过道、准备进入“哥伦比亚”时，再次欣赏了周围的景象——能让人患上认知失调症的景象。在我的左边，下面的海滩一览无余，没有被人类产物所破坏；在我的右边，是有史以来最庞大的一堆机器。要是捂住右眼，我看到的是佛罗里达州的庞斯德利昂和更远处的大海——我们共同的母亲。此时，我就是一个原始人。要是我捂住左眼，我看到的是文明、技术、美国，以及数不清的导线和金属构件。此时，我只是接到行军命令的军队中的一名少年。尼尔已经进入飞船，我是下一个。

“阿波罗”是一艘三人飞船，别人经常问我哪个位置是我的。和太空计划中的其他问题一样，你很难给出简单的回答。我会在某个具体的时刻根据任务需要把所有三个位置都坐一遍。在发射阶段，指令舱驾驶员（我）通常坐在中间位置，但由于我加入乘组时，巴兹一直在中间位置接受训练，这样就没有必要让他再重新适应一个新的位置。因此，我就在右侧位置学会了发射阶段的操作，而让巴兹继续留在中间位置。尼尔和所有的指令长一样，会坐在左侧位置，中止发射的手柄就在那边。尼尔安顿好以后，我踢掉黄色的套鞋，抓住中间舱门里面的一根扶手，把腿尽量往右侧伸过去。几次用力之后，我终于坐进座位，把头靠在窄窄的靠垫上，两腿抬起来，再用钛质卡箍把两脚固定。这种姿势不是很舒服，尤其是穿着裆部很紧的宇航服，但在随后的两个半小时里，我会忍受任何情况（离发射只有两个半小时了）。乔伏在我身前，忙着对氧气软管、通信插头和安全带做最后的检查，然后就离开了，我都没有时间跟他握手。弗雷德·海斯还在。他是后备乘组的优秀成员，我们来到这里的时候他就在飞船里面，做初步的检查，确认各种开关的位置，现在他正在下面的设备舱里帮助我们做最后的准备（我们够不着那地方）。最后，弗雷德快速爬出了飞船并关闭了舱门。现在，我们希望在随后的 8 天里不会再见到其他人。

幸好我以前上过天，这样在火箭顶上等待就不会觉得那么茫然。这一次我同样感到紧张，但这种紧张主要是因为认识到了任务的艰巨性，而不是因为对处境的不熟悉。如果身体的紧张和责任的重压这两者叠加起来，我有可能无法承受，很难不犯某种可怕的错误。因此，我不知道我们能不能按计划完成任务。我认为我们会活着回来，至少我觉得我会活着回来，但我觉得我们成功着陆并安全返回的概率不会超过 50%。很多东西都有可能出故障。至少到目前为止，还没有出现任何问题，我们身下的庞然大物正把它的快乐传送给满屋子的专家们。我们忙碌地拨动各种开关，检查电路的导通性、管路是否泄漏、转动服务舱发动机的控制器是否正常工作。给“土星”火箭第三级加注液氢的装置有一点泄漏，但地面人员找到了摆脱这一问题的方法。随着发射时刻的临近，我已经没有多少事情可做了。弗雷德·海斯已经完成了包含417步的一个很长的检查清单，检查了我们的每一个开关和控制器；我只需要关注五六项不太重要的事情——确保给三个燃料电池提供氢气和氧气的阀门处于打开状态，录音机工作正常，电气系统没有问题，电池的连接要确保随时能够弥补燃料电池的供电不足，升空前关闭不需要的通信系统……都是一些无关紧要的事情。在操作各种开关的间隙，我有很多的时间去思考，就像做白日梦一样。我，白人男性，38岁，身高5英尺11英寸，体重165磅，年薪17000美元，得州城郊居民，心情有点紧张，即将被送往月球。是的，被送往月球。

在“双子星座”10号任务中，发射是一件大事，因为那时进入地球轨道并不容易，但现在，发射只是环绕月球那个又长又脆弱的链条上的一环而已。我们的远航已经开始，因为我们准备向东发射，因而可以利用地球的自转速度，所以我们向东的速度已经是每小时900英里了。当发射塔回转臂从飞船侧壁移走时，我们感觉有一点晃动。这意味着冈瑟他们已经悄悄地撤离了。我说这些都是凭感觉，因为我看不到外面。我这边的两个窗口都被保护罩盖住了，升空3分钟、我们飞到60英里高的时候，我才有机会看到天空；此时，我们会抛掉发射逃生塔（我们从即将爆炸的运载火箭逃离的手段），它会把盖住窗口的保护罩一起带走。这些我都知道，但我并没有“双子星座”10 号起飞前的那种高度兴奋感。我们进行各种检查时，尼尔和巴兹好像也是一种处变不惊的样子。

然而，我们在指令舱里有很多事情要做，因为它毕竟是一个设计紧凑、构件密集、重量为 12 500 磅的装备。在这座巨型高塔上，只有这艘指令舱会经历整个往返旅程，它是一个 11 英尺高的锥体，底部直径是 13 英尺。我们躺在三个单个的座椅上，座椅都悬挂在同一个框架上（框架独立于飞船的其他结构），能缓冲在硬地上紧急着陆时的冲击。穿着臃肿的宇航服，我们的胳膊肘都碰到了一起，要是不注意，我们伸手操作各种控制器时会碰到别人。我们的上前方是主仪表面板，布满了各种仪表和开关；在启动众多发动机中的一台时，我们必须能够看到或接触到这些仪表和开关（在“土星”火箭、服务舱和指令舱中共有 72 台发动机，而我曾是单引擎飞机的飞行员）。在尼尔左侧和我右侧的舱壁上，还有其他带有开关和控制器的面板。在巴兹的脚下，是下层设备舱，里面有导航设备、六分仪和望远镜，还有最终会通往登月舱的那个通道的入口，但现在，那个通道指向空荡荡的天空。我们座椅的下面是一个狭小的空间，我们会在这里封闭的吊床上睡觉；这里还有一排柜子，装着食物、衣服和辅助设备（如电视摄像机）。下层设备舱的右侧是我们解小便的地方（我们和小塑料袋漂到哪里，我们就在哪里解大便），左侧是我们存放和准备食物的地方，小小的喷水枪可以提供热水或凉水。大部分控制器都布置得便于操作，但情况并非都是这样——有的取决于外来管路的位置，比如一个用于对乙二醇冷却液进行分流的阀门，就被塞到尼尔座椅下面墙壁的一个凹槽里，只能用专用工具进行开关操作。几乎每一立方英寸的空间都利用起来了，除了下层设备舱里的两个大空腔，那是为登月舱带回的月球石头预留的。

舱壁上贴着很多尼龙搭扣的小方块，看上去像麻点一样。尼龙搭扣既简单又实用地解决了在失重状态下怎样避免零散设备乱漂的问题。比如我用测光表的时候，想“放下”一会儿，我就把表（一侧粘有尼龙搭扣）粘到窗口边上的一块尼龙搭扣上，它就会一直待在那里，除非我的胳膊把它碰掉。这里还有成排的断路器，放在一起的 48 个报警灯，2 个人工地平仪，2 个与计算机通信的键盘。仅一种类型的开关就有 300 多个。舱壁的喷漆是蓝灰色，虽然经历了无数小时的试验磨损，内壁看上去依然崭新如初。

此时，最重要的控制器位于尼尔的那一侧——他左膝的外侧。那是中止任务手柄，它已经通电，只要尼尔把它逆时针转动 30 度，我们上部的 3 枚固体火箭就会启动，把指令舱从下面的服务舱和其他东西上掀掉。当然，它只有在紧急情况下才会使用。

随着重要时刻的临近，传统的倒计时开始了。起飞前 9 秒钟，第一级的 5 台巨型发动机不慌不忙地启动了，它们的推力逐步达到了最大值，倒计时结束时火箭的压紧装置松开了。我们起飞了！我们当然知道，因为不仅我们的耳朵里传来“起飞了”的喊声，而且我们的座椅也告知我们了。现代飞行员总是被告知，要相信仪表，不要相信身体的感觉，但对这头猛兽，你最好还是要感觉一下。振动，摇晃，滚动！我们顶着安全带被痉挛般地左右晃动着，有很大的噪声，但主要的感觉还是火箭的运动。火箭的运动十分疯狂，就像一个高度紧张的女司机把一辆宽大的轿车开下狭窄的小路；我只希望它知道往哪儿飞，因为前 10 秒钟我们离发射塔很近，这特别危险。随着 10 秒钟这个关键时间点的过去，我的呼吸轻松了许多，火箭似乎也不那么紧张了，因为噪声和振动都明显减弱了。我这边所有的指示灯和仪表都处于正常状态，我瞄了一眼我的左侧，飞船的那三分之二也都正常。我们三人都很安静，没有人因为离开了地球而兴高采烈，只是对前面的任务有了更真切的紧迫感。任何一位飞行员都从待命室的训导中或自己痛苦的经历中知道，测量身后跑道的长度是最没有意义的事情，起飞后发生的事情才是最重要的，太空飞行也是一样。我们知道我们不应沉浸在已经发生的好事上，而应把事情超前想一步，尤其是现在——我们开始加快速度的时候。我们对速度并没有感觉，我的意思是说，在经历了数百小时的研究和模拟之后，虽然我什么都看不见，但我知道在那个保护罩外面的真实世界里正在发生什么事情。我们慢慢起飞时，相对于地球表面的速度是零，如果考虑地球自转的话，速度就是每小时 900 英里。但随着这个庞然大物不断喷出燃烧的气体，根据牛顿第二定律，飞船就会沿相反的方向做出反应。在起飞的前两分半钟里，火箭将消耗掉 450 万磅的燃料，使我们相对于地球的速度从 0 跳变成每秒 9 000 英尺。这是我们度量速度的方法——不用英里每小时，或节，而是用英尺每秒，这让速度变得更加不真实。

超重力慢慢超过了 4G，但不会再高了，“土星”5 号火箭和“大力神”不一样，它更像一位绅士，不会把我们强压在座椅上。4.5G 只是一次温柔的拥抱，告诉我们第一级的燃料箱就要空了，准备抛掉。我们称之为级间分离。随着 5 台发动机关闭、另外 5 台发动机瞬间启动，它总会产生一定的冲击。我们被甩向前方，安全带把我们紧紧地勒住；随着第二级的启动，我们又被轻轻地放下来。有人对我们说，这一级（用又脆又硬的铝合金制成的）不太靠谱，但感觉不会散架，而且它飞行起来非常平稳、安静，和乘坐其他火箭没有什么不一样。我们现在已经超越了大气产生扰动的高度。第二级把我们推到了 100 英里的高空，第三级正准备接管，并使我们的速度最终达到每秒 25 500 英尺的入轨速度。起飞 3 分 17 秒的时候，逃生塔火箭准时启动了（我们不再需要逃生塔了）。它从飞船的头部飞离时，把遮挡我窗口的保护罩也带走了。现在驾驶舱明亮多了，但外面除了黑色的太空什么也看不到，因为我们已经处于天气现象之上了；此时我们离开肯尼迪角的前向距离是 200 英里，而且还在爬升。

随着时间一分一秒地过去，休斯敦告诉我们说一切正常，我们也向他们确认说这里看上去也一切正常。9 分钟的时候，第二级火箭关闭，我们处于短暂的失重状态，期盼着第三级火箭的启动。由于重要时刻到来前的那种高度紧张感，我的时间观念发生了扭曲，等待第三级火箭启动的时间似乎十分漫长。终于启动了！第三级的单台发动机把我们轻轻地推回座椅，我们再次出发。第三级火箭很有特点，不像第二级那么平稳，有些不太安静。它稍微有些振动和“嗡嗡”声，不是那么吓人，但也足以让人紧张，所以，当它终于在 11 分 42 秒按时关闭时，我还是感到很高兴。“关闭。”尼尔平静地说。我们进入了地球轨道，顶着安全带轻轻地漂了起来。窗外的世界令人惊叹——白云和大海在我们身下壮观而又无声地滑过，在“双子星座”10 号任务后短短的 3 年里，我都忘记外面有多么美妙了。我们是“上下颠倒”的——头部朝向地球，双脚指向黑色的太空。在随后的两个半小时里，我们会在地球轨道一直保持这个姿势，为下一个重要步骤——跨月球轨道切入做准备，这一操作会把我们送往月球。保持这种姿势是为了让六分仪（位于下层设备舱）能够指向恒星。我最重要的任务之一，是对恒星做几次观测，确保我们在离开安全的地球轨道、奔向月球之前，制导与导航系统能够正常工作。

和在“双子星座”10 号任务中一样，在地球轨道的前几分钟非常忙碌，我们必须完成一个长长的检查清单，把飞船从一个无动力的载荷变成有动力的轨道器。在百慕大群岛和加那利群岛之间，我快速完成检查清单上的几个项目，打开和关闭几个断路器，拨动几个开关，尼尔和巴兹做类似的操作时我给他们读操作说明。然后我们都脱下了头盔和手套，我把自己座椅的下半部分折叠起来，滑入下层设备舱。这里有更多的开关面板和装满设备的柜子，我必须把设备拆封，分放到合适的地方。当然，我必须检查最重要的导航设备——六分仪和望远镜。我缓慢、谨慎地移动着，尽量保持头部不动，因为我被告知这阶段的飞行一定要特别注意。这是我第一次有机会让内耳里的液体产生晃动和旋转，也是第一次有可能出现呕吐的机会。我极力想避免这种情况发生，这不仅因为谁也不想呕吐，而且还有更具体的原因——我是唯一接受过飞船掉头和对接训练的宇航员，这对从我们后面拉出登月舱（位于“土星”火箭的顶部）这一操作来说是至关重要的。因此，我缓慢地移动着，同时注意胃里的感受。当我来到尼尔座椅的下面，递给他一个头盔存放袋和转动乙二醇阀门的扳手时，感觉还不错。然后我检查了氧气的主调压阀，给巴兹取了两台照相机。

巴兹今早好像不在状态，至少我觉得他更想延缓我的工作进展，而不是帮我一把。他质疑乙二醇的压力读数：“嗯，排气压力一下子变得那么低正常吗？麦克，你觉得正常吗？”我告诉他没问题，并把一台相机举到他面前：“巴兹，给。”“嗯，等一下。”我没法等他。“巴兹，我松手了，它会待在空中。”我需要继续工作，离进行跨月球轨道切入没有多少时间了，我还有很多工作要做。我往外看了一眼，加那利群岛已经过去，我们很快就会来到位于马达加斯加岛上塔那那利佛跟踪站的上空，随后是澳大利亚的卡那封，然后最后一次飞越美国。再次来到太平洋中部的时候，我们就会启动跨月球轨道切入。在此期间，我必须抓紧时间准备。“巴兹，你的 16 毫米摄影机准备好了吗？”这台电影摄影机是准备记录飞船掉头和对接的。“好了。支架呢？”“尼尔会给你支架。”“嗯，我看看，上面带的是 18 毫米的镜头，对吧?”“对。”“嗯，我需要把这玩意儿一直推到底，对吗?”“对。”“推到白线那地方?”天哪，我现在可没有时间讨论支架和镜头的事，因为我该做恒星观察，为我们的惯性平台进行对准了。

我不再理会巴兹，转身来到下层设备舱中间的导航员控制台前。我取出两个目镜，一个装在六分仪上，一个装在望远镜上，我还在它们两侧各装了一对把手。“我在这很难保持身体不动，我老是往上漂移。”虽然不是什么大事，但很烦人。我取下镜头盖，对着望远镜看向外面。我有些失望，因为从望远镜里只能看到最明亮的恒星，没有它们周围那里不太明亮的恒星的映衬（给了每个星座特有的视觉图形），恒星就很难辨别，找那两颗更不显眼的“阿波罗”导航星——库楼三和斗宿四就更困难了。有些恒星特别好找，比如心宿二，不仅很好找（就在天蝎的头后面），而且还带有特有的红色。而库楼三就非常难找，除非整个半人马座都清晰可见。人马座中的斗宿四也一样不好找。然而，和“双子星座”飞船不同的是，“阿波罗”飞船有一台与光学系统相连的高级计算机，现在我可以向它寻求帮助。计算机开始让六分仪转动，直到指向它认为是库楼三的地方。嘿！还真在那儿，清清楚楚！我现在只需在十字标线对准它的那一刻按下一个按钮就可以了。然后我再对着斗宿四重复这一过程。

我们现在位于澳大利亚上空，升空正好一个小时，我也完成了恒星观测，可以放松一点了。工作进行得非常顺利，时间节点也都卡得很准，我现在可以讨论摄影机支架和其他杂事了。实际上，我们准备在接近加州的巴哈半岛海岸时，向地面发送一些电视画面。于是，我取出电视摄像机、电缆和可以看到相同画面的小监视器。我们经过夏威夷南部时天还没亮，飞船正冲向今天的第二个黎明——3 年来我在地球轨道看到的第一个黎明。和上次一样，太阳一下子就升上来了；和上次一样，我用笨拙的嘴巴描述了这一景象。“天哪，你看那地平线！太美了，真是难以置信。”尼尔表示同意：“确实好看。拍张照片。”“没问题。我的哈苏相机不见了，有人看到漂走的哈苏相机吗？它不会跑太远，那么大一个家伙……这里还漂着一支笔。谁丢了圆珠笔？”找了半天，我终于在一个角落里找到了，只是太晚了，没有记录下壮丽的日出，但我还是很高兴把它拿在了手里。火箭发动机启动进行跨月球轨道切入的时候，这架大个头的 70 毫米哈苏相机有可能变成一枚炮弹。一件东西在太空“失重”并不意味着它失去了质量，它仍然包含着同样数量的分子，它被抛出去并撞上某个物体时，所造成的毁坏和地面上是一样的。

我们飞越墨西哥时，试着通过加州戈尔德斯通跟踪站的巨型天线给休斯敦传送电视信号，但由于角度太小，只传送了一分钟的信号。至少所有的设备看上去都工作正常。

电视摄像机存放好之后，我们乘组和休斯敦同事们的注意力就完全集中在即将到来的跨月球轨道切入的启动上。我们的轨道高度和角度现在已经精确测定，修订的计算机指令已发送给“土星”火箭，用于消除我们实际的轨道参数与飞行前估算参数之间的少许差异。我们需要知道在哪个精确的时刻发动机会启动（2:44:16）和启动多长时间（5 分 47 秒）。此外，我们需要写下一大堆数字，这些数字会告诉我们要是跨月球轨道切入启动后出现了灾难性状况而我们又无法与地面联系时，怎样返回地球。最初他们想给指令舱配备一台电传打印机，用于接受这些数字，后来又认为不太实用，所以现在就需要飞行任务控制中心的布鲁斯·麦坎利斯读出每一个数字，我再写到我的检查清单上，然后再给布鲁斯读一遍。等完成这项工作时，我们已越过美国，冲向南大西洋。

现在离跨月球轨道切入不到一小时了，我把自己绑定在右侧座椅上，重新戴上头盔和手套，预防“土星”火箭爆炸，造成指令舱失压。其实这没有什么实际意义，因为要是指令舱损毁到那种程度，把我们带离这一飞行轨道的服务舱发动机估计也很难正常工作，更不用说我们自己是什么状况了。不管怎么说，检查清单上要求戴上头盔和手套，我们照办就是了。我们飞经澳大利亚西部时，休斯敦通过卡那封跟踪站正式批准我们前往月球。这个“剪脐带”的仪式简单得就像请求服务员再往咖啡里加点糖一样：“‘阿波罗’11 号，这是休斯敦。你们获准进行跨月球轨道切入。”我回答道：“这是‘阿波罗’11 号。谢谢。”我觉得这个仪式应该更复杂一些。我们越过澳大利亚，进入太平洋上空；以往由于没有无线电信号，我们会经历一段时间的静默期，但这次是个例外。作为与休斯敦之间的通信链路，配有专用设备的喷气运输机在我们身下的黑夜中绕圈飞行，它们把跨月球轨道切入的最后细节转发给休斯敦的计算机，计算机会立刻绘制、跟踪我们的飞行轨迹，并告知我们是否需要修正。NASA 考虑问题总是很周全。我希望如此。

“土星”火箭准备启动了——准备把液氢和液氧泵入发动机，并使自己精确地指向计算机选定的方向。我们无法控制它那复杂的内部结构，只能从面板上的几个指示灯观察它的倒计时。当发动机终于启动时，尼尔说了一句：“好！”我不知道尼尔的感觉，但我感觉既宽慰又紧张。我们现在开始了登月之旅，又一道障碍解除了，不过，我们还是要看这家伙会不会持续工作下去。如果它提前关闭，我们就会陷入很大的麻烦——进入一条怪异的飞行轨道，休斯敦需要进行复杂的计算，我们需要进行快速而又准确的操作，才能利用服务舱的发动机把我们送回地球。“压力正常。”尼尔报告道。他指的是“土星”火箭液氢和液氧的供应压力。尼尔坐在左侧，这些压力表就在他的前面，巴兹坐在中间，他的前面是计算机。我坐在右侧，没有多少事情可做，只需记录发动机已经工作了多长时间。指令舱有 5 个窗口，从左到右做了编号。1 号在尼尔的左手边，2 号在他的正前方，3 号是舱门上的圆形窗，在巴兹的头上方，4 号在我的正前方，是个小的三角窗（与 2 号相对），5 号在我的右手边，是个大的长方形窗（与 1 号相对）。我注意到在 5 号窗口的外面有一些奇怪的闪光。我报告道：“5 号窗外有闪光。我不知道是什么……可能是闪电，也可能是发动机产生的……连续闪烁。”巴兹报告了“土星”火箭的飞行姿态：“俯仰角大约 2 度。”尼尔回答道：“是的，但不用太担心。”休斯敦也加入了对话：“‘阿波罗’11 号，这是休斯敦。启动一分钟，飞行轨迹和制导系统看上去都正常……推力也正常。”

能看到发动机正在工作的证据让我感到很惊奇，因为它装在“土星”火箭的尾部、我们后面110英尺的地方。据我所知，从未有人看见过我窗外这种持续的闪烁和引人注目的荧光（除了“双子星座”乘组，他们看到过装在头部的“阿吉纳”火箭发动机的启动）。我感觉突然晃了一下，好像“土星”火箭突然换挡似的。我们经过讨论，一致认为这是设定程序改变液氢和液氧混合比时造成的。真是一台神奇的机器！它把零下423华氏度的液氢和零下293华氏度的液氧混合在一起，经过几秒钟的燃烧就使燃烧室的温度超过4 000华氏度。休斯敦在这段时间也会时不时地向我们报告情况——“一切仍然正常”，这让我们更加放松，于是我们开始享受这段旅程。火箭几乎用我们在地面上习惯的力量（1G）把我们推回座椅，尽管我们感觉到的推力要大一些。火箭的飞行还是不太平稳，用巴兹的话来说“稍微有点吵闹”，但它工作完成得不错，计算机显示的数据接近完美。发动机快关闭的时候，振动的力度有些增加，巴兹担心他放在我头上方支架上的电影摄影机会脱落。“我不希望那台摄影机落到你脸上。”我回答说：“我检查过，锁定得比较牢固。不会砸碎我的面罩。”我们正冲出黑暗进入黎明，由于我们沿着正东方向飞行，太阳直接照进了我们的窗口，尤其是2号和4号窗口。尼尔有先见之明，事先把一块纸板挡在了他的那个窗口上，这样就可以继续查看那些展现“土星”火箭工作状态的仪表数据。他笑着说：“很高兴把纸板放上去了。”我要是也事先放一块就好了。“我也为你高兴。绝对是个好主意。我这边什么也看不清楚。”不过没关系，发动机很快就关闭了。它应该工作 5 分 47 秒，启动时我就按下了手腕上的秒表。只剩下几秒钟了……时间到！尼尔对我们说：“关闭了。”然后向地面表示祝贺：“嘿，休斯敦，这是‘阿波罗’11 号。‘土星’火箭让我们有了一段特别美妙的旅程。”

发动机启动时我们的高度是 100 英里，发动机关闭时我们只升到了 180 英里，但我们正在飞快地爬升。9 个小时后，也就是我们按计划进行第一次中途修正的时候，我们离开地球的距离将达到 57 000 英里。在发动机关闭的那一刻，巴兹记录的飞船速度是每秒 35 579 英尺，足以摆脱地球的引力。随着我们飞离地球，飞船的速度会不断降低，直到月球的引力超过地球的引力，那时我们会再次加速。起飞不到 3 个小时，我们的高度就达到了 1 200 英里，而且正飞往月球，这真是令人难以置信。我认为肯尼迪角那些看发射的人们肯定还在一辆接一辆的汽车上往旅馆和酒吧里赶呢。

在指令舱里，该是玩抢椅子游戏的时候了——为飞船掉头和对接变换座位。我会坐在左侧位置驾驶飞船，尼尔坐在中间，而巴兹坐在右边。这是我操控飞船的第一次机会，所以我非常期待，尽管它和驾驶敏捷的战斗机和小型的“双子星座”飞船完全不一样。服务舱装满燃料时（就是现在的状态），指令舱-服务舱组合的重量大约为 65 000 磅。我首先需要把指令舱和服务舱从“土星”火箭上拉出来，并离开一段安全距离，然后使飞船掉头，面向火箭。飞船动作得越慢，燃料就越节省。但我不想让飞船转动得太慢，因为我不想让身后那个大家伙离开我的视线太久。在模拟器里，我摸索出了一个折中方案——分离的相对速度为每小时 0.5 英里，15 秒后以每秒 2 度的速度使飞船转动 180 度。这是一项缓慢、细致的工作，这样一分钟左右就能看到“土星”火箭，我离开的距离大约是 75 英尺。我会采用手动驾驶的方式，只是在掉头时我需要计算机的帮助，来保持合适的掉头速度。这一时刻到来时，我按下一个按钮，把飞船与火箭分开，然后用左手向前推动一个小小的控制手柄。服务舱底部周边的推进器启动了，我们离开时几乎感觉不到它们的推力。当面板上显示我们达到了合适的速度时，我松开了手，推进器也停止了工作。飞船靠惯性滑行了几秒钟，然后我向上转动右手上的控制杆，使飞船掉头。当确认掉头已经开始后，我松开了右手上的控制杆，在计算机键盘上按下了“继续”按钮，此时计算机应该按要求持续完成这一动作。不知什么原因，计算机这次没有执行这一操作，为了使掉头继续进行，我只得又按了几次这个按钮。飞船就这样走走停停，推进器也反复启动，让我感到既困惑又恼火。

等我们终于完成掉头时，飞船漂离火箭至少 100 英尺，折返回来又得浪费一些燃料。此外，检测飞船与火箭之间相对速度的装置给出的读数很奇怪，所以我真不知道飞船的漂移速度是多少，尽管眼看着漂移的速度很慢。于是我凭感觉左手给发动机加燃料，右手使飞船保持稳定。随着飞船的靠近，我看见登月舱蜷缩在“土星”火箭顶部的腔体内，像一只蜷缩在洞里的大蜘蛛。它唯一的黑眼睛恶狠狠地盯着我，那是对接锥套，我需要把指令舱的探管插入到里面。从窗口看不到探管（它在指令舱的右下侧）也没关系。我对着光学瞄准具往外看，它的十字瞄准线展现在我前面的天空中。在登月舱相应的位置上有一个立体的十字标记，当我的十字瞄准线正好对上这个十字标记时，探管和锥套就完全对准了，剩下的事情就是保持这个姿态，以合适的力度把探管插入锥套了。这和飞机的空中加油类似，只是这里没有气流或扰动，过程更加流畅。随着飞船慢慢靠近，我看得非常清楚。现在太阳位于我的身后，登月舱那看上去有些异样的金箔、平坦的灰色外表、管状的支脚和变色窗玻璃充满了我的窗口，特别是那个立体十字标记，一直在召唤着我。随着它慢慢靠近，我开始紧张起来。我的双手都在操作——左手控制上下、左右、前后的运动，右手使飞船指向所需的方向并保持稳定，按照眼睛的判断对俯仰、滚转或偏航姿态进行修正。巴兹和尼尔都在袖手旁观，因为只有在我的这个位置才能把十字瞄准线和登月舱上的十字标记对上。想到离太空中这个大家伙这么近，又不知道会不会撞上去，他俩心里肯定有一种异样的感觉吧。我们离登月舱非常近了，推进器喷出的气体吹到了登月舱上，它那薄薄的壳体开始有节奏地抖动起来，就像风吹过堪萨斯州的麦田一样。一切看上去还不错。现在只有几英寸了，我还有最后一次做调整的机会。稳住。滚转姿态有点偏，没关系，也没有时间了。前推。嗯，感觉不错，轻柔的一吻。解除计算机模式。启动一个气瓶收回探管。通道里的卡头“嘭”的一声锁定到位，两艘飞船完成对接。“这不是我完成得最好的一次对接。”我一边说，一边等着别人的表扬。尼尔上钩了，说道："嗯，我觉得还不错。"实际上，除了浪费了一些燃料，这次对接还真算不错。虽然燃料指示表不是太精确，但我估计我消耗了80磅的燃料而不是预先计划的50磅。问题不大，但我从"双子星座"10号任务的经历中非常清楚地知道，燃料很容易被浪费掉，我必须节省每一滴燃料，为应对月球轨道异常的对接环境做准备。

我离开座位，不急不慌地进入下层设备舱，准备检查通道。首先，我需要打开通道的舱门，检查把登月舱和指令舱连接在一起的探管和锥套装置，插上从指令舱为登月舱供电的一个插头。打开舱门很容易，当我把头伸进通道时，闻到一股刺鼻的烧东西的气味。像是导线绝缘层烧焦的气味，但所有裸露的导线看上去都是崭新的，没有过热时产生的那种变色。我找不到气味的来源，而且气味越来越稀薄，于是我认为这可能是过去的某种条件造成的，而这种条件现在已经不存在了。也可能是发射时稠密的大气使某种东西产生了过热，或者是逃生塔火箭的一些烟气滞留在了通道里。我尽力不管这些气味，开始按照检查清单，用手检查每一个对接卡头——摇晃一下，看是否真的锁定了。我检查了12个，都是好的。我会不会漏掉了一个而另一个检查了两遍？我又把它们检查了一遍，没有问题，探管和锥套系统成功越过了第一道障碍。我们拨动了主面板上的一个开关，登月舱轻轻地脱离了"土星"火箭，我们自豪地把牢牢固定在指令舱头部的"战利品"拉出来。"土星"火箭现在基本上空了，也快寿终正寝了。地面人员会最后一次改变它的轨迹，让它错过月球，进入环绕太阳的轨道。

我们现在的任务是和它保持安全距离，也就是说，我们需要第一次启动服务舱的大型发动机。接近月球时，这台发动机还将为我们减速，让月球引力把我们捕获，不然我们就会与月球擦肩而过。一旦被捕获，我们就会一直待在月球轨道，直到这台发动机愿意把我们推上回家的路。所有的设备都重要，但这台发动机至关重要，这是显而易见的，所以我们对它的表现非常期待。这次启动只有 3 秒钟，但足以让我们对发动机、燃烧室、燃料供应系统、喷管摆动能力等有一个比较全面的了解。由于它仅产生 2 万磅的推力，而我们的组合飞船重达 10 万磅，所以，当它启动时，只是在我们后面轻轻地推了一下（0.2G），但还是令人非常欣慰。在短短的 3 秒钟里，我们感觉一切正常，地面人员也从遥测数据中确认没有问题。我们现在离开地球的距离是 2 万英里，真的踏上了前往月球的精确轨道。天哪，我饿了。现在是下午 2 点（肯尼迪角时间），也该饿了。

然而，午饭前还有几件事。首先是脱掉宇航服，这是令人高兴的一件事。我们相互帮助、吃力地脱掉臃肿的宇航服时，在座椅和仪表面板之间来回乱撞，像在小鱼池里窜来窜去的三条大白鲨。我们一个一个地把宇航服脱掉，折叠整齐，放进中间座椅底下的存放袋。现在这里宽敞多了，因为我们的身体变小了，这让我们感觉非常舒适。我们现在穿着白色的两件套尼龙工作服。我的下一个任务是对我们的导航平台再次进行对准，确定六分仪的指向时仍然需要计算机的帮助。这次完成得又快又好。这其实只是一种练习，我们并不真的使用我测得的结果，只有在与地面失去联系的情况下，我们才使用这种方法取得的结果。

终于可以吃饭了，但我并不像预想的那么饿。我并没有觉得不舒服，只是失重状态下的各种杂技动作扰乱了我的肠胃系统与大脑之间的微妙关系。我的左膝盖也有点疼，就像在“双子星座”10号任务中一样，只是这次没有那么严重；我这次的除氮可能做得更好一些，而且上次的经历有很大的帮助，因为我非常明白这种疼痛几个小时后就会消失。到目前为止，我在整个飞行中所承受的精神压力远低于“双子星座”10号任务，尽管不论从历史意义还是从飞行安全角度考虑，这两次任务都存在着巨大的差异。

从地球的阴影中出来，我们进入持续存在的阳光下。当然，我们也可以说进入持续存在的黑暗中，因为这取决于我们朝哪个方向看。看向太阳，除了它那刺眼的圆盘，什么也看不到；而背向太阳，只有黑色的太空。那里有星星，但我们看不到，因为阳光洒满了飞船，瞳孔不由自主地收缩，虽然星光和反射的阳光都会进入收缩的瞳孔，但星光太弱，无法与反射的阳光竞争。要想看星星，瞳孔必须处于松弛状态，开口大得足以让星光在视网膜上形成可见的像点，这只能在挡住阳光的情况下才有可能。这意味着需要把5个窗口用金属板挡住，再把望远镜以正确的角度指向星星——这个角度不仅背离太阳，而且可以阻止登月舱或指令舱结构反射的阳光进入望远镜的视场。在这种条件下，眼睛慢慢适应了这种黑夜，较亮的星星就从太空中慢慢显现出来。几分钟后，你就可以辨别出那些熟悉的星座图形（假定你熟悉的星座正好处于你被迫指向的角度上），然后导航员就可以继续工作了。

地球和月球之间这个奇怪的区域叫什么？最常用的叫法是地月空间，但这等于什么也没说。它是白天还是夜晚？由于我们人类通常把地球介于我们眼睛和太阳之间的这段时间定义为夜晚，那我们现在这里肯定是持续的白天，但有几个窗口外面无疑是黑夜。我的身体根本不管这些，它只认已经熟悉了 38 年的 24 小时周期。这个昼夜节律使我在休斯敦的家人夜晚犯困时，也开始犯困，太阳从休斯敦的地平线升起时也变得精神起来。我的手表对此最清楚，至少比我的眼睛更清楚。

我们的下一个任务也和太阳有关，但这次是热量问题。如果飞船保持一个姿势，服务舱就很容易出问题——面对太阳的一侧就会过热，而背对太阳的一侧就会过冷。过热意味着燃料箱的压力会升得很高，过冷意味着散热器被冻住。为了防止这种情况发生，我们必须使飞船的侧面对着太阳，然后慢慢转动，就像在电动烧烤炉上烤一只鸡一样。但说着容易做着难，它需要精确的计算机辅助程序来启动推进器才能实现纯粹的滚动。要是完成得不好，就会产生俯仰和偏航运动，就像一枚绕着根部疯狂摇晃的陀螺，此时我们必须让飞船停下来，然后再来一遍。我们转得非常慢——每秒十分之三度（每 20 分钟转一圈）。这一运动一旦构建，我们就可以放松下来，看着地球和月球交替着从容走过我们的窗口。月球看上去并没有怎么变大，但地球缩小得非常明显。到睡觉的时候，地球连最小的窗口都盖不住了。地球虽然变小了，但看上去更加壮丽。它周围的黑色太空越来越清晰可见，它反射阳光的亮度好像也增加了，至少对比起来是这样。我们人类习惯于观看月球，认为它非常明亮（至少在满月的时候是这样）。然而用科学的语言来说，它是一个不明亮体——它的反射率是0.07，这意味着它只把照到表面的阳光的7%反射回去。而地球的反射率是它的4倍，这主要是由云和水面的反光造成的。我现在看到的就是这种情况。当北非慢慢转入视野的时候，我们看到了白云、蓝色的水面、一小片绿色的雨林和更明显的一片棕红色。窗口有点凉，上面有一层薄薄的水汽，使光产生一些散射，地球看上去有点模糊。

除了为了均匀分布太阳的热能而让飞船所做的滚动，我感觉不到其他运动。地球像时钟的分针一样，虽然也在运动但眼睛很难觉察。然而实际情况非常清晰——我们失重地悬在虚空中，地球一边慢慢转动，一边远离我们，我也不知道它正在从哪个方向（上面、下面还是侧面）远离我们。这和在地球轨道时的感受完全不同。此时我意识到的不是速度，而是距离，是离开家园的距离。这是一个令人沉静甚至伤感的景象——一个变得越来越小的球体，我觉得我人生中第一次知道了什么叫“离家而去”。

我向自己保证（也告诉了尼尔和巴兹）我们在前三天的飞行中必须保存体力和精力，为的是在月球轨道完成那些艰难、复杂的任务时处于最佳状态。我们不能因为眼前的景色而兴奋，也不能因为今天的有惊无险而过度紧张。我们必须假装飞行任务还没有开始，只有我们到达月球、开始准备登月的时候，我们的任务才会开始。但说起来容易做起来难。幸运的是，我们三人都曾经上过天，这真的很有帮助；我感到指令舱里有一种安静的气氛，而不是那种欢呼雀跃或紧张不安，要是三个新手的话，我相信是很难做到的。睡觉的时间到了（升空 14 小时，休斯敦时间晚上 10 点半），我们把新家整理好——仔细确认每个开关的位置，用盖板挡住窗口和外面转动的太阳，终于可以在黑暗中放松身体了。尼尔和巴兹睡在左边和右边座椅下面的轻便网状睡袋里，我睡在左侧的座椅上，为防止乱漂我系上了腿部安全带；为了能够听到地面的呼叫，我把小型耳机粘在了耳朵上。我的膝盖感觉好多了，我对今天的工作也审慎地感到满意。总的来说，一切都特别顺利，我们正乘坐两艘健康的飞船前往月球。在这个长长的链条上，很多很多环节都有可能断掉，但至少其中最大、最脆弱的三个环节（发射、跨月球轨道切入、掉头和对接）已经被我们抛向身后。我们已经上路了，而此时的任务是睡觉。

接下来我听到的是来自休斯敦的持续呼叫，让我们开始新的一天："'阿波罗'11 号，'阿波罗'11 号，这是休斯敦。完毕。""早上好，休斯敦。这是'阿波罗'11 号。""收到，'阿波罗'11 号。早上好。你要是做好了记录准备，我这有几个简单的飞行计划更新、消耗品更新和早间新闻。完毕。"天哪，咖啡还没喝、早饭还没吃呢！我赶紧拿出笔和纸把他们说的记录下来。有一条早间新闻比较无聊：苏联人的太空探测器"卢娜"15 号已于两天前赶往月球。我们三个并不担心，但地面人员显然非常担心，华盛顿与莫斯科之间的长途电话几乎都打爆了，他们要确保两国飞行器的轨迹不会在月球轨道的某个地方相遇。其他的新闻更有趣一些：副总统斯皮罗·阿格纽认为，我们应该在20世纪末把人类送上火星。太好了，斯皮罗！墨西哥移民局的官员拒绝美国嬉皮士入境，除非他们先洗澡并剪掉长发。做得对，哥们儿！为庆祝我们将于7月20日进行的首次登月，尼克松总统宣布7月21日（周一）为国家法定节日。太棒了，总统先生！然而，你不觉得你宣布得稍微有点早吗？法国《费加罗报》的报道则充满诗意："人类历史上最伟大的探险活动开始了。"……休斯敦，请闭嘴好吗？——一小会儿也行。

我漂来漂去忙着给大家准备咖啡。咖啡是脱水的，装在小塑料袋里，配有糖和奶油（或按照自己的要求配料），它们存放在下层设备舱左侧的存储隔间里。我找出想要的三袋咖啡，一个一个地把它们接到热水龙头上充满水，然后开始摇晃，直到咖啡和配料全部溶解。塑料袋上装有单向阀，可避免热咖啡流出。我送出去两袋，然后通过单向阀另一端的吸管吸食自己的咖啡。咖啡很难喝，但至少它是温热而熟悉的，让我隐约想起了地球上的早晨。

今天比较清闲，只有一些日常杂事和一次中途轨迹修正。日常杂事基本上都是由我负责，因为尼尔和巴兹在训练过程中有其他的事情要做，顾不上考虑像如何使指令舱处于健康状态这种非常细致入微的工作。需要做的事情其实并不少：燃料电池的清洗，蓄电池充电，废水的排放、二氧化碳罐的更换、食物的翻找和准备，饮用水的漂白处理等。每一件事情都不大，但加在一起就是不小的工作投入。我们现在已经飞行了 10 万英里，地球看上去小得令人难以置信——比我手腕上的秒表大不了多少。我们几乎飞到了半路，自跨月球轨道切入以来我们的速度一直在下降，现在只有每秒 5 400 英尺，约为昨天这个时候的速度的七分之一。

我记得去年 12 月“阿波罗”8 号飞往月球期间，我 5 岁的儿子只问了一个非常具体的问题：谁在开飞船？是他的朋友博尔曼先生吗？一天晚上当飞行任务控制中心里安静下来时，我把我儿子的问题转达给了乘组，比尔·安德斯立刻回答道：“不是博尔曼，是艾萨克·牛顿在开飞船。”我们无法对地球和月球之间的飞行做更加真实或简洁的描述。太阳、地球和月球都在拉动我们，就像牛顿预测的那样。跨月球轨道切入之后，我们飞行轨迹的初始方向和速度都在发生变化，这是三个磁体共同作用的结果。到目前为止，地球的吸引力起着主导作用，但等到明天下午，月球就会接管过来，我们的速度就会再次不断增加。在这一过程中，我们需要稍微修正一下我们的飞行轨迹，因为自从跨月球轨道切入以来，我们的飞行轨迹慢慢发生了偏移。在服务舱发动机短短 3 秒钟的启动期间，驾驶飞船的是我，而不是艾萨克·牛顿先生。只有区区的 3 秒钟！我对这次远航（人们总是把它与哥伦布的远航相比较）的精确性感到惊奇。我记得，当他的船员们因看不到陆地而越来越焦躁不安，返航的压力越来越大的时候，哥伦布应该是篡改了每日的航海日志，用来表明“妮娜”号实际上并没有航行那么远，因此仍然看不见陆地并不奇怪。假如为了预防我们的月球之旅超过 3 天，我想篡改我们的飞行计划，我应该向休斯敦的计算机说什么呢?

我的食欲现在已经恢复，我对午饭非常期待。菜单上的两样东西——奶油鸡汤和三文鱼沙拉我们都觉得非常可口，甚至连不太可口的东西（像花生糕）都觉得可以下咽了。再说了，管它好吃不好吃呢，不就一个星期嘛!

当午饭恢复精神，中途修正把我们的飞行轨迹恢复到最佳状态后，我们有很多的时间在这个形状怪异的指令舱里闲逛。在地面时，它总是坐落在它的热防护罩底座上，向上构成一个锥形，对接通道就位于锥形的顶部。现在，没有了上和下，也没有了重力，指令舱展现出完全不同的特性。它根本就不像我在唐尼和肯尼迪角花费了大量时间的指令舱。现在它好像宽敞多了，它的构件好像以不同的角度组合在一起。当我从中间座椅滑入下层设备舱时，我的双腿总是弯曲着拐进对接通道（也就是在地面时的“上方”），此时我的脸并没有对着导航员控制面板，而是对着相反的方向——侧壁舱门和它的圆形窗口。过了一会儿我才适应。在地面时，对接通道是头上方的一个无用空间，现在它变成了一个温馨的小角落，你可以在里面坐、蜷缩或者待在里面远离那两个人。我发现角落和对接通道是非常不错的地方，因为你要是想待在一个地方，你就必须挤在两个壁面之间或者使用腿部安全带，否则就会四处乱漂，碰到设备或同事。

尼尔和巴兹正在讨论随后将在登月舱里要做的事情，我为了消耗掉一些多余的能量就开始原地跑步。我在下层设备舱找到了一个非常合适的地方——我用双手顶在头上的舱壁上，使身体保持稳定，双脚踏在另一个平面上（“地板”）。因为我胸部还戴着医学传感器，于是我想知道这样“跑步”对我的心跳有多大影响。“嘿，下面有医生在吗？我正在做原地跑步……我想知道……会不会提升我的心率。”此时尼尔也过来和我一起做，我们两个像傻瓜一样一起慢跑，巴兹则拿出电视摄像机给我们录像。休斯敦报告说：“麦克，你现在的心率是96。”“嗯，谢谢……不出汗的话，差不多就是这个数。”傻事就做这么多吧。在随后的6天里肯定无法洗澡，所以没有必要弄得满身大汗，尽管运动之后我确实感觉好多了。在失重状态下我的腰部有些僵硬和疼痛，现在感觉舒服多了。

我们把电视摄像机对准13万英里外的地球。尼尔非常详细地描述着我们看到的一切——从北极冰盖到靠近赤道的云层。我尽量稳住摄像机，把窗外的地球摄录下来。我不知道数百万看电视的观众看到的是什么景象。我觉得北极应该在他们电视机的顶部。现在，该是让数百万人头晕的时候了。我一边把摄像机慢慢转动180度，一边说：“嗯，地球上的乡亲们，做好准备，我要把你们上下颠倒啦。”飞行任务控制中心的查理·杜克回复说：“收到。”我笑着补充道：“这种机会并不是每天都有的。”

我们把电视摄像机收起来后，就到了休息时间，我们三个很放松，准备好好地睡一觉。今晚该我睡在左侧座椅下面带拉链的浮动吊床里了，我感觉确实很舒服，比昨晚或“双子星座”的三个晚上舒服多了。漂浮在黑暗中，被吊床的线绳轻轻地触碰，身体的任何部位都没有压力，那是一种非常奇妙的感觉。直觉上，我感觉自己是躺着而不是趴着的，但其实我既不是躺着也不是趴着——所有正常的评判标准都不适用了，你说我躺着、站着、倒着都行。唯一确定的是我伸展开了，身体从头到脚都拉成一条直线。我之所以认为自己是躺着的，是因为座椅和主控面板都在我的前面而不是后面；要是飞船位于唐尼的白屋里，它的放置状态会使重力把我的后背拉向后面的隔框。因此，我是“躺着”的。这让我想起了那位很蠢的心理学家，他让在早期的指令舱里随意画一条线，线下部分喷成棕色，线上部分喷成蓝色，这可以让宇航员有一个地球和天空的感觉。然而，要是我们把飞船上下滚转一下或者我们自己翻滚一下，照他的逻辑我们不就乱套了吗？我们指令舱的内部都喷成了蓝灰色，在黑夜中这其实没有什么差别。

我醒来时巴兹正在通话，于是我意识到现在是“早上”，或者时间至少已过去了大约 8 个小时。休斯敦决定我们今天不用做中途修正，因为我们的飞行轨迹仍然接近理想状态。我们开始了第三“天”，我感觉非常好。地球和月球之间总是白天，我该怎么称呼 24 小时的时间变化？要是不说“美美地睡了一晚上”，我该怎么描述过去的 9 个小时？取消了中途修正，我们手上就有了很多的时间，我唯一需要做的“大事”就是把对接通道里的探管和锥套拿掉，为尼尔和巴兹进入登月舱进行检查扫清障碍。整个检查过程需要进行电视直播，大约需要一个半小时。从他们的评论中判断，地面人员似乎非常喜欢看到的电视画面，我觉得对他们这些从未进入太空的人来说，看到我们在没完没了的开关面板之间漂来漂去肯定感到非常怪异。我突然明白为什么尼尔和巴兹看上去一直很奇怪。原来是他们的眼睛！由于没有重力，他们眼睛底下松弛的脂肪组织没有下垂，他们的眼睛都眯缝着。

电视直播之后，我们自娱自乐了一会儿——用我们带来的微型录音机播放音乐。我们吃些东西，做些日常杂事。今天是 7 月 18 日，“双子星座”10 号任务三周年纪念日，也是非常安静的一天。

第四天的感觉绝对不一样。计划 9 个小时的觉我只睡了 7 个小时，而且还是断断续续的。尽管我们努力在飞往月球的过程中保存体力和精力，但压力还是降临到我们身上（或者至少是降临到我的身上），我感觉我们都意识到蜜月期已经过去，我们置身险地的时候终于到来了。当我们停止飞船的滚转、把飞船的窗口转向月球的时候，第一次感到非常吃惊。我们几乎一整天都没有看见月球了，月面发生的变化是巨大、壮观、令人激动的。我一生中知道的天空那个二维黄色小圆盘不知道去哪儿了，取而代之的是我见过的最令人敬畏的球体。首先，它非常大，完全充满了我们的窗口。其次，它是三维的。它的中间部位鼓胀得特别明显，我几乎觉得可以伸出手来触摸它，其他部位的表面则急剧地退向边缘。它介于我们和太阳之间，产生了可以想象的最壮丽的光照景象。太阳在它的周围投下了一个光环，照亮它的背面；相比之下，从它的边缘倾泻而来的阳光使月球本身显得既神秘又微妙，凸显了暗淡、坑坑洼洼的月面的大小和质地。

令人意外的是，我们又可以看见星星了。我们现在处于月球的阴影里——三天来第一次处于黑暗之中，难以捉摸的星星似乎是专门为这个场合来捧场的。隐藏的太阳光线把这个圆盘的边缘照得非常明亮，它有两个完全不同的中心区域：一个几乎是黑暗的，而另一个则沐浴在地球表面反射的白光中。地球反照是被地球反射到月球的阳光。地球对月球的反照要比月球对地球的反照明亮得多。日冕模糊的红黄色、地球反照的苍白色和周围星空的纯黑色共同作用，给月球投下有些发蓝的亮光。这个冷漠、壮观的球体无声无息地悬在那里，好像没有邀请我们进入它的领地的意思，是一个非常可怕的存在。尼尔对此做了总结："这一景观非常不错，值得我们来一趟。"当然，月球也非常吓人，尽管我们谁也不想说出来。

然而，我们还没有来得及沉浸在月球的神秘之中，休斯敦就用一大堆地球人的语言把我们的眼睛转回到了指令舱里。我们需要检查二级冷却液系统的流量，也就是说需要把第二套冷却器装入管路。我一直反对这项工作（"要是很棒的一级系统工作正常，干嘛没事找事地测试二级系统?"），但几次开会我的意见都被否决。我成功完成测试之后，感觉有些恼火，告诉地面说："我们至少不用就这事再开会了。"作为奖励，休斯敦给我们报读了今天的新闻，大部分都是关于棒球比赛和其他无关紧要的事情。但他们确实提到，苏联的《真理报》把尼尔称为“飞船的统治者”，在接下来的飞行中，我会衷心拥护这一头衔。有一件关于我儿子迈克尔的趣事（至少对我来说非常有趣）。我问5岁的迈克尔：“爸爸将被写入历史，你觉得怎么样？”他回答说：“挺好。”过了好一会儿，他问道：“什么是历史？”

休斯敦现在开始布置更重要的工作了——我们消失在月球左侧之前，把所有最后的信息告知我们。我们需要知道如何进入月球轨道，遇到问题如何解决，在此期间，地面将无法提供帮助。我们使用的是视线无线电系统，只能和能看见的人通话；在月球背后，我们谁也看不见。在过去的14个小时里，我们处于月球的引力范围，飞船的速度从每秒3 000英尺逐步增加到现在的每秒7 600英尺。为了被月球的引力所捕获，我们的速度必须下降到每秒2 917英尺，为此，我们需要启动服务舱发动机6分2秒。这就是所说的第一次月球轨道切入。这次启动会使我们进入一条环绕月球的椭圆形轨道。4小时后，我们会进行第二次月球轨道切入，使我们进入一条高度为60海里的圆形轨道。

当我们滑向月球的左侧时，我再次对我们飞行轨迹的精确性感到惊奇。飞离地球近25万英里的时候，我们离开月球的距离只有区区的300海里，别忘了月球是一个移动的目标，我们是朝着它的前方在太空飞驰的。我们发射那天，月球可不在现在这个地方，它当时所处的弧度角约为40度，或者说位于现在位置的后方近20万英里的地方。然而，休斯敦地下室里的那些大型计算机并没有发出悲鸣，而是给出了超级准确的预测。我希望如此。我们终于进入月球背后之后，距离发动机的启动只有 8 分多钟。我们现在特别仔细，每一个步骤都检查好几遍。这和“双子星座”10 号任务脱离地球轨道时的情况非常类似，当时约翰·扬和我把方位数据检查了 30 遍。如果我们给计算机漏输一个影响最大的数字，我们就会绕过月球，冲向一条环绕太阳（而不是月球）的轨道，而成为太阳系的另一个星体。

当那一刻终于到来时，服务舱的巨型发动机立刻启动，令人放心地把我们推回座位。飞船的加速度还不到 1G，但我们依然觉得非常欣慰。在那 6 分钟里，我们像鹰一样紧紧地盯着仪表面板，扫视着重要的指示表和显示表，确保一切正常。发动机关闭时，我们查看了计算机的显示结果。“天哪！我收回所有针对麻省理工学院的坏话。”我的意思是整个系统的精度高得惊人——对这个每秒近 3 000 英尺的速度来说，沿飞船体轴坐标系三个方向的速度误差只有每秒十分之一英尺。这次启动非常精确，连尼尔都说：“这是一次很棒的启动。”我也附和道：“我觉得非常棒！……我不知道轨道高度是不是 60 海里，但至少我们没有撞上那个大家伙。”巴兹向计算机查询了我们的轨道高度。“快看，169. 6×60. 9。”我回答道：“太棒了！太棒了！”巴兹说话总是非常精准：“我们的误差只有十分之几英里。”我非常兴奋。“你好，月球，你的背面怎么样?”我们来到了月球。

一旦完成第二次月球轨道切入，建立起平均高度为 60 海里的近圆形轨道，我们就可以查看月球的背面、前面和介于两者之间的部分。我们特别想查看实际的着陆点，在过去的几个月里，我们一直在研究着陆点的照片。尼尔向休斯敦做了总结："着陆点和照片上看到的差不多，但这就像看橄榄球比赛，在现场看和在电视上看还是有区别的。亲临现场是无法替代的。"尼尔和巴兹还叫出了明天着陆路径上熟悉的地貌：玛丽莲山（以吉姆·洛弗尔妻子的名字命名）、靴丘、杜克岛（以查理·杜克的名字命名）、铜斑响尾蛇和响尾蛇纹沟（在静海冲刷出的两条蜿蜒的纹沟，看上去特别像响尾蛇）等，然后就是着陆点。此时的静海正好是清早，阳光与其交会的角度只有 1 度。在这种光照条件下，陨石坑投下了特别长的影子，我觉得整个区域看上去非常吓人，连放一个婴儿车的平地都没有，更不用说登月舱了。我禁不住评论说："地面粗糙得像玉米棒子。"但我们三个都知道，明天看上去会平坦得多，因为着陆时太阳与地面的夹角将达到 10 度。

然而，月球的背面看上去更加粗糙。它没有前面那样的海（平地），全是连续的"高地"——被陨石轰击了 50 亿年、满目疮痍的连绵山丘。月球上没有大气，因而也没有云层或雾霾之类的东西，所以地面的细节都看得非常清晰。我们看到的唯一变化是光照——我们飞过阳光区、地球反照区（被地球反射的阳光照亮的怪异区域），然后进入黑夜。感觉更像在地球轨道上飞行，而不是像过去 3 天里那样悬挂在地月空间里，但还是存在很大的区别。首先，我们绕飞的速度只有地球轨道的五分之一，因为月球的质量比地球小得多，产生的引力也弱得多，这意味着我们需要较慢的速度和较小的离心力来平衡月球的引力。然而，由于月球的尺寸比地球小得多（月球的直径为 2 160 英里而地球的直径为7927英里），我们环绕月球一圈的时间和环绕地球一圈差不太多（月球是2小时，地球是1.5小时）。另外，由于我们位于一条较低的轨道上（地球上有大气，我们无法在60海里的高度上绕飞），所以感觉速度很快。虽然没有绕飞地球那么令人兴奋，但也差不太多。再者，由于完全不同的地貌特征，绕飞月球有一种非常奇异的感觉。从地球轨道往下看非常令人欣喜——地球充满生机，既诱人又迷人，给人一种视觉上的多样性和情感上的归属感。我窗外这个干瘪的“桃核”可不是这样。你没法喜欢它，因为它太荒凉、太贫瘠，它的吸引力过于单调，只适合地质学家。你看那些大坑，它们是陨石撞击的还是火山口？或者既有陨石坑又有火山口？

作为三个业余的地质学家，我们很快就对这里的神秘和在背面发现新的陨石坑感到兴奋不已了。尼尔叫道：“多么壮观的景象！”然后又指着一个更大的陨石坑说道：“太难以置信了。看我们后面，真是一个巨大无比的陨石坑。还有它周边的高山。哎呀，它们都是庞然大物。”我更感到吃惊：“天哪，它大极了！大得窗口都装不下。这恐怕是你一生中见到的最大的陨石坑了。尼尔，你看这个中央山峰，是不是很高大？……光那个大坑就够你研究一辈子了，你不觉得吗？”尼尔似乎并不认同，他嘟囔道：“那你做呗。”我赶紧补充道：“我可不想一辈子做那事。赶紧照相，太壮观了！”巴兹也大声说：“那边也有一个大家伙！它们很多都垮塌了。越是高大的山，垮塌得越厉害。这是显而易见的，不是吗？也就是说，越是古老的山，垮塌得越厉害。”感觉话题越扯越远了，再有几分钟地球就会从月球高低不平的边缘升起来，于是我丢掉这个话题，开始谈论照相机和惯性测量装置的框架角，因为我们都等着那位老朋友的再次出现。

地球一下子就出现了，这真是令人振奋的时刻，我们都慌忙地用相机拍照。它把蓝色的小帽子从月球粗糙的边缘伸出来，然后带着一种意想不到的美丽色彩，以一种意想不到的迷人姿态，一下子就跳上了地平线（我们都来不及拍下来）。这是一个令人欣喜的场景，因为它有一种内在的美，与下面的“麻子脸”形成了鲜明的对照，它是我们的家园和通话的地方。这和在地球上看日出完全不一样，日出的光辉引人注目，而月球上的地升很容易错过，所以对我们来说更加珍贵，而且我们已经预料到它的出现并为此做好了准备。此时，休斯敦开始通话，我们又回到了正常的工作状态。

来自“阿波罗”8 号和 10 号的谜团之一，涉及月球表面的颜色。8 号乘组说月球表面只有黑色、灰色和白色，而 10 号乘组说有黑色、棕色、棕黄色和白色，我们需要对这个问题进行仲裁。我们发现双方都说对了一部分，月面的颜色似乎和太阳照射的角度有关。在清晨和黄昏，我们支持 8 号乘组的判断：它是深灰色，还有一些白色，像发黑的单色石膏粉，但没有其他颜色。另一方面，接近正午的时候，它呈现出鲜亮的玫瑰色，在进入黑夜的过程中逐渐变暗而变成棕色。在后半上午和前半下午，我们支持 10 号乘组的判断。我们把这些报告给地面，然后转向导航问题。

我们需要尽量多地了解月球表面，包括它在我们下面有多远。改进这一测量结果的一种方法是把六分仪指向下面的一个地标，在我们飞越它时测量我们与它之间的角度。我事先在泡沫海选了一个陨石坑，并将其命名为 KAMP（我妻子和三个孩子名字的首字母）。明天 KAMP 陨石坑会对尼尔和巴兹有所帮助，因为他们抵达静海前需要先经过泡沫海，这样，当他们落向着陆点时，改善他们飞经泡沫海时的高度测量精度将是最有意义的事情。我在 KAMP 陨石坑做了 5 个标记并输入我的计算机，计算机会把这些信息用于改进关于月球的至关重要的统计样本。

今天（从地球升空的第四天）即将结束，我现在只想睡觉。要是我们犯一个严重的错误，我们到目前为止所做的一切都将是徒劳的，对此我们都非常清楚，只是尼尔和巴兹似乎比我更不愿意承认我们的脆弱性。我只能自言自语地沉思："嗯，我觉得今天比较顺利。要是明天和后天也和今天一样，我们就安全了。"我看了一下手表，休斯敦刚刚过了午夜。7 月 20 日——月球登陆日——到来了。我们要是斗牛士的话，我们会把它称为决断时刻，但我最想要的是一个没有意外的时刻。

13　登陆月球

休斯敦，这是静海基地。“鹰”已经着陆了。

——尼尔·阿姆斯特朗，1969 年 7 月 20 日 15:18（休斯敦时间）

“‘阿波罗’11 号，‘阿波罗’11 号，黑队问你们早上好。”他们是在和我说话吗？我花了 20 秒才摸到了话筒的按钮，然后迷迷糊糊地回答道：“早上好，休斯敦……你们醒得真早。”“嗯，你们睡得很踏实呀。”他们监视着我们的心率，所以知道我们什么时候进入了深度睡眠状态，此时我们的心率会下降到 40 左右。“是的。”说完我就询问他们有关飞船的情况：“指令舱的各个系统怎么样？”“指令舱工作正常。我们黑队一直密切地监视着它。”“谢谢，我是只管睡觉。”我大概只睡了 5 个小时左右；我一开始睡不着，现在竟睡不醒。尼尔、巴兹和我都心不在焉地准备早饭和需要转移到登月舱的设备。

休斯敦还一直添乱——不停地在通信系统中和我们闲聊，给我们阅读今天的早新闻。“在今早和‘阿波罗’有关的重大新闻头条中，有一条让你们注意一位带着一只大白兔的可爱姑娘。古代传说故事说，有一位美丽的中国姑娘叫嫦娥，她在月球已经待了4000年了。她被发配到了月球，因为她偷了丈夫的长生不老药。你们也别忘了她的小伙伴——一只中国大白兔，它很容易被发现，因为它总是靠两只后腿站在一棵月桂树的树荫里。”天哪，我是在做梦吗？我迷迷糊糊地弄着一管咖啡，准备目送我的两位好朋友前往布满大坑的月球，去和一只中国大白兔在月桂树下见面！今早有很多事情要做，我强迫自己专心于飞行计划中的各项工作。“事情太多了。我正在清洗一块燃料电池，还要竖起照相机和支架，并观察自动机动系统……”我迷迷糊糊地嘟囔着。

现在尼尔和巴兹该穿登月宇航服了。他们先从存放箱里拿出内衣裤，这些内衣裤是液冷的，数百根柔软、纤细的塑料管被缝制成渔网状。在月球上，他们的背包会给这些细管泵水，这比往身上吹冷氧气效率高多了。我不需要水冷的内衣裤，因为我没有背包，而且也不会像他们那样工作那么用力（但愿如此），但我也需要穿上宇航服。于是我们三人都奋力穿着宇航服，相互帮助拉上够不到的拉链，检查宇航服的整体状况。要是尼尔的拉链坏了或者头盔无法和宇航服锁定在一起怎么办？他肯定不能那样到月球表面去冒险，他也不会让巴兹下到月球表面，因为一旦舱门打开，他们就进入了真空，他就会立刻死去。他也不会待在指令舱而让巴兹一个人下去，因为登月舱是需要两个人同时操控的。我也不会替他下去，因为我并没有接受驾驶登月舱的训练。我俩也许可以交换宇航服，但尺码不一定合适，而且我的宇航服也无法与他的背包相配。幸运的是，一切都很完好，我把尼尔、巴兹和一大堆设备送入登月舱。

现在我需要再次做一遍与连接通道相关的工作——关闭舱门，装上锥套和探管，拔下通往登月舱的脐带电缆。地面还让我架起一台电视摄像机，对着我的一个窗口拍摄登月舱离开的镜头，但我决定不去摆弄摄像机，因为我忙着准备与登月舱的分离。我告知休斯敦说："飞船分离时不会有摄像镜头。我可以接触的窗口处不是人头就是照相机，而且我还在忙别的事情。"一般情况下，遇到问题你需要与休斯敦讨论，然后遵从他们的建议，但这次我是告知他们而不是寻求他们的建议，他们肯定也感知到了这一点，因为他们马上回答说："同意。"

我现在一直在通话状态，和"鹰"一起做一系列非常复杂的相互检查。在其中的一项检查中，他俩在校准他们的制导系统时，我则利用我的控制系统使两艘飞船保持稳定。我与巴兹核实我的工作进展："我们已经做了 5 分钟 15 秒，飞船姿态保持得非常好。""收到。麦克。再坚持一会儿。""没问题，我坚持一天都可以。你们不用太着急。'统治者'在那儿怎么样？他好像很安静。"尼尔插话道："你就等着一会儿按开关吧。"我想他说的是按那些计算机的按键。我随后说道："我想说的是，你们记着让登月舱转一圈。"他们并没有回应，于是我就正式给他们说再见："你们在月球上不要太用力。要是听见你们喘粗气，我会骂你们的。""好的。麦克。"巴兹兴高采烈地回答道。我按下开关，把他们放走了。我贴着 2 号窗口的玻璃，看着他们离开了，4 号窗口的电影摄影机也记录下了他们离开的镜头。离开一定的安全距离后，我告知了尼尔，于是他让登月舱在原地慢慢地转了一圈，让我看看他们那诡异的飞行器和四条伸出来的支脚。巴兹兴奋地喊道："'鹰'长上了翅膀!"

它并不像任何我见过的鹰。它是进入天空的最怪异的装置——机体既没有对称性也不好看，四个支脚笨拙地伸出体外，所有的东西都以不协调的角度组合在一起。我想这是航空工程师们放飞思想的结果，因为这种飞行器一直都是在真空中飞行，不需要任何流线型。我确认四个支脚都伸出并锁定以后向他们报告了这一情况，然后撒了一点谎："'鹰'，我觉得你们的飞行器看上去很不错，只是你们头脚颠倒了。""头脚颠倒的不一定是我们。"尼尔反驳道。"好吧，'鹰'。还有一分钟……你们多保重。"尼尔回答道："回头见。"我希望如此。一分钟后我按计划准时启动了推进器，我们开始远离对方，同时检查我们的相对距离和速度。这次启动时间很短，只是为了给"鹰"一个相对安全的距离。从现在开始，一切都靠他们自己了。抵达月球表面前，他们需要启动两次发动机。第一次启动（称为降落轨道切入）将在月球背面进行，把"鹰"的近月点（着陆点以东 16 度）降低到 5 万英尺。然后，当他们到达静海东侧的这一位置时，"鹰"的降落发动机会再次（也是最后一次）启动（称为有动力降落启动），使"鹰"沿平缓的弧形轨迹进行 12 分钟由计算机控制的降落，随后尼尔就会接管，完成手动控制的着陆。

降落轨道切入之后，登月舱在我下面越落越远，速度也不断加快，这样，到进行有动力降落时，它就会位于我前方大约 120

英里的地方。有动力降落启动之后，情况就变化得很快。当“鹰”慢下来时，我就开始接近并超越它，这样，当它着陆时，我就会位于它前方大约 200 英里的上空。我会尽量长时间地使他们处于我的视线之内，因为要是他们放弃着陆，我就知道他们在哪里，这有助于决定采用 18 条会合轨道中的哪一条。

当我们在降落轨道切入之后从月球右侧冲出来时，我比“鹰”更快与休斯敦取得联系，因为现在我的轨道比它高很多。我必须记住在随后的 24 小时里，我的飞船称为“哥伦比亚”，而不应再叫“阿波罗”11 号。“休斯敦，这是‘哥伦比亚’。你们的声音听得很清晰。”“收到。麦克。情况怎么样?”他们想知道降落轨道切入的情况，这是完全可以理解的。“伙计，一切进行得非常不错。好极了。”我现在非常清醒，早上那种忙乱不安的情绪早已荡然无存。一切都很顺利——指令舱井然有序，登月舱显然也处于良好状态。“太好了。我们等着‘鹰’的消息。”地面回复道。“好的。它很快就出来了。”

我的导航设备工作得非常棒，这让我更加自信。我一直用六分仪跟踪月面上的标志点和登月舱。工作进行得特别顺利（几乎不费吹灰之力），特别是登月舱上的标志点让我对明天的轨道会合充满信心。其实我今天不需要在登月舱上做非常精确的标志点对准，但我有能力做到（计算机系统也证实了这一点），这对明天来说无疑是一个好的征兆。到“鹰”开始做有动力降落时，我还在利用六分仪观察那个小黑点。登月舱几乎看不到了，它看上去就像上千的小陨石坑一样，只是它在不停地移动。等到我们之间的距离超过100英里时，我再也看不到它了。这一段时间的练习终于结束了，我揉了揉眼睛，让它们放松一下。我一直用右眼观察，左眼用一个小塑料片挡着，塑料片用一根橡皮绳固定。我以前是闭着左眼观察，这样左眼的眼皮就会很酸痛，所以自“双子星座”飞行任务开始，我就使用这种挡眼塑料片了。

我现在能做的最好是保持安静，因为随着有动力降落和最后阶段降落的开始，休斯敦和“鹰”之间有很多需要讨论的事情。发动机刚启动时，尼尔和巴兹是脸朝上、脚朝前，只能看到黑色的太空。采取这一姿势是为了获得与地球最好的通信效果，确保他们轨道的精度。随后他们会转过身来，查看经过窗口的那些熟悉的地标，然后就靠尼尔寻找平地着陆了。发动机启动5分钟后，我几乎位于他们的正上方，此时“鹰”第一次出现了令人担心的情况。“程序报警，故障编码是1202。”尼尔大声说道。1202？这是什么情况？我连指令舱计算机的报警编码都记不住，更不用说登月舱的了，所以我对故障的严重程度以及是否影响继续降落毫无概念。我赶紧从宇航服口袋里拿出检查清单开始翻找，还没找到就听休斯敦说：“收到。不管它，你们继续降落。”也就是说没有问题。我的检查清单上说，1202是“执行溢出”，意思是让计算机同时做的事情太多了，有些事情必须推迟执行。我想这对登月舱来说也是一样，因为两套计算机程序都是由麻省理工学院设计的。又过了一会儿，离月球表面刚好3 000英尺的时候，计算机又闪出了故障报警1201——另一种溢出情况，地面再次以极快的速度回复说没有问题。

随后的着陆过程听上去就像飞机遇到大雾时在地面塔台的引导下进行着陆的情景——巴兹给尼尔大声读着高度和下降速度数据，而尼尔两眼紧盯着窗外的地貌。“600 英尺，每秒 19 英尺。”“400 英尺，每秒 9 英尺。” “300 英尺……注意看飞船的影子。”“200 英尺，每秒 4.5 英尺。”“100 英尺，每秒 3.5 英尺，前向速度每秒 9 英尺。燃料剩余 5%。”“40 英尺，每秒 2.5 英尺，吹起了一些灰尘。”听起来不错，在 40 英尺的高度上只吹起了一点灰尘。“30 秒。”休斯敦说道。也就是说剩下的燃料只能使飞船再飞行 30 秒了。赶紧着陆，尼尔。“触地灯亮了!”巴兹高兴地喊道，然后说了一堆关闭发动机的专业术语。他们着陆了！休斯敦半信半疑地说：“你们说的我们都记下，‘鹰’。”尼尔做了正式宣布：“休斯敦，这是静海基地。‘鹰’已经着陆了。”哇！我和休斯敦重新建立了通信联系，他们告知我着陆的消息。“嗯，我听到了整个着陆过程……太棒了!”尼尔解释了他为什么几乎用完了燃料：“自动目标定位系统正把我们带入一个像橄榄球场那么大的陨石坑，周围有很多大石头，我需要在乱石区上空进行手动控制，寻找一块可以着陆的地面。”妈的，我才不管他们会不会降落在巨型蚂蚁窝上，他们只要安全着陆就好。

我在指令舱里现在多了一项工作：找到月球表面的登月舱。我要是能够通过六分仪看到它，把十字瞄准线对上以后做好标记，我的计算机就知道了登月舱的实际着陆位置，而不是它应该着陆的位置。对指令舱计算机来说，这是一条很有价值的信息(尽管不是至关重要的信息)，因为它是明天将要进行的（也许更早?）轨道会合机动飞行的起始参考点。当然，地球上的地面人员也可以自己测量，但他们无法判定登月舱的着陆点，除非他们把尼尔和巴兹描述的周围地形与休斯敦自己粗糙的月球地图进行比较。我现在早已飞过着陆点，即将从左侧绕到月球背后，所以过一段时间我才能进行寻找登月舱的第一次尝试。我环绕月球一圈需要两个小时。

此时，指令舱工作得非常顺畅。我把灯光打亮，驾驶舱里洋溢着一种我很想分享的欢快气氛。我担心的是外面——月球上两位朋友的安危和他们返回时面临的风险。但就指令舱内部来说，一切正常，我和这台熟悉的机器绕着月球转圈、观察、等待。我取下了中间的座椅，把它存放在左侧座椅的下面，使驾驶舱有了完全不一样的面貌。这在主仪表面板和下层设备舱之间打开了一条中间通道，使我可以在上面的舱门窗和下面的六分仪之间快速往返。取下中间座椅的主要原因，是在对接通道里的探管和锥套机构无法卸下的情况下，为尼尔和巴兹从指令舱侧舱门进入提供足够的空间。在这种情况下，我们就必须把侧舱门打开，尼尔和巴兹就需要带着他们装满石头的箱子，通过太空行走从登月舱转到指令舱。我们三人都需要穿上臃肿的宇航服，这就需要很大的空间和通往下层设备舱的宽敞通道。除了提供更多的空间，这些准备工作还让我觉得自己像一位小型度假酒店的老板，即将接待大批从寒冷中涌入的滑雪者。一切都为他们准备好了，这是一个温馨的地方，要是有一个壁炉就更好了。我从飞行前新闻发布会上记者们的问题中得知，我将被描绘成一位孤独的地球人，我猜电视评论员们一定会陶醉于我的孤寂，并从中演绎出各种虚假的哲学见解，但愿他们不会这样。我并没有感到孤单或者被遗弃，而是强烈地感到自己是月球表面探索活动的参与者。我知道我要是说自己是“阿波罗”11号任务中最重要的角色，我肯定是一个说谎者或者傻瓜，但我可以诚实、平静地说，我对自己担任的角色非常满意。这次探险活动需要三个人去完成，我觉得自己作为第三位参与者，和其他两位一样是不可或缺的。

我并不是要否认自己的孤独感，因为它是客观存在的，特别是转到月球背后、与地面突然失去联系的时候，这种孤独感就会更加强烈。我现在孤单了，确实孤单了，绝对与已知的生命体隔绝了。我是这里唯一的生命体。要是统计人数的话，月球的那一侧有30亿+2个，而这一侧是1+只有上帝知道还有谁。我的这种感觉非常强烈，不是害怕或孤独，而是醒悟、期待、满足、自信，甚至是欣喜若狂。我非常享受这种感觉。在我的窗外，我可以看见星星，仅此而已。在月球所在的地方，只是漆黑的太空；只有星星消失的时候，你才能看见月球。在地球上，漆黑的夜晚一个人待在太平洋中部的一只小船上，才可能最接近我目前的这种感受。在小船上，你会看到天上明亮的星星和下面黑色的大海；我在这里看到的是同样的星星（当然星星不会闪烁），但下面什么也看不到。在这两种境况下，时间和距离是非常重要的因素。就距离来说，我这里更加遥远，但从时间上来说，月球轨道离文明对话比太平洋中部近多了。虽然我在几乎25万英里以外，但我与人类声音的隔离每两个小时也只有48分钟，而在小船上、紧贴地球表面的你，就没有这么幸运了。在时间和距离这两个度量维度上，时间更具人文意义，所以，现在我感觉比在地球上某个遥远之地更接近也更远离休斯敦——地球上的遥远之地会让我一连几个月都无法与人类对话。

随着“哥伦比亚”冲入黎明，我的窗口一下子充满阳光。月球很快就出现了，表面黑灰又崎岖。随着太阳的升高，月面慢慢变得明亮、平坦一些了。我的时钟告诉我地球即将升起来，于是我把飞船的抛物面天线指向相应的角度。果然，地球按时出现了，它快速升上月球的地平线，随后，一台仪表显示天线已经锁定了地球，相互通信可以进行了。地球上有三个巨型的天线，它们分别位于澳大利亚东部的金银花溪、西班牙的马德里附近和美国莫哈韦沙漠中的戈尔德斯通湖（离拉斯维加斯不远）。随着地球的转动，休斯敦对飞船的控制从一处转到另一处（最直接面对月球的地面天线）。由于它们几乎等距离地分布在地球上，所以总有一部天线处于最佳位置。我不知道和我通话的是哪一个，尽管我可以通过查看飞行计划或仔细观察外面那个蓝白相间的球体来搞清楚，但着实没有必要。我都把它们称为休斯敦，这样问题就简化了。“休斯敦，这是‘哥伦比亚’。情况怎样?”“收到……我们估计飞船实际着陆点超越计划着陆点大约 4 英里……我们很快就会在地图上确定它的位置。完毕。”他们发给我一串数字，我把这些数字敲入计算机，计算机知道如何利用这些地面估算数据把我的六分仪指向着陆点。但当我飞越着陆点时，除了陨石坑我什么都看不见。大坑、小坑、圆坑、尖角坑，但就是看不到登月舱。六分仪是一种功能强大的光学仪器，它能把看到的东西放大 28 倍，但这种放大功能的代价是视野非常窄——只有 1.8 度，几乎就像从枪管里往下看一样。登月舱可能就在附近，我紧张忙乱地前后转动着六分仪，但我的时间很有限，只能搜索大概 1 平方英里的月球表面，而这一次没有找对地方。

我在静海基地以上 60 海里的轨道上，飞行速度是每小时大约 3 700 英里。要是尼尔和巴兹能看见我，他们应该看到我从东侧的地平线上冒出来，几乎直接飞越头顶后，再从西侧的地平线沉下去。整个飞越过程是 13 分钟，但大部分时间我无法利用，因为我只能以陡直的角度从六分仪里往下看；如果最小可用角度是 45 度，当我从登月舱一侧的 45 度转到另一侧的 45 度时，我就只有 2 分 12 秒可以利用。这确实是非常忙碌的 2 分钟。在整个 13 分钟里，我可以直接和登月舱通话，在月球前面的其他时间里，我可以通过地球中继和他们通话（如果休斯敦把相应的中继开关打开的话）。无线电信号的传输速度是每秒 186 000 英里（光速），到达地球的时间大约是 1.25 秒，中继返回的时间也是一样。这种延迟有时也会带来一些有趣的尴尬。例如，登月舱着陆后，休斯敦告诉尼尔说："这间屋子里和世界各地都有很多的笑脸。完毕。"尼尔回答道："这里还有两位呢。"2.5 秒后我才听到，于是我立刻说道："别忘了指令舱里的这位。"但此时休斯敦已经听到了尼尔并回答道："收到。你们干得漂亮！"这时我的话才到达休斯敦，这让我非常尴尬——我本来只是想让他们知道指令舱里还有一张笑脸，结果变成了想让他们表扬自己也干得漂亮。

虽然我看不到登月舱，但尼尔和巴兹描述另一个星球上人类从未见过的景象时，我可以听到。我禁不住想插话："感觉看上去比昨天看见的好多了。昨天太阳的角度很低，看上去粗糙得像玉米棒子。""月面确实很粗糙，麦克。"尼尔回答道，"目标着陆区极其粗糙，有很多大坑和大石头，有的石头超过 5 英尺或 10 英尺。"我用飞行员关于决不在跑道之前着陆的行话对他说："拿不准的时候就晚着陆。"他简短地回应道："我们就是这么做的。"

事情肯定极其顺利，因为尼尔和巴兹希望取消计划中 4 个小时的睡觉时间，立即开展月面上的工作。我一直觉得他们会这样做，这个问题已经争论了好几个月。这个时候让他们放松下来去睡觉似乎很奇怪，但另一方面，要是他们现在就进行出舱活动，几个小时后疲惫不堪地回到登月舱，要是再遇到需要马上升空进行轨道会合的紧急情况，他们很可能由于过于疲惫而犯下很多操作错误，而轨道会合可不是一个容错的飞行阶段。不管怎样，休斯敦还是同意了，只要他们认为值得冒险，我也没意见。

休斯敦也没有把我忘记，并让我知道这一点："'哥伦比亚'，这是休斯敦。我们发现你的飞船即将转向框架锁死状态。建议你处理一下。完毕。"框架锁死是指令舱驾驶员最熟悉的敌人之一，它是一种飞船所处的某个方位使惯性平台的 3 个陀螺无法自由运动的状态。为避免损坏陀螺，系统会让惯性平台暂时失效；此时指令舱驾驶员需要运行一套复杂的程序来使平台恢复，从而再次获取惯性平台提供的"上下"和"左右"信息。框架锁死是宇航员们（尤其是我们这些飞过“双子星座”飞船的宇航员们）经常抱怨的问题，“双子星座”飞船采用了 4 个框架（而“阿波罗”飞船只有 3 个），这就避免了框架锁死的问题。我们觉得我们的飞行受到了不必要的限制，因为 NASA 的“阿波罗”飞船设计团队不想学习“双子星座”飞船设计团队的经验。

休斯敦最后的指令有点让人不安。他们告诉我说调节冷却液温度的系统出了问题，我需要手动调温。这一系统用于使指令舱里所有的娇贵设备在合适的温度下工作。要是温度过低，服务舱壳体上的散热器有可能结冰，那麻烦就大了。他们让我在资料柜里找出《环境控制故障程序 17 号》，按照步骤进行操作。我耳机里的声音消失后，我赶紧开始行动。感觉就像在肯尼迪角的模拟器里一样——给你一个假定的问题让你去解决，只是这次是个真正的问题。我现在一个人处于月球的背后，也没有人一边喝咖啡一边点评我的工作。也不知出于什么原因，我并没有翻找《环境控制故障程序 17 号》；这是一套非常复杂的操作程序，对我来说，就像做一台大型的切除手术。我只是把各个开关的位置检查了一遍，把控制温度的开关从自动拨到手动，然后再拨回自动。我还是对这艘指令舱充满信心，我对这一问题不是太担心。还是让它有一个自愈的机会吧。随着时间慢慢推移，我一边做着其他的日常整理工作（处理掉燃料电池产生的过量的水），一边注意着温度表。嘿，你还别说，温度似乎正在恢复正常，当我终于面对地球的时候，我向地面汇报说：“不管什么原因，问题好像没有了，没有更换任何传感器或类似的东西。乙二醇蒸发器的出口温度已超过 50 华氏度，驾驶舱里感觉很舒适，过一段时间再看看温度是不是稳定。”

此时，我准备进行第二次“复活节彩蛋搜寻”——通过六分仪寻找下面的登月舱。我还是没有那么幸运，只看到了更多看不出名堂的陨石坑，也没有金属壳体反射阳光的迹象。“你们有没有对我有帮助的地形线索？”休斯敦发来了对周围陨石坑的并不清晰的描述，对我来说毫无用处。而且这次我根本听不到来自登月舱的声音，这很奇怪。飞行前的要求是，所有登月舱的通话都要自动转发给我，他们显然没有这样做。“休斯敦，这是‘哥伦比亚’。你们能否至少把 S 波段从‘鹰’到‘哥伦比亚’的单向通信打开，让我知道事情的进展？”“收到，‘哥伦比亚’。目前没有什么进展。我查看一下中继的情况。”妈的，我想听到下面的情况。“好吧。我一直没有听到他们的声音，我希望通过你们的 S 波段中继听到他们说话。”我现在不管那么多了，因为再有大约两个小时，他们就会打开舱门，踏上月球地面，我希望能够听到他们说话。例如，尼尔会说什么？他没有向我透露他要说的令人难忘的第一句话是什么，但我相信他一定准备好了。他不爱说话，但这并不意味着他不会说话；他几乎总是能够从容应对各种挑战，现在是发表感言的最佳时机。我想听到他要说什么。

休斯敦确认指令舱里冷却液的问题似乎已经自行纠正了，我带着对“哥伦比亚”的信任和对“鹰”越来越强烈的期待消失在月球的背后。这一次，我在月球的背后比较清闲，飞船里有一种特别宁静的气氛，让人觉得特别舒适。当我再次转到前面时，尼尔和巴兹正在检查设备，离踏上月面还有一个多小时。糟糕！他们出舱时我很可能处于月球的背面。我又一次尝试用六分仪寻找他们，还是没看到，然后又安静地到月球背后转了一圈。再次转出来后我赶紧打开无线电通话系统："下面进展如何?""收到。出舱活动进展得非常顺利。我觉得他们正在把国旗竖起来。"美国国旗！"太棒了!""你恐怕是唯一一个看不到电视直播的人了。""没关系，我一点也不介意。电视画面的质量怎么样?""很棒，麦克。确实很棒。""哇噻！太好了！光照还可以吧?""可以。他们现在把国旗竖好了，人们可以看见月面上的星条旗了。""好极了！确实好极了!"只希望一切都能这样顺畅地进行下去，千万不要出意外。尼尔和巴兹听上去还不错，没有过于用力的喘气声。

但至少有一个意外在等着我们，而且是一个非常令人印象深刻的意外。通信系统响起来，休斯敦平静地宣布美国总统将与尼尔和巴兹通话。"那将是我们的荣幸。"尼尔非常得体地说道。"开始吧，总统先生。这是休斯敦。完毕。"通信员布鲁斯·麦坎利斯说道，好像他每天都向总统发指令似的。

总统的声音非常流畅地传过来，话语中带有演说家特有的节奏感，能够让人深受鼓舞（至少可以带动人们的情绪），而不是我们平常那种说一堆数字或提醒。"尼尔和巴兹，我在白宫的椭圆办公室和你们通话，这无疑是最具历史意义的通话……你们的所作所为使宇宙成为人类世界的一部分。你们从静海和我们说话这一事实激励着我们加倍努力，把和平和安宁带给整个地球……”天哪，我从未想过这会给任何人带来和平和安宁。我觉得这次远航对我们三个（尤其是其中的两个）来说充满了危险，这是到目前为止我唯一能想到的。带来和平和安宁——我真希望有时间去琢磨琢磨，然后看看这种说法是真还是假，但现在，我是这间轨道男厕所的主人，还有很多的事情要处理。

尼尔沉默了一会儿，做出了同样很棒的回答：“谢谢总统先生。来到这里是我们极大的荣幸和荣耀，我们不仅代表美国，而且还代表所有爱好和平的各国人民；我们是带着兴趣、好奇和对未来的向往来到这里的。今天能够参与月球探索是我们的荣幸。”总统回应道：“非常感谢你们，我和大家都期待着周四在‘大黄蜂’号航母上与你们相见。”巴兹插话道：“我也非常期待，总统先生。”休斯敦突然切断了与白宫的通话，恢复了正常工作——让我记下了一长串数字，以备后用。天哪，这简直就是脑筋急转弯——一会儿是祝福、和平和安宁，一会儿是滚转、俯仰和偏航。要是我们真的完成任务、完好无损地回到地球，箱子里装满石头，脑子里装满对地球的新认知，那会是一种什么状态呢？白宫和地球消失、我转到月球背面之后，终于有点时间在欣然的孤寂中去仔细思考这个问题了。

再转出来时我比以往更担心。“大黄蜂”上见？他们两个也许再也见不到“哥伦比亚”了，更别说“大黄蜂”了。“情况到底咋样啦？”“收到，‘哥伦比亚’。静海基地乘组已返回舱内，一切非常顺利。完毕。”哈利路亚！又翻过了一道大的障碍——再也不用担心掉入隐藏的熔岩出口、过于疲惫、舱门关不上、瘦小老太没把宇航服粘紧之类的事情了！我长出了一口气。我们现在需要做的是赶紧睡会儿觉，让“鹰”的上半部分回到这里，然后我们就可以尥蹶子回家了！此时是休斯敦时间的凌晨两点，真是漫长的一天（比昨天艰难，但明天可能更艰难）。我该关灯睡觉了。这里是我熟悉的环境，而不是那个令人敬畏、眼花缭乱的开关密林了；它成了我的老朋友，我成了“哥伦比亚”的一部分。

“‘哥伦比亚’，‘哥伦比亚’，休斯敦在给你说早上好。”“你好，罗恩。”罗恩·埃文斯一直是夜班的飞船通信员，我很少有机会和他说话。他现在正值清晨的班，他要确认我是不是醒了。“你好，麦克，今早情况如何?”“情况如何？……我还不知道呢。你那边怎么样?”我还迷糊着呢。“这边很好，‘哥伦比亚’。我们需要你忙乎一阵……”他表示了歉意。我当然知道今天会很忙！太空飞行的每一天都是从忙乱中开始的，小便还没顾上解就开始拨动开关了。今天需要进行轨道会合，这意味着有大量的工作等着我去做，我需要敲击键盘 850 次，把事情搞砸的机会也是 850 次。当然，要是“鹰”一切顺利，问题就不是很大，因为我只需做好坚实大本营操作员的工作就可以了，我围绕月球转圈时，让他们找我好了。然而，要是……要是“鹰”众多系统中的一个出了问题，我就不再是被追寻者而成为追寻者。此外，在这 850 步操作的过程中，角色变换也会毫无征兆地发生，所以，在这一整天的时间里，我必须随时做好准备。尼尔和巴兹将在 3 个小时后起飞，罗恩还没有叫醒他们。他让我先行一步，最后一次搜寻月面上的一个标记点，以便起飞前更新计算机数据。他俩醒来时，我正飞越他们上空，早饭吃了一半，已经完全清醒。休斯敦那边肯定也很忙碌，我可以想象飞行任务控制中心的每一个控制台前都坐上了人。尼尔的后备指令长吉姆·洛弗尔进入了通信系统，说了一些让人不太习惯的非常正式的话语：“‘鹰’和‘哥伦比亚’，这是后备乘组。对你们昨天的表现表示祝贺，祝今天的轨道会合顺利完成。完毕。”“谢谢吉姆！”尼尔和巴兹也很快回复道：“谢谢吉姆。”我随后补充道：“很高兴有这么多人在关照我们。”

起飞时刻真的到来时，我紧张得像个新娘。我已经飞行了 17 年，单独或与别人一起飞。我曾在 12 月飞越格陵兰冰盖，在 8 月飞越墨西哥边界，我曾在“双子星座”10 号飞船上环绕地球 44 圈。但我从来没有像今天等待登月舱时这样紧张。在过去的 6 个月里，我最说不出口的恐惧就是把他俩留在月球而我独自返回地球，现在几分钟内我就可以知道结果了。要是他们无法升空，或者升空后又在月面坠毁，我不会去自杀，我会立刻返回地球，但我会留下一生的坏名声，这一点我非常清楚。最好不要出现这种情况。别胡思乱想了！巴兹开始报读倒计时：“9—8—7—6—5……好极了……爬升速度每秒 36 英尺……”他们起飞了，那台没有备份的发动机看来工作正常；6 年来，地球人一直认为这台发动机不会有问题，但它毕竟还是一个令人非常担心的系统。一点小问题他们就没命了。在随后的 7 分钟里，我屏住了呼吸，那是他们进入轨道所需的时间。他们的远月点是 47 英里，近月点是10英里。到目前为止一切顺利。他们的轨道较低，这样就可以更快地追上我；要是一切顺利，不到3个小时他们就能追上我。

此时，我根据那本单人飞行手册忙着进行各种神秘、几乎是黑魔法般的操作。手册用一个鳄鱼夹夹在我的头盔绑定带上，不管多么简单的操作，我都一行一行地严格按照手册的步骤进行。我用电子测距装置锁定了他们，这种装置是甚高频无线电系统的一部分，它报告说登月舱在我身后250英里的地方，但它立刻丢失了目标。我又折腾了一回，它重新锁定登月舱后马上又丢失了。它每丢失一次目标，我都得告诉计算机忽略来自测距装置的数据，它锁定后我再告诉计算机开始关注来自这一装置的数据。在敲击键盘的间隙，我也会不停地看六分仪，计算机已经把它指向了登月舱应该出现的位置。果然，黑夜中出现一个闪烁的小光点。我把六分仪精准地对准它，按了几次标记按钮。有了甚高频测距装置的距离和六分仪的角度数据，我的工作就好做了。计算机现在知道了登月舱的准确位置，如果出于某种原因登月舱的推进器出现故障，我可以实施镜像机动来追逐登月舱，而不是让它追赶我。来自甚高频测距装置的数据老是中断，这让人感觉很不爽，但并不会带来严重的问题。我们现在都转到了月球背后，登月舱需要做第一次的赶超机动，把飞行轨道提升为位于我身下大约15英里的圆形轨道。要是他们的发动机无法启动，我就会启动我的。我紧张地给他们做倒计时："离启动发动机还有45秒。""好的。"巴兹说道，"我们启动了……发动机已关闭，麦克。"我把他们的数据敲入我的计算机，计算机经过计算给出了我们各自的轨道数据：我的远月点是 63. 2 海里，近月点是 56. 8 海里；他们的分别是 49. 5 海里和 46. 1 海里。理论上，我的应该是 60 海里的圆形轨道，他们的应该是 45 海里的圆形轨道，但这些数据完全处于可接受的范围，所以目前一切看上去还不错。

我耳机里出现了一种奇怪的声响，一种怪异的“呜呜”声。要不是事先有所了解，我肯定会把魂儿给吓没了。斯塔福德的“阿波罗”10 号乘组环绕月球进行轨道会合练习时，第一次听到这种声音。他们当时都在月球背后，听到这种声音时他们着实吃了一惊，因为指令舱里的约翰·扬和登月舱里的斯塔福德都没有弄出任何响声。在任务结束后的汇报会上，他们非常谨慎地提到了这件事，幸运的是，无线电技术人员（而不是不明飞行物爱好者们）当时就做出了解释：登月舱和指令舱的甚高频无线电系统之间的相互干扰。昨天，我们两艘飞船分离、打开我们的甚高频无线电系统之后，就听到了这种声响，尼尔评论说：“听起来像风抽打树梢的声音。”登月舱着陆后这种声响就消失了，不久前这种声响又出现了。奇怪地方出现的奇怪声响。

巴兹和我现在开始处理一个新问题——测量我们轨道平面的差异。令人欣喜的是，我们轨道平面的倾角完全一样，与理想状态非常接近，不需要为了更精确的相互对准而进行侧向机动。登月舱追赶我时，在轨道平面内做了微调，为的是减少它的高度差。随后，我飞越了着陆点，这是他们起飞后我第一次飞越着陆点。又让人松了一口气！“‘鹰’，‘哥伦比亚’飞越了着陆点。很高兴下面看不到你们!”这并不是说我曾在月面上看到过他们，对我来说，经过着陆点时知道他们没有被困在那里是整个“阿波罗”计划最值得付出的代价。

现在登月舱位于我身下15英里、身后50英里的地方，与我接近的速度——每秒120英尺，也比较合适。他们用雷达追踪我，我用六分仪追踪他们。当我正好位于它们上面、与地平线的夹角为27度时，他们开始朝我推进。“我们启动了。”尼尔告诉我说，我向他表示祝贺：“太好了!”我们现在处于交会路径（希望如此），环绕月球130度之后就能交会（也就是下一圈的三分之一多一点）。我刚转到月球背后，下次地球冒出来时，我就会和登月舱靠在一起。我们在月球背后进入阳光之下时，登月舱在我的六分仪里从一个小光点变成了一只清晰可见的“昆虫”，带着金色和黑色滑行在下面的大坑之上。“我看不见你们的着陆支脚了。”当然看不到，返回来的只有“鹰”的上半部分（称为上升级）。降落级会一直留在静海基地，它的最后（也是最好）用途是当作发射台。“那就好。”尼尔笑着说，“和哪一头对接你不会弄反吧?”巴兹也看到了我，说道：“麦克，我现在可以看清你飞船的形状。”他们看上去很近又很远，剩下的只需他们以给定的节奏（在什么距离上采用什么样的速度）停下来。我的单人飞行手册上说，在2724英尺，速度是每秒19.7英尺；在1370英尺，速度是每秒9.8英尺……在这一过程中，他们必须确保待在预定的接近平面内，不能出现上下左右的偏移。约翰·扬和我都知道，要是不是特别小心，飞船就会出现耗费燃料的空绕机动，这正是我现在所担心的。由于距离很近，现在六分仪不需要了，我离开下层设备舱，转到左侧座椅上。我让“哥伦比亚”转了一下身，对着登月舱。

哇噻，看上去不错！我从对接瞄准镜中看到，他们正沿着最后阶段接近路径的中心线稳定前行。我给他们提供了一些数据。“你们的距离是 0.7 英里，接近速度是每秒 31 英尺。”巴兹回答道：“是的，麦克。我们的状态不错，我们正在减速。”天哪，我们真的要成功了！自 6 个月前我被安排到这一令人难以置信的飞行任务以来，我第一次感觉到我们可以成功完成这次任务。虽说我们离家还非常遥远，但此后的事情就不会太艰难。在我的窗口里，登月舱变得越来越大，最后几乎充满了整个窗口。我没有触碰控制器，尼尔在和我做编队飞行，而且做得非常棒，我们之间没有相对运动。我估计他大约在 50 英尺远的地方，这意味着轨道会合已经结束。“我看见地球升上来了……太美了！”我一边对他俩喊着，一边抓起照相机，把三位主角——地球、月球和“鹰”拍在一张画面里。糟糕的是“哥伦比亚”只拍到了一个窗框。几秒钟后，休斯敦也试探性地加入了通话：“‘鹰’和‘哥伦比亚’，休斯敦随时准备提供帮助。”他们非常想知道进展情况，但不知道我们是否处于最后阶段机动飞行的关键时刻，因而又不想打扰我们。心真细！其实他们不用担心。尼尔告诉他们说：“收到。我们处于编队飞行状态。”

现在尼尔让“鹰”转了一下身，使它上面的黑斑（用于对接的锥套）直接对着我。按照我们平时的训练，此后的控制由

“鹰”转到了“哥伦比亚”。由指令舱实施对接更容易一些。虽然尼尔在登月舱里也能做，但不是很方便，因为他需要仰着脖子看向头顶上的窗口，而我只需像平时那样向前看就可以了。于是我通过瞄准镜把指令舱的探管对准登月舱的锥套，就像5天前，我把登月舱从“土星”火箭拉出来的时候一样。当然也有差异，主要是登月舱小小的上升级（几乎空了）现在还不到6000磅，而不是两级都装满燃料时的大约33000磅。但我慢慢靠近时一点儿也不担心。两者对得非常准，接触时我只稍微感觉到了一点儿振动。

3个捕获卡头一锁定，我立刻拨动一个开关，启动一个氮气瓶，开始了回拉过程——把两个飞行器拉到一起。此时，最意想不到的情况出现了！我突然发现我对接上的不是一艘小巧、温顺的登月舱，而是一只疯狂转向、试图逃离的动物。具体来说，登月舱一下子偏向了右侧，偏离了大约15度。我用右手控制指令舱，想让它对正，但我无法停止正在进行的回拉过程，它需要6～8秒才能完成。我现在只希望对接装置没有损坏，这样，要是回拉失败，我就可以松开登月舱，然后再来一次。我右手操作控制器的时候，事情进展得很快。现在飞船又回到了中心线，回拉过程结束时，对接卡头“嘭”的一声锁定了，事情又神奇地恢复了正常。我松了一口气，向尼尔和巴兹解释了一下刚才发生的事情。现在不用担心了。我现在需要下到对接通道，打开舱门，取下探管和锥套，这样尼尔和巴兹就可以进来了。感谢上帝，在这最后一次的使用过程中，对接装置的各个构件都工作得非常完美。探管和锥套会留在登月舱，并和登月舱一起被丢弃，因为我们不再需要它们了，也不想让它们占据指令舱的空间。第一个进来的是巴兹，他脸上带着灿烂的笑容。我抱住他的头（两手放在两侧的太阳穴上），准备亲吻他的额头，就像家长迎接一个迷途知返的孩子那样；我突然觉得那样有点儿不妥，就抓住了他的手，然后又抓住了尼尔的手。

我们为取得的成功欢呼雀跃了一阵，然后就投入了正常的工作——尼尔和巴兹为登月舱的最终离开做准备，我则帮他们把设备和东西转到指令舱。我们还要细致地做一遍吸尘，确保来自登月舱的东西没有可以掉落的灰尘或污垢。微生物学家们坚持让我们这样做，要把所有月球微生物留在登月舱；我们尽量照他们说的去做，尽管觉得有些可笑。我们还把氧气从指令舱泵入登月舱，再从登月舱排出舱外，这样微生物要想进入指令舱就得逆流而上了。终于到了重要时刻（这才是我们来这里的目的），巴兹大声说道："准备迎接那些数百万美元的箱子。它们太重要了。小心点儿。"我以前在肯尼迪角见过这两个亮闪闪的金属箱子，大约两英尺长，带有极好的密封系统，能在石头的原始环境——月球真空中保存这些石头，而不会让它们暴露在我们的大气中，也不会使它们发生化学变化。

我们把装有月球石头的金属箱子放入白色玻璃纤维包装箱并拉上拉链后，我终于有机会问尼尔和巴兹他们那段我没有见过的经历。"从月球起飞的情况咋样？是一种什么样的体验？""出现了一股烟尘，然后我们就开始升空……与你会面了……加速度大约有半个G或三分之二G。”“着陆没有问题是因为根据我的理解灰尘没有淹没你们而是沿地面飞散，是这样的吗?”“是的。”“灰尘是浅棕色或深灰色吗？你们觉得那是什么？是玄武岩颗粒吗?”他们无法确定。“嗯，石头看上去都一样吗?”他们说不一样，还是有些差异，有的带有“闪光的东西”，他们还从能找到的最感兴趣的石头上仔细进行了取样。“太好了，哥们儿，好极了……这会让地质学家们高兴好几年。”我对地质学的好奇心一会儿就消失了，而且还有别的事情（像抛弃登月舱、返回地球）等着我们呢。

抛弃登月舱的时刻到来时，我拨动了相应的开关，随着轻轻的一声“嘭”，它就优雅地离去了。随它而去的还有探管和锥套组件，谢天谢地，我再也不用摆弄它们了！我无法表达自己的欣慰。实际上，对我来说，整个登月舱一直是一种困扰，我很高兴它现在终于离开了。另一方面，尼尔和巴兹看上去很伤心，可爱的“鹰”对他们服务得完美无缺，它需要一个正式的（至少是体面的）葬礼。然而，它却被留在了月球轨道，休斯敦会看着它的各个系统慢慢消亡；它的残骸会在轨道上待上几天、几周或几个月，随着轨道不断降低，最后会孤独地撞向月球表面。为了远离“鹰”，我启动小型推进器让指令舱后退，并使速度改变了每秒2英尺，这样我们就可以忘掉“鹰”，为跨越我们年轻生命中的下一个重大障碍——跨地球轨道切入做准备。

NASA的行话有一种不可思议的本领，它能把最明显的意思掩盖起来。这是“把我们送回家”的启动，“让我们脱离危险”

的启动，“我们不想成为月球卫星”的启动，NASA 却把它称为“跨地球轨道切入”。它需要在月球背后把我们的服务舱推进系统发动机启动 2.5 分钟，使我们的速度增加每秒 3 000 英尺多一点儿，正好可以使我们摆脱月球的引力，进入一条两天半后可以冲入地球大气层的飞行轨迹。我们的情绪很高涨，准备提前一圈启动发动机，但休斯敦不支持这一想法，于是我们只能执行原来的计划。这样也好，我们有更多的时间做准备，地面也可以轻松一下。

此时，休斯敦发来一堆新闻和贺信（我真希望他们在跨地球轨道切入完成之后再发）。“……英国首相哈罗德·威尔逊……比利时国王……苏联总理阿列克谢·柯西金……罗伯特·戈达德夫人……”这是值得思考的问题：罗伯特·戈达德想到过这一时刻吗？在 1920 年代，这位沉默寡言的科学家在新墨西哥州的沙漠里一次又一次地发射液体燃料火箭（几乎每个人都认为他是疯子），是这种梦想使他一直坚持了这么多年吗？我们还听到了橄榄球和棒球比赛的消息，托尔·海尔达尔和他的纸莎草船的消息以及尼克松总统的消息，据说他已经出发前往“大黄蜂”号航母迎接我们返回了。然后休斯敦突然扔掉了日常英语，重新说起了我们赖以生存的技术行话，读起了各种数据。我记下来后再一个数字一个数字地给他们再读一遍。有些数字具有一般的重要性，有的则极其重要，记录这种数字时决不能走神、出现口误或手误。

我们从月球西侧转入静谧区时（希望是最后一次），开始进行发动机启动前的最后检查。我们唯一的一台发动机。我们对每一个细节都检查得非常仔细。我们最担心的是我们的方位，尽管这听起来可能让人觉得有些不可思议。虽然我们有复杂的设备和计算机确认的数据，我们仍然想亲眼确认一下，但这是很难做到的，因为发动机启动前几分钟我们才能进入阳光之中。“我看见了地平线。感觉我们是在往前飞。”我不自在地笑着说。“想到了‘双子星座’。”尼尔回答道，他说的是我们在“双子星座”飞船上进行脱离地球轨道的制动发动机点火时，特别小心谨慎的情况。“最重要的是我们要确保是在往前飞。”我坚持道，禁不住笑出声来。我也不知道哪里觉得可笑，但巴兹也觉得很可笑，他像表演哑剧一样背诵起了火箭发动机工作原理：“……你看，发动机指向这个方向，燃气从那个方向喷出，因而在这个方向产生推力。”“地平线看上去很不错。”尼尔说道。他在中间座椅上，前面是计算机；巴兹在右侧座椅，那边是燃料电池和其他电气装置；我在左侧座椅，准备“驾驶”飞船。也就是说，如果自动驾驶系统失效，我就可以接管，进行手动控制，或者把发动机关闭，或者处理其他可能出现的问题。巴兹大声读着检查清单，我则拨动相应的开关。“休斯敦马上就是午夜了。”尼尔说道。都到这种节骨眼上了，他竟如此超然。我不管休斯敦是什么时间，我只希望他的注意力回到驾驶舱。“嗯，还有2分钟。”巴兹高兴地说道，我也确认地平线处于我窗口的最佳位置。“太好了！”巴兹读起了最后几秒的倒计时：“5—4—3—2—”发动机启动后，我说道：“启动！……很不错！压力正常……操控正在进行，但保持得不错。”

10秒钟后，巴兹想知道更多的细节。“怎么样，麦克?”我不会指责他，因为在他那一侧，他看不到相关信息。“滚转控制比较忙碌，但目前保持在不工作控制区……快1分钟了，燃烧室压力保持在100……惯性平台正常，总姿态正常……氮气压力怎么样？正常吗?”“正常。”尼尔回答道。“好……2分钟……燃烧室压力降了一点儿，现在又回升了，压力有点儿振荡……做好准备！发动机要关闭了。”我感觉发动机好像没有按时关闭。根据飞行前与发动机和飞行轨迹专家们在多次长会上达成的一致意见，要是另一个仪表显示发动机燃烧速率多了每秒40英尺，我就要让它多工作2秒钟，然后手动把它关闭。结果那个仪表的数字变得太快，我根本无法确定燃烧速率多了多少，但2秒钟那一刻到来时，我立刻关闭了两个开关，于是我们再次处于失重状态。计算机显示发动机工作得非常完美，所以我想它应该是在我的手指碰到开关的那一刻自行关闭的，也有可能我正好在精确的时刻按下了开关。不管是哪种情况，这并不重要；重要的是，我们踏上了回家的路！

巴兹再次带着我们依照检查项目清单做检查，关闭所有为这次发动机启动打开的开关，然后我们拿出照相机，开始对着月面照相，就像游客离开威尼斯时突然发现还有3卷胶卷一样。快到与休斯敦通话的时间了，尼尔问道：“有人想对休斯敦说些比较特别的问候的话吗?”我没有特别的问候语，我唯一想说的就是跨地球轨道切入。“……我一生中见过的最棒的发动机启动，真的！你们今天已经见过两次非常不错的启动了吧?”我指的是把他们带离静海基地的登月舱的上升发动机。尼尔轻声地说：“嗯，两次。”巴兹加重语气补充道：“是的，我们肯定见了……嘿，我希望有人拍到地升的照片。”当地球真的升起来时，通信系统中传来了查理·杜克那特有的卡罗来纳口音。他听起来很兴奋：“你们好！‘阿波罗’11号，这是休斯敦。情况怎么样?”“该把登月入检实验室的门打开了，查理。”我回答道。“收到。我们等着你们回家。东西都准备好了。”但愿如此。我希望在休斯敦那座检疫大楼的某个地方，存放了一点苦艾酒和很多的杜松子酒。我最近一次见到这座实验室时，里面只有小白鼠。这群小白鼠现在正等着我们，更准确地说是等着我们带回的月球石头；要是这些老鼠接触石头后生病了，我们在实验室隔离的时间恐怕就不是计划中的21天了，应该会很长很长，我们也会需要更多的杜松子酒。

现在，我们还有两天半的时间去打发。我们花了三天时间才来到这里，但我们的回程要快一些。尽管如此，我依然觉得随后的两天会非常漫长。现在我们依然像三个游客，我们陡直地爬升起来时，都把脸紧紧地贴在窗口上。我们来的时候是从月球西侧它的半影区接近它，那是一个怪异的阴影区，使它看起来像一个幽灵般的球体，它的边缘被照亮，但表面几乎看不清。此时的月球同样令人难忘，只是以一种完全不同的方式而已。我们从它的东侧离开，它在阳光下看上去非常明亮。我们现在能看到它的全貌——从一极到另一极，从一侧到另一侧，我们能清楚地分辨出海（即平坦地面）和高地。它们都有很多大坑，但和遭受重创的高地相比，海看上去要平坦很多。海的颜色要更深一些，看上去比周围山丘的金黄色更灰暗。它看上去像个令人愉悦的地方，而不是两天前我第一次看它时那么可怕，但更令人愉悦的是，我们正在离开这里。我绝对不想再回到这里。

我下一个担心的事情当然是我们返程飞行轨迹的精度。在离月球很近的时候，我们不依靠休斯敦而独自导航的能力是很差的，因此我们暂时还要依赖地面对我们的跟踪。“地面跟踪得怎么样？现在问是不是太早了点儿？”“稍等，麦克……看上去非常不错。”太好了。休斯敦的声音再次传来时，说话的是迪克·斯莱顿而不是查理·杜克。“祝贺你们工作做得非常出色。你们确实表现得非常棒。我觉得你们应该放松下来休息一下。你们过去的一天真是太艰辛了……我期待着与你们在这里见面。除了‘大黄蜂’，别和路上的任何‘虫子’亲近。”休息？虽说我们都很累了，但谁还操心休息不休息？尼尔说他昨晚在登月舱里只睡了3个小时，巴兹说他睡了4个小时，我觉得我在更舒适的指令舱里睡了5个小时。然而我们还有一些事情要做——给月球照相（这当然不是非做不可的），还有必须要做的日常保持工作。平台必须进行重新对准，飞船需要进行侧滚（为的是均匀分布太阳的热量），氢氧化锂盒必须更换，氧气罐加热器需要打开一会儿，饮用水需要漂白……我做完这最后一项时，感觉特别疲惫。我耐心地向休斯敦解释储存箱里还剩多少小瓶氯液，按照目前的使用频度，剩下的肯定不够用了，他们告诉我说另一个储存箱里装满了这种东西。我真蠢！虽说我已经连续工作 17 个小时了，但这不应该让我忘记飞船上还有什么物品。这一天结束时，我们离开月球的距离接近 5 000 英里。尼尔说道：“晚安，查理。谢谢你。”巴兹也重复了一遍。“再见。”我补充道。查理回应道：“再见。谢谢你们极其出色的表现。”既然大家都相互祝贺，那我就再说最后一句：“再次感谢地面所做的卓越工作。”关灯。

睡得真香。我们一觉睡到了自然醒。我睁开眼时，看见巴兹正在驾驶舱里晃荡，而尼尔还在酣睡。我们和地面闲聊，报告说我们睡了 8 个小时或更长时间的觉，确认我们心爱的“哥伦比亚”工作正常。离开月球引力范围的那一刻，休斯敦向我们做了报告。这意味着虽然我们离开月球的距离只有 34 000 海里，离地球还有 174 000 海里，但地球的引力已处于主导地位，数学公式也会证实这一点。只听他们说：“注意，你们正在离开月球的引力范围。”我回答道：“收到。菲尔·谢弗在吗?”在“阿波罗”8 号任务的新闻发布会上，他不知怎的让记者们觉得飞船经过这一点时会跳动一下，随后他花费了大量口舌也没有说服他们。地面说他今天不值班，但别人在，现在有一个能力特别突出的团队。我说：“我想听他在新闻发布会上再解释一遍这件事……告诉他飞船经过引力范围分界线时跳动了一下……”“万分感谢!”休斯敦用嘲讽的口吻回应道，“戴夫·里德都不好意思地趴到了桌子上。”

现在又到了新闻时间，休斯敦读了一大堆关于我们的飞行任务所产生的国际影响的评论和其他一些不太重要的事情。我听到的主要事情，是尼克松总统将在“大黄蜂”号航母的舰桥上观看我们的返回过程。我感到心头一紧。只剩下最后一个重大事项了，美国总统还要在现场观看。我最好别把它搞砸了。尼尔依然那么平静，竟问起了道琼斯平均指数。地面描述了对我们飞行轨迹一次不大的调整。在我们的飞行计划中，前往月球有 4 次调整（中途修正），返回时有 3 次。实际上，我们去时只按需要做了一次，返回地球时也只需要一次。这次只是小幅调整，让我们的小型推进器仅仅工作 11 秒。这样就可以把我们的速度——每秒 4 075 英尺改变每秒 4.8 英尺。这是很精确的，我感到很满意。我要绝对对准再入走廊的中心线，这意味着要以地平线下 6.5 度角切入大气层。角度太小，我们就会像打水漂一样跳回太空；角度太大，我们就会被烧毁。两种情况都一样可怕，我不能让偏差超过 0.01 度。对准 6.5 度！

地面开始烦扰巴兹，说他粘在胸部的一个生物医学传感器松了，巴兹顺从地按照他们建议的程序取下来再粘上去。要是我，我才不管呢，这些讨厌的东西很烦人，就是一堆累赘。谁需要一直监视我们的心率啊？休斯敦的这帮人显然比我们闲多了，他们接下来的通话也证实了这一点。“我们还在试图确定你们的着陆点在静海基地的准确位置，这是一个大难题。我们认为它应该位于月球地图 LAM-2 上 J0.5 和 7.8 的交汇点[①]……请问尼尔和巴

① LAM-2 月球地图的纵坐标用 A～W 标识，横坐标用 1～27 标识，所以，着陆点的纵坐标介于 J 和 K 正中间，横坐标为 7.8。——译注

兹是否观察到了其他可以确认或否认的地标……”怪不得我找不到登月舱，原来他们也不知道登月舱落到哪儿了。

他们在讨论西陨石坑、猫爪坑和其他一些神秘的东西时，我正在下层设备舱像法国厨师一样准备午餐。今天的午餐有我最喜欢的奶油鸡汤，我哼着小曲把脱水食物袋接到热水龙头上，充入五六盎司水，然后仔细揉捏，硬块消失以后，我用外科手术剪刀把一端剪开，拉直一个小吸管，开始吸食这一美味。我现在很想喝点东西，比如一小瓶白兰地。我在最里面的各种储存箱里翻找，但翻出的都是一些食物、备用内衣裤、餐巾纸、手电筒，电影画报、工具和医药箱。没有白兰地。我早就应该知道不会有。我可不想让这事影响我的兴致，于是我漂到窗口，欣赏外面壮观的景象。“坐在这儿看着地球越来越大，月球越来越小，心里真高兴。”休斯敦回复说：“收到。”不管你说什么他们都会回复说“收到”。

飞船上可能没有白兰地，但我们确实带有其他不同寻常的东西——例如两面巨大的国旗，一面将树立在众议院，一面树立在参议院。我们还有一张“运动许可证”，这是我听过的最奇怪的术语，因为这张小黄卡是尝试创造飞行纪录的授权，创造的纪录将得到国际航空联合会的认可。我独自待在月球轨道的 28 小时应该会成为这样的纪录之一，但不把这张卡带上飞船，结果就不会被正式认可。这张卡并没有规定我参与运动的类型，上面只写着：“参与符合国际航空联合会规定的运动项目必须携带这张许可证。”我们还有一个邮票盖戳工具箱，包括纪念新发行的十美分邮票的首日封，上面有一位宇航员站在登月舱梯子的旁边，准备收集月面的样品。里面还有印泥和带有如下文字的邮戳：

其实今天是 7 月 22 日，我们只有今天才有时间弄这事。我们先试着盖邮戳——在印泥里蘸一蘸，先在我们的飞行计划上盖了 3 次，掌握要领以后小心翼翼地盖在唯一的信封上，我们觉得随后邮政局长会拿它去巡展。邮票的印模也在指令舱里。

除了那台与飞船一体的复杂录音机，我们还带了一台小型手持录音机。我们不想用那个大的录音机时，就用这台小的进行录音。除了能录音，它还能播放磁带，有人为我们录制了音乐和其他音效产品。飞行前我对尼尔和巴兹说我不介意他们想听什么音乐，我无所谓，结果里面的音乐很单调，基本上都是含有“月球”和“月亮”的流行歌曲。我最喜欢的是《每个人都去了月球》(我以前没听过)，至少里面重复的是这句话。这首歌让人感觉很放松。也有一些奇怪的电子音乐，尼尔最喜欢的一首叫作《来自月球的音乐》。他声称这首音乐是大约 20 年前录制的，我也从来没有听过。在磁带的最后，是刺耳的铃声、口哨声、尖叫声和无法辨认的声响。为了好玩儿，我们打开无线电通话系统，把尖叫的录音机靠近话筒。这立刻引发了地面的反应：“‘阿波罗’11号，这是休斯敦。你们确认身边没有别人吗?”我假装听不明白。“休斯敦，这是‘阿波罗’11号。请再说一遍。”“我们听到了奇怪的吵闹声，好像你们身边还有别的朋友。”我知道飞行任务控制中心刚换过班，白队换下了绿队。“你以为白队里那些无所事事的人去哪儿了?”

我们停止瞎闹，拿出电视摄像机。现在是休斯敦晚上的黄金时段，按计划我们该给观众做现场直播了。我们没有进行演练，对电视摄像机和它所代表的东西也并不热衷。尼尔无法把石头展示给科学家们，因为它们被锁定在真空包装箱里，但他退而求其次，向他们展示了存放石头的箱子。巴兹接着展示了食物的准备，最后是把膏状火腿肉抹到一片面包上。然后他让一个小金属罐在半空自旋，向观众展示陀螺定向的原理。

轮到我的时候，我给勺子里加上水，用孩子们可以理解的方式展示失重状态。“我要给你们展示怎样用勺子喝水，但我加的水有点多，我要是不小心，水就会从侧面跑掉。你们看见勺子里的水在晃荡吗，孩子们?”休斯敦是我的配角：“是!”“嗯，刚才我说了，因为水加得有点多，它会从旁边洒掉。现在，我要把勺子转过来，把水倒掉，然后再重来，好吗?”“好。”休斯敦回应道。我慢慢把勺子“颠倒过来”，水当然还是待在勺子里。“你们看到了吧，在太空我们不知道哪个方向是‘上’。哪个方向都可以当作‘上’。但这确实是水，我来展示给你们。”我小心翼翼地把翻转的勺子放进嘴里，把水咽下去了。然后我继续展示水枪的使用——从一定距离上把半盎司水喷进嘴里。“有点儿不太熟练。

我干这行没多久。这有点儿像过去西班牙人斗牛时用酒囊喝酒。只是我觉得我们这个系统更好玩。好了，孩子们再见!”地面回应道:“我们全世界的孩子们谢谢你!”

最后我们把窗外的地球展示给观众。我们上次这样做的时候，查理·杜克从飞行任务控制中心的黑白电视机上无法区分地球和月球，但对我们来说差异极其明显:月球是一个单调的匀质圆盘，而地球是一个令人愉悦的蓝白相间的半圆，随着时间的流逝，它变得越来越大，越来越亮，越来越充满希望。

安静的一天快要结束时，我们收起了电视摄像机，向休斯敦询问了天气和家里的情况。休斯敦的天气很糟糕（这很正常)，但太平洋中部回收区的天气比较稳定（这才是最重要的)。地面告诉我们说女士们都去聚会了。很好。我觉得在过去的两天里她们比我们还难熬，我希望帕特现在放松下来。我们的身体状况都不错，也在努力保持这种状态。我们还定期锻炼，不能让心脏在这种零重力的舒适环境中变得过于懒惰。现在轮到巴兹上场了，查理·杜克让我们知道了休斯敦对我们有多关注:“巴兹，你把这里的医生吓了一大跳。我们发现你在锻炼……你的心率升得老高。”

我觉得他们没有更好的事可做。“嘿，你们白队今晚很忙吧?”查理表示同意:“别提了，我们确实很忙。简直不敢相信。”“你们忙啥呢?把脚放在控制台上喝咖啡?”他“哈哈”地笑起来，说道:“你长着一对 X 光眼吧?你看得真远。”飞行任务控制中心是个大厅，在忙碌的飞行阶段，一排排的控制台前通常会坐满工作人员，后面的透明玻璃参观室里也会坐满参观人员。但现在不会。我对查理说："我估计参观室里有两个，比大厅里的人还多。"他开始数人头，然后回应道："参观室里有 8 个，我看一下这里，现在大厅里大约有 6 个。巴兹的锻炼让医生吓一跳才是今天的看点。"这才是我希望看到的太空飞行的样子——不急不躁，轻松自在；千万不要出现慌乱的情况。心爱的"哥伦比亚"像精密的瑞士手表一样运行着。

第二天是我们进入太空的第 8 天。由于我们将在第 9 天的早上溅落，所以我们醒来时就只剩下一天多一点儿了。我的电子时钟上显示的是 168:03——从肯尼迪角升空 168 小时 3 分。再入大气层的计划大约是在 195 小时。我们把上午的时间消磨在与休斯敦的聊天上，谈论天气和我家院子里的谷物害虫。我们收到的一条好新闻是，为了庆祝我们的这次飞行，一位家长给自己新出生的女儿取名为"舱"。我们开玩笑说让"阿波罗"12 号飞船装满意大利面，这样艾伦·比恩在他即将到来的月球之旅中就不会饿死。我甚至拿曾在"阿波罗"8 号任务中共过事的飞行指挥官克利夫·查尔斯沃斯开玩笑。他现在依然是白队的头儿，但飞船通信员换成了布鲁斯·麦坎利斯。"老白头咋样，布鲁斯？我们转到月球背后的时候，他允许你去喝杯咖啡吗？"布鲁斯简直就是一位外交家，他回应道："这里的一切都很顺畅。其实和他相处并不困难。"

随后通话转向了技术问题，让人觉得有点可笑的技术问题。

“你们有 7 月 23 日更新的 L 版再入操作检查清单吗？完毕。”布鲁斯一定是开玩笑吧？今天是 7 月 23 日，我们是 7 月 16 日升空的，他们怎么可以在我们升空后修改检查清单呢？尼尔一下子警觉起来：“我们还没有拿到那个版本的检查清单……你们怎么可以升空后做修改呢？”我插话道：“你确认说的不是 6 月？”“不是。”于是，布鲁斯让我们记下了一个复杂的程序，用他的话来说，是为了“降低多路歧管中氧气的压力，消除溅落期间饮用水箱和废水箱里的氧气排放”。“好吧。”我嘟囔道。天哪，这艘指令舱可以飞 100 次，在飞第 101 次的时候，不知从哪儿来的某个工程师竟然觉得需要用一个新程序去取代所有以前的程序。我把这些都记下来以后，休斯敦用一条令人欣慰的消息奖励我们：“你们现在离地球的距离是 95 970 英里。完毕。”“已经到我们的后院了。”尼尔说道。巴兹想知道细节：“现在好像开始下坡了。我们的速度是多少？”“你们的速度是每秒 5 991 英尺。”布鲁斯回应道，过了一会儿他又补充道：“你们确实开始下坡了。”

哟，又到了电视直播的时间了，我们第一次对它有了期待。我花了至少一个小时来考虑应该说些什么。尼尔和巴兹也一样。这是我们最后一次电视直播，虽然一开始我们不想把这个讨厌的东西带进来，但现在我们准备利用一下这玩意儿——抓住这最后的机会来传递我们的理念。我们没有排练，但 5 分钟的讨论表明，我们各自选取了谈论的重点，也不用担心部分内容有交叉。尼尔像出色的节目主持人一样先来了一段开场白：“晚上好。我是‘阿波罗’11 号的指令长。100 年前，儒勒 · 凡尔纳写了一本月球之旅的书。他的飞船‘哥伦比亚特’从佛罗里达州起飞，完成月球之旅以后在太平洋溅落。当代‘哥伦比亚特’明天将与地球会合，也同样在太平洋溅落，此时此刻，让乘组分享一下他们的感悟还是非常适宜的。麦克·柯林斯先来。”

“收到。”我回应道，我的这个开头就没有开好。“在你们看来，我们这次远航月球似乎很简单，或者说很容易。我向你们保证，事实并非如此。把我们送入轨道的‘土星’5号运载火箭是一台极其复杂的装备，它的每一个构件都工作得完美无瑕。我头上的这台计算机有38000个词汇，每个词汇都是仔细挑选的，对我们乘组来说都是至关重要的。”我用力挤进下层设备舱并稳住自己。我在一张小卡片上记了一些东西，把它粘在了座椅的一个支柱上（就像台词提示器），它正好位于摄像镜头的右侧。我用电视解说员那种流利的说话方式继续说道：“我现在拿在手上的这个开关，仅在指令舱就有300多个，这只是一种开关形式而已。此外，还有大量的断路器、手柄、拉杆以及其他相关控制器。服务舱推进系统发动机位于服务舱的后端，是我们的大型火箭发动机，它一直在完美地工作，否则我们就会困在月球轨道上。我头上的降落伞明天必须完美地打开，否则我们就会坠入大洋。我们一直相信，所有这些设备都会正常工作；我们依然相信，在剩下的这段飞行中它们依然会正常工作。所有这些之所以成为可能都是因为很多人付出了血汗和泪水。”天哪，我现在有些激动，喉咙一阵发紧。一定是我躺在白屋模拟器里的那3年让我变得越来越多情善感了。我只希望能够把下面的话说完。“首先是工厂里把这艘飞船组装起来的美国技术工人；其次是在飞船组装期间和组装之后的试验中付出艰辛劳动的各个试验团队；最后是载人航天中心的人员，包括管理、任务规划、飞行控制以及乘组训练人员。这有点儿像潜艇的潜望镜，你看到的只有我们 3 个，但水面下其实还有千千万万的其他人。对所有这些人，我想说一声谢谢。”糟糕，我把模拟器、发射和其他一些人员给漏掉了，现在补救已经来不及了。也许他们觉得自己被包含在某一个类别里了。

现在轮到巴兹了。“晚上好！我想和你们聊聊我们这次飞行任务的象征性意义。我们在飞船上讨论过去的两三天里所发生的事情时，我们得出的结论是：这可不仅仅是一件三人登月的事，也不仅仅是一届政府和一个行业努力的结果，更不仅仅是一个国家努力的结果。我们认为这象征着全人类对探索未知世界的那种永不满足的好奇心。我相信，那天尼尔首次踏上月面时说的话——‘对一个人来说，这是一小步；对人类来说，这是一次巨大的飞跃’——很好地表达了我们的这种感受。我们接受了登月的挑战，因为接受这一挑战是我们的责任。我认为，我们之所以能够相对容易地完成任务，是因为我们及时接受了这一挑战。今天，我觉得我们完全有能力在太空探索中发挥更大的作用。回头看来，我们都对辛辛苦苦为我们飞船选定的呼号——‘哥伦比亚’和‘鹰’感到特别满意。我们对这次的飞行任务徽章也特别满意，它展现的是美国鹰把公认代表和平的橄榄枝，从地球带到了月球。我们乘组一致决定把橄榄枝的复制件留在月球。就我个人来说，回想过去几天发生的事情时，我一下子就记起了《圣经·诗篇》中的一节：‘当我仰望你亲手打造的天，和你陈设的月亮星辰……’”

尼尔最后做了总结：“这次飞行任务的成功首先归功于历史的发展和以往的科学巨人；其次归功于美国人民，他们通过自己的选择表明了自己的意愿；还有4届美国政府和国会，他们把美国人的这种选择付诸实施；以及国家航空航天局和工业团队，他们建造了我们的飞船、‘土星’运载火箭、‘哥伦比亚’‘鹰’和小型出舱活动装置——宇航服和背包，也就是我们在月面上的小型飞船。我们要特别感谢那些建造登月飞船的美国人，他们设计、制造、试验这些飞船，把他们的心血和技艺都投入到了飞船上。对他们，我们今晚要特别说一声谢谢；对今晚收听收看我们直播的其他人，上帝保佑你们。我们在‘阿波罗’11号飞船上祝各位晚安。”

今天就这样圆满地结束了，只是休斯敦告诉我说我的一个生物医学传感器松脱了，我们的回收区里全是风暴，他们准备把我们的溅落点东移215英里，那里天空更晴朗，海面更平静。我并不关心传感器（“我保证停止呼吸的时候会告诉你们”），但他们说的天气情况确实令人担忧，因为训练期间我没有时间练习这种再入方式。要是计算机能够正常工作，那没问题，215英里不是什么大的差异，然而，要是需要我接管、进行手动控制，那就不一样了。为了那段多出来的距离，我们进入大气层以后需要做一个很大的弧线上升机动，而漂飞215英里和像打水漂一样飞出大气层之间的误差范围是极小的。我也许应该漂飞得近一点，管它会不会让“大黄蜂”号航母上的尼克松总统失望或难堪呢？这是明天需要解决的问题，现在最好和白队说再见，然后睡会儿觉。“非常感谢，布鲁斯。和你们合作很愉快。”“预祝溅落顺利。”布鲁斯回应道，没有再提讨厌的 215 英里。我睡下后，脑子里老是想着演讲和再入模拟程序的事。我觉得 3 个人的演讲都不错，我的更虚一些，但更容易打动观众；无论如何，对 3 个学工程的试飞员来说，这已经相当不错了。我琢磨着要是哲学家、牧师和诗人构成一个乘组，他们会说些什么；要是他们的后备乘组是由精神病学家、语言学家和大老粗构成的，他们会说些什么。

我还琢磨我们 3 人之间为什么缺乏交流，或者至少可以说交流方式比较特别。我们似乎只谈论技术上的细枝末节，我事先就能想到演讲时尼尔会强调科学发展史，巴兹会强调飞行任务的象征意义。我是通过耳濡目染或其他一些神秘的传输过程而不是通过直接交流来了解他们的。尤其是尼尔，他连表层的东西都很少展现。我很喜欢他，但不知道怎样去理解他或者更好地去了解他。他似乎不愿意向任何人妥协。实在没办法，我只好求助于占星术，虽然我并不认为是真的，但我不止一次发现自己认为尼尔具有“典型的”狮子座属性，是骄傲、难以接近的飞船统治者。另一方面，巴兹更容易接近，也不知道出于什么原因，实际上是我在试图与他保持距离。我一直觉得他会探寻我的弱点，这让我有点儿不太舒服。我不知道是不是所有的“阿波罗”乘组都满足于这种既熟悉又陌生的关系。毫无疑问，宇航员们一开始都是竞争对手而不是合作伙伴，但我们3位再也不用担心会不会选中去执飞重大飞行任务了，因为我们已经被选中了，我们现在应该放下某种戒备心理了。我觉得下一个登月乘组（皮特·康拉德、迪克·戈登和艾伦·比恩）相处得很轻松，他们至少展现出了一种令人愉快的同事情谊，他们之间的个人关系看上去比我们3位要近乎得多。虽说更密切的关系对安全或圆满地完成飞行任务并不是必不可少的，但我还是觉得那样更“正常”一些。即使作为一个自认喜欢独处的人，我也觉得我们作为一个乘组，那种只传递重要信息，而不交流想法和感受的倾向有些奇怪。但我们还是先不要批评这种做法，因为一切都进行得非常顺利，我们也没有必要去改变它。我想说的是，我们要想成功完成这项任务，就需要在随后非常忙乱的几个月里，把我们的相互支持很好地利用起来。作为首次登月的乘组，我们会遭受各种困扰，我们3个团结起来就能掌控发生在我们身上的事情（我不知道是否有人可以单独做到)。在过去的6个月里，我们注意到周围的人（包括其他的宇航员）对我们的态度发生了明显的转变。确切地说，他们表现出来的不是敌意，而是一丝嫉妒，他们不愿意倾听我们遇到的问题或遭受的挫折。“开玩笑吧？你们多幸运呀！”似乎成了标准的回应。也许他们说得对。我当然不会去指责他们的那种想法(不管对错)，但这种行为也在我们3人之间造就了一种特殊的关系。我不知道这次任务之后尼尔和巴兹准备做什么（我也不知道自己准备做什么)，但不管做什么，我们都应该相互支持，我不知道我们是否已经建立了这种相互支持的基础。

第 9 天的早晨到来时，我们做好了再入大气层的多种准备。当我们轻快地冲向 40 英里厚的再入走廊、准备迎接我们期盼的减速时，我们几乎可以“感受”到不断增加的地球引力。随后我们还闻到了气味，我们迫不及待地想离开这艘脏兮兮的指令舱，尽管它为我们做出了很大的贡献。在别人看来，我们 3 位都是比较讲究的人。我可能是最不讲究的，我认为自己比较整洁，尼尔非常整洁。巴兹不仅特别整洁，几乎可以用极其讲究来形容。当配上全套的平民服饰时，他是一道引人注目的风景线。我不止一次看到他和他新熨过的西服上佩挂的饰品多得让人难以置信。有一次我数了 10 个。首先，在翻领上有一个代表实验试飞员协会会员身份的 X 形小胸针。第二，一条白手绢从胸部口袋里伸出来，口袋上别着一个金色的宇航员小徽章（带有 3 条喷火尾巴的火箭正在飞离地球轨道）。第三，空军飞行员徽章形状（一对翅膀）的领带夹。第四，挂在领带夹下面的 ΦβK 联谊会钥匙链。第五和第六，一个袖口上别着微型“双子星座”飞船模型，另一个别着“阿波罗”飞船模型。第七，刻有“琼和巴兹”的结婚戒指。第八，一枚西点军校班级戒指。第九，镶嵌在戒指宝石上的共济会会徽。第十，戴在另一只手上的他妈妈的结婚戒指。要是有一天看见他为了表达某种新的承诺而带上了耳环，我一点儿也不感到意外，他剩下可以佩挂饰物的器官不多了。

此时，这位特别讲究的人和两位同样讲究的同伴只能在拥挤、越来越难闻的环境中晃荡。下层设备舱的右侧堆着升空那天的尿袋、丢弃的毛巾和更糟糕的东西，现在谁都不想去那里。饮用水里含有氢气气泡，这是燃料电池技术中氢气和氧气形成水时没有完全结合所造成的结果。这些气泡会在下部肠道里产生大量的气体，排出体外后气味非常浓烈、持久，让我想起了湿狗骚味和沼气的混合气味。说“哥伦比亚”已经到了臭老头阶段似乎有些不敬，我更愿意把它当作熟透、即将坠落的芒果。无论如何，该是让它落地、结束我们在公开场所解大便这种尴尬状态的时候了，而且越快越好。几天前还觉得很有趣的事（像在失重状态下刮胡子），现在似乎变成了烦人的事。没有弄湿胡子的洗脸盆，甚至没有足够的水来把脸洗干净。你只能用餐巾纸把脸上的泡沫擦掉，然后花两个小时连刮带抓地才能把最后几根胡子弄掉。连刷牙都是一件烦人的事——你没地方吐掉牙膏（他们说牙膏可以吞下去）。这些都是小事，但这些小事让人（至少是我）觉得厌烦。

在太空飞行中，有很多事情需要考虑它们之间的相互影响，让你无法赶时间，因为连最简单的工作都会变得非常复杂，这是任务规划人员根本想不到的。例如，往舱外排出尿液之后不能进行惯性平台的对准。为什么？因为尿液形成的微小球体在阳光下像星星一样闪闪发光，让你在六分仪里分不清真正的星星，所以，你必须等待 10 分钟左右，让它们慢慢消散。我相信尼尔和巴兹都有类似的烦心事，但他们从未向我透露过，我也没有向他俩透露过；随着时间一天天过去，我们有足够的技术琐事使我们不会觉得无话可说，除了这些技术琐事，似乎没人愿意分享任何东西。我们在飞行前的训练期间一直都是这样，我觉得飞行任务结束后也不会有任何变化。

在“哥伦比亚”的外面，一切看上去都非常不错。随着时间一个小时一个小时地过去，月牙形明亮的地球变得越来越大、越来越迷人。休斯敦报告说，溅落区的天气情况还算不错——2000英尺的高度上有分散的云团，风速是18节，海浪3～6英尺高。考虑到海浪，我们都吃了防晕船药，因为我们知道没有稳定杆的指令舱会在海上疯狂翻滚，我们还是应该尽量避免出现呕吐。飞船需要越过风暴区溅落在“大黄蜂”号航母现在等待位置的附近，休斯敦知道我对这一程序准备不足，就把备用程序读给我，作为一种复习。我记下后又给他们重复了一遍。“嗯，非常棒，麦克。”非常棒个球！我要是这样驾驶飞船，我保证溅落后连航母的影子都看不到。另一方面，计算机在过去的8天里一直工作得很正常，我相信它会让我们落到航母的甲板上。同样，我们也非常信任“哥伦比亚”，所以我们把宇航服收起来存放在座位底下，穿着衬衣溅落。当巴兹一边大声读着长长的检查清单，一边给做完的项目打钩时，我轻松地说：“这是我喜欢的飞船再入时序安排——节奏比较舒缓。”我们的时间比较充裕，至少可以把每件事情检查三遍，我们也的确这么做了，在我们的行程接近尾声的时候，出错的后果将是非常严重的。

为了让我们保持愉悦的心情，吉姆·洛弗尔肯定还是经常光顾飞行任务控制中心，因为通信系统里传来了他的声音：“这是吉姆，麦克。后备乘组还在坚守。我想提醒你们，你们这次任务最艰难的部分是在回收工作结束之后。”我唯一能想到的话就是：“确保小白鼠健康无恙。”此外，我最想说的事是：“很高兴现在可以浪费一些燃料了。”我在整个飞行过程中一直在设法节省用于机动飞行的燃料，但这样做已经没有任何意义了，所以我现在让飞船做机动时总是那么干净利落，根本不再考虑是不是多用了一些燃料。我在两次太空飞行任务中，第一次处于令人欣喜的燃料充足状态。休斯敦最后用一句“溅落愉快！别忘了让热防护罩朝前”来回应我的好心情。这帮家伙真聪明！和在“双子星座”飞船降落时一样，我们面向后方，让飞船平钝的热防护罩面向前方，通过一个受控的烧蚀过程来吸收与大气摩擦产生的巨大热量。虽然我们的速度还远远低于“双子星座”飞船的轨道速度，但我们现在开始加速了。我们准备以低于地平线 6.48 度的角度冲入再入走廊（只比原来的理想轨迹差了 0.02 度），速度为每秒 36 194 英尺（“双子星座”飞船只有每秒 25 000 英尺）。我们的计算机将把我们导引到西经 169 度、北纬 13 度、夏威夷群岛西南大约 80 海里的空旷海域。

此时，我们只剩下一件主要的工作了：抛弃我们非常信赖的仓库——服务舱。它离开时，我说了一句：“它是我们的英雄。”的确，它为我们提供了极好的服务。升空时，我们的总重量是 600 万磅，现在指令舱剩下的重量只有 11 000 磅。落入大海的“土星”火箭的第一和第二级占了大头儿。燃料耗尽的第三级火箭已进入太阳轨道，登月舱的降落级留在了静海基地，上升级遗弃在月球轨道，没有热防护罩的服务舱很快就会在大气中烧毁，最后就只剩下我们这 11 000 磅了。我已经让飞船的热防护罩面向了前方，我们现在唯一能做的就是等待和担心——担心忽略了什么。服务舱没有了，“哥伦比亚”现在像一架战斗机，我用右手控制指向时，它做出了强有力的反应。左侧偏航推进器的工作状态好像不太正常，但没有它我也一样可以掌控。我们三个都很安静，躺在座椅上听着飞船这最后一个小时的呼啸声。由于带有电气变频器、液压泵和其他设备，“哥伦比亚”虽说是我们温馨的家，但比较嘈杂，现在它一下子安静了很多，感觉更像教堂而不是生产车间。

虽然几乎感觉不到，但减速终于开始了，因为一个指示灯亮起来了（减速超重力达到 0.05G 时它就会亮起来），窗外也出现了壮观的景象。我们倾斜着落入上层大气时，飞船被一层电离物质包覆着，并像彗星一样拖着由电离粒子和烧蚀材料构成的尾巴。漆黑的太空不见了（对我来说一去不复返了），取而代之的是由各种颜色构成的一条窄窄的隧道：有一个橙黄色的中心，周围是淡淡的紫红色，浅浅的蓝绿色和少许的紫色，它们都被黑色的太空包围着。这和“双子星座”飞船的再入非常类似，只是我没有看到飞闪而过的热防护材料的小碎片，也没有其他纯色的光，只有漫反射的颜色。现在无线电通信处于静默状态，大约会持续 4 分钟，因为电离物质包覆层隔离了无线电信号。我的眼睛不停地在导航设备和窗外之间切换。巴兹在对着飞船光灿灿的尾巴照相，尼尔给我读着计算机上不断闪动的数字。我们正对着目标区域，当我们的速度降低到入轨速度以下时，我长长地松了一口气。换句话说，我们已经没有足够的能量可以像打水漂那样跳出大气层了；我们已经被地球引力重新捕获，保证可以落回地球某个地方了。现在超重力正在挤压我们，胸部感觉有些不舒服，但即使在失重 8 天之后，我也没有感到承受 6.5G 的超重力有多难受，而且持续时间不会太长。窗外的景观令人惊叹。火光的亮度急剧增加，驾驶舱里充满了极其鲜亮的白光。飞船后面的火焰尾迹已经宽得看不到边了。我们好像位于一个巨型电灯泡的中心，这个电灯泡至少有 100 万瓦，照亮了整个太平洋盆地。从下面黎明前的黑暗中看上去，我们的火球一定很壮观，但它那彩虹般的色彩是我们独自享有的，因为它过于细腻，无法穿透厚厚的下层大气。

我们的 2 个减速伞按时打开了，巴兹报告了这一情况。我一直忙着看仪表，2 个直径为 16 英尺的减速伞启动时我并没有注意到，但现在我看见它们在窗外胡乱晃动，等它们把飞船稳定以后 3 个主降落伞才能启动并安全撑开。飞船稍微一抖，3 个主降落伞打开了。天哪，真壮观！3 个橙白相间的巨大的半球形降落伞（每个直径都是 80 英尺）被牢牢地绑定在一起。只要有 2 个撑开，我们就可以完成溅落，3 个都撑开当然是再好不过的了！

我和尼尔赌了一瓶啤酒，我说飞船溅落后会保持直立状态而不会翻扣在水里。实际上是巴兹和我一起与尼尔对赌，因为入水时巴兹和我的动作必须极快，才能避免 18 节的风把降落伞吹向一侧的过程中把飞船拉翻。在入水的那一刻，巴兹必须按下右手下面的一个断路开关，然后我必须拨动一个开关把降落伞断开。

显然，我们只有在实际入水时才能去启动开关。降落过程中，我和巴兹讨论了这一操作；随着这一刻的到来，巴兹把手指轻轻地放在了按钮上。“咚!”我们感觉就像撞到了墙上，巴兹的手指被弹离了按钮。等他缓过神来、重新摸到断路开关时，已经来不及了。我拨动了自己负责的开关，但感觉飞船已经开始翻身了。飞船一下子翻扣过来。我又输了。我们给飞船头部凹槽里的小气囊充气，充满后这些小气囊会改变我们的重心，从而可以让我们重新直立起来，这样我们就被多困了 10 分钟左右。此时，我们处于一个上下颠倒的世界，不太适应的重力不仅重新加到了身上，而且施加的方向也是反的。我们吊挂在安全带上，座椅位于身后的上方，主仪表面板位于我们的头下方而不是头上方。谢天谢地，我们没有穿宇航服，因为臃肿的宇航服会使我们几乎无法动弹，而且它的超级隔热能力会使我们中暑（我们的空调系统已经不太有效了)。难受的几分钟过去后，我们终于直立起来了；我们准备出去，潜水员们正把一个起稳定作用、与救生筏相连的漂浮环装到飞船上。我们又吃了一次晕船药，这倒不是因为我们觉得难受，而是为了避免穿上生物隔离服装后出现非常可怕的后果——呕吐，那样我们有可能被自己的呕吐物噎死，或者打破细菌或病毒的屏障。准备好以后，我们短暂打开侧舱门，克兰西·哈特尔伯格上尉（我们的去污染助理）把 3 套生物隔离服装扔给我们。我们重新关上舱门，开始穿上这套服装。

我在下层设备舱穿我的服装，这是我第一次试着克服重力站起来。我感觉脚和小腿稍微有点儿肿，也稍微有点儿头晕，但即使在这个被 18 节的强风吹打、不停颠簸的空间里，我依然感觉很好。没想到的是，我现在的感觉比“双子星座”飞船溅落后还好。我不知道这是因为过去的两天休息得比较好，还是因为这次没有穿宇航服，还是因为这次的指令舱宽敞了很多，很可能是这些因素与其他因素共同作用的结果。不管原因是什么，反正我觉得虽然在“阿波罗”飞船里失重了 8 天，但我的各种情况比在“双子星座”飞船里待了忙乱的 3 天还要好。此时，通话系统里不停地呼叫。我见尼尔和巴兹都在手忙脚乱地穿隔离服装，就报告说：“这是‘阿波罗’11 号。告诉每个人不要着急。我们都好着呢。这里虽然不像‘大黄蜂’那么平稳，但还可以……”别把潜水员和直升机驾驶员搞得那么紧张，我们来回跑了 50 万英里，可不想在水里出事故。

穿上生物隔离服装后，我们再次打开舱门，给浮水圈充气后跳上旁边的救生筏。经过一番努力，克兰西和我终于把舱门锁定了。然后我们开始互相喷洒消毒剂，再用浸透了碘溶液和次氯酸钠的布互相擦拭。我们相信，经过这样的消毒处理，什么样的月球病毒或细菌都无法存活，但怎样避免它们进入大海我就不知道了。我们相互消毒时，轻柔的海浪砸过救生筏的边缘，弄湿了我们的服装。海水感觉很凉爽，我不能掬一把海水浇在脸上感到非常遗憾。即使透过带有湿气的面罩，海水看起来也特别诱人——蓝得发紫，晶莹剔透。回来真好，结束旅程还有比在海上更好的地方吗？连颜色都那么贴合——浪花的蓝色和白色，正好与从遥远的太空看地球时水和云的颜色相匹配。

此时，直升机在头顶上盘旋，急切地用吊索下面的小篮筐(用细绳编织而成)，把我们一个一个地捞上去。驾驶员肯定是钓鱼高手，因为只要他的吊索一动，他就开始往上拉，也不管下面的人准备好了没有。在直升机里，我们有了尝试腿脚的机会；我在拥挤的空间里练习走路，甚至做了几次下蹲。穿着生物隔离服装我无法和人交流，但透过湿漉漉的面罩，我看见巴兹也在做同样的事情，而尼尔则用疑惑的眼神看着我们。隔离服装没有通风系统，穿着它特别热，好在离航母的距离不是太远。来到“大黄蜂”号航母的飞行甲板上时，我热得几乎受不了了，要是再看不到尽头，我会扯开面罩去呼吸凉爽的空气，管它有没有细菌或病毒呢。巨型升降机把我们和直升机一起运送到下面，然后直升机的门就自动滑开了。在铜管乐队的伴奏声中，我晃晃悠悠地走了出去。穿着讨厌的隔离服装，我不仅快要热死了，雾气腾腾的面罩几乎让我什么都看不清。好在有人在机库甲板上喷上了引导线，我只需沿线而行就可以了。我一边走，一边向右舷船头处隐约可见的一群水手挥手。果然，引导线指向了一扇低矮的门，我走进去一看，就是我们的移动检疫设施。

移动检疫设施就是起了个好名字、不带轮子的拖车房，改装了过滤器、水箱等，为的是在里面的人员和外面的30亿人之间建立一道生物学屏障。我们5个人在里面，其他两位是比尔·卡彭蒂尔和约翰·平崎。比尔是航天医生，约翰是机械工程师，在随后的3天里，他俩负责照看我们温馨的家。他俩都是不错的人选——安静、灵活、不张扬。约翰会特别忙碌——日常整理，做饭，以及和检疫设施有关的其他杂事，但他的主要任务是照看“哥伦比亚”和里面的东西。“哥伦比亚”被打捞上来以后，会通过一个塑料管道与移动检疫设施相连。约翰接受的训练是对“哥伦比亚”的推进系统和其他系统进行无害化处理，取出装石头的箱子和胶卷，并给它们的包装箱进行消毒，再通过气密过渡舱把它们交给外界。比尔除了每天给我们检查身体，还兼任酒吧服务员（这并不是说我们自己不能倒酒）。更重要的是，与比尔相处非常愉快，他有着与众不同的幽默感：“航天医生就是拉着你的手等待专业医生赶来的那个人。”比尔是加拿大人，而约翰是日裔美国人，他俩形成一种难以置信却最令人满意的组合，使我们返回地球后的生活变得轻松愉快。

现在我最想做的就是洗澡。我们轮流简单冲洗了一下，然后我刮了胡子。我们 3 个现在看上去非常精神——刷了牙，梳了头，穿上了干净的蓝色飞行服，上面有 NASA 和“阿波罗”11 号的任务徽章，还有一个装饰扣，上面写着“大黄蜂 + 3”——航母的机组人员为这次特别的回收任务准备的口号。这种焕然一新的感觉真好。我们被叫到拖车房的尽头，打开窗帘，看见机库甲板被安排成举行某种仪式的样子，我猜这是很多庆祝仪式中的第一个。果然，军乐队开始演奏《鼓号齐鸣》，大步走过来的不是别人，正是尼克松总统；他站在我们窗外的话筒旁边时，看上去非常健康和放松。他愉快地给我们开了个玩笑，说按照爱因斯坦的相对论，我们在太空高速飞行的那几天里，比地球上的同事们变老得慢了一些，他还邀请我们和我们的夫人一起吃饭。他问我们有没有晕船，尼尔请他放心，说我们没有晕船。尼尔通过一个手持话筒和总统说话，我们三个都弓着身子站在低矮的窗口前，样子有点儿好笑。然后总统说道："……这是创世以来世界历史上最伟大的一周……"其他的话我都没记住。海军随船牧师带着我们祈祷时，我就开始走神儿了——最伟大的一周！……天哪！最伟大的一周？……等我回过神来时，欢迎仪式结束了。我们拉上窗帘，回到我们自己的小天地里。我们从一个微型星体——"哥伦比亚"转到了一个更大一点、同样是为了与地球隔离的空间里。尽管总统就在我们的窗外，我们依然还没有回到地球。

在移动检疫设施里，时间过得既快又舒心。我们透过窗户玻璃"参加"了更多的庆祝活动，与舰长和船员们交换了过于夸张的赞美语句。随后，这里虽说还是前半下午，但我的手表上显示休斯敦已过了喝酒聊天的时间，于是我们正式宣布酒吧开张。一小杯冰，一大杯杜松子酒，再加点儿苦艾酒。天哪，回来真好！我再也不会进入太空了。"双子星座"10号和"阿波罗"11号，在执飞这两次任务的过程中，我肯定有无数次机会牺牲掉，然而，我竟奇迹般地坐在这里，喝着马提尼鸡尾酒，而且对自己还特别满意。我一个战斗机飞行员朋友，每次飞行结束后都会说："嗯，我又把死神骗了一次。"头几次听他这样说时，我对他的这种嘲讽、傲慢、玩世不恭或诚实感到非常吃惊，然而，事实不就是这样吗？为什么不能说出来呢?！上天两次就够了，我准备把以后的时间花在钓鱼、养狗和孩子、在露台上一边喝杜松子酒一边和妻子聊天上。再来一杯？好，谢谢比尔，再来一大杯！约翰准备好牛排了吗？太好了！

我们正赶往珍珠港，到那儿以后我们将由平板卡车运往机场，再由货运飞机运往休斯敦，最后送往登月入检实验室。检疫隔离期是21天，从可能感染的那一天（即登月那一天）开始计算。登月后，我们在"哥伦比亚"里待了3天多一点，在移动检疫设施里待上几乎3天，这样我们只需在登月入检实验室里待2周。不管什么情况，我们都需要花2周的时间才能写完飞行后的情况报告，所以，只要小白鼠不生病，我们飞行后的工作机制就和以前的飞行任务没有多大差别。

在移动检疫设施里的时候，按说我们可以对报告的编写做出安排，但我们没有。我帮助约翰从"哥伦比亚"找到他需要的东西，我们也搬出了我们自己需要的各种资料（飞行计划、检查清单等），在编写报告和工作汇报的过程中，这些资料有助于恢复我们的记忆。第二天下午，我们坐在共用桌周围，上面有一堆登月舱里用过的资料。我发现从资料里掉落的蓝灰色粉末把桌面弄脏了，就随意地用手掌把它们扫到了地上。比尔·卡彭蒂尔吃惊地看着我：月球灰尘进入排水口了！我开始和尼尔玩金拉米纸牌，因为这种纸牌会使等待时间过得更快一些。等待什么呢？珍珠港？登月入检实验室？还是我们的余生？我不知道，这是我以后需要搞清楚的事。我觉得只有劳累了一天之后，坐在自家的露台上才会感到心满意足，我现在根本不知道还有什么事需要我去劳累。也许NASA想把宇航员送往火星，也许我可以帮着做些规划。但此时最好把精力放在手头的事上（如果有的话）。我首先想到的是，不好好再看一眼“哥伦比亚”就离开似乎有些不妥。我们在里面待了好几天还是应该做些标记。我通常对机器不会恋恋不舍，认为只有白痴才会在火车站涂鸦留念。尽管如此，我还是有一种在“哥伦比亚”上写点什么的强大冲动。第二天晚上，我爬回外表被烧黑的“哥伦比亚”，在下层设备舱的内壁上（六分仪台座的上方），写下了这样的文字：107 号飞船，也叫“阿波罗”11 号飞船，也叫“哥伦比亚”。这是我见到的最好的飞船。愿上帝保佑她。指令舱驾驶员麦克·柯林斯。

珍珠港沸腾了。我们巨大的铝合金“棺材”被吊起来的时候，阳光明媚，到处都是人。从码头到希卡姆空军基地的一路上，我们的平板卡车慢慢走过街道，中间还要停下来参加州长举办的欢迎仪式，有时候人多得根本走不过去。火奴鲁鲁的所有人肯定都出来了。我们使劲儿挥手，给漂亮的女士抛媚眼；令人特别欣喜的是，窗玻璃阻断了无数寻求我们签名的人。我们胳膊酸疼了，微笑僵在了脸上，最后被推进 C-141 喷气运输机昏暗的货舱，飞往埃灵顿空军基地。坐货运飞机几乎总是很无聊，坐在货舱里一个大箱子里也好不到哪儿去。幸运的是，这次是直飞，我觉得应该不会超过 6 个小时。正好可以睡一觉。

到埃灵顿时正是半夜，但这似乎并没有妨碍一半儿的休斯敦人都跑到街上。我们被拉出飞机时（至少有一部分被拉出了飞机），他们耐心地等在那里。我们的卡车似乎出了问题。我们有足够的能力来精确地飞行 50 万英里，却无法把一个箱子放到卡车上。问题终于解决了，我们被拉到检阅台前，路易斯·韦尔奇市长和一群 NASA 官员致辞欢迎我们。然后在耀眼的电视摄像灯光下，我们的妻子被推到跟前。帕特用一部红色电话和我简短地聊了一会儿："欢迎回来！你看上去非常不错。我没法用这种非要按下按钮才能说话的电话。你能听见吗?"我点点头，她继续说了一些我想知道的事情。时间到了，车子一动我们又出发了——走出基地大门，拐上大路，前往登月入检实验室。和在夏威夷时一样，沿途都是沸腾的人群，只是这里是半夜，外面看得不是太清晰。然而，当熟悉的披萨店、加油站和老朋友的面孔出现在窗外时，足以让我们相信我们真的回到家了。卡车走过载人航天中心的几道大门，最后倒退着停在登月入检实验室侧面的库房门口前。等我们和实验室之间形成了一道致病微生物隔离屏障时，实验室的大门就打开了，我们就可以随意在新家里到处乱走了。我们回到了休斯敦，但依然没有回到这个世界。

然而，我们的同伴在不断增加——从 3 个变成 5 个，再变成现在的 15 个。我们现在有了专业的厨师和清洁工，一位公关人员也被锁到里面。升空前，NASA 担心会有记者打破玻璃进入拖车房，然后发布一系列独家报道。也许让约翰·麦克利什和我们住在一起可以避免砸玻璃的事件发生，当然对我们的日常生活也会有更多的报道，但我们一点儿也不高兴。升空前我们就向迪克·斯莱顿表示反对，他也反对这种做法，但显然他的反对意见没有被采纳。我们并不是不喜欢约翰，他很随和，也很儒雅，只是希望他在这里是"下岗"状态。说实话，在这个封闭的空间里我们也不会扯出什么麻烦事，我们只是不希望做的每件事都被报道出来。除了这点抱怨，这地方还是非常不错的——一个像宫殿一样的地方。和我们 3 人那个底部直径不到 13 英尺的圆锥体以及我们 5 人那个 9 英尺 ×35 英尺的四方形箱子相比，这个实验室至少有 20 间房子，包括每人一间的卧室和用作大厅、图书馆和餐厅的宽大区域。

我们一遍又一遍地讲述“阿波罗”11 号的技术故事。在玻璃窗户后面，我们一天又一天地参加分别面向宇航员（他们将执飞后面的登月任务）、管理层、系统工程师、科学家、医生、模拟器人员、照片分析师的报告会。我们不参加报告会的时候，就写报告，像优秀的试飞员那样，描述我们是如何完成飞行任务的，并给出我们的改进建议。面对这么复杂的远航任务，我们竟没有多少值得抱怨的事情，我认为这主要是因为“阿波罗”7 号、8 号、9 号和 10 号已经做了艰苦的前期准备工作。我最大的抱怨涉及轨道会合程序，我觉得这些程序对单独飞行的驾驶员来说过于复杂。如果指令舱里的设备一切正常，一边操作六分仪一边敲击计算机键盘 850 次也可以接受，可是一旦设备出现问题，你根本没有时间去处理；当两艘飞船环绕月球飞向会合点的时候，你也没有时间坐下来分析它们的飞行趋势。

随着一个报告会又一个报告会、一天又一天地过去，实验室窗外的月球变小了，而地球又恢复了某种原有的平坦状态。这是一个不错的中途之家。它给了我们最后的机会来安静地回顾我们所做的事情，并说出每一个细节。例如，尼尔和巴兹向极有兴致的科学家们解释，关灯后他们在指令舱里看到的闪光。实验室里新来了一位漂亮的年轻女士——一位被月球石头样品“污染”的实验员，她就住在我的隔壁，这让我们非常高兴。

随后，世界各地的人们发来了无数的电报、报纸和信件，从不同的角度对“阿波罗”11号任务进行了分析。我晚上仔细阅读这些资料（特别是报纸社论）时，对他们的写作水平留下了深刻的印象，也对他们离谱的观点感到沮丧。在“双子星座”10号任务中，我们一溅落事情就结束了，而这次任务在我的一生中都不会真正结束（这是我从报纸中得到的极其深刻的印象），但我真希望它已经结束了。绝大部分报纸都对这次任务大加赞扬，加拿大的《蒙特利尔星报》是这样说的：“……一项为人类的精神世界带来益处的伟大工程……”但也有令人不安的逆流，例如，瑞典的《斯德哥尔摩快报》认为：“登月是伟大的壮举。但是，想到美国轻松地解决了如此复杂的技术问题，却难以解决复杂的社会、政治和人文问题，就会让人觉得非常可怕。”《费城问询报》问了一个很好的问题：“这项伟大的成就会激励我们吗？有人认为解决人类所有难题的出路在于从太空转向其他优先领域，我们在面对这些人含蓄的批评时，这种激励还能继续发挥作用吗？”《华盛顿邮报》援引了哈佛大学生物化学家乔治·沃尔德博士谈论他学生们的话：“我感觉他们认为这是有地位老人们的一项演习，是对巨大财富和权力的展示，带有浓厚的军事和政治意涵。他们觉得有点儿更加困顿，更加不抱幻想，更加绝望了。”在很多国家，登月的消息只是被当作一种美国的宣传；在很多地方，登月被认为违反了宗教禁忌，并引发了激烈的争论，在索马里的摩加迪沙，还发生了街头斗殴。使学生困顿？亵渎月球？想到我们做的事会使某些人觉得“不抱幻想”（更不用说觉得“绝望”了），或者我们对神圣之地的到访引起了神学领域的震荡，我就感到非常吃惊。对后者，我至少可以理解，但对前者，我无论如何也无法理解。我希望那不是一种普遍的认知，我坚信不会是。

然后，各种邀请函和祝福信从四面八方蜂拥而至。有人邀请我一起朗读儿歌，有人邀请我去参加牛仔竞技比赛，他说：“能把那玩意儿操控得如此完美的人一定是个极好的牛仔”。一个简短电报上的署名人是“比利时国王博杜安”，纳尔逊·洛克菲勒邀请我们去纽约参加彩条抛撒游行。我们还得知杜克·埃灵顿正在彩虹厅演奏他的新作《月亮少女》，他欢迎我们前去欣赏。大西洋城的钢铁码头游乐园也是一样，他们希望我们 3 个在那里待上一周，支付的费用是 10 万美元。有人提出把一种杂交兰花以我的名字命名，我签了一份授权书，授权一匹赛马取名为麦克·柯林斯。也许这匹赛马在泥泞的赛道上都能跑出闻所未闻的速度。蒙哥马利警察局、美国天主教女儿会、美国战斗机飞行员协会、教皇、美国和平志愿队……都发来了贺电。大量的组织把我们吸收为荣誉会员，我最喜欢的一个是阿富汗喀布尔骆驼骑手无线电俱乐部。最特殊的一封电报是这样写的：“……35 年前的 1934 年 7 月 21 日，我们在家里亲耳听我们的父亲讲述巴克·罗杰斯第一次飞往月球的历险故事。那一天，父亲菲利普·诺兰创作了《巴克·罗杰斯》这部连环画。我们住在宾夕法尼亚州巴拉金维德市的枫树大道上，在月球上行走对我们来说是家常便饭，但从电视上看到你们飞向太空，巴克·罗杰斯的梦想终于变成了现实，我们还是兴奋不已。送上我们最美好的祝愿。菲利普·诺兰的孩子们。”

给我印象最深的是一封查尔斯·林德伯格[①]的来信，他是在从火奴鲁鲁飞往马尼拉的泛美航空 841 航班上写的，信封上盖着 7 月 28 日马尼拉的邮戳。

柯林斯上校：

对你们异乎寻常、引人入胜、完美收官的登月飞行表示祝贺！衷心感谢在你的帮助下让我获得了在宇航员位置上观看你们“阿波罗”11 号飞船发射的机会。

我在自己的环球飞行过程中，设法在电视上观看了你们登月过程最重要的部分。当然，你们进入月球轨道以后，电视直播的重点都放在了实际登月和月面行走上。我观看了月面行走的每一分钟，当然，那种关注是无法用语言来描述的。但我觉得从某种角度来看，你的经历似乎更有深意——一个人孤单地绕飞月球，也有更多的时间去思考。

那是一种多么奇妙的体验啊！——独自俯视另一个天体，就像太空之神一样！对没有类似体验的人来说，这种孤

① 1927 年世界第一位单人驾机飞越大西洋的美国飞行员。——译注

寂是无法体会的——经历孤寂之后再重新回到同事中间的那种欣喜。你体验了人类从未体验过的一种孤寂。我相信你会发现它让你的思考更加清晰，感觉更加真切。我希望将来有机会听听你自己对这一问题的看法。

对我来说，在某些方面，我觉得离月球轨道上的你比你月面行走的同事更近。

我们开始降落马尼拉了，就此止笔。

送上我的羡慕之意和最美好的祝愿。

查尔斯·林德伯格

有这样的信函和健康小白鼠的陪伴，日子过得非常快。8 月 10 日（周日）突然就到了，我们可以离开了。无论如何，我们终于破茧而出了，我们被正式允许重新回到人类中间（至少在身体上是这样）。我拿着"毕业"礼物——一包祝贺电报和林德伯格的信件，眯缝着眼睛走入休斯敦的夜色中（镁光灯在闪烁），在近一个月里第一次闻到了大地的气息，它温暖、湿润、诱人、令人心安。我不记得以前对大地的气息如此敏感，也许我的敏感度发生了变化，从今以后我会发现地球变成了一个不一样的地方。

14 地球上的思考

我们不应该停止探索，我们所有探索的最终结果都是回到起点并重新认识这个地方。

——T. S. 艾略特

尼尔和巴兹踏上月球 4 年半后，我带着自豪、难以置信和沾沾自喜的复杂心情回顾了这一事件。我是一个乐观主义者（否则我是不可能进入太空的），我对世界和麦克·柯林斯的现在和未来感到乐观，但我必须承认，事情并没有变得像我从登月入检实验室出来那天晚上想象得那么美好。你必须以几乎和以前一样的方式面对这个世界，尽管也有可能发生某些改变。就我个人来说，我像尼尔那样，退役后找到了自己喜欢的新工作。我现在是华盛顿史密森尼国家航空航天博物馆的馆长，尼尔是辛辛那提大学的工程学教授。巴兹的日子更艰难一些，他患有需要住院治疗的抑郁症；重新开始空军生涯的尝试失败后，他现在已经退役，住在洛杉矶的郊区。正像我们三个所体会到的，当宇航员是一个人职业生涯的天花板。

作为宇航员，在休斯敦待了令人着迷的 6 年之后，有几个原因促使我决定离开这里。首先（也是最根本的），我并不想回到迪克·斯莱顿设定的阶梯的底部，再一步一步往上爬，去担任某个后续登月乘组的指令长。我觉得那样又要花费2年的时间（后来的结果表明，我要是担任了“阿波罗”17号任务的指令长，就需要再花费3年多的时间），我不愿意把那么多的时间花在模拟器里，把晚上花在汽车旅馆里，而不是和家人在一起。要是迪克人手紧张，或者承诺让我6个月内再次升空（当然，他不能也不会这么做），我也许会重新考虑。但实际上，迪克手下的宇航员多得足以往月球飞上30次。第二，我想把家搬到华盛顿。帕特从来没有真正喜欢过休斯敦，多年来我一直想回到华盛顿，那里是我更像家乡的地方。我妈妈、一个姐姐和唯一的哥哥都在那里，还有一些高中时代的好朋友。此外，它是一个充满活力的城市，我特别希望我的孩子们在那里长大，上好的学校，而不是生活在这种偏远的地方。第三（也是最直接的），国务卿给我提供了一份在华盛顿的工作，美国总统亲自敦促我接受这份工作。

这项工作起源于9月中旬我们3人去华盛顿在国会联席会议上发表演讲。NASA的汤姆·佩因局长让我第二天去见他，说威廉·罗杰斯国务卿有意让我担任公共事务助理国务卿，负责提高青年人对外交事务的参与度，想知道我是不是感兴趣。我想到的是马上拒绝。我是现役的空军上校，不到3年我就可以退役了，我要是接受这项工作，我就得放弃这一切，包括服役退休金。年轻人？校园的参与意味着与越南战争有关的事务，我可以想象到自己，留着短发，衣领扣得紧紧的，给一群放荡不羁的年轻人解释对湄公河三角洲的村庄进行安抚的必要性。佩因局长打断了我的嘟囔，明智地建议我先不要马上做决定，他只是给罗杰斯先生传个话，看我愿不愿意进一步讨论这事。我说可以，讨论讨论当然可以。和罗杰斯先生约好了下周见面，但他临时有事，于是我就和副国务卿埃利奥特·理查森讨论了这件事。这是一次杂乱无章的会面。显然，他事先一点儿也不知道罗杰斯准备聘请一位宇航员，他好像都不知道说什么（我后来才知道这对埃利奥特·理查森来说极不寻常）。我也不知道说什么。最后我们一致认为，人生往往难以预测，公共事务的变化无常使得事先规划变得不太可能，甚至是不可取的。离开时，我对他和他那镶有装饰板的办公室以及友善的引导人员充满好奇。他们一点也不自以为是。然而，公共事务能作为我的新职业吗？幸运的是，这件事并不需要我马上做决定；4 天后我（还有尼尔和简、巴兹和琼以及帕特）就要出发去做环球旅行了，从 9 月底一直到 11 月的第一周。

总体而言，这次旅行非常匆忙，我们要在 38 天里访问 25 个国家的 28 个城市。我们都很疲惫，厌倦了宾馆和机场（如果拿不准来到的是哪个城市，就说“来到你们可爱的城市很高兴”）。虽然身心疲惫，欢迎仪式一再重复，但这是一次最难得的机会，让我们在一个多月的时间里，马不停蹄地会见了英国女王、铁托元帅、教皇、日本天皇、伊朗国王、佛朗哥总司令、比利时国王博杜安、挪威国王奥拉夫、荷兰女王威廉明娜、泰国国王和王后，以及几十位总统、总理、大使和其他人物。此行也引发了巴兹某些令人不安的症状——他有时会黑着脸一言不发，这让琼非常忧虑。除了这一状况，旅行结束时我们都身体健康，精神愉悦，对我们发挥的外交作用感到满意。一路上，我在各个大使馆有很多机会去观察和评判美国的外交团队，我觉得，除了个别蠢货，他们都很有能力，也很专注，能够极其优雅、精确地完成那些非常复杂又非常有意义的日常工作。加入这样的团队似乎也不错。

我们旅行的最后一站是白宫的南草坪，尼克松总统和多位内阁成员迎接着我们。其中就有罗杰斯国务卿，他问我随后能不能去一下他的办公室。那天下午我去了以后，他说他很喜欢我在国会联席会议上的演讲，问我演讲稿是不是我自己写的。我回答说每个字母都是我写的，他听了以后似乎松了一口气，显得非常高兴，说他希望我加入他的团队，晚上也可以听听总统的意见（他知道我们的最后一晚住在白宫）。我无法拒绝，此外，我对这个过程和它对我的意义一样感到好奇。

在那天晚上的鸡尾酒会上，总统一边翻看着我们给他的一大堆照片，一边听我们讲述我们的这次旅行，然后他把谈话引向我们未来的计划，并问我们当中是否有人愿意担任大使。尼尔和巴兹都说不愿意，我就趁机向总统解释了罗杰斯先生的提议，并说他建议我征求总统先生的意见。总统停顿了几秒钟，然后拿起身边的电话轻声地说：“请找国务卿。”我僵硬地坐在那里。他开始说话，告诉罗杰斯先生说他认为这是一个极好的主意，他相信服役退休金的问题一定能够找到解决办法（实际上他们并没有）。我从他身边看过去，我的妻子正坐在那里，咧嘴笑着。事情就这样定了，随后我来到华盛顿，当上了负责公共关系事务的助理国务卿。

我在国务院的经历可以再写一本书，不过，简单来说，我确实去了伯克利和其他一些地方与放荡不羁的年轻人交谈，我也确实在华盛顿那张很大的红木办公桌上投入了大量的时间。虽然我很喜欢和国务院的人（尤其是精神饱满的罗杰斯先生）共事，但我发现这份工作就不是我的菜（我根本就不是一个公关人员）。外交事务官员是政府中最受诋毁的人，总是被描绘成“穿着讲究的马屁精”，而不是本来那种聪明、勤奋的专业人士。的确，很多工作都是在两个小时的正式午宴上完成的，而经历这样的场合之后，我不止一次地像一头被打昏了头的牛一样摇摇晃晃地走出来，并发誓马上换工作，免得患上痛风和带上英国口音。当然，这一工作也有回报，例如，让我确信除了飞行，我还可以做其他有意义的工作。也许我说的不一定对，但我确实认为，离开负责的公共事务局时，它的运作效率比我刚来时更高了。我也学到了很多关于华盛顿官方的东西——联邦机构是如何运作的，如何在这种奇怪、半歇斯底里的环境中工作。对我目前的工作来说，它是一个极好的热身。

在这个豪华的受难之地待了一年多一点儿之后，我转到了史密森尼博物馆，我事先知道这里有一个国家航空航天博物馆馆长的空缺职位。我唯一的遗憾，是还没有真正经历一场高级别的外交对抗并写出描述这一对抗的新闻公报就离开了国务院。我不想用那种适合所有会谈的通用表达方式——“在友好的气氛中进行了坦诚而富有成效的交流”，我想这样说（就一次）：“这是一次毫无意义的会谈。阁下还是和往常一样固执己见、顽固不化、目空一切。实际上，我认为这个粗鲁无比的混蛋喝醉了。”

我觉得在史密森尼博物馆的工作更平静一些，但依然非常有趣和富有挑战性。“博物馆”这个词有一个我不喜欢的陈旧意涵，它可以是废弃物品和人物的储藏间，但它没必要非得做成那样。就国家航空航天博物馆来说，它就不能做成那样，因为我们正准备在华盛顿的国家广场开设一个大型的新馆，以赶上国家独立200周年庆典。这个项目必须经过国会各个委员会以及美术和国家规划部门的审批。目前，新的展馆已完成审批并获得拨款，随着1976年开馆日的临近，正以计划节点往前推进，经费也有节余。展馆面积超过20万平方英尺，分成25个展厅，此外还有天文馆、礼堂、专业研究图书馆、自助餐厅和停车场。找到合适的人来研究和布置展品以及介绍材料并合理地填满各个展厅，就极富挑战性，更不用说整个项目的资金和管理问题了。这个新博物馆将涉及人类空天发展的各个方面，从气球一直到太空时代，展现这些发展对人类的影响，以及未来发展的可能性。如果它最后没有成为世界上最有趣的博物馆，我会感到非常意外和难过。开馆以后，我不知道我会做什么——继续留下来，还是像患了宇宙飞行之痒似的迫使自己继续前行。

我也对我的太空飞行同事——约翰·扬的动向特别感兴趣，就像对尼尔和巴兹的动向特别感兴趣一样。约翰依然坚守在休斯敦的宇航员岗位上，正在参与航天飞机项目，NASA 希望在这个十年之末把航天飞机送入地球轨道。约翰已经当了 10 年的宇航员并上天 4 次，依然不觉得厌烦，不像我，当了 6 年的宇航员、上天 2 次后就厌烦了。显然，他属于少数，至少对我们 4 个人来说是这样。我没有和他们 3 个讨论过这个问题，也不准备这样做，因为我们交流的都是浅显的技术问题，谈论的都是事件而不是内心的想法。我们 4 个都是独行者，我和他们的关系并不像飞行搭档应有的那么近。约翰是最沉默寡言的一位（尼尔远远地排在第二位），我不知道太空飞行对他来说意味着什么（不管是现在还是将来）。我想他肯定觉得全身心地投入到解决技术问题当中非常充实，只要身体允许，他会一直飞下去，然后再转到一个工程保障的岗位。我很羡慕他的飞行技术（不管是 T-38 还是飞船），尽管如此，我还是很高兴离开了休斯敦。当宇航员是我能想到的最有趣的工作，但感到厌倦时我就想离开；完成“阿波罗”11 号任务之后，无论在工作激情还是在注意力上，我都觉得无法阻止自己走下坡路。因此，我很高兴终于不再做那份世界上最迷人的工作了，这听起来好像有点儿奇怪，但确实是我内心真实的感受。

现在谈谈巴兹。巴兹告诉我说，他一点儿也不后悔飞向月球，这件事对他的人生有积极的影响，他很高兴做了这件事，但任务结束后，他出现了严重的精神障碍。在我看来，他的问题有一部分来自他的父亲，据我所知，他父亲曾经告诉他，既然他已经去过月球，只要他坚持自己的主张，世界就在他的脚下。很不幸，事情并不是这样的；更不幸的是，巴兹不会婉转、细腻地推销自己，他总是直来直去，我认为空军将军们不会愿意听一位空军上校提出自己具体的职业要求。闭嘴，上校，后面排队去。说实话，我是同意将军们的观点的。另一方面，我对巴兹和他遭遇的问题非常同情。用心理学家的话来说，40 岁是人生的十字路口，再加上对未来的困惑，怪不得巴兹会出现精神障碍。他非常有激情，目标也非常明确，习惯于大获全胜，而且一点儿都不能输。在父亲的一路督促之下，巴兹至少成功进入了 4 个要求极为严苛的单位——西点军校、空军、麻省理工学院、NASA。突然之间，一切都结束了——巴兹这条领航鱼被“阿波罗”这条大鲨鱼给甩掉了，于是他四处游动，拼命寻找另一种可以相伴的又快又危险的流线型生物。再也没有这样的生物了，巴兹，我衷心祝愿你找到一条温顺的鲸鱼来取代这样的鲨鱼。

巴兹成了“产后”抑郁症的一个研究案例，那尼尔为什么就没有受到类似的影响呢？首先，尼尔的情况完全不同。他是登月第一人（而不是第二人），就凭这一点他一辈子都不用愁。幸运的是，尼尔不是公关人员，他追求的生活与别人完全不同，他不会做 NASA 或任何其他人的推销员，也不会做自己的推销员。他有极好的判断能力和心理素质，是一位很有悟性的历史学家，他对教学保持着持久的热情。据报道，尼尔不久前曾经说过：“我知道我在外面一出面就能挣到百万美元，但我只想当一名大学教授，做我的科学研究。”我相信这是真的，我认为他把人生转到这一方向是非常明智的。我在华盛顿的个别高官朋友批评尼尔，说他逃避责任，不愿意走向社会去“推销航天计划”，但他们不理解尼尔和他的问题，也许根本就不理解“航天计划”。作为踏上另一个星球的第一个地球人，尼尔在随后的一生中都是独一无二的，我认为他肯定会珍惜自己，不会丢失自己的品位和理智。他在辛辛那提就是这么做的，就像生活在带有护城河的城堡里一样。想出来的时候，他可以放下吊桥，走出城堡（这种情况比较少）；更重要的是，想回去的时候，他可以带着荣誉和尊严回到城堡，然后集中精力讲授“动力学”和“飞行试验”，这些都是他非常精通的领域。尼尔知道自己在做什么，而且做得非常好。

现在该说麦克·柯林斯了。幸运的是，我一生都是差学生，我的父母（从不表露他们的失望）也不给我施加压力。这样，我各种工作上的压力基本上都属于不用加鞭自奋蹄。这一情况和我天生的懒惰加在一起，使我避免了严重的巴兹综合征，尽管我和他一样，对未来也感到某种忧郁，因为在完成登月之后我觉得在地球上能让人感到兴奋的事情大大减少了。我只是无法像“阿波罗”11 号飞船升空前那样，对事情充满兴趣了；我似乎被一种尘世的无聊所困扰，我并不喜欢这种无聊，但我似乎也无力摆脱。我现在对小问题更不在意了。当两个下属因为一件小事吵得面红耳赤，找我评理时，我真想告诉他们：“地球没有因为你们的问题而停止转动，你们应该像地球那样去做，自己去解决遇到的问题，没有什么大不了的。”当然，我不会这么说，因为这事对他们来说显然是大事，但对我来说，没有多少事情看上去那么关紧了，度量事情是否重要的标准提高了，现在再让我发脾气或感到紧张已经很难了。令人喜欢的工作更少了，这一方面是因为我获得了不少顶级荣誉，另一方面是因为我有幸从很远的地方看过地球。我们3个受到过国王和女王们的款待，获得过科利尔奖、哈蒙奖、哈伯德奖、总统自由勋章……我们在国会联席会议上和其他100个重要场合做过演讲。尽管如此，地球还是绕着自己的轴线不停地转动，我能看见它的这种转动，我自己或我的同类的一点儿扰动，对地球平静的运转来说又算得了什么呢？

这并不意味着我达到了一种完全超脱的状态。我还做不到。我还是会生气，我还是会对粗鲁无礼表达不满。例如，要是再有一个抽着雪茄的大胖子一边把烟喷到我的脸上，一边大声问我："进入太空到底是什么感觉？"我想我会一拳打在他的肚子上。我已经烦透了，同样的问题问了一遍又一遍。

当然，最难回答的问题是："登月值得吗？"就我个人来说，当然值得；这显然让我难以作为一个客观的见证人，去说明纳税人那250亿美元是如何花掉的。此外，坦率地说，我从来没有考虑过太空计划的费用问题，就像我从来没有考虑过闪电侠戈登在探索蒙古洞穴时浪费了国民生产总值的多少百分比一样。再者，我认为现在评判载人航天计划和它给人类带来的价值还为时过早。我们只是还不知道登月对我们意味着什么。早在1948年，英国天文学家弗雷德·霍伊尔就提出，第一张地球全图将引发一系列新思想。太空计划的支持者说，目前人们对生态学的兴趣就是太空计划的副产品。反对者说，这是胡说八道，而且获取地球的全图也没有必要把人送入太空。支持者说，月球石头会让科学家最终确定太阳系的起源，这是最基础的知识。反对者说，月球就是一个贫瘠、没有生命的石头堆，它不会引起多大的研究兴趣。反对者说，我们的城市破旧不堪，在这种情况下支持太空探索是不道德的。支持者说，我们看问题不能非此即彼，我们国家的经济和财政体系不允许把资金从一个项目转到另一个项目，没有太空计划我们的城市照样破旧不堪。反对者说，我们应该优先关注地球和它面临的问题。支持者说，我们只有从太空研究地球才能解决这些问题。反对者说，这种技术让我们陷入了困境。支持者说，只有先进技术才能让我们摆脱困境。

随着争论的此起彼伏，我觉得有必要澄清几个观点。首先，大多数美国人都认为，“阿波罗”11 号任务是一个终结而不是开始，我认为这是极端错误的。人们常常认为这是 NASA 的公共关系部门造成的结果，但我并不认为 NASA 可以阻止这一结果的出现。其实，这就是美国人的行为方式，把观看壮观的登月直播当作观看职业橄榄球超级杯大赛，然后就变得有些困惑和恼怒——干嘛把这种超级杯比赛玩了一遍又一遍？“阿波罗”13 号飞船的氧气罐爆炸后，各大电视公司中断了正常节目来报道这一事件，结果他们接到了很多愤怒的电话。到“阿波罗”16 号任务时，《华盛顿邮报》著名记者尼古拉斯·霍夫曼采用的标题是《月球上的两个笨蛋》。尽管我们说这次任务使用了更加复杂的科学仪器，利用月球车可以探索更大的范围，但登月飞行的吸引力早已荡然无存。现在唯一能够吸引公众、重新点燃他们热情的事情就是载人登陆火星，然而，连那些最坚定的太空计划支持者都认为这是不现实的。于是，我们的工作重点就从月球回到了地球，作为修复工作的第一步，我们给地球轨道上的太空实验室装载了照相机，来尽量详细地记录我们星球所遭受的破坏。这就是我们的现状。

我觉得第二个值得探讨的情况是美国人喜欢赶时髦，盲目支持新兴的东西，然后再盲目抛弃过时的东西。这种观念倾向于必须在非此即彼的基础上评估事情——要么根治癌症，要么飞向太空；要么治理环境，要么飞向太空。人们好像就不愿意在相互协调的基础上去做所有这些事情。此外，我觉得美国人其实并不知道他们纳的税有多少花在了太空计划上。不久前，我组织了一次非正式的调查问卷，向进入史密森尼一个展馆的前 100 人问了 12 个问题，其中一个问题是：NASA 和 HEW（卫生、教育和福利部）这两个部门哪个花的纳税人的钱更多？我原以为只有个别人才会说 NASA，但令人吃惊的是，有 50 个人说是 HEW，40 个人说是 NASA，10 个人说不知道。我上次查看数据时，HEW 的年度预算是 750 亿美元（要是把社会保险也算上是 930 亿美元），而 NASA 只有 30 亿美元。于是现在就变成要么支持静悄悄的 750 亿美元，要么支持闹哄哄的 30 亿美元。我个人的看法是，取消太空计划对 HEW 的项目没有多大影响，即使能把这笔钱直接转过去，情况也是一样。最近，我注意到我的老朋友北美航空工业公司（指令舱的承制商）以新成立的罗克韦尔国际公司的名义发布了一则广告，广告压根就没有提他们获得了航天飞机研制合同这件事，只说了他们的公务机、卡车和用于女装生产的织布机。他们知道最赚钱的业务是什么。

也许我在“阿波罗”11 号任务上的投入使我对太空计划情有独钟，但在我看来，首次登月前，大家对太空计划过于关注，而登月之后又太不关注。钟摆都是在真相的两侧来回摆动，未来的历史学家需要一定的时间才能摆正“阿波罗”计划的位置。我不知道这需要多长时间，但技术的发展越来越快，不管我们喜欢不喜欢，我们的生活节奏只能不断加快。1910 年，莱特兄弟飞机公司刚成立不久，埃菲·科勒姆·佩尔顿女士在加州沙漠的窗外看到了哈雷彗星。后来，辽阔的穆洛克干湖变成了爱德华兹空军基地，随着派到那里的飞机飞得越来越快、越来越高，这一基地成了宇航员的学前班。佩尔顿女士也是一位乐观主义者，我觉得她的总结非常到位：“哈雷彗星的出现的确预示了穆洛克干湖的未来。我们从马车一下子飞跃到了月球!”对一个人来说，这条路非常漫长，他宁愿坐下来回味过去也不愿意迈向未来。然而，自东海岸的第一批定居点开始，我们国家的强大力量始终来自我们富有进取精神的开拓者。NASA 诞生于 1958 年的《太空法案》，但我国的空间探索其实从哥伦布登陆时就开始了。有些人就是不愿意挤在安全的东海岸，而是在条件允许的情况下大胆地往西推进。当水平方向的探索达到极限时，他们就开始尝试垂直方向，此后，他们就飞得越来越高、越来越快了。

现在，我们有了离开地球的能力，我觉得我们应该仔细考虑这一选项。人类总是前往他可以到达的地方，这是人类探索本性的基本需求；如果我们放弃进一步探索，我觉得我们都会有所损失。探索会给人一种好的心境，拓宽人们的兴趣领域，刺激人们的思维过程，我不愿意看到人们的探索热情日益萎缩。我们的宇宙既应该拿着显微镜去探索，也应该拿着望远镜去探索，但我并不认同那种减少对一个领域的支持就会加大对另一个领域的关注的看法。当人类停止在物质上探索宇宙可能的边界时，他也会在精神上产生懈怠，那将是我们大家共同的损失。在物质上，太空是我们剩下的唯一的前沿领域，我相信对它的持续探索会给这个星球上的所有人带来实实在在的好处（尽管现在还无法预测）。虽然我们还无法具体说出这些好处是什么，但这并不能否认它们的存在。我们都知道科学研究产生了意外副产品（如青霉素）和人类在新环境中有了意外发现的例子，但我最喜欢的一个例子发生在 1783 年——当本杰明·富兰克林在巴黎观看氢气球的首次公开升空时，一位质疑者问富兰克林这个新发明能有什么用处，他回答道："新生的宝宝能有什么用处?"有人可能会问，既然你这么强烈地支持对太空的持续探索，那你为什么不身体力行、继续留在太空计划？我必须承认，我确实有时候会感到内疚，尤其是有人（一位聪慧的女士）对我说"你是见好就收啊"的时候，更是如此。我想说的是，人类的不断探索非常重要，但麦克·柯林斯或任何个人是否参与并不重要。麦克·柯林斯已经上过场了，现在他很愿意站在场外观看。

前面我重点讨论的都是完成太空飞行任务后的负面效应，但和我强烈感受到的成就感相比，这些都是次要的。我有幸看到了奇异的景观，对这些景观的回味和这些景观具有的意义远远超过回答同样的问题和在同样的信封上签名所带来的烦恼。一个更严肃的问题是如何避免在余生中变成一个虎头蛇尾、碌碌无为的人，我相信我可以处理好这个问题。虽然我肯定不会再去做像执飞太空飞行任务那么引人注目的事情，但我一定会在工作中做一些非常有意思的项目，这样我就可以把精力放在规划未来上，而不是放在回忆过去上。

我还计划很多事情先不做或不做完。生活的神秘感部分地源于未来的可能性，而神秘感往往是难以捉摸的，一旦频繁体验，神秘感就会消失，随之而来的就是无聊。例如，钓各种类型的鱼已列入我的爱好事项清单，但即使有时间我也不会急切地去做，因为我不想破坏钓鱼的神秘感。类似地，我想走过最近建成的连接欧洲和亚洲的大桥，但我不会去走。我认为期待走过比已经走过感觉更好。另一方面，我必须承认我对登月并不是这样想的。我非常庆幸自己有幸飞到离家那么远的地方，地球上没几个人能有这样的机会，我去过月球之后感觉比去之前更心满意足了。

我也发现我的两次太空之旅改变了我对地球的认知。当然，“阿波罗”11号任务也改变了我对月球的认知，但我觉得那并不多么重要。对我来说，现在好像有两个月球，一个是我在后院看到的，一个是我在太空近距离看到的。在理智上，我知道它们是同一个月球，但在感情上，它们是完全不同的实体。我看了一辈子的小月球依然没有什么变化，只是我现在知道它在3天的飞行距离之外。我最近看到的大月球，它与地球的强烈对比是它留给我的主要印记。只是看了第二个星球之后我才对第一个星球特别珍惜。月球遍体鳞伤，非常荒凉、单调，我一想起它那遭受重创的表面，就想到地球上令人愉悦的无限变化——水汽腾腾的瀑布、松林、玫瑰园、蓝色和绿色、红色和白色，这些在灰褐色的月球上都没有。我大约10岁的时候，经常去看牙，我感到特别痛苦。于是急切地寻找缓解这种痛苦的途径，后来我发现我完全可以让我的心思脱离我的身体（持续时间较短，深钻时除外）——我想象自己飞到了天花板附近，向下看着牙医和他那平躺着的受害者，那个受害者年龄和我一样大但不是我，受罪的是他而不是我。类似地，我现在也可以把心思升入太空，回望那个小小的地球。我见它悬在黑色的太空背景中，在耀眼的阳光下慢慢转动。每当地球上的事情不顺时，每当遇到这样或那样的麻烦时，我就用这种方式去太空走一趟，就能获得一些安慰，得到一些启发。学会开飞机以后（当上宇航员之前），心情不爽时我会躲到积雨云里，但太空中的回望更加令人心安。

我的确认为，要是世界的政治领导人能从（比如）10万英里远的太空看一看地球，他们的观点会发生根本的改变。那个在他们眼里极其重要的边界线就会消失，激烈的争吵也会突然停止。那个小小的球体继续转动着，平静地忽略了它的区域划分，展现出一个统一的外观，呼唤着统一的见解和统一的待遇。地球应该成为它本来的样子——蓝色和白色的，而不是这个主义或那个主义的，富裕或贫穷的，嫉妒或被嫉妒的。我不是一个过于天真的人，我并不认为从10万英里外看一眼地球就会让一位首相急忙赶到议会去提交一份裁军计划，但我的确相信这会种下一颗充满生命力的种子，并最终实现这一目标。从太空看不见国家边界并不意味着它们不存在，它们的确存在，我也喜欢这样。我现在生活在美利坚合众国和进入太空前一样感到非常幸运，我并不想让它融合成一个全球合众国。我想说的是，所有国家在考虑他们自己问题的解决方案时，一定要使全球受益，而不是仅仅考虑自身的利益。萨尔河谷的雾霾有可能污染好几个其他国家（取决于不同的风向）。我们都知道这一点，但只有亲眼看了你才会产生不可磨灭的印象和情感上的冲击，才会为了长远的美好而牺牲短期的利益。我认为 10 万英里的景观是非常有益的，它促使人们聚在一起找出共同的解决方案，使他们认识到我们共同拥有的地球完全可以用一种远比肤色、宗教或经济体制的差异更有基础、更重要的原则把我们团结在一起。遗憾的是，到目前为止，10 万英里外的景观只有少数试飞员看到过，而最需要这种新视野的各国领导人或可以向他们传递这种信息的诗人都没有看到过。当然，有人会说，我们也可以把地球全图传播出来，让每个人去研究，要是我 10 万英里看地球的说法有道理，那结果应该是一样的。遗憾的是，事情并非如此。看一张 8×10 英寸的纸片上的地球或被电视机屏幕框住的地球，不仅和真实景观不同，而且还会把事情弄得更糟，因为那是否认了事物真实性的伪景观（“嘿，我看到了宇航员们看到的一切”）。你需要真正飞到 10 万英里以外，从 4 个窗口往外看，只有无垠的黑夜，最后在第 5 个窗口看到了那个带有蓝色和白色的“高尔夫”球，此时你知道能够回到那里是多么幸运——所有这些都需要我们去感受，而不是仅仅评判它的大小和颜色。宇宙中只有一个地球，它既微小又脆弱，你只有飞到 10 万英里以外才能真正体会到生活在地球上的那种幸运。

如果我只能用一个词来描述从月球看到的地球，我会忽略它的尺寸和颜色，而寻找它最基本的特性，那就是脆弱。你一眼看过去，首先想到就是“脆弱”。我也不知道为什么，但的确就是这样。我们在它的表面行走时，感觉非常坚实，它沿各个方向的平坦延伸几乎是无限的。但从太空看，地球没有一点凹凸感，它像台球一样光滑，在围绕太阳做圆周运动的时候努力保持着平衡，让人觉得非常脆弱。地球具有明显的脆弱性，这一认知一旦引入，有人就会质疑它是真实的还是想象的，这就迫使我们去考察地球表面的现状。我们发现地面上的东西确实非常脆弱。海水干净得可以洗脸，还是上面有一层油污？天很蓝、云很白，还是雾霾笼罩？河边令人愉悦，还是令人厌恶？一个又蓝又白的星球很容易就变成了又黑又黄的星球。

从遥远的太空看过地球之后也改变了我对太阳系的认知。自从哥白尼的日心说（地球是太阳的卫星）获得广泛认可以来，人们都认为它是不可否认的真理，但我认为，在感情上我们依然坚持哥白尼之前的观念（即托勒密的观念），认为地球是宇宙的中心。太阳早上升起，傍晚落下，是不是？或者像电台广告里描述的那样：“当太阳刚刚从天空消失的时候……”胡扯！太阳并没有升起或落下，它只是待在那里，是我们在它面前转动。清晨意味着我们转出来可以看见它了，而傍晚意味着我们又转动了180度，进入了阴影区。太阳从来不会“从天空消失”，它一直在那里，和我们共享着同样的天空，只是那块不透明的地球转到了我们和太阳之间，使我们无法看见太阳。每个人都知道这一点，但我现在确实“看到”了。我行驶在高速公路上时，不再希望耀眼的太阳快点落下去，而是希望我们转动得更快一点儿，早点儿转到地球的阴影里。我不需要努力在心目中形成这样的景象，它本来就有。有时候我也会把这种认知用在其他事情上，尽管我也觉得有些牵强。每当听到有人说“真是美好的一天”，我都觉得美好的一天总是存在于某个地方，要是它不在这里，那只能说明我们刚巧站的不是地方。说“我的表快了一点儿”其实是不对的，你只是应该站得更靠东边一点儿而已。

最后，太空飞行也改变了我对自己的认知。外表上，我看上去还是同一个人，我的各种习惯也没有什么变化。啊，对了，我现在花钱更随意一些了，花在家庭上的精力比以前更多了，但基本上我还是同一个人。尽管如此，我还是感觉和别人不一样。我想说，我去过的地方、做过的事情，你根本不会相信——我曾经挂在100英里高的线缆上进行太空行走；我看到过地球被月球遮挡，而且特别喜欢这样的景观；我看到过没有被任何星球的大气过滤的阳光；我在没有任何其他生物打搅的静谧中看到过无垠、纯粹的黑夜；我被宇宙射线穿透过，它们无尽地穿行在上帝所在的地方和宇宙的尽头之间，也许会返回到它们自己和我的后代身上。要是爱因斯坦的特殊理论真的成立，我的太空旅行已经使我比一直待在地球上更年轻了几分之一秒。我身体里的分子不一样了，直到 7 年的生物循环把它们一个一个地替换掉。虽然我不会用我的余生来回顾过去，但我的确拥有这种隐秘、宝贵、值得终身珍惜的东西。我之所以能够完成这些事情，并不是因为我拥有什么非常特别的才能，我只是赶巧了而已，就像某个细胞赶巧患上了癌症，某个弹射座椅赶巧没有弹出一样。至今，我的人生一直非常非常幸运，甚至连不好的事情（像颈椎手术）都幸运地有了好的结果。这些事情强化了我那天生的乐观主义性格，尽管我看到了很多极有前途的年轻人丧失了生命，也知道这样的事情也会发生在自己身上。任何死亡似乎都属于为时过早，但我相信，由于我做过的那些事情，我的死亡会看上去不那么为时过早。在我人生过半的时候（但愿是，我今年 43 岁），我有幸看到的东西比大部分人一辈子看到的都多。遗憾的是，我看得太多了，脑子都来不及理解和评判，然而，即使我还没有完全理解，我也尝试过像德鲁伊成员构建史前巨石阵那样，努力从我观察到的事物中理出一些头绪来。

遗憾的是，我无法通过石柱的巧妙排列来表达我的感受。我只能使用文字。这一点我是非常清楚的，因为“双子星座”10 号任务之后，我曾尝试使用油彩，结果完全失败了。画布上的海洋浑浊、单调；云朵苍白无力，一点儿飘逸感都没有；飞船凹凸不平，形状怪异。这让我感觉非常不爽。从那以后我再也没有尝试过绘画，但我确实尝试过用文字来展现携火奔月的神奇色彩，就像太阳神在马车上携带太阳穿过天空一样。神奇的事情的确存在——把尿液变成小精灵是神奇的，丝滑流畅地翻滚是神奇的。甚至太空飞行期间，发生在地面上的有些事情也是神奇的，例如观看“阿波罗”8号飞船史无前例地把人类带向月球；从很多方面来看，这是一件比登陆月球更令人惊叹的事情。

我不知道将来会出现什么神奇的事情。我希望在我的有生之年人类能够探访火星，因为那是非常神奇的事情，但我的愿望也许难以实施。现在，很多事情让地球上的我感到非常神奇，像1969年法国科学院颁发给阿姆斯特朗、奥尔德林和柯林斯的古兹曼奖章。这一奖章自1889年以来一直等待符合条件的人——最先“找到天体（火星除外）交往手段的人”。把火星排除在外是由这一奖项的创始人安娜·埃米尔·古兹曼夫人确定的，“因为那个星体大家已经非常了解了。”神奇吧？

NASA局长汤姆·佩因曾经说过，“阿波罗”计划是“稳重的人们所取得的成功”，我觉得他说得很对。相应地，我就用其中一位稳重的人——麦克·柯林斯面对一群稳重的人所发表的演讲来结束这本书。时间是1969年9月16日，地点是我的家乡华盛顿的国会联席会议。对我来说，这一天和这些文字标志着“阿波罗”11号任务的结束，也标志着我人生中非凡篇章的结束。

尊敬的议长先生、总统先生、各位议员和来宾：

不论是在NASA还是在空军工作，特别让我感到高兴的事情之一，是他们总是给我充分的自由，即使在这个最重大的会议上发表演讲，他们也不会教我怎么说，也不会把任何想说的话塞到我嘴里。因此，作为生活在一个自由国家里的一个自由公民，我简短的发言只是表达了我个人的自由思想。

早在太空计划开始之前，我父亲有一句他最喜欢的名言："想把印度群岛的财富带回来的人，必须首先把财富带给印度群岛。"我们做到了。我们把这个国家的财富、政治领导人的远见、科学家的智慧、工程师的心血、工人的精湛技艺和人民的热情支持带到了月球。

我们带回了石头，我认为这是一项公平交易。因为，就像罗塞塔石碑揭开了古埃及语言的谜团一样，这些石头有可能揭开月球起源，甚至地球和太阳系起源的谜团。

在"阿波罗"11号的飞行期间，地球和月球之间的飞船一直处于阳光之中，我们需要慢慢转动飞船来控制里面的温度，就像不停地转动烧烤架上的烤鸡一样。在转动过程中，地球和月球交替着出现在我们的窗外。我们面临着选择。我们可以看向月球，看向火星，看向我们在太空中的未来，看向"新大陆"，我们也可以回头看向地球——我们的家园，它面临着超越1000年的人类居住所带来的各种问题。

我们向前看了，也向后看了。我们看到了前面的，也看到了后面的。我认为这才是我们国家应该做的。我们既不能忽略印度群岛的财富，也不能忽略我们城市、居民和民政事务的迫切需求。

我们不能在贫穷、歧视或动荡的基础上发射行星探测器，但我们同样也不能等到地球上所有的问题都解决之后再去做。要是那样的话，200 年前我们的国家就不会向西扩展，并越过阿巴拉契亚山脉，因为毫无疑问，那时的东海岸也和我们今天一样，被各种非常紧迫的问题所困扰。

人类总是走向他能够到达的地方。这是人类的天性。他会不断地把自己的边疆往前推进，不管这种推进会把他带到离家多远的地方。

在不久的将来，当我听到在火星或其他行星的地面上传来人类的脚步声时，就像我听到尼尔踏上月球地面的脚步声时一样，我希望听见他说："我来自美利坚合众国。"

附录 “墨丘利”“双子星座”和“阿波罗”计划乘组和任务一览表

“墨丘利”计划

飞行任务	日期	乘组	任务简要说明
“自由”7号	1961年5月5日	艾伦·谢泼德	地球亚轨道飞行;首位进入太空的美国人
“独立钟”7号	1961年7月21日	格斯·格里索姆	地球亚轨道飞行
“友谊”7号	1962年2月20日	约翰·格伦	首位进入地球轨道的美国人
“奥罗拉”7号	1962年5月24日	斯科特·卡彭特	重复格伦的飞行任务
“西格马”7号	1962年10月3日	沃利·希拉	绕飞地球6圈(是格伦的2倍)
“信念”7号	1963年5月15日	戈登·库珀	长时间飞行(34小时)

“双子星座”计划

飞行任务	日期	乘组	任务简要说明
“双子星座”3 号	1965 年 3 月 23 日	格斯・格里索姆(2)① 约翰・扬	谨慎实施的首次试验,只飞行了 3 圈
“双子星座”4 号	1965 年 6 月 3—7 日	吉姆・麦克迪维特 埃德・怀特	美国宇航员首次进行的太空行走
“双子星座”5 号	1965 年 8 月 21—29 日	戈登・库珀(2) 皮特・康拉德	长时间飞行(8 天)
“双子星座”6 号	1965 年 12 月 15—16 日	沃利・希拉(2) 汤姆・斯塔福德	以“双子星座”7 号飞船为目标,进行首次轨道会合
“双子星座”7 号	1965 年 12 月 4—18 日	弗兰克・博尔曼 吉姆・洛弗尔	长时间飞行(14 天)
“双子星座”8 号	1966 年 3 月 16 日	尼尔・阿姆斯特朗 戴夫・斯科特	两个飞行器的首次对接;因推进器故障而提前结束
“双子星座”9 号	1966 年 6 月 3—6 日	汤姆・斯塔福德(2) 吉恩・塞尔南	3 种不同方式的轨道会合;塞尔南的太空行走

① 名字后面括号里的数字表示第几次上天。

续 表

飞行任务	日期	乘组	任务简要说明
“双子星座”10 号	1966 年 7 月 18—21 日	约翰·扬(2) 麦克·柯林斯	第一次利用“阿吉纳”目标火箭的动力；与第二个“阿吉纳”进行轨道会合；太空行走
“双子星座”11 号	1966 年 9 月 12—15 日	皮特·康拉德(2) 迪克·戈登	轨道会合与对接；太空行走；创下高度纪录(850 英里)
“双子星座”12 号	1966 年 11 月 11—15 日	吉姆·洛弗尔(2) 巴兹·奥尔德林	轨道会合与对接；太空行走

“阿波罗”计划

飞行任务	日期	乘组	任务简要说明
“阿波罗”1 号	1967 年 1 月 27 日	格斯·格里索姆(3) 埃德·怀特(2) 罗杰·查菲	肯尼迪角 34 号发射塔；飞船起火，3 人被烧死
“阿波罗”7 号	1968 年 10 月 11—22 日	沃利·希拉(3) 唐·艾西尔 沃尔特·坎宁安	首次试飞就飞行了 11 天(“双子星座”3 号的首次试飞只飞行了 3 圈；信心增加了)

续　表

飞行任务	日期	乘组	任务简要说明
“阿波罗”8 号	1968 年 12 月 21—27 日	弗兰克 · 博尔曼(2) 吉姆 · 洛弗尔(3) 比尔 · 安德斯	非常大胆的第二次载人飞行,在平安夜把指令舱和服务舱带到了月球
“阿波罗”9 号 (指令舱:糖块) (登月舱:蜘蛛)	1969 年 3 月 3—13 日	吉姆 · 麦克迪维特(2) 戴夫 · 斯科特(2) 拉斯蒂 · 施韦卡特	再次回到地球轨道,首次试飞指令舱、服务舱和登月舱组合
“阿波罗”10 号 (指令舱:查理 · 布朗) (登月舱:史努比)	1969 年 5 月 18—26 日	汤姆 · 斯塔福德(3) 约翰 · 扬(3) 吉恩 · 塞尔南(2)	登月演练,把登月舱飞到离着陆点不到 5 万英尺的上空
“阿波罗”11 号 (指令舱:哥伦比亚) (登月舱:鹰)	1969 年 7 月 16—24 日	尼尔 · 阿姆斯特朗(2) 麦克 · 柯林斯(2) 巴兹 · 奥尔德林(2)	1969 年 7 月 20 日在静海基地首次着陆
“阿波罗”12 号 (指令舱:美国快艇) (登月舱:无畏)	1969 年 11 月 14—24 日	皮特 · 康拉德(3) 迪克 · 戈登(2) 艾伦 · 比恩	在风暴洋的“勘测者”3 号探测器着陆点附近精准着陆

续　表

飞行任务	日期	乘组	任务简要说明
“阿波罗”13 号 （指令舱：奥德赛） （登月舱：宝瓶座）	1970 年 4 月 11—17 日	吉姆・洛弗尔(4) 杰克・斯威格特 弗雷德・海斯	指令舱-服务舱的氧气罐爆炸，飞船利用登月舱的氧气和电力跌跌撞撞、勉勉强强地回到地球
“阿波罗”14 号 （指令舱：基蒂霍克） （登月舱：心大星）	1971 年 1 月 31 日—2 月 9 日	艾伦・谢泼德(2) 斯图・鲁萨 埃德・米切尔	在弗拉-毛罗环形山地区实现第三次月球着陆；谢泼德打了一杆高尔夫，米切尔尝试了超感知能力
“阿波罗”15 号 （指令舱：奋进） （登月舱：隼）	1971 年 7 月 26—8 月 7 日	戴夫・斯科特(3) 阿尔・沃登 吉姆・欧文	首次在月球的山脉上着陆（哈德利-亚平宁地区）；首次使用月球车
“阿波罗”16 号 （指令舱：卡斯珀） （登月舱：猎户座）	1972 年 4 月 16—27 日	约翰・扬(4) 肯・马汀利 查理・杜克	在笛卡尔地区着陆，这里被认为是面积很大的火山区
“阿波罗”17 号 （指令舱：美国） （登月舱：挑战者）	1972 年 12 月 7—19 日	吉恩・塞尔南(3) 罗恩・埃文斯 杰克・施密特	在金牛座-利特罗地区着陆；杰克・施密特是第一位进入太空的科学家（地质学家）

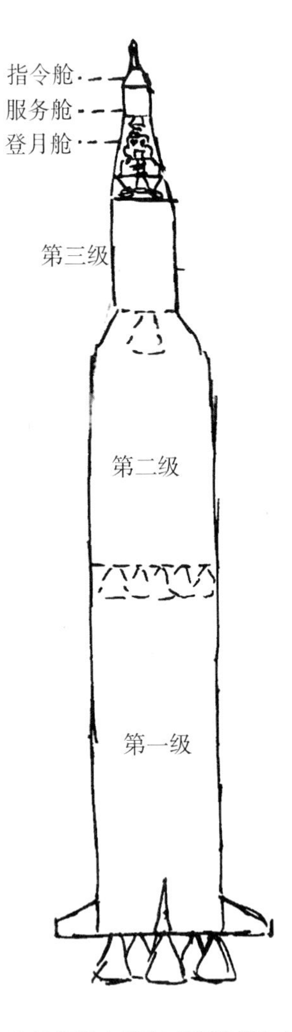

“土星”5号运载火箭和“阿波罗”11号飞船
示意图（麦克·柯林斯绘制）

“阿波罗”11号飞船的发射（美国国家航空航天局图片）

“阿波罗”11号乘组（从左至右）：指令长尼尔·阿姆斯特朗、指令舱驾驶员麦克·柯林斯和登月舱驾驶员巴兹·奥尔德林（美国国家航空航天局图片）

月球局部表面（美国国家航空航天局图片）

登月舱从月面返回，准备与指令舱对接（美国国家航空航天局图片）